无线定位技术

（第二版）

Wireless Localization Technologies

（Second Edition）

胡青松　李世银　程秀芝　编著

科 学 出 版 社

北 京

内容简介

《无线定位技术》自出版以来，受到读者的广泛好评，被近20所高校选为本科生或研究生教材。本书是《无线定位技术》的升级版，逻辑性、完整性、前沿性和可读性显著提升，改动与新增内容超过50%。本书系统介绍了无线定位的历史脉络、体系架构和基础知识，对定位中的基本概念、通信知识、测距方法、定位解算方法、定位优化方法进行了详细陈述，并介绍了移动信标辅助的定位、基于压缩感知的定位、5G/6G定位等前沿方法，深入浅出地展现了卡尔曼滤波、扩展卡尔曼滤波、无迹卡尔曼滤波和粒子滤波及其应用方法，全面系统地探讨了定位中的多径和非视距传播的成因与克服方法，由浅入深地介绍了GPS、北斗等卫星定位系统的特点、定位原理、噪声来源与抑制方法，简明扼要地分析了矿井、水下和救灾场景的定位特点与代表性方法。

本书理论与实践并重，适合用作电子信息、物联网、计算机科学与技术、测绘科学与技术、通信工程等专业的本科生和研究生的课程教材，也可作为有志于移动目标定位领域的工程技术人员和科学研究人员的理想参考资料。

图书在版编目(CIP)数据

无线定位技术 / 胡青松，李世银，程秀芝编著. —2版. —北京：科学出版社，2024.11

ISBN 978-7-03-078507-7

Ⅰ. ①无… Ⅱ. ①胡… ②李… ③程… Ⅲ. ①无线电定位 Ⅳ. ①TN95

中国国家版本馆CIP数据核字（2024）第094965号

责任编辑：李涪汁 曾佳佳 高慧元 / 责任校对：郝璐璐

责任印制：张 伟 / 封面设计：许 瑞

科学出版社 出版

北京东黄城根北街16号

邮政编码：100717

http://www.sciencep.com

天津市新科印刷有限公司印刷

科学出版社发行 各地新华书店经销

*

2020年6月第 一 版 开本：787×1092 1/16

2024年11月第 二 版 印张：18

2024年11月第六次印刷 字数：469 000

定价：79.00元

（如有印装质量问题，我社负责调换）

第二版前言

“无线定位技术”是研究如何通过无线手段确定目标位置的学问，例如，为茫茫大海中的舰船导航、引导远程导弹精准打击目标、帮助无人驾驶车辆实时避障、快速确定灾后受困人员位置、准确引导用户到达目标餐厅等。可以说，无线定位系统已成为现代社会的核心基础设施，在军事国防、舰船导航、港口管理、仓库物流、工厂生产、智能交通、智慧城市、智慧医院、居家养老、大型商场、日常生活中发挥着不可替代的作用。

定位需求古已有之，并催生了指南针、星象、十字测天仪、六分仪等定位设备，并在第二次世界大战以来进入了大发展阶段，GPS、蜂窝定位、Wi-Fi 定位、惯性导航等新技术不断涌现，并与人工智能和通信技术不断融合，应用范围明显拓宽，定位精度显著提高。鉴于此，编者于 2018 年在中国矿业大学开设本科生课程“无线定位技术”和研究生课程“移动目标定位技术及应用”，但是发现市面上的定位类书籍要么偏传感器网络定位，要么偏室内定位，要么仅仅介绍了一些定位系统，而更多的则是偏向于某一个小领域的学术著作。带着系统性、全面性、权威性、实用性、易学性的目标，我们历时一年，完成了该讲义的编著工作，并于 2020 年付诸出版，从而诞生了《无线定位技术》，即本书的第一版。

《无线定位技术》自出版以来，收到了读者们的积极评价和正面反馈，已被重庆大学、中国矿业大学、福州大学、南京邮电大学等近 20 所大学遴选为本科生或研究生教材。同时，在京东、当当平台也获得了较好的反馈，如京东读者评价“在国内定位技术书籍里属于系统性、逻辑性和可读性都非常好的一本书。”这给了本书编著团队极大的鼓励和动力，勉励着我们进一步增强该书的逻辑性、完整性、前沿性和可读性。

本书主要面向无线定位技术的初学者，或者已有部分定位知识，但是渴望更全面更系统地掌握本课程的进阶者。编者力求在知识结构上层层铺垫、由浅入深，做到概念准确、原理易懂，带领读者轻松入门。同时，紧紧抓住新工科的“五新”要求，强调理念新、结构新、模式新、质量新、体系新，形成工程式学习和研究式学习风格，让读者能够学得进、思得深、用得好。

本次改版一是基于读者的反馈与编者的教学实践，二是基于技术的更新迭代与工程应用，增删与改动内容超过 50%，主要表现如下所述。

第 1 章：增加了历史上的无线定位技术、经典无线定位系统，对无线定位的基本概念、可定位性问题、无线定位技术的应用领域进行了改写，定位技术的评价标准部分也进行了大幅改写，使得逻辑性和可读性显著增强。

第 2 章：删除了定位中已不太常用的 RFID 技术，全面改写了 Wi-Fi、ZigBee、UWB 和蓝牙技术，改写依据是相关技术的最新国际标准，并在每一种技术的最后一小节增加了如何利用其进行定位，使得前沿性和针对性显著增强。

第 3 章：增加了基于 TSoA 的距离测量方法，重写了三角定位法、极大似然估计法、指纹定位法、地磁定位法、Spotlight 定位法、凸规划定位法，对其他内容进行了适度改写，使得可读性显著增强。

第 4 章：增加了 1G～5G 移动通信网络定位、面向 6G 的可重构超表面辅助定位，删除了被动定位和机会定位的少部分内容，使得完整性和前沿性显著增强。

第 5 章：改写了每一种滤波方法的应用方法，使得内容更直接、更简洁；重写了粒子滤波的原理，对无迹卡尔曼滤波的原理进行了适度改写，在卡尔曼滤波概述中增加了滤波和概率密度的基础知识，使得可读性和可用性大幅增强。

第 6 章：重构了章节体系，重写了所有内容，基本逻辑是讲清楚多径与非视距的原理及其对定位的影响，进而探讨 LoS 信标的识别、LoS 信标的 NLoS 路径识别、多径和 NLoS 辅助的目标定位、多径与 NLoS 场景下的盲定位，使得逻辑性和可读性大幅增强。

第 7 章：重写了 GNSS 的主要误差类型，大幅改写了 Galileo 卫星导航系统、测距码、接收机的基本结构、观测值域内方法，并对卫星定位的基本方法、捕获 C/A 码识别、GNSS 信号进行了适度改写，使得可读性大幅增强。

第 8 章：增加了矿井定位系统的节点部署、移动信标辅助的矿井定位测距方法、水下定位导航的主流方法、基于捷联惯性导航的水下定位导航、灾后定位的主要技术手段、基于 UWB 雷达的灾后生命探测与定位，重写了矿井场景的定位特点，删除了基于证人节点的目标定位、基于煤矿巷道特征的定位、水下 AUV 定位、基于智能手机的灾后受困人员定位，夯实了基础知识，可读性显著增强。

本书由中国矿业大学胡青松教授和李世银教授以及安徽建筑大学程秀芝副教授编著，课题组研究生谢志伟、赵蝶、靳祉祥、高文杰、张晓敏、蒋天赐等在图片绘制方面提供了大量帮助；内容得到中国矿业大学“十四五”规划教材项目、中国矿业大学实践教学和创新创业教育专项重点课题（2024SJ05）、中国矿业大学信息学科建设经费、中国矿业大学“教育数字化”专项项目（2022ZX08）、安徽省一流本科人才示范引领基地（2020rcsfjd06），以及教育部产学合作协同育人项目（基于新工科思维的“无线定位技术”教学内容重构与教学方法探索 No.201901166005，“无线定位技术”教学内容改革与教材建设 No.201902041008）的资助，在此表示感谢。

本书的参考学时为 32～48 学时，教师可根据专业特点和学时情况，选择如下内容组合：第 1～6 章；第 1～7 章；第 1～4 章和第 7 章等。不过，“无线定位技术”是一门日新月异的课程，新技术新方法层出不穷，书中难免会有疏漏之处，恳请广大读者来信指正，以便通过公众号、网站等方式及时勘误，让更多读者受益。编者邮箱：hqsong722@163.com（胡青松），lishiyin@cumt.edu.cn（李世银）。选择本书作为教材的教师，可通过上述邮箱向编者免费索取教学 PPT，并欢迎来信就定位相关的教学与科研问题展开讨论。

编　者

2024 年 8 月

第一版前言

古人为了不让自己迷失在茫茫大自然中，发明了罗盘、指南针。现代社会特别是智能时代，作为智能制造、移动互联、物联网、智慧驾驶、智慧医疗、无人工厂等的重要一环——人员与设备定位、导航等技术的需求快速增长，对定位精度和定位实时性的需求不断提高，各种定位技术迅猛发展。基于无线保真（wireless fidelity，Wi-Fi）、射频识别（radio frequency identification，RFID）、超宽带（ultra wide band，UWB）、蓝牙、ZigBee、红外线、卫星、移动通信、地磁、可见光等各种无线定位技术的相继问世，为解决定位（“我在哪里”）、导航（“找到到达目的地的路”）问题及各种基于位置的服务提供了支撑。

无线定位技术、系统涉及无线通信、电子、网络、传感、智能信息处理等理论和技术，是电子信息类和测控类专业相关知识的综合应用，也是培养学生理论联系实际、综合运用知识解决复杂工程问题能力的良好载体。

本书是以向读者提供无线定位理论技术参考和培养学生综合应用知识解决工程实际问题能力为目标，系统介绍无线定位技术基础知识、理论方法和实现技术。

本书以无线定位需求背景、无线定位概念和所涉及的相关通信技术等基础知识介绍为切入点，以无线定位基本原理和定位精度优化理论为重点，以常用定位应用技术和系统为落脚点，从基础知识到分析处理理论再到实际应用，力求实现知识体系完整性、理论性和应用性的有机结合。

本书作者长期从事通信技术、无线定位领域的教学和科学研究。本书在对无线定位理论、技术的系统介绍的同时，特别注重各种最新研究成果的引用，为读者提供了丰富的参考文献资料，既适合于高年级本科生或研究生，也可为无线定位理论研究或科研开发者提供参考。选用本书作为教材的教师可以与本书作者联系，获取教学课件。

本书的参考学时为32～48学时，建议采用理论实践一体化教学模式，各章节的参考学时见下面的学时分配表。教师也可根据授课专业特点和学时情况，选择如下内容组合：第1～6章；第1～7章；第1～4和第7章等。

学时分配表

章节	课程内容	学时
1	绪论	2～4
2	无线定位中的通信技术	2～4
3	无线定位的基本原理	6～8
4	无线定位的进阶算法	4～6
5	目标定位的滤波处理	4～8
6	定位中的非视距处理	6～8
7	卫星定位技术	4～6
8	特殊场景的无线定位	4～6
课程考评		2
课时总计		32～48

本书由胡青松、李世银编著，课题组研究生鲍强、张赫男、王胜男、张淳一、范莘舸、陈志刚、梁天河等同学在资料收集和插图绘制方面提供了大量帮助；部分内容得到国家自然科学基金项目（面向事故救援的煤矿物联网灾后重构机制与态势感知方法 No.51874299，煤矿综采工作面超宽带信号传播特性与移动装备精确定位方法研究 No.61771474），中国矿业大学在线教学专项研究项目（协同伙伴式在线教学模式与质量评价方法研究与实践 No.2020ZXJX06），以及教育部产学合作协同育人项目（基于新工科思维的《无线定位技术》教学内容重构与教学方法探索 No.201901166005，《无线定位技术》教学内容改革与教材建设 No.201902041008）的资助，在此表示感谢。

由于作者水平和经验有限，书中难免有欠妥和错误之处，殷切希望广大读者批评指正。同时，恳请读者一旦发现错误，于百忙之中及时与作者联系，以便尽快更正，作者将不胜感激，E-mail：hqsong722@163.com（胡青松），lishiyin@cumt.edu.cn（李世银）。

作　者

2020 年 5 月

目　录

第1章 绪　论

无线定位以及基于无线定位的位置服务技术深刻影响着各行各业，在军事国防、舰船导航、港口管理、仓库物流、工厂生产、智能交通、智慧城市、智慧医院、居家养老、大型商场、日常生活等方面发挥着越来越重要的作用。本书旨在对无线定位技术的基本概念和原理方法进行介绍，为读者从事相关领域的理论研究或应用开发奠定基础。本章首先介绍定位技术的一些常用概念、技术分类、评价标准、常见应用以及发展趋势。

1.1 无线定位与基于位置的服务

从卫星定位与导航技术算起，“无线定位”这门技术实际上已经发展了几十年的时间。然而，该技术的相关内容研究仍然十分活跃，每年依然有大量研究成果问世。

1.1.1 历史上的无线定位技术

请大家先思考两个既熟悉又陌生的问题：

（1）到达某个陌生城市后，通过什么手段快速知道附近有哪些餐馆？如何前往所选定的餐馆？

（2）在影视作品中，我们经常看到导弹锁定目标后能够随着目标的运动而拐弯前进的场面，这是如何做到的？

第一个问题的答案可以通过百度地图或高德地图的“附近”功能找到餐馆列表，然后通过导航功能前往选定餐馆。第二个问题的答案是卫星制导，即通过卫星定位导航系统引导导弹的飞行轨迹。

这两个问题涉及既相关又有区别的三个概念：一是目标定位，指的是借助特定设备和系统确定目标位置的过程，用来进行定位的设备或系统则被称为定位系统；二是导航，指的是为用户连续不断地提供位置指引服务的过程，帮助用户从一个地方前往另一个地方；三是跟踪，指的是对目标运动保持实时跟随，连续不断地追踪目标。导航与跟踪都以目标定位技术为基础。

目标定位技术古已有之[1]。四大发明之一指南针的前身司南（见图 1-1（a））在战国时期就已出现，最早记述的文献是《鬼谷子》，其中写道“郑人之取玉也，必载司南之车，为其不惑也”，它依靠地球磁场和磁针指引方向。在司南的基础上，古人发明了罗盘（见图 1-1（b）），又称罗经仪，罗盘最中心的位置被称为天池，正中安装着一根指南针，除了判断方向，还可测量倾角、倾向等。

天文观测定位是我国古代另外一种非常有名的定位方式。北极星距离北天极不足 1°，找到了北极星就基本找到了正北方，因此是重要的一颗指示方向的星体。因此，古人以北极星为参照物，通过观测北斗七星（天枢、天璇、天玑、天权、玉衡、开阳和瑶光）的姿态来确定方向。虽然北斗七星一直处于运动状态，但是天璇、天枢这两颗星的连线却会始终指向北极星（示意图见图 1-2），类似于天空中的一根指北针一样为我们指示方向。因此，在天空中找到北斗七星后，再确定天璇、天枢两颗星的位置，将它们相连，延长线所指的方向就是北方。

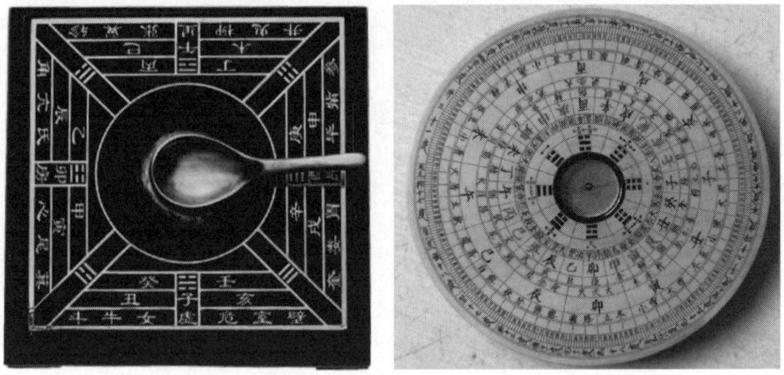

(a) 司南　　(b) 罗盘

图 1-1　司南与罗盘

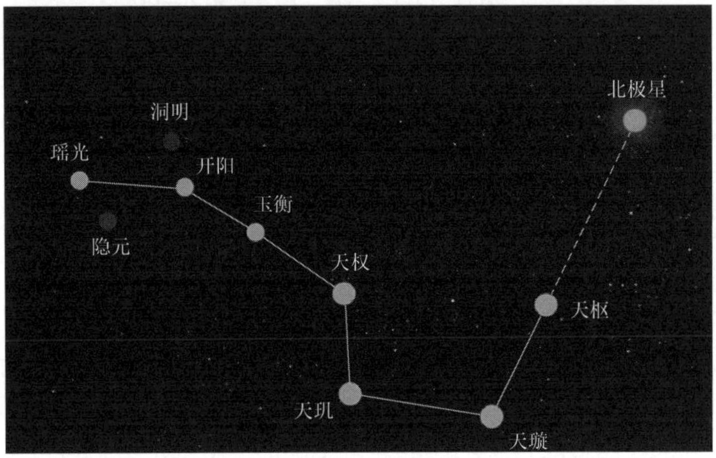

图 1-2　天璇、天枢的连线始终指向北极星示意图

此外，牵星术也是一种确定星体方向的有用方法。这种方法采用的工具是牵星板，它由 12 块大小不一的正方形乌木板组成，从大到小依次递减一指（约 2cm），见图 1-3。木板的中心穿一根小绳子，使用时左手拿着木板，右手牵着拉直的小绳子，眼睛顺着右手的绳端向木板看去，使木板的上边缘对准星体，下边缘对准海平线，从而测量出星体与海平面的高度。

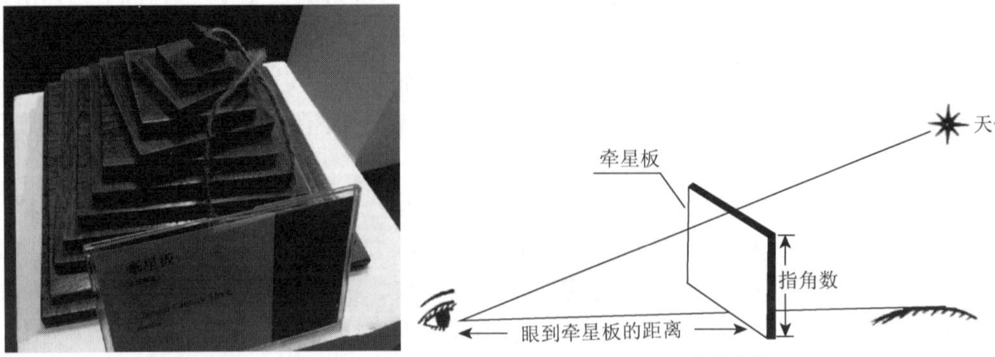

(a) 实物　　(b) 使用方法

图 1-3　牵星板

在航海中通常使用灯塔来为过往船只指明方向。灯塔可以通过发光装置发出强烈的光线，并通过旋转机构使光束在水平方向旋转，让船只根据光束方向确定自己的位置和航向。此外，灯塔还可以利用闪烁等方式为船只传递警示信息或标志信息。

欧洲曾经很长一段时间使用一种称为风向蔷薇的卡片辨别方向。根据不同季节风向的出现频率，在二维卡片上绘制出一个与方向相关的风向频率图。绘制方法是：按风向从外向中心吹，以相应的比例长度，描在用 8 个（或更多个，如 12 个、16 个或 32 个）方位所表示的卡片上，然后将相邻方向的端点用直线连接起来，绘成一个形状宛如蔷薇的闭合折线。在航海过程中，通过将风向与卡片方向对比来确定方向。后来，人们发明了使用得更为广泛的磁罗盘蔷薇，见图 1-4。

图 1-4　磁罗盘蔷薇

后来，在航海中相继出现星盘、十字测天仪、四分仪、八分仪、六分仪等设备。星盘的主体是一个圆形木盘或金属盘，盘上的外围标有度数，盘中心有一根可转动的指针，见图 1-5（a）。使用时，将星盘铅直悬挂，零度标记与水平面齐平，移动指针使其指向想要测量的天体，便可测出其高度，从而测出船舶所在的纬度位置。

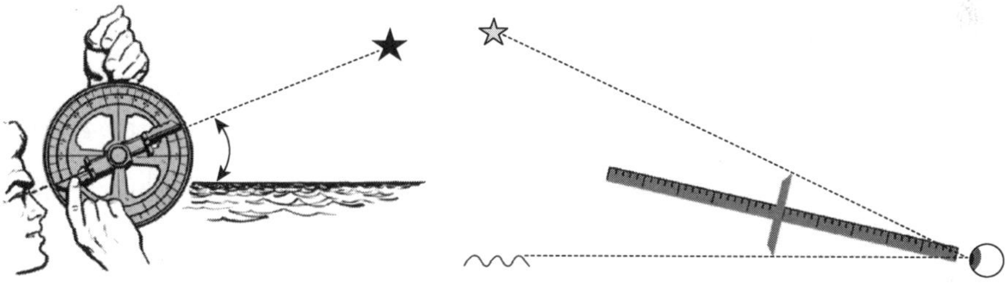

(a) 星盘　　(b) 十字测天仪

图 1-5　星盘与十字测天仪

十字测天仪又称雅格棒或金杖，它有一根带有刻度尺的长直杆，另外有一根带孔的短杆垂直装在长直杆上，短杆可在长直杆上移动，见图 1-5（b）。短杆的上下都有一个孔，通过这两个孔可分别看到地平线和天体。

四分仪的圆弧为 90°，因此又被称为直角象限仪，见图 1-6（a）。一条直角边下装有瞄准器，用于瞄准天体；直角顶系有一根线，线下系有铅锤，用于指示度数。当瞄准器所在的垂直边与观察对象成一条直线时，垂线所指度数即所求高度。

(a) 四分仪　　(b) 八分仪　　(c) 六分仪

图 1-6　四分仪、八分仪和六分仪

八分仪由四分仪发展而来，原理是通过两面镜子将太阳或星体的投影与地平线排成一条直线，从而确定纬度，见图 1-6（b）。由于其弧长约为一个圆周的 1/8，故称八分仪，最大优点是船体的运动不影响观测结果。

六分仪由八分仪发展而来，其刻度弧为圆周的 1/6，组成部件包括一架小望远镜，一个被称为地平镜的半透明半反射的固定平面镜，以及一个被称为指标镜的可活动反射镜，见图 1-6（c）。使用的时候，用户手持六分仪，通过转动指标镜，使得被测天体与海平线重合，然后根据指标镜的转角读出天体的高度角。

进入 20 世纪以来，无线定位技术快速发展并被广泛应用。为了实现到北极冰层下探险的愿望，德国探险家海尔曼 • 安休茨历经多年努力，研发成功基于惯性导航技术的陀螺罗经，这种技术不需要依靠任何外界信息就能自动找到航行方向，是航海史和定位技术发展史上的一个里程碑。

在此之后，基于无线电技术的无线定位方法与实用系统迅猛发展，相关理论和技术至今方兴未艾。几个重要的标志性事件有以下几个。

（1）第二次世界大战期间，罗兰 A、罗兰 B、罗兰 C 和罗兰 D 相继兴起，它们都是基于双曲线定位的无线电导航系统，只是在作用距离与信号体制方面有差异，罗兰意为 Long Range Navigation，即远程导航。

（2）基于多普勒效应的导航系统，它通过计算多普勒频移计算出目标的速度和位置，在飞机导航（基于无线电多普勒）、潜艇导航（基于声呐多普勒）中广泛使用。

（3）基于人造卫星的卫星定位导航系统利用卫星与地面接收机之间的传播延迟等方法确定地面目标的位置，在战争、航海、救灾、交通等领域广为使用，目前已有四个全球性的卫星定位系统，即美国的 GPS（global positioning system）、中国的北斗、俄罗斯的格洛纳斯和欧盟的伽利略。

（4）基于移动通信系统（蜂窝通信）的通信基站为手机用户提供定位服务。从美国联邦通信委员会在 20 世纪 90 年代要求移动运营商必须提供位置服务以来，基于移动通信系统的定位应用越来越广泛，定位精度越来越高，6G 的精度有望达到厘米级别。

本书将以现代无线电定位理论、技术与方法为主要对象，对其背后的基本概念、方法原理、工程应用等进行系统性讨论。

1.1.2 无线定位的基本概念

目标定位也被称为位置估计，因为定位结果不是精确结果，而是一种估计值。需要被确定位置的对象被称为待定位目标，如行进中的人员或车辆。设备、人员在拓扑结构图中被称为节点，因此待定位目标也被称为待定位节点或目标节点，也可简称目标，或者称为未知节点，因为其位置是未知的。

在定位过程中，使用位置已知的节点确定位置未知的节点，这种位置已知的节点被称为信标节点，也可称为锚节点、定位基站或直接称为基站，英文中的 anchor node、beacon node 或 landmark 均表示信标节点。如在卫星定位中，卫星即信标节点；在蜂窝定位中，蜂窝基站即信标节点；在 Wi-Fi 定位中，无线路由器就是信标节点。

在一个定位场景中，通常会预先安装一定数量的信标节点，安装位置和安装数量取决于定位场景大小、覆盖率要求和系统成本，这被称为信标节点部署问题。目标节点携带一个或多个被称为标签的设备，这些设备具有通信能力且与信标节点采用相同的通信技术，如 Wi-Fi、蓝牙等。此外，一般还会安装一台定位服务器、一台或多台管理工作站，从而形成如图 1-7 所示的系统结构。从网络的角度而言，这些设备以及设备之间的通信链路构成了一个覆盖定位区域的网络，因此也可称为定位网络。

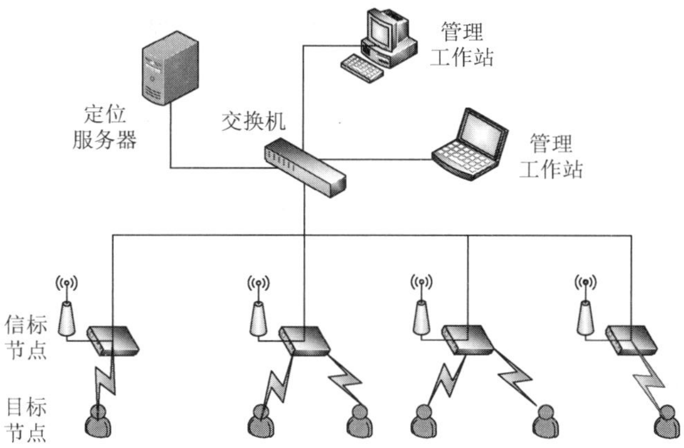

图 1-7　定位系统的一般结构

信标节点与目标节点通过无线通信的方式交互信息，这是被称为无线定位的主要原因，具体的通信方式将在第 2 章介绍。通过信息交互，测得信标节点与目标节点之间的距离、拓扑信息、空间约束等参数，然后将这些测得的参数通过有线或无线网络传输给定位服务器，由其求解出目标节点的位置，再将求解结果返回给目标节点。如果目标节点计算能力较强，也可由其直接解算目标位置，避免在网络中来回传递信息，以降低传输延迟和通信开销。管理工作站的作用是对整个定位系统进行配置、管理和维护。

显然，节点与节点之间的信息交互可以直接进行，即一个节点发出的无线电信号直接被另一个节点收到，而无须通过其他节点中转，此时的信息传输跳数为 1；而需要其他节点中转的方式称为中继通信，跳数为中继节点数目加 1。在直接通信情况下，能够收到信号的一跳节点统称为邻居节点。在无线定位中，绝大多数定位场景是一跳通信，通过中继通信进行的定位情况需要更多节点进行协作。

目标位置通常有两类：一类是逻辑空间或符号位置[2]，如“卫生间”“305 房间”“人民广场”等；另一类是目标节点的坐标位置，对应某空间中的坐标值，如经纬度或欧氏坐标。坐标位置和符号位置并非相互独立，可以和已有地理信息数据库结合，将坐标位置转换为符号位置，而相关定位技术也可以根据符号位置得到近似的坐标位置。利用已有的符号位置数据库或地理信息系统，也可以对坐标位置的精度进行校正。

在一个二维空间中，假定在目标节点的通信范围内有一个信标节点，即目标节点的邻居节点中有一个信标节点。如果目标节点可与其进行信息交互测得彼此之间的距离 d，则目标节点一定位于以信标节点为圆心、d 为半径的圆上，见图 1-8（a）。显然，这种位置估计结果很不精确，因为不知道在圆上具体哪个位置。此外，距离测量的精确度影响着所绘制圆的大小，因此会直接影响目标定位结果。

为了更精确地估计目标位置，需增加信标节点数目。现假定目标节点的通信距离范围内有两个信标节点 b_1 和 b_2，它们与目标节点的距离分别为 d_1 和 d_2，则目标节点必然位于以 b_1 和 b_2 为圆心、d_1 和 d_2 为半径的两个圆的交叉区域，见图 1-8（b）。此时的目位位置从一个圆的大小缩小到了两个圆的交叉区域，定位精度比只用一个信标有了大幅提升，不过仍然不知道是在交叉区域的哪个位置。为了进一步提升精度，可再增加一个信标节点，按照上述方法能够得到 3 个圆，3 个圆的交点即目标所处的位置，如图 1-8（c）所示。在测得信标节点与目标节点的距离后，有很多方法可以求解出目标节点位置，具体方法将在后续章节陆续学习。需要注意的是，这 3 个信标节点不能共线，否则将退化为 2 个信标节点的效果。

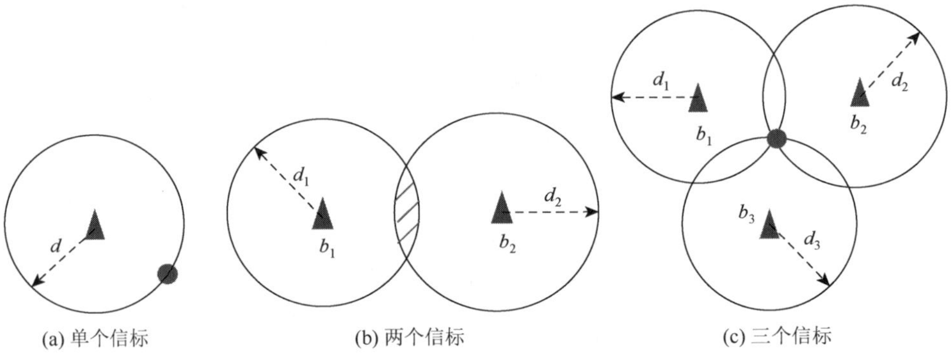

图 1-8　不同信标节点数量下的目标定位

通过上述分析可以得出如下结论：在二维空间中至少需要 3 个不共线的信标节点才可实现目标节点的精确定位。如果是在三维空间中，则至少需要 4 个信标节点，这就是利用卫星导航系统的时候至少需要有 4 颗可见卫星的原因。

1.1.3　可定位性问题

在一个定位网络中，即使给定信标节点以及相邻节点之间的测距信息，由于信标节点覆盖率不足或节点之间通信受限，整个定位网络中可能只有部分节点可以被定位[3]。在不可定位的节点上浪费通信以及测量计算资源毫无意义，因此有必要在定位算法执行前预先检测出网络中的哪些节点是可定位的。

可定位性问题又可以分成两类：网络可定位性和节点可定位性。网络可定位性侧重于判断整个网络的基础图是否具有唯一的实现方式，而节点可定位性则侧重于判断每个节点的位置在当前网络中是否具有唯一性，即给定任意节点及其相关的几何约束条件，能否利用方程组求解出该节点的真实位置。显然，若网络中所有节点都是可定位的，那么该网络也是可定位的。对于可定位节点，直接采用位置估计算法计算位置；对于不可定位节点，可通过对节点位置或定位网络参数进行调整，使得节点变得可被定位，从而提升可定位节点比例。

研究可定位性问题不仅能够辅助进行目标定位，而且可对基于位置的服务提供指导，如网络部署、拓扑控制、移动控制、网络诊断和能量调度等。在拓扑控制中，节点可定位性可以为控制策略提供约束条件，保证满足节点位置唯一性要求。在移动控制中，节点可定位性能够为移动信标的路径规划提供新思路，有效避免信标节点的冗余移动和位置广播。在网络诊断中，节点可定位性不仅能发现不可定位节点，还能获知网络中错误位置信息的逐步扩散过程，从而找到错误根源。在能量调度中，节点可定位性可以在保证节点可定位的前提下减少节点间不必要的通信开销。

当完成定位网络中的节点测距后，可以用一个测距图来表示整个网络，从而用图论来研究可定位性问题[4]，基本理论有唯一实现理论和刚性图理论。刚性是指在不改变顶点之间距离的情况下该图不能够做连续形变。如果网络所对应的图是刚性的，可以认为它所对应的框架具有一定的稳定性，但不能保证图的实现是唯一的，因为折叠或者翻转后的图其顶点之间的距离不变。为了在几何空间中唯一确定图的结构，还得要求该图为全局刚性。

二维空间中，网络可唯一定位的充要条件是该网络对应的基础图是全局刚性的，且至少包含 3 个信标节点，简称 RRT-3B。然而，网络能否整体可定位与节点的可定位性是有差别的，一个不能唯一定位的网络中只是因为有部分节点不可定位，却没有指出哪些节点可以定位，因此网络可定位性测试只能简单地回答“是”或者“否”，而无法确定是网络中的哪些节点可定位和不可定位。

尽管对网络的可定位性的判断具有充要条件，但是对于节点的可定位性判定目前尚没有严格的充要条件。Goldenberg 首先给出了判定节点可定位性的必要条件：如果一个节点可定位，那么它到 3 个不同的信标节点必然有 3 条独立的路径，称为 3P。在此基础上，人们又提出了 RR-3P、RR3P、RRT-3B 等判断条件，见图 1-9。其中，RR-3P、RR3P 是目前最为严格的判断节点可定位性的必要条件和充分条件；虚线框中的算法为分布式算法，虽然分布式算法的可定位性识别能力比集中式算法弱，但是从其分布式、快速识别的角度来看更适合实际应用。

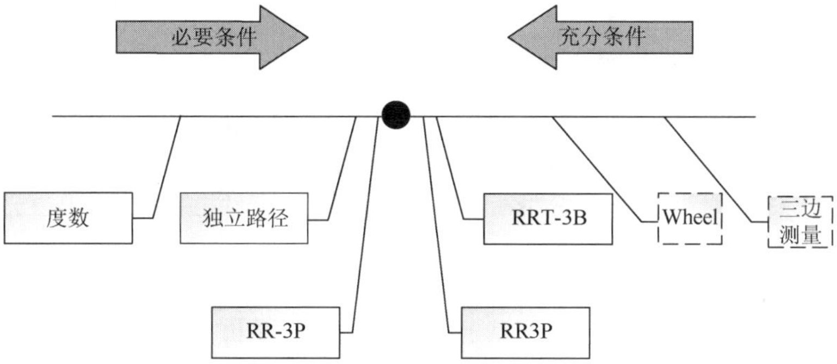

图 1-9　节点可定位性的判定方法

1.1.4　基于位置的服务

基于位置的服务（location based service，LBS），就是根据定位和导航系统确定的地理位置，为用户提供与位置相关的信息服务[5]，如查找附近的美食、酒店、可交往的朋友等。

LBS 不是单纯的空间信息获取，而是基于位置、时间和人物三个关键要素，“因地制宜”地为人们提供与位置相关的服务、“见机行事”地提供时效性强的服务，还可“因人而异”地提供个性化、人性化的服务。因此，LBS 需要具有感知时间与空间环境的能力，以及应对环境变化的自适应能力[6]，这里的环境是指描述某个对象状态的任何信息，如位置、时间、运动方向、导航历史、物理环境等。

根据传输服务信息时是否需要与用户直接交互，可将 LBS 分为拉式服务和推式服务。所谓拉式服务，指的是由用户主动发送明确的服务请求，如“离我最近的酒店有哪些”，服务提供商把用户所需信息返回给用户。推式服务则不需要用户发送明确的服务请求，而是当某一触发条件满足的时候，服务提供商自动将相关信息返回给用户，如一旦用户到达某个城市，该市文化和旅游局自动推送该市的旅游欢迎消息，这里的触发条件就是用户进入特定位置范围；另一种情况则是用户订阅的信息，如按时发送所在城市的天气信息等，这里的触发条件就是设定的时间；或者是用户处于某个位置且氧气含量低于某个阈值给出报警信息，如当亲人在攀登某座高山时，根据设定条件自动向亲友或应急主管部门发出求助信息。

基于位置的服务系统结构如图 1-10 所示[7]，它是由四层结构构成的复杂网络，包括以下几点。

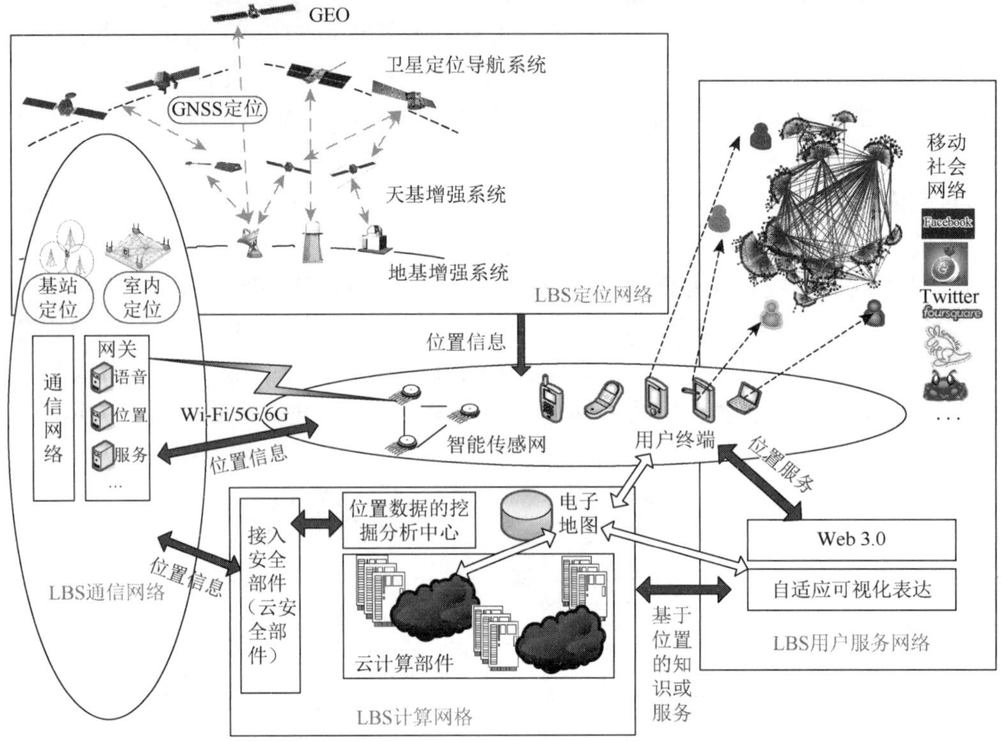

图 1-10　基于位置的服务系统结构

1. LBS 定位网络

LBS 定位网络包括任何可以确定目标位置的基础设施，其作用是确定目标位置，从而为 LBS 提供位置信息源。典型的 LBS 定位网络如北斗卫星导航系统及其增强系统，用于提供全球或大区域的位置服务；基于移动通信网络的定位系统，用于提供基于蜂窝基站网络的定位；基于 Wi-Fi、ZigBee、UWB 等技术的室内定位系统，用于为商场、停车场等场所内的目标进行定位。

2. LBS 通信网络

LBS 通信网络在位置服务中具有以下作用。

（1）定位信息交互。为了对目标进行定位，通常需要利用信标节点和目标节点组成网络（如卫星网络、无线传感器网络等），信标节点与信标节点之间、信标节点与目标节点之间需要通过交互信息才能完成定位。

（2）传输基础定位信息、定位结果和用户指令。在很多定位系统中，信标节点只是用于搜集基础定位信息，如距离信息、拓扑信息等，然后通过通信网络（如互联网、移动互联网等）将其传输到定位服务器中，由定位服务器解算出目标位置。有些定位系统由信标节点或目标节点直接计算出目标位置，然后将定位结果通过通信网络传输到定位服务器。反之，管理员可以通过定位服务器向定位系统发出调整指令，指挥定位系统按照用户的需要进行定位，从而让定位结果满足用户需求。

（3）传输基于位置的服务信息。我们分析一下通过打车 App 呼叫出租车或网约车的过程。首先，需要通过定位网络获取我们所在的当前位置，将当前位置与目的地等信息通过传输网络传输到打车服务平台；平台收到该信息后，通过传输网络向打车人附近的出租车或网约车发出有人想要打车的通告；司机抢单成功后，驱车赶往打车人的当前位置，完成接驾过程。在这一系列过程中，需要从旅客到服务平台，以及从服务平台、司机到打车人之间的通信网络支持。许多其他场景与此类似，需要通过网络传输基于位置的服务信息。

3. LBS 计算网格（位置云）

LBS 计算网格的主要作用在于以下几点。

（1）位置解算与结果优化。处理定位网络发送来的基础定位信息，从而解算出目标的位置；对定位结果作进一步优化处理，提高定位精度或结果稳定性。

（2）位置数据深入挖掘与分析。例如，通过分析用户在不同时间的运动轨迹，可以确定用户的行为习惯，这对于犯罪侦查等很有帮助；通过对用户的运行轨迹进行回放，可以判断员工是否巡检了某个区域或进入了禁入区域；通过商品摆放位置与销售量的关联分析，可以优化商场的货物摆放位置等。

（3）电子地图融合、制作与更新。这是百度地图、谷歌地图、中国天地图等地图提供商的重点工作。

4. LBS 用户服务网络

LBS 用户服务网络的主要作用是为用户提供丰富多彩的基于位置的增值服务，通常包括一个或多个用户服务中心，各个中心间可以实现资源共享和协同操作。服务网络通过互联网、移动互联网等为用户提供专业的位置服务，用户通过各种终端（如智能手机、笔记本电脑、平板电脑、智能手表、智能眼镜等）使用 LBS 用户服务网络提供的服务。

LBS 目前已与云计算、大数据、5G/6G、移动互联网、物联网、地球空间信息、人工智能等新兴技术充分融合，在国防、安全、水利、测绘、公众生活方面的应用越来越广泛。根据《2024 中国卫星导航与位置服务产业发展白皮书》的数据，中国卫星导航与位置服务产业产值已达到 5326 亿元，并且还在持续增长。

从技术层面看，室内外定位技术的无缝集成、信息平台和大数据挖掘技术的突破、地理围栏技术的迅速成熟，都将推动 LBS 进一步发展。目前，在定位技术、时空数据的高效索引等方面已经取得了一定成果，但仍需在高精度定位、无缝化 LBS、云计算平台下海量移动对象当前/将来位置索引、社会化 LBS 应用所需的高效时间-空间-社会信息检索技术、新的索引结构和查询方法、用户的社会化隐私信息保护等方面发展可行性与可靠性高的理论与方法，提高 LBS 的服务质量和普及程度。

1.2 定位技术的分类

按照不同的分类标准，可将定位技术分成不同类型。

1.2.1 视觉定位与非视觉定位

根据在定位过程中是否使用图像、视频等视觉信息，可将目标定位分为视觉定位和非视觉定位。

1. 视觉定位

传统的视觉定位主要利用雷达、激光、红外线等传感器进行测距定位[8]。不过，使用这些传感器存在以下缺点：一方面，这些传感器通常安装在其他设备上，因此容易受到设备上的其他传感器的影响，导致测距不准，从而影响定位精度；另一方面，它们不能识别目标物体。近年来，随着视觉传感器种类更加丰富、成本更加低廉，基于摄像机、体感传感器等设备的视觉定位逐渐流行。

目前，在视觉定位中使用得最多的视觉传感器是摄像机。根据所使用的视觉传感器数目的不同，视觉定位可以分为基于单目视觉的定位、基于双目视觉的定位和基于全方位视觉的定位。基于单目视觉的定位方法仅利用一个视觉传感器来完成定位工作，它基于摄像机数学模型建立空间目标特征点与图像特征点之间的对应投影变换关系，从而确定目标特征点的位置信息，它可以基于单幅图像，也可以基于两幅或两幅以上的图像。基于单目视觉的定位方法由于只使用了一个摄像头，因此视野范围小，获取的深度信息少，定位精度低。

基于双目视觉的定位方法模仿人类双眼感知周围环境及其深度信息的功能，利用两个视觉传感器从不同位置拍摄同一场景，对所拍摄的图像进行匹配并计算视差，然后利用三角形测量原理实现距离测量。而 Kinect、RealSence 等体感传感器则不但能够获得彩色图像，而且可以获得深度图像。

基于全方位视觉的定位利用全方位视觉传感器进行目标定位，可以克服传统摄像机的视野范围不足的局限。主要有两类，一类为全景相机组成的全方位视觉传感器，如鱼眼全景相机，这种相机形成的图像容易有畸变；另一类则称为多镜头拼接全景相机，通过图像拼接技术将多个摄像头获得的图像拼接成一个完整的全方位图像，这种方式形成的图像容易形成明暗交替的条纹。

2. 非视觉定位

不采用视觉信息进行定位的技术均属于非视觉定位，如基于无线电信号（也称为射频信号）的定位，通过在目标节点和信标节点之间信息交互的方式确定目标位置，它是本书将要讲解的主要内容，具体如何定位将在后续章节讲解。

在不同使用环境，不同类型的信号传播能力不同[9]，如在潮湿环境，无线电信号就比声音信号的效果差，因为空气中的水分对高频无线电波的吸收和反射较强，但是对振动声波却影响不大。声音信号可采用超声或可听波，前者如 Active Bat 和 Cricket 系统，后者如狙击兵检测系统。红外信号相对来说衰减较大，适合于目标节点与信标节点较近的场景，典型系统如 Active Badge。也可采用可见光作为定位信号，典型的如 Lighthouse 和 Spotlight 系统。也可采用脉冲超宽带作为定位信号，它的距离分辨率比其他技术高得多，理论定位精度可达厘米级。

考虑到多数节点都有无线电硬件，因此无线电信号是最常见的定位信号形式，其强度、相位或频率都可用来估计距离。基于无线电信号的定位技术主要有 Wi-Fi、RFID、UWB、蓝牙、ZigBee、红外线、伪卫星、移动通信（基于蜂窝的定位）、电视信号等方式，它们的参数对比情况见表 1-1[10]。

注意，表 1-1 的部分指标与所采用技术的版本有关，如基于移动通信的定位，1G 和 2G 时代的精度很低，而 5G 的定位精度可达分米级别；又如蓝牙定位，从 5.1 版本开始已经能够达到分米级别的精度；Wi-Fi、ZigBee 等定位精度均随着技术版本的升级而逐渐提高。

表 1-1　基于无线电信号的无线定位技术

参数	Wi-Fi	RFID	UWB	伪卫星	移动通信	蓝牙	ZigBee	红外线	超声波	电视信号
通信频率	2.4GHz	低频～微波	3.1～10.6GHz	1757.42 MHz	899～909 MHz/ 935～954MHz	2.4GHz	868MHz/ 915MHz/ 2.4GHz	300GHz～400THz	＞200kHz	54～698MHz
传输距离	100m	5m	100m	数百米到数百千米	小区半径	10～200m	10～75m	5～10m	与发射能量有关	5～20km
定位精度	1～3m	5cm～5m	6～15cm	1～15mm	0.1m～1km	10cm～1m	0.1～2m	房间级	1～10cm	30～50m
系统成本	低	低	较高	高	中	低	低	较高	较高	中
典型系统	Horus/ Ekahau/ Nibble/ Weyes	SpotON/ LandMare/ 3D-iD	Ubisence/ Localiz-ErsSap-phire	斯坦福伪卫星室内导航系统	GPSone	BIPS	Localization	Active Badge	Active Bat/Cricket	ROSUM
部署范围	建筑物/局部区域	建筑物/局部区域	建筑物/局部区域	建筑物/局部区域	城域 局部区域	建筑物	建筑物/局部区域	建筑物/局部区域	建筑物	城域

1.2.2　室外定位与室内定位

按照定位技术的使用场景，可将定位技术分为室外定位和室内定位。通常而言，室内定位技术也可用在室外，但是室外定位技术要么不适用于室内，要么精度太低。

最常见的室外定位技术是全球导航卫星系统（global navigation satellite system，GNSS），它是所有在轨卫星导航系统的总称[10]。一个卫星定位系统通常包括空间部分、地面监控部分和用户设备部分。目前，世界上最有名的 GNSS 是美国的全球定位系统，其他的有我国的北斗卫星导航系统、欧盟的伽利略系统和俄罗斯的格洛纳斯系统。另一种有名的室外定位系统是基于蜂窝通信网络的定位系统，它利用移动通信系统的基站为用户提供定位服务。

尽管卫星导航系统已在车载导航、步行导航以及军事等领域获得了广泛应用，然而室内环境由于接收不到卫星信号，因此不再适合。同时，基于蜂窝通信网络的定位系统在室内的定位效果也不佳，甚至在某些位置根本接收不到通信基站的信号，因此也不能很好地用于室内环境。因此，单独研究室内定位技术很有必要。表 1-1 中除了移动通信定位和电视信号定位，均是比较有名的室内定位技术。

1.2.3　单目标定位与多目标定位

根据目标节点数目以及与信标节点间的拓扑关系，可将定位技术分成单目标定位和多目标定位。所谓单目标定位，指的是对单个目标节点进行定位。在单目标定位模型中，存在多个位置已知的信标节点和一个目标节点。

多目标定位中存在多个目标节点。相比于单目标定位，多目标定位模型无论在网络拓扑上、目标节点数目上，还是在采集信息量上都有所不同。某些多目标定位也可由多个单目标定位聚合而成。

1.2.4　绝对定位与相对定位

根据是否求解目标的绝对位置，可将目标定位分为绝对定位和相对定位。绝对定位是求解目标的绝对坐标（如车辆当前的经纬度）的过程。目前绝大多数算法属于此类。

实际上，有时只需求解出不同对象之间的相对位置即可达到用户需求，如在地下停车场找车的应用场景中，用户只需知道自己车辆相对于当前位置的距离和方位，以及应该如何才能到达该位置，即只需求解车辆相对于用户当前位置的相对坐标即可，给出经纬度或者笛卡儿坐标反倒让用户无所适从。此外，在某些场合可能确定目标的绝对位置比较困难，甚至是不可能的，如在应急救援中，多数时候就只能确定不同对象之间的相对位置。

如果知道定位场景中某个对象的绝对坐标，则可以以该对象为参考，通过坐标转换操作将相对定位求解出来的相对位置转换为绝对位置。

1.2.5　集中式定位与分布式定位

按照定位算法是否需要在中心节点进行计算处理，可将目标定位分为集中式定位和分布式定位。集中式定位系统要求部署一个中心节点，信标节点或目标节点收集到距离或拓扑等信息后，将这些信息传输到中心节点，由中心节点计算出目标位置。分布式定位则与之相反，可以直接由定位系统中的信标节点与目标节点之间的交互完成位置计算。

集中式定位的优点在于：由于中心节点有较大的存储空间，并且不会受到能量限制，因此可以运行计算量较大的定位算法，从而获得相对较高的定位精度。但是其缺陷也比较明显：一是增大了信标节点与中心节点之间的能量开销，因为二者之间必须频繁地交换定位信息；这种频繁的信息交换同时带来了第二个缺点，即增大了定位系统的通信开销；三是这种定位方式的时延一般比集中式定位大；最后也是最为严重的，就是当中心节点出现故障的时候，整个定位系统就会瘫痪。分布式定位的优缺点与集中式定位几乎完全相反。

目前，多数定位系统是集中式定位与分布式定位的混合结构，即通过信标节点之间的协同提高系统的信息收集能力，这是其分布式的一面；通过中心节点的强处理能力提高系统的位置解算能力，这是其集中式的一面。

1.2.6　测距定位与非测距定位

按照在定位过程中是否需要测量信标节点与目标节点之间的距离，可将目标定位分为测距定位与非测距定位。所谓测距定位，指的是需要通过特定手段测量节点之间距离的定位方法。在定位之前，由目标节点发送测距信号，信标节点收到该信号后，根据选定的测距方法进行距离测量。常用的距离测量方法有接收信号强度指示（received signal strength indicator，RSSI）、信号到达时间（time of arrival，ToA）、信号到达时间差（time difference of arrival，TDoA）、信号到达角度（angle of arrival，AoA）和到达相位差（phase difference of arrival，PDoA），这些方法将在第 3 章详细阐述。

非测距定位无须测量节点之间的距离信息，不过这不意味着它不需要测量其他信息。通常而言，它需要邻居节点数目、与信标节点的跳数、网络拓扑结构等信息。非测距定位的优势是不需要额外的硬件支持，在系统初始化过程中就能获取所需信息[11]。其劣势是定位精度不高，一般用在对定位精度要求不高的场合。

本书重点讲解测距定位方法。

1.3 定位技术的评价标准

为了衡量不同定位算法和定位系统的性能，必须要采用一系列的量化指标进行度量。衡量定位精度的指标有两个：一个是准确度（accuracy）[12]；另一个是精确度（precision）。准确度用定位结果与实际位置的距离表示，而精确度是定位结果相对于准确度的百分比。例如，某定位系统的定位准确度为20cm，而相对于20cm这一准确度指标，具有95%的精确度。

除了准确度，也可以从定位的鲁棒程度、算法时间开销、空间开销、能量消耗、信标节点密度、节点覆盖率、更新速率、可扩展性等方面进行比较[13]。这里主要介绍几个定位准确度指标，分别为均方误差、均方根误差、克拉默-拉奥下界、几何精度因子，并介绍一种精确度指标，即圆概率误差。

1.3.1 均方误差与均方根误差

均方误差（mean square error，MSE）是指目标节点的真实坐标值与估计坐标值之差的平方的期望值，是衡量定位结果的常用指标，其数学表达式为

$$\text{MSE}=E((x-\hat{x})^2+(y-\hat{y})^2) \tag{1-1}$$

其中，(x,y)表示目标节点的真实位置；而$(\hat{x},\hat{y})$表示目标节点的估计位置，见图1-11。图1-11和图1-8的最大差别，是噪声和非视距因素的存在导致三个信标的信号覆盖圆并不相交于一点，从而使得(x,y)和$(\hat{x},\hat{y})$并不是同一位置，二者之间存在一个距离，MSE即该距离平方的数学期望值。

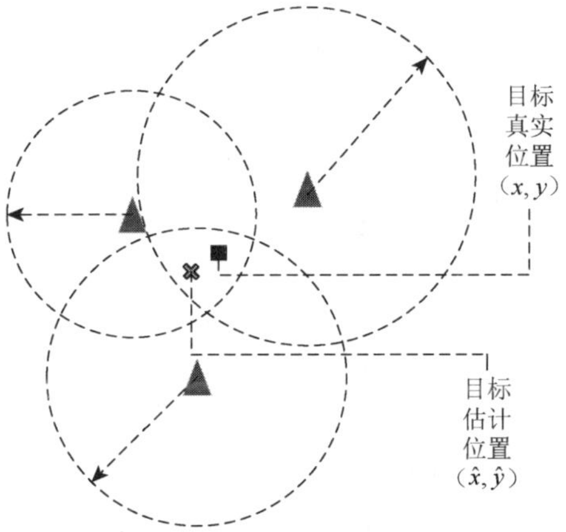

图1-11 定位误差示例

均方根误差（root MSE，RMSE）是均方误差的算术平方根，通常用来衡量定位结果与真实位置之间的偏差，其数学表达式为

$$\text{RMSE}=\sqrt{\text{MSE}}=\sqrt{E((x-\hat{x})^2+(y-\hat{y})^2)} \tag{1-2}$$

显然，均方根误差为目标真实位置与估计位置距离的数学期望值。

1.3.2 克拉默-拉奥下界

在定位误差评判中，常常通过将均方误差与克拉默-拉奥下界（Cramér-Rao lower bound，CRLB）相比较的方式来评价定位的准确率。CRLB是任何无偏参数估计方差的下界，适用于平稳高斯信号。

前面已经讲过，目标定位首先需要一些观测数据，如基于测距的定位方法需要信号强度、信号传播时延等信息来计算距离，可将这些观测数据称为观测样本。假设有n个样本，组成样本向

量 $\boldsymbol{s}$，目标定位就是要利用这些样本估计目标位置。假定 $\hat{\boldsymbol{x}}$ 是目标位置 $\boldsymbol{x}$ 的估计值，如果是二维空间，它是一个二维矢量 $\boldsymbol{x}(\hat{x},\hat{y})$，三维空间则是三维矢量 $\boldsymbol{x}(\hat{x},\hat{y},\hat{z})$。CRLB 是最好的 $\hat{\boldsymbol{x}}$ 所对应的 MSE，也就是没有误差的情况，称为无偏估计，因此：

$$E(\hat{\boldsymbol{x}}-\boldsymbol{x})=\int(\hat{\boldsymbol{x}}-\boldsymbol{x})p(\boldsymbol{s},\boldsymbol{x})\mathrm{d}\boldsymbol{s}=0 \tag{1-3}$$

其中，$p(\boldsymbol{s},\boldsymbol{x})$ 为观测量 $\boldsymbol{s}$ 与估计参数 $\boldsymbol{x}$ 的联合概率密度函数。

对 $\boldsymbol{x}$ 求导可得

$$\int\left(\frac{\partial p(\boldsymbol{s},\boldsymbol{x})}{\partial \boldsymbol{x}}(\hat{\boldsymbol{x}}-\boldsymbol{x})-p(\boldsymbol{s},\boldsymbol{x})\right)\mathrm{d}\boldsymbol{s}=0 \tag{1-4}$$

注意 $\int p(\boldsymbol{s},\boldsymbol{x})\mathrm{d}\boldsymbol{s}=1$，对式（1-4）引入对数构造，可得

$$\int\left((\hat{\boldsymbol{x}}-\boldsymbol{x})\frac{\partial \ln p(\boldsymbol{s},\boldsymbol{x})}{\partial \boldsymbol{x}}\cdot p(\boldsymbol{s},\boldsymbol{x})\right)\mathrm{d}\boldsymbol{s}=1 \tag{1-5}$$

根据柯西-施瓦茨不等式（$E(XY)\leqslant\sqrt{E(X^2)E(Y^2)}$），有

$$E(\hat{\boldsymbol{x}}-\boldsymbol{x})^2\cdot E\left(\frac{\partial \ln p(\boldsymbol{s},\boldsymbol{x})}{\partial \boldsymbol{x}}\right)^2\geqslant E\left((\hat{\boldsymbol{x}}-\boldsymbol{x})\frac{\partial \ln p(\boldsymbol{s},\boldsymbol{x})}{\partial \boldsymbol{x}}\right)=1 \tag{1-6}$$

即 $\mathrm{Var}(\hat{\boldsymbol{x}})\cdot E\left(\frac{\partial \ln p(\boldsymbol{s},\boldsymbol{x})}{\partial \boldsymbol{x}}\right)^2\geqslant 1$，于是

$$\mathrm{MSE}(\hat{\boldsymbol{x}})=\mathrm{Var}(\hat{\boldsymbol{x}})\geqslant E\left(\left(\frac{\partial \ln p(\boldsymbol{s},\boldsymbol{x})}{\partial \boldsymbol{x}}\right)^2\right)^{-1} \tag{1-7}$$

其中，$I(\boldsymbol{x})=E\left(\frac{\partial \ln p(\boldsymbol{s},\boldsymbol{x})}{\partial \boldsymbol{x}}\right)^2=-E\left(\frac{\partial^2 \ln p(\boldsymbol{s},\boldsymbol{x})}{\partial \boldsymbol{x}^2}\right)$ 为 Fisher 信息，式中导数是在 $\boldsymbol{x}$ 的真实值处计算的，数学期望是对 $p(\boldsymbol{s},\boldsymbol{x})$ 求得。

当 $\hat{\boldsymbol{x}}$ 是 $\boldsymbol{x}$ 的无偏估计量时，求得 CRLB 的值为 $1/I(\boldsymbol{x})$。

因此，CRLB 的计算步骤如下[14]所述。

（1）构建观测量 $\boldsymbol{s}$ 与估计参数 $\boldsymbol{x}$ 的联合概率密度函数为 $p(\boldsymbol{s},\boldsymbol{x})$，然后求其对数，得到对数似然函数 $\ln p(\boldsymbol{s},\boldsymbol{x})$。

（2）将对数似然函数对参数 $\boldsymbol{x}$ 求二阶导数。

（3）若二阶导数依赖于 $\boldsymbol{s}$，则求期望，否则跳过。这个期望就是 Fisher 信息，即 $I(\boldsymbol{x})=-E\left(\frac{\partial^2 \ln p(\boldsymbol{s},\boldsymbol{x})}{\partial \boldsymbol{x}^2}\right)$。

（4）求 Fisher 信息的倒数，得到 CRLB，即

$$\mathrm{CRLB}=1/I(\boldsymbol{x}) \tag{1-8}$$

1.3.3　几何精度因子

几何精度因子（geometric dilution of precision，GDOP）早期主要用于衡量卫星定位导航系统的性能，代表测距误差造成的接收机与卫星之间的距离矢量的放大因子[15]，后面被引入其他定位系统中。

使用卫星对目标节点进行定位属于测距定位方法，具体定位方法将在第 7 章学习，这里只从 GDOP 的角度进行讲解。目标节点使用卫星接收机接收卫星信号，此时，卫星即信标节点，其坐

标是已知量。假定第 i 颗卫星的坐标为 (x_i, y_i, z_i)，目标节点的真实坐标为 (x, y, z)，是待估计量，则第 i 颗卫星与目标的真实距离为

$$d_i = \sqrt{(x - x_i)^2 + (y - y_i)^2 + (z - z_i)^2} \tag{1-9}$$

目标节点通过某种测距方法测量卫星与目标之间的距离，这个测得的距离通常带有噪声，因此也被称为伪距。假定目标节点的估计位置为 $(\hat{x}, \hat{y}, \hat{z})$，则测量距离可写为

$$\hat{d}_i = \sqrt{(\hat{x} - x_i)^2 + (\hat{y} - y_i)^2 + (\hat{z} - z_i)^2} \tag{1-10}$$

将式（1-10）在估计位置 $(\hat{x}, \hat{y}, \hat{z})$ 处进行泰勒级数展开并取一阶近似，得到[16]

$$d_i - \hat{d}_i \approx u_i(x - x_i) + v_i(y - y_i) + w_i(z - z_i) \tag{1-11}$$

其中，$u_i = \dfrac{\hat{x} - x_i}{\hat{d}_i}$；$v_i = \dfrac{\hat{y} - y_i}{\hat{d}_i}$；$w_i = \dfrac{\hat{z} - z_i}{\hat{d}_i}$。

令第 i 颗卫星的测距误差为 $\Delta d_i = d_i - \hat{d}_i$，那么 i 颗卫星测距误差的矩阵表示为 $\Delta \boldsymbol{d} = [\Delta d_1, \Delta d_2, \cdots, \Delta d_i]$。另外，令 $\Delta x = \hat{x} - x, \Delta y = \hat{y} - y, \Delta z = \hat{z} - z$，定位误差矩阵为 $\Delta \boldsymbol{X} = [\Delta x, \Delta y, \Delta z]^{\mathrm{T}}$，$\boldsymbol{H} = \begin{bmatrix} u_1 & v_1 & w_1 \\ u_2 & v_2 & w_2 \\ \vdots & \vdots & \vdots \\ u_i & v_i & w_i \end{bmatrix}$。于是，基于式（1-11）可以得到如下矩阵：

$$\boldsymbol{H} \cdot \Delta \boldsymbol{X} = \Delta \boldsymbol{d} \tag{1-12}$$

如果目标节点能够收到 4 颗及以上卫星信号，则利用最小二乘法，可得

$$\Delta \boldsymbol{X} = (\boldsymbol{H}^{\mathrm{T}} \cdot \boldsymbol{H})^{-1} \cdot \boldsymbol{H}^{\mathrm{T}} \cdot \Delta \boldsymbol{d} \tag{1-13}$$

如果在同一场景下，测距误差 $\Delta \boldsymbol{d}$ 各分量同分布，那么有 $E((\Delta \boldsymbol{d})(\Delta \boldsymbol{d})^{\mathrm{T}}) = \boldsymbol{I}(\Delta r)^2$，其中 Δr 为测距误差因子，$\boldsymbol{I}$ 为单位矩阵。在此情况下，计算 $\Delta \boldsymbol{X}$ 的协方差矩阵：

$$\mathrm{cov}(\Delta \boldsymbol{X}) = E((\Delta \boldsymbol{X})(\Delta \boldsymbol{X})^{\mathrm{T}}) = (\boldsymbol{H}^{\mathrm{T}} \boldsymbol{H})^{-1} \boldsymbol{H}^{\mathrm{T}} \boldsymbol{I} (\Delta r)^2 \boldsymbol{H} (\boldsymbol{H}^{\mathrm{T}} \boldsymbol{H})^{-1} = (\Delta r)^2 (\boldsymbol{H}^{\mathrm{T}} \boldsymbol{H})^{-1} \tag{1-14}$$

式（1-14）反映了测距误差与定位误差之间的映射关系。如果测距误差相同，则定位误差仅与 $(\boldsymbol{H}^{\mathrm{T}} \boldsymbol{H})^{-1}$ 的值有关。

为此，将 GDOP 定义为 $(\boldsymbol{H}^{\mathrm{T}} \boldsymbol{H})^{-1}$ 的迹的平方根，即

$$\mathrm{GDOP} = \sqrt{\mathrm{tr}((\boldsymbol{H}^{\mathrm{T}} \cdot \boldsymbol{H})^{-1})} \tag{1-15}$$

其中，$\mathrm{tr}(\bullet)$ 表示求矩阵的迹，为矩阵主对角线上元素的和。

GDOP 分量包括以下几种：

PDOP（position DOP）：三维位置的几何精度因子，有时称球的 DOP；

HDOP（horizontal DOP）：水平几何精度因子（纬度和经度）；

VDOP（vertical DOP）：垂直几何精度因子（高度）；

TDOP（time DOP）：时间几何精度因子（时间）。

每一种 GDOP 分量均可单独计算，但它们是由协方差得到的，故相互间并不独立。在相同的观测精度下，GDOP 值越大，目标定位精度越低。不过，GDOP 与用户和定位星座间的几何关系有关，导致好的 GDOP 不一定会有高的定位精度，因为接收机与卫星分布间的几何图形虽然很好，但是接收机周围可能存在地形地物遮挡，从而使其可见性受到阻碍。条件恶劣时，甚至收不到足够数量的卫星信号，无法实现定位。因此，如果 GDOP 较好但是卫星可见性不佳，定位精度也将受到负面影响。

1.3.4　圆概率误差

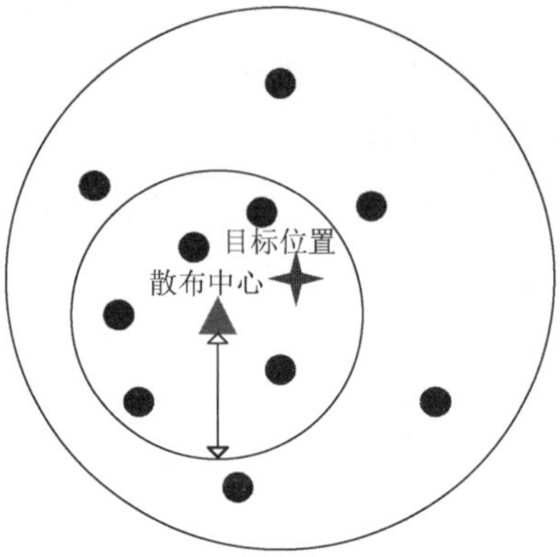

图 1-12　圆概率误差示意图

圆概率误差（circular error probable，CEP）原是用于衡量武器命中精度的指标[17]，又称为圆公算偏差。圆概率误差的定义如下：在相同条件下，向目标中心发射多枚炮弹，由于制导系统误差、瞄准误差、气象条件等因素的影响，落弹点（图 1-12 中的实心圆）将散落在目标中心附近。令平均落弹点到瞄准点的距离为系统误差，则该误差是一个随机量，其中平均落弹点就是落弹点的散布中心，而瞄准点就是目标中心。假定要求的命中系数为 50%，则以平均落弹点为圆心，包含了 50%的落弹点的圆的半径就被称为炮弹的圆概率误差。

CEP 的计算方法如下：

$$\mathrm{CEP} = 命中系数 \times \sqrt{\frac{1}{n}\left(d_1^2 + d_2^2 + \cdots + d_n^2\right)} \tag{1-16}$$

其中，d_i^2 为第 i 个落弹点与平均落弹点的距离的平方；命中系数为规定的炮弹命中率要求（不小于 0.5）。显然，CEP 越小，炮弹的命中精度越高。

1.4　经典无线定位系统举例

下面介绍 4 个典型的无线定位系统，其基本流程都是先测量距离，然后求解目标位置，相关方法都将在后续章节学习，此处不用过分纠结具体细节。

1.4.1　Cricket 定位系统

Cricket 定位系统是麻省理工学院为 Oxygen 项目研发的节点定位系统。Oxygen 项目是一个普适计算项目，其寓意是使计算像氧气一样无处不在并可自由获取。Cricket 定位系统可提供空间标识和坐标位置，定位精度可达 1～3cm。

Cricket 定位系统的信标节点被固定在房间的天花板或墙壁上，图 1-13 给出了一个实际部署场景和信标节点实物图。每个信标节点除了具有无线电模块，还配备有一个超声波模块，用于接收和发送超声波信号。目标节点部署在需要定位的人或物体上。

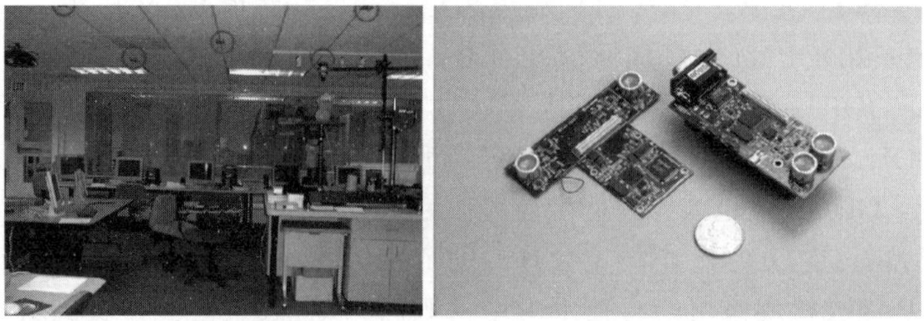

(a) 系统部署　　(b) 节点实物

图 1-13　Cricket 定位系统

每个信标节点周期性广播无线射频信号和超声波信号（图1-14），注意这两种信号是同时发送的。目标节点收到无线射频信号时，及时打开超声波接收模块。由于无线电波与超声波的传播速度存在差异，目标节点收到这两种信号时存在时间差。根据该时间差和两种信号的传播速度，即可计算出目标节点与信标节点之间的距离。目标节点选择距离自己最近的三个信标节点，利用三边定位法计算出自己的位置。

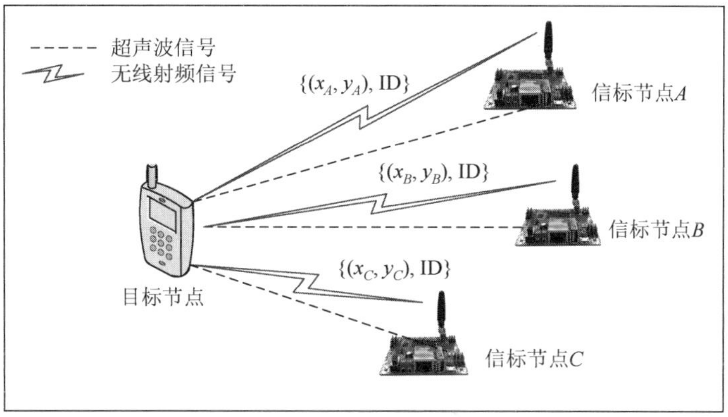

图1-14　Cricket定位系统的定位原理

1.4.2　PinPtr定位系统

PinPtr是一个反狙击手的定位系统，即确定狙击手的位置。狙击手开枪时会产生两个声波，一个是以枪口为中心、圆形向外广播的枪口爆炸波，另一个是子弹在飞行过程中沿弹道轨迹形成的锥形弹道振动波，见图1-15（a）。PinPtr系统由若干声音传感器和一个便携解算设备构成，见图1-15（b）。声音传感器的部署位置是已知的，因此相当于信标节点，而狙击手的枪口为目标节点，定位到枪口，也就定位到了狙击手。

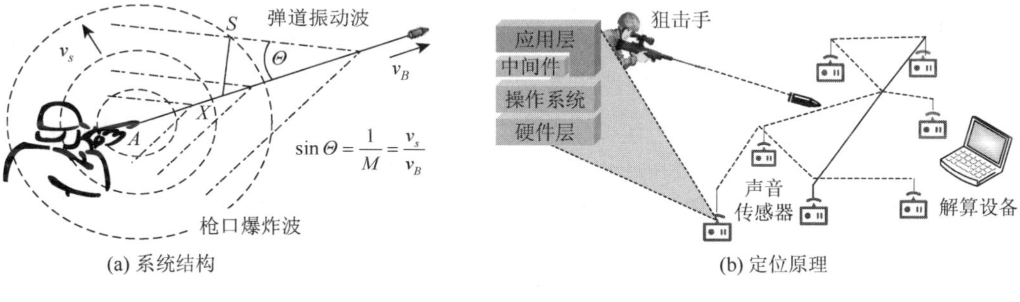

图1-15　PinPtr狙击手定位系统

假设狙击手坐标为(x,y,z)，第i个信标节点的坐标为(x_i,y_i,z_i)，它在t_i时刻检测到枪口爆炸波，枪口爆炸波的传播速度v_s是已知量，假设狙击手的开枪时刻为t，那么有

$$t_i(x,y,z,t)=t+\frac{\sqrt{(x-x_i)^2+(y-y_i)^2+(z-z_i)^2}}{v_s} \tag{1-17}$$

如果有4个或4个以上的信标节点检测到枪口爆炸波，则可构建一组方程组，求解出4个未知量x、y、z和t。

1.4.3 AHLoS 定位系统

AHLoS（Ad-Hoc localization system），即自组织定位系统[18]，主要应用于大规模传感器网络，由加利福尼亚大学研发。在整个网络中，只有少部分节点是信标节点，其他节点均是需要定位的目标节点。为了将所有节点都定位出来，该系统采用一种迭代式的方法进行。

AHLoS 系统首先利用超声波信号测量距离，然后根据目标节点周围的信标节点分布情况，选择性地利用原子多边定位、迭代多边定位或协作多边定位确定目标节点位置。具体而言，当目标节点的邻居节点中有 3 个以上的信标节点时，利用多边定位法计算目标节点位置，见图 1-16（a），这种方法在 AHLoS 系统中被称为原子多边定位。

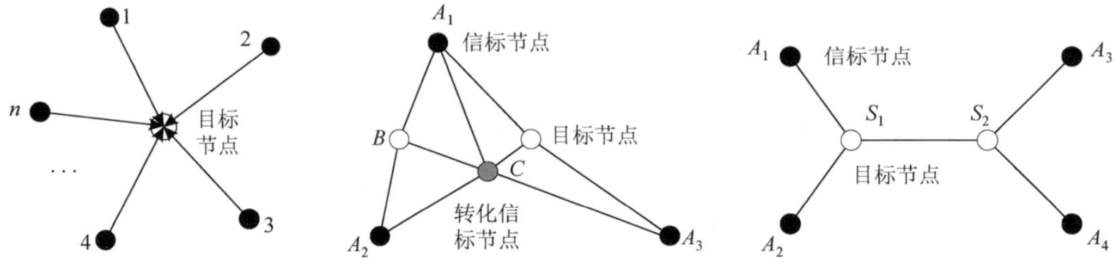

(a) 原子多边　　(b) 迭代多边　　(c) 协作多边

图 1-16　AHLoS 定位系统

迭代多边定位方法如图 1-16（b）所示，当目标节点的邻居中少于 3 个信标节点时，先不定位，等待一段时间后，部分目标节点有可能被定位出来，将它们转化为信标节点，从而让之前的目标节点的信标节点数目达到定位要求。如在图 1-16（b）中，节点 B 通信范围内只有 A_1 和 A_2 两个信标节点，无法完成定位；节点 C 的通信范围内有 A_1、A_2 和 A_3 三个信标，可以完成定位，在其确定自身位置后转化为信标节点，与 A_1 和 A_2 一起便可对未知节点 B 进行定位。

图 1-16（c）给出了协作多边定位的场景示例。如果经过多次迭代定位以后，目标节点周围的信标节点仍然少于 3 个，将无法利用原子多边或迭代多边的方法进行定位，此时可根据网络中的节点拓扑结构来计算自身位置。如在图 1-16（c）中的目标节点 S_1 和 S_2，它们的邻居节点中都只有两个信标节点，利用原子多边和迭代多边均无法确定位置。但是，通过节点 S_2 的协作，节点 S_1 可以求出到达信标节点 A_3 和 A_4 的多跳距离，从而可将 A_3 和 A_4 转化自身的信标节点，据此即可计算出自身位置。

1.4.4 SpotFi 定位系统

SpotFi 是斯坦福大学研发的基于 Wi-Fi 的定位系统，平均定位精度可达 40cm。该系统希望所用的设备很常见很通用，并且方便易用、定位精度要高。目前，Wi-Fi 在家庭、商店、商场等场所已经普及，即“所用的设备很常见很通用”，但是多数基于 Wi-Fi 的方法要么精度不高，要么需要通过烦琐的指纹定位提高精度，方便易用与定位精度之间存在矛盾。

图 1-17 给出了 SpotFi 的定位流程，它包括四个步骤：①目标节点覆盖范围内的 Wi-Fi 路由器收到目标节点的信号后，提取出信道状态信息；②根据信道状态信息测量出信号各个多径成分

的 AoA 和飞行时间（time of flight，ToF）；③根据 AoA 和 ToF 识别出直达路径；④将直达路径的 RSSI 与 AoA 结合起来求解目标位置。

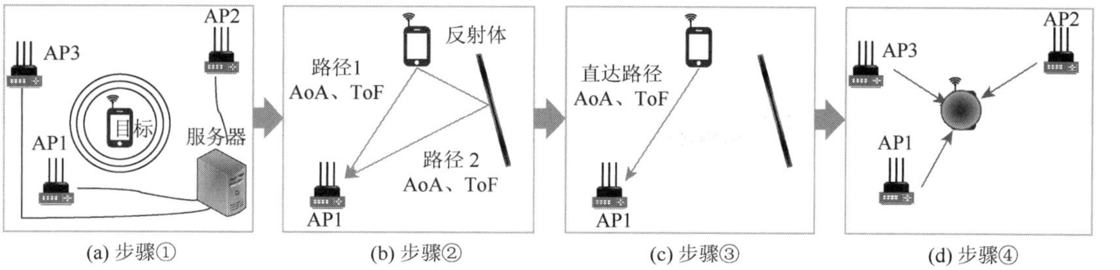

图 1-17　SpotFi 定位流程

1.5　定位技术的应用领域与发展趋势

定位技术是现代社会最为重要的技术之一，正在深刻影响着饮食、出行、社交、工作、军事等方方面面。同时，随着无人驾驶、无人开采、智能机器人等应用的普及和 5G/6G、人工智能等新技术的兴起，无线定位技术又面临着新的挑战和新的机遇。

1.5.1　无线定位技术的应用领域

1. 在军事中的应用

定位导航技术在军事中应用广泛、历史悠久、前景广阔，主要表现在以下几个方面。

（1）指挥控制：指挥人员可以通过定位导航系统实时获取友军位置，也可通过植入方式跟踪敌方作战部队和装备，从而更好地制订作战计划，掌握作战指挥主动权[19]。

（2）后勤保障：利用定位导航系统可对作战物资进行实时跟踪，实现作战物资采购、包装、装卸、储存、运输、配送、消耗的全过程可视化，实现快速、精确、可靠、安全、低耗的军事后勤保障目标。

（3）协同作战：在反恐等现代巷战中，定位系统可让作战人员之间时刻知道其他队员位置，并实时追踪和监控战场态势，从而实现紧密配合、协同作战。

（4）精准打击：现代导弹、攻击无人机等尖端武器通过定位导航系统实现目标的精确跟踪、精准打击，大幅提高作战效能和打击精度，并最大限度地降低己方损失和伤亡。

2. 在工厂生产中的应用

在石油、天然气、化工、钢铁制造等高危环境中，对工作人员进行实时定位跟踪对于保障其生命安全具有重要意义[20]，主要用途有以下几点。

（1）人员位置管理与任务调度：无线定位技术可以实现工作人员的实时定位和跟踪，从而快速了解员工在厂区内的分布情况，帮助管理人员对其进行基于位置的任务调度，提高工作效率。

（2）人员考勤与全勤奖核发：可以将定位系统与人员考勤和工资系统结合起来，通过定位系统的自动点名和考勤核发全勤奖。

（3）电子围栏与危险预警：考虑到某些高危区域不适合一般人员进入，单单依靠警示牌无法起到足够的警戒作用，为此可以通过定位系统设置电子围栏，未获许可的人员或许可过期的人员一旦进入敏感区域，就可触发声光报警。

（4）人员与车辆路径规划：当员工给定终点位置后，定位系统自动确定出员工的当前位置，并在当前位置与终点位置之间规划出合适的路径。

3. 在智慧医院中的应用

定位技术在智慧医院中以人员和物品的管理为主[21]，表现在以下几个方面。

（1）资产监控：通过在移动医疗设备上安装定位标签，配合医院无线网络，可以实时跟踪贵重仪器设备和药物的具体位置，便于资产的统一管理和高效使用，也可避免设备的遗失。医疗废弃物的监控也可以通过定位技术实现。

（2）设备运维：通过构建基于位置的医院设备运维系统，可以对设备进行状态监控，快速发现故障设备的位置，特别是人员不易察觉的位置，从而加快设备维修进程，规范设备维护操作，降低因设备故障造成的治疗延迟和损失。

（3）人员管理：通过对医护人员的定位，可以加快调度进程，提高医院运行效率，特别是提高需要多个科室协同诊断的重大疾病的响应速度；通过对一些特殊患者，如传染病患者、精神病患者，以及新生儿的定位，可以实现对重点患者的特殊关怀和重点关注。

（4）院内导诊：实现院内科室分布速查、院内位置共享等，当患者到医院就诊时，可以通过室内定位与导航，方便快捷地找到住院病房或医生办公室，而不是一个一个房间去找，从而显著加快急重患者的治疗，缓解医院拥堵。

4. 在智能交通中的应用

以智能驾驶、无人驾驶、车联网等为代表的智能交通技术正在深刻地改变人类出行方式，其中定位导航技术是其核心支撑，表现在以下几点。

（1）路线规划与导航：通过无线定位技术，车辆能确定自己的当前位置，迅速计算出从出发点到目的地的若干条路线及其距离，经过优化选择出最佳路线。在车辆行驶过程中，能自动显示车辆坐标位置及轨迹；当发生行车偏离时，及时提醒司机将车辆纠正到正确的路线上来。

（2）提高交通效率：无线定位技术能够提前告知前方道路的拥堵情况并进行预警，提醒司机及时控制车速，或为用户规划新的避堵路线；在行驶过程中，可根据车辆当前位置与前方红绿灯状态，及时告知司机是否能够通过本次红绿灯，以便做到心中有数并做好预判；甚至能够知晓是否会有救护车以及执行紧急任务的警车等，以便实现紧急车辆让行；到达目的地后自动寻找附近停车场并实现辅助泊车或无人泊车。

（3）提高交通安全：无线定位技术使得车辆能够根据与前方障碍物（石墩、行人、其他车辆等）的距离进行紧急制动预警，在交叉路口进行碰撞预警，在路面出现异常起伏、凸起与凹陷时提供预警等，显著提高交通安全等级。

（4）助力无人驾驶：无人驾驶已成为各大高科技公司竞相攻关的先进技术，并得到了各国政府的大力支持，目前已实现了封闭或半封闭园区的无人摆渡、无人清扫、无人派送，部分城市已在运营无人出租车、无人公交车，矿区的无人采矿、无人运输方面加速推进。其中，高精度定位是无人驾驶的核心技术支撑。车辆通过视觉、超声、激光雷达、毫米波雷达、惯性传感单元等器件感知环境，获取周边障碍物位置、速度、轨迹等属性进行车辆自主定位，根据定位结果实施决策控制。

5. 在矿井生产中的应用

无线定位是矿井安全高效生产的重要保障，也是矿山智能化的重要内容之一[9]，在矿山生产中具有如下重要应用。

（1）人员管理：矿井具有环境恶劣、危险系数高的特点，实时掌握井下人员的空间位置可以让地面管理人员准确了解井下人员生产情况，为矿工的人身安全提供额外支持；此外，还有利于帮助管理人员根据作业人员的地理位置分配工作任务，提高工作效率。

（2）车辆管理：除煤炭运输外，矿井中的其他运输方式均称为辅助运输，它有赖于各种有轨或无轨车辆。对辅助运输车辆进行精确定位可以实现运输路径规划、紧急避障、辅助会车、智能调度等功能，是实现矿井辅助运输无人化、提高辅助运输效率与安全性的重要保障。

（3）物资管理：借助矿井定位系统，可以实时掌控各种物料的位置、数量，预测特定岗位或特定位置的某种物料可能会在什么时候消耗完毕，从而自动发起资源调配与智能运输进程，以及物资的智能采购流程等。

（4）无人采掘：在智能掘进过程中，定位系统可以辅助确定巷道中心位置，设计出掘进轮廓线以及掘进机的掘进位置、锚杆支护位置等；在智能开采过程中，精确定位可辅助确定移架距离、支撑强度、割煤高度和深度等。

（5）应急救援：在进行矿井事故救援时，救援人员必须掌握事故发生在哪里、受影响的巷道有哪些、被困人员在何处等与位置有关的重要信息[22]，无线定位可以帮助救灾人员确定受困矿工位置，快速制定营救方案，提高救援成功率。

6. 在智慧商超中的应用

基于室内定位、室内地图、室内影像、搜索系统、室内商家信息、增强现实技术、互动分享系统所构建的综合性系统正构建商业位置服务新生态[23]。

（1）智慧停车与找车：在一个用户开车进入商场停车场之前，位置服务系统可自动提示用户是否有空余车位，并引导其前往。购物完毕后，自动将客户导航到停车位置。

（2）商品定位：为消费者提供特定商品查找、路径规划等智能引导服务，帮助消费者快速锁定目标，避免迷路、绕路，提升购物体验[24]。通过分析用户消费偏好，向用户推送精准的商品及其位置信息，帮助商场实现客户引流。

（3）仓储管理：通过对室内物品进行定位，指导管理人员寻找目标货物所在区域。为提高效率，可令货品的标签亮灯与发声，使得拣货员快速拣货，不仅节省时间，还降低了错误拣货的风险。

（4）增强位置服务：对于城市综合体这种空间大、服务品类多的大型购物休闲场所，可根据顾客消费历史推送餐馆信息、比价、特色菜等；顾客选定餐馆后，帮助预定餐位、引导用户前往，并邀请周围好友过来聚餐；就餐结束后推送商品、娱乐及其位置信息，并提供应急救援等基础能力。目前，百度地图和高德地图的“附近”功能在室外可以部分提供这些能力，但是室内还无法做到。

7. 在智慧旅游中的应用

博物馆、景区的智慧化有赖于无线定位技术提供位置信息，从而为游客、景区管理人员提供丰富多彩的服务[25]，例如以下几项。

（1）导航与讲解：在旅游过程中，游客可以通过位置导航功能准确找到心仪景点。位置服务系统检测到游客到达该景点后，自动触发景点介绍功能，自动为游客进行讲解，讲解形式可为语音、视频、文字、图片形式，甚至 AR 互动式讲解。

（2）珍贵展品管理：通过主动/被动定位、距离感知等手段，判断是否有游客非法接近了展品，并通过预警系统向值班人员上报位置信息，或者直接激活景区内的警报装置，也可与 110 系统联动。

（3）亲友与设施查找：如果景点大、游客多导致亲友走散，可以快速启动基于位置的亲友查找，通过位置共享快速找到亲友，类似于微信的共享地图功能；当然，也可查找附近的便民设施，如卫生间、小卖部等。

（4）智慧景区管理：对旅游管理部门而言，可基于定位系统进行游客流量统计、景区人数预警、游客活动轨迹分析、游客偏好统计、车辆运营调度、景区演出推送等。

8. 在物流运输中的应用

据统计，2022 年中国物流总额就达到了 347.6 万亿元，社会物流总费用约 17.8 万亿元。定位导航技术为物流运输的快速发展起到了保驾护航的作用。

（1）车辆与包裹跟踪：通过定位技术，顾客可以方便地查询包裹的当前位置，快递或物流公司则可对承运车辆进行监控和调度，并进行远程管理。

（2）路径规划与导航：可以在车辆的当前位置与目的地之间快速规划多条路径供司机选择，并在行驶过程中为司机提供连续导航。

（3）物流方案优化：物流公司根据客户的地理分布以及公司的运输能力构建优化模型，对物流方案进行全局或局部优化，优化对象包括车辆资源、仓库选址、仓储能力、代理网点、联运方案等参数。

（4）车辆紧急救援：通过基于位置的车辆调度监控管理系统，对遭遇危险的物流车辆提供紧急援助。物流公司的监控平台可以实时确定遇险车辆的地理位置，并协调各方资源为遇险车辆提供应急救援服务。若能将所有物流公司的车辆、应急救援部门的资源、交通管理部门的资源在同一个平台上互联互通，救援效果将大幅提升。

9. 在防疫抗疫中的应用

新冠疫情对各国政府的防疫抗疫能力提出了严峻的挑战，无线定位技术在其中发挥了至关重要的作用，主要表现在以下几个方面。

（1）基于行程大数据的行程码：行程码在精准识别阳性病例行程、及时切断传播渠道中发挥了重要作用，其核心便是基于运营商基站的无线定位技术。当我们到达一个新城市的时候，手机将会自动搜索附近的基站，以便打电话、发短信或上网，基于所接入过的基站位置便可生成到达过哪些城市哪些地区的行程码。

（2）人员与物资调度：在疫情初期，部分城市医护人员、口罩与呼吸机等物资严重不足，基于位置的服务系统可以将有限的人员与物资调度给更需要的医院、科室或患者，提高调度的合理性、准确性和及时性。

（3）“让民众放心”疫情大数据系统：在地图上自动显示确诊和疑似人员当前位置和状态，以及有疫区旅行史人员的当前位置、返回后的行动轨迹，基于上述信息自动提示健康居民附近是否有高危人员，并为不同对象按需推送防护知识，从而消除居民恐慌，让民众放心工作和生活。

（4）已确诊及疑似人员过往行动轨迹便捷筛查：一旦社区或其他渠道发现确诊病例后，通常会通过电视、网络等渠道发布寻人信息，寻找是否有人和该确诊病例有过时空交集，或者依靠确诊者的回忆进行筛查，结果很不及时，也很不准确。为此，可由手机运营商从各自数据中心查询目标人物的过往行动路线，与北斗、GPS 等系统进一步校对以提高精度，随后将轨迹数据发送给防疫部门和医疗单位进行排查。

1.5.2 无线定位技术的发展趋势

目前学界对定位问题的研究无论在定位的可行性理论、测距技术信息获取手段，还是定位模型计算方式、对定位结果的评估等方面都已取得了丰硕的研究成果，为定位系统设计者提供了多样化的技术选择，相关的研究成果还在不断涌现，并呈现出如下趋势。

1. 通过多种定位技术的融合从而提高定位精度

无线定位技术涉及众多技术或技术组合。为了实现定位，首先要进行信息采集，对于测距定位而言，该信息就是距离信息；对于非测距定位而言，该信息将是节点跳数、邻居数目等信息。不同的技术，其信息采集精度具有很大差别。与此类似，不同的无线信号载体、不同的位置解算算法、不同的滤波优化算法等均存在各自的优势和劣势。为此，可将多种技术联合起来，达到扬长避短的目的，如基于 ToA 和 AoA 的联合测距、基于航迹推算与 RSSI 的联合定位等。

2. 研究室内外无缝定位技术从而提高定位范围

当前，以 GNSS 为主的室外定位导航技术已经相当成熟，同时以无线电技术为主的室内定位技术也已商用多年，但是如何实现室内室外的无缝切换还不是特别成熟。无缝定位体系结构主要涉及无缝定位基础设施、统一坐标系、时间系统、通信设施和软件框架等方面，其中无缝定位基础设施主要指的是各种定位基础设施的集合，包括 GNSS 全球一体化网络基础设施、各种无线通信与电视广播基站、室内各种定位传感器网络等；统一坐标系包括全球框架、区域框架、城市框架等各种层次的坐标系；时间系统则为定位网络提供时间基准；软硬件框架中的硬件框架指的是不同接口之间的协同与集成，软件框架则主要指的是统一的定位技术标准和协议等。

3. 进一步降低非视距误差和多径效应的干扰

无线电波具有视距传输特性，如果在信号发射节点和接收节点之间存在障碍物，就会出现反射、折射、绕射等现象，从而引起非视距现象，进而影响接收端的正确测距。为此，人们提出了很多方法来对非视距传播进行识别和抑制，如误差模型法、散射体模型重构法、残差对比法、加权定位法、几何约束法、距离尺度因子法、卡尔曼滤波重构法等。

所谓的多径效应，指的是在传输过程中由于障碍物、信号传播空间有限（如在巷道空间中）等原因，信号通过多条不同的路径传输到接收节点。对于定位而言，最有效的信号当然是视距信号，也称直达径信号。然而，现实中很多时候难以提取直达径信号，或者根本没有直达径信号。如何寻找具有抗多径能力的定位算法也是定位技术的研究重点之一，常见的有基于扩展卡尔曼滤波的到达时间估计、多径联合估计算法、RAKE 结构的 TDoA 估计器、高分辨率抗多径干扰时延估计等。

4. 借助新兴技术提高定位精度或拓展应用领域

无线定位技术的发展历程，便是不断吸收新技术提高定位精度和拓展应用领域的历史。从早期发现卫星能够用于定位，到卫星定位精度的不断提高，进而到卫星定位被广泛应用于各行各业，便是不断借鉴信号处理、空间通信、智能处理、军事技术等新理论和新方法的过程。随后，发源于卫星定位导航技术的伪卫星技术则被用于室内定位中，而其他技术，如 Wi-Fi、蓝牙、UWB 等新技术，则催生了一系列新的定位方式。而这些技术的每一次升级，都带动了定位精度的提高或应用范围的拓展。目前，以深度学习为代表的人工智能正在无线定位领域发挥着越来越大的作用，特别是基于视觉的定位领域。此外，基于定位结果的轨迹数据分析等应用也如火如荼，新的位置服务正在深刻改变人们的生活。

5. 通信技术与定位技术逐渐走向一体化

对于基于无线电信号的定位系统而言，定位过程便是不同节点之间的通信过程，如测距定位需要通过目标节点和信标节点之间的通信来测量距离。为了实现这些信息的传输，可采用 Wi-Fi、UWB 等多种通信方式，这些通信技术将在第 2 章介绍。传统上，这些通信标准是为通信而非为定位制定的，如 Wi-Fi 就是典型的无线局域网通信标准，蜂窝通信则是广为使用的移动通信标准，基于这些通信标准的定位系统实现了通信与定位的松散耦合。另外，实践中多数定位系统只是单纯的定位系统，将其同时用作通信系统的情况较少。也就是说，传统意义上的通信技术强调的是通信，定位只是附加产品；而传统意义上的定位技术强调的是定位，通信只不过是其一个环节。

通信定位一体化要求实现基础设施的时域、频域和空域资源的紧密耦合，从信号设计、硬件架构、软件算法等层面实现通信与定位的高度集成，在一个系统中同时提供高质量通信与高精度定位功能，在第 2 章将会清晰地看到这一发展轨迹。以蜂窝通信为例，1G、2G 和 3G 均未在标准制定中考虑定位性能，但是从 4G 开始，就从信号设计等层面考虑了定位功能，5G 则更进一步，对定位性能提出了较为明确的要求，未来 6G 标准的制定将会集成精度更高的定位服务。

参 考 文 献

[1] 中国航海博物馆. 探秘世界航海丨西方“经纬定位”航海术[EB/OL]. https://www.kepuchina.cn/article/articleinfo? business_type=100&classify=0&ar_id=91066 [2023-11-19].

[2] 钱志鸿，孙大洋，Leung V. 无线网络定位综述[J]. 计算机学报，2016，39（6）：1237-1256.

[3] 陈利泉. 无线传感网络中节点可定位性问题研究[D]. 南京：东南大学，2019.

[4] 曾祥辉. 基于图刚性理论的无线传感器网络可定位性研究[D]. 长沙：国防科技大学，2013.

[5] 赵军，车红岩. 基于位置服务的应用技术和发展趋势[J]. 测绘科学，2016，41（4）：171-176.

[6] 周傲英，杨彬，金澈清，等. 基于位置的服务：架构与进展[J]. 计算机学报，2011，34（7）：1155-1171.

[7] 刘经南. 中国位置服务定位网构建的思考[EB/OL]. https://wenku.baidu.com/view/5e2614de6f1aff00bed51e3c.html [2019-9-19].

[8] 赵霞，袁家政，刘宏哲. 基于视觉的目标定位技术的研究进展[J]. 计算机科学，2016，43（6）：10-16.

[9] 胡青松，张申，吴立新，等. 矿井动目标定位：挑战、现状与趋势[J]. 煤炭学报，2016，41（5）：1059-1068.

[10] 庄春华，赵治华，张益青，等. 卫星导航定位技术综述[J]. 导航定位学报，2014，2（1）：34-40.

[11] 张远. 基于距离和角度信息的无线传感网节点定位问题研究[D]. 济南：山东大学，2012.

[12] 徐小龙. 物联网室内定位技术[M]. 北京：电子工业出版社，2017.

[13] 耿飞. 矿井无线传感器网络定位技术研究[D]. 徐州：中国矿业大学，2015.

[14] Luchang-Li. 克拉美罗下界 CRLB 的计算[EB/OL]. https://blog.csdn.net/u013701860/article/details/78154069 [2023-12-29].

[15] 刘天雄. GPS 系统导航卫星几何精度因子是怎么回事？第十六讲[J]. 卫星与网络，2013（6）：66-72.

[16] 杨明，刘中令，俞晖. 一种基于几何精度因子的三维室内定位方案[J]. 上海师范大学学报（自然科学版），2018，47（2）：186-191.

[17] 每天搬砖的 Mr.乔. 浅析圆概率误差[EB/OL]. https://blog.csdn.net/weixin 44406641/article/details/120929461[2023-9-19].

[18] Savvides A，Han C C，Strivastava M B. Dynamic fine-grained localization in Ad-Hoc networks of sensors[C]//The 7th Annual International Conference on Mobile Computing and Networking，New York，2001：166-179.

[19] 华强电子网. 卫星定位系统在军事领域的应用[EB/OL]. https://tech.hqew.com/fangan_1194903 [2023-9-27].

[20] Terra-It. UWB 室内定位系统[EB/OL]. https://wenku.baidu.com/view/0b31e908fbd6195f312b3169a45177232f60e48d.html[2024-2-9].

[21] 华强电子网. 无线定位技术在医院中的应用[EB/OL]. https://wenku.baidu.com/view/0b31e908fbd6195f312b3169a45177232f60e48d.html [2023-12-29].

[22] 胡青松，杨维，丁恩杰，等. 煤矿应急救援通信技术的现状与趋势[J]. 通信学报，2019，40（5）：163-179.

[23] 室内定位最新资讯. 基于 iBeacon 的室内定位在商业综合体中的应用趋势 [EB/OL]. https://www.sohu.com/a/129865293_465945 [2023-12-29].

[24] 中国移动，精准定位联盟. 室内定位白皮书（2020 年）[EB/OL]. ABUIABA9GAAgmeOFjgYosKXSnwY.pdf（faiusr.com）[2023-12-29].

[25] 重启金瓯科技发展有限责任公司. 智慧景区定位服务方案[EB/OL]. http://www.jinoux.com/product_wisdom%20scenic%20location%20service.html[2019-9-26].

第 2 章　无线定位中的通信技术

通信方式对定位系统的结构具有重要影响。第 1 章已经指出，一个定位系统包含若干信标节点，目标节点与信标节点通过无线通信技术进行信息交互，测量信号强度、到达角度等信息，进而求得目标节点的坐标位置。因此，信标节点与目标节点之间的无线通信是无线定位技术的必然基础，这些无线通信技术主要有 Wi-Fi、ZigBee、UWB、蓝牙等，如人们常说的 Wi-Fi 定位，指的就是该定位系统中采用了 Wi-Fi 通信技术。从技术体系看，直接用 Wi-Fi 定位、UWB 定位等来称呼一个定位系统是不太严谨的，因为无论采用哪种通信技术，其测距方法、定位方法、滤波优化方法都是相似的，这些技术将在后续章节逐一讲解。这些通信标准给定位系统带来了独特的技术，特别是对测距技术影响很大。本章从目标定位角度出发，先对这些通信技术进行概要介绍。读者自学或教师讲解本章中各种通信技术的最后一节时，建议与 3.1 节的测距方法交叉进行，或者先学习 3.1 节，再学习各种通信技术的最后一节。

2.1　Wi-Fi 技术

2.1.1　Wi-Fi 技术概述

Wi-Fi 是一种基于 IEEE 802.11 标准的无线局域网技术，迄今为止已经发展到第 7 代。由于用 802.11x 的方式命名不方便记忆，Wi-Fi 联盟已于 2018 年开始使用版本号的方式命名，第一个版本对应于 IEEE 802.11b。为便于统一表述，本书将 1997 年发布的第一个 802.11 协议命名为 Wi-Fi 0。各个 Wi-Fi 版本与 802.11x 对应关系如下所述。

Wi-Fi 0：IEEE 802.11，1997 年发布。

Wi-Fi 1：IEEE 802.11b，1999 年发布。

Wi-Fi 2：IEEE 802.11a，1999 年发布。

Wi-Fi 3：IEEE 802.11g，2003 年发布。

Wi-Fi 4：IEEE 802.11n，2009 年发布。

Wi-Fi 5：IEEE 802.11ac，2013 年发布。

Wi-Fi 6：IEEE 802.11ax，2019 年发布。

Wi-Fi 6E：IEEE 802.11ax，2020 年发布。

Wi-Fi 7：IEEE 802.11 be，Release1 2022 年发布，Release2 2024 年发布。

Wi-Fi 8：IEEE 802.11 bn，尚未发布。

1. Wi-Fi 0：802.11

Wi-Fi 0 协议工作在 2.4GHz 频段，支持三种物理层技术[1]，包括 1Mbit/s 速率的红外、支持 1Mbit/s 速率的跳频扩频（frequency-hopping spread spectrum，FHSS）和可选的 2Mbit/s 速率，或同时支持 1Mbit/s 和 2Mbit/s 速率的直接序列扩频（direct sequence spread spectrum，DSSS）。由于互操作性差、成本较高和吞吐量不足，该协议未得到广泛使用。

2. Wi-Fi 1：802.11b

Wi-Fi 1 的信道带宽为 22MHz，最高速率为 11Mbit/s。由于其吞吐量急剧增加，且价格大幅降低，因此被用户广泛接受。该协议抛弃了 Wi-Fi 0 中的 FHSS 物理层，只沿用了 DSSS。它采用了互补码键控（complementary code keying，CCK），因此提高了速率。为了与之前的低速 DSSS 区别，11Mbit/s 速率的物理层被称为高速物理层（high rate DSSS，HR/DSSS）。Wi-Fi 1 协议引入了短前导码格式，以便提高传输效率。当射频情况变差时，可以将速率动态降低为 5.5Mbit/s、2Mbit/s 或 1Mbit/s，这是通过改变码长、调制方式以及每个符号的比特数来实现的。

3. Wi-Fi 2：802.11a

Wi-Fi 2 的工作频率为 5GHz，速率可达 54Mbit/s，如果需要，也可降低为 48/36/24/18/12/9/6Mbit/s。Wi-Fi 2 采用正交频分复用（orthogonal frequency division multiplexing，OFDM）进行调制，它是由多载波调制发展而来的方案，每一个信道包含多个子载波，每个子载波上可以采用不同调制方式，如 BPSK、QPSK 或 QAM。OFDM 频谱效率高，能够较好地抵抗窄带干扰，使得信道均衡变得相对容易，并能降低多径效应的影响。不过，Wi-Fi 2 由于成本高、传输距离短、与 Wi-Fi 1 不兼容等因素而未被广泛接受。

4. Wi-Fi 3：802.11g

Wi-Fi 3 工作在 2.4GHz 频段，最高速率为 54Mbit/s，与 Wi-Fi 1 兼容。相对于 Wi-Fi 1，其改进主要在物理层，支持四种物理层技术，分别为 ERP-DSSS/CCK、ERP-OFDM、ERP-DSSS-OFDM、ERP-PBCC，其中 ERP 即 Extended Rate PHY，表示扩展速率的物理层，PBCC（packet binary convolutional coding）表示分组二进制卷积编码。Wi-Fi 3 支持双工作模式，从而可以同时支持 Wi-Fi 2 和 Wi-Fi 1/3。

5. Wi-Fi 4：802.11n

如果说 Wi-Fi 1 奠定了整个 Wi-Fi“帝国”的基础，那么 Wi-Fi 4 则是给“帝国”开疆扩土的一代。虽然 Wi-Fi 4 协议还是工作于 2.4GHz 频段（也可工作在 5GHz 频段），但传输速率最高可达 600Mbit/s。这是因为采用了多入多出（multiple input multiple output，MIMO）、波束成形和 40MHz 绑定技术。MIMO 技术利用多个天线进行数据发送和接收，信道绑定技术允许设备将多个频带合并起来传输数据。波束成形通过对信号进行定向传输和接收，可以增强信号的强度和稳定性，从而提高了网络的覆盖范围和抗干扰能力。此外，帧聚合技术将多个数据帧合并成一个更大的帧进行传输，从而提高了信道利用率。

6. Wi-Fi 5：802.11ac

Wi-Fi 5 工作在 5GHz 频段，具有更高的传输速率、更大的覆盖范围和更稳定的连接[2]。Wi-Fi 5 采用了多用户 MIMO（multi-user MIMO，MU-MIMO）技术，改善了路由器天线闲置的情况，允许将路由器的多根天线分配给不同用户使用，从而充分利用天线的空域资源。例如，在图 2-1 中，在不改变用户带宽和通信频段的情况下，无线接入点（access point，AP）可以同时向最多 4 个 Wi-Fi 用户发送数据，其中，AP 就是无线路由器。此外，Wi-Fi 5 采用了更高级的调制技术、支持更大的频谱带宽以及波束成形技术，从而提高传输速率。

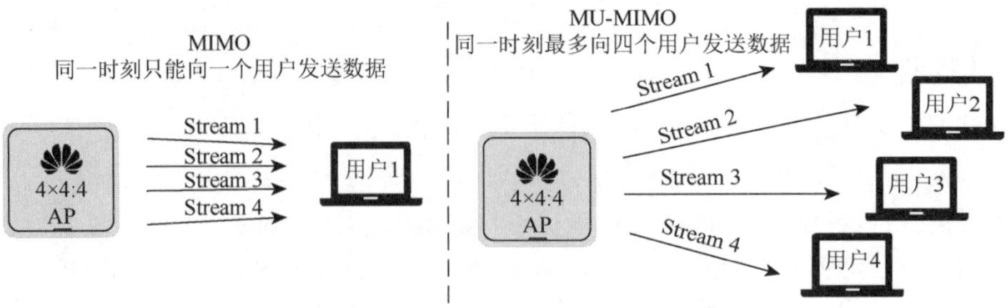

图 2-1　MU-MIMO 提高空域资源利用率示意图

7. Wi-Fi 6：802.11ax

Wi-Fi 6 同时工作在 2.4GHz 和 5GHz 频段，比 Wi-Fi 5 的容量更大、可靠性更高，这主要是通过使用更密集的调制方案（1024 QAM 和 OFDMA）、更小的子载波间隔（78.125kHz）和基于调度的资源分配来实现的。Wi-Fi 6 又被称为高效率无线标准，大幅度提升了用户密集环境中每位用户的平均传输率。

2020 年，Wi-Fi 6 升级为 Wi-Fi 6E，它采用的协议还是 802.11ax，但是在频谱资源、自动频率协调和首选扫描信道方面有所改变。Wi-Fi 6E 增加了 6GHz 频段，相比 2.4GHz 和 5GHz 频段，6GHz 频段的频率资源更丰富，也更干净。自动频率协调服务用于告知 Wi-Fi 6E 设备哪些信道和功率电平可用，以避免与现有用户出现干扰。首选扫描信道是一个用于控制信道的快速选择功能，旨在提高 6GHz 设备的连接性。

8. Wi-Fi 7：802.11be

Wi-Fi 7 提供了高达 320MHz 的频带宽度，并提供了多资源块（resource unit，RU）技术，可将多个资源单元分配给一个用户，使得频谱资源的调度更加灵活。Wi-Fi 7 提供了 4096-QAM 的调制方式，单是此项技术就将速率相比 Wi-Fi 6 提高了 20%之多。Wi-Fi 7 还引入了多链路聚合机制，以便更有效地使用频谱资源。另外，将空间流从 8 路升级到 16 路，并支持分布式 MIMO，从而使得 16 路数据流可由多个 AP 同时提供。

目前，Wi-Fi 8 标准 IEEE 802.11bn 已着手研究，旨在让通信速率更快、可靠性更高、延迟更低。同时，请注意 IEEE 正在制定的另一个标准 IEEE 802.11bf，它旨在利用 Wi-Fi 技术进行目标感知，可感知的对象包括人员、动物、车辆等，可感知的特征包括间隔距离、运动速度、运动角度、正在执行的动作，这些信息对于目标定位具有很大帮助。

表 2-1 给出了各个 Wi-Fi 协议版本的主要特征与差别，以便读者快速对比掌握。

表 2-1　各个 Wi-Fi 协议版本的主要特征对比

协议版本	11（Wi-Fi 0）	11b（Wi-Fi 1）	11a（Wi-Fi 2）	11g（Wi-Fi 3）	11n（Wi-Fi 4）	11ac（Wi-Fi 5）	11ax（Wi-Fi 6）	11ax（Wi-Fi 6E）	11be（Wi-Fi 7）
发布年份	1997	1999	1999	2003	2009	2013	2019	2020	2022 R1 2024 R2
工作频率/GHz	2.4	2.4	5	2.4	2.4/5	2.4/5	2.4/5	2.4/5/6	2.4/5/6
频带宽度/(Mbit/s)	22	22	20	20	20/40	20/40/80/160	20/40/80/160	20/40/80/160	20/40/80/160/320
最高速率/(Mbit/s)	2	11	54	54	600	6800	9600	9600	46100

2.1.2　Wi-Fi 的物理层

Wi-Fi 包括物理层和数据链路层，如图 2-2 所示。物理层定义了无线协议的工作频段、编码调制方式及对最高速率的支持[3]，数据链路层则定义了多个设备如何共享链路资源，以及对服务质量、安全、漫游等操作的支持。

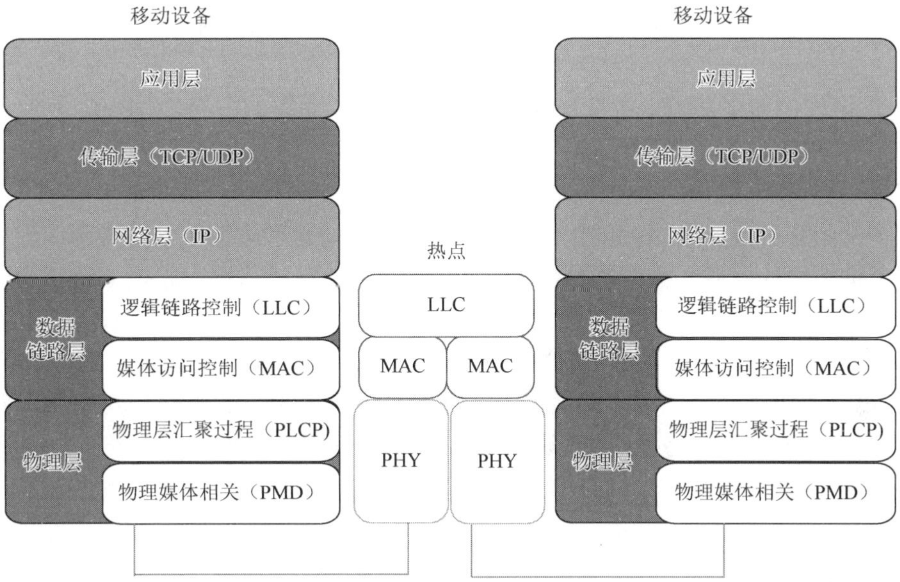

图 2-2　Wi-Fi 的协议栈结构

物理层被分成两个子层，即物理层汇聚过程（physical layer convergence procedure，PLCP）子层和物理媒体相关（physical medium dependent，PMD）子层，见图 2-2。PLCP 负责空闲信道评估、载波监听、信道管理，PMD 负责编码调制，并利用天线将 PLCP 所传来的数据传送出去。

从 802.11 的发展历程可以看出，其物理层主要有如下重要技术。

跳频扩频技术：在指定的较宽信道内有多个可用的窄带频率，收发双方按照约定的规则在不同的可用频率上跳变。在 Wi-Fi 中已经不再使用跳频扩频技术。

直接序列扩频技术：通过一个伪随机序列对发送的信号进行调制，从而将功率分散于较宽的频带，接收端再用同样的伪随机序列对信号进行解扩。直接序列扩频技术在 Wi-Fi 中使用得较多。

正交频分复用（OFDM）与正交频分多址（OFDM access，OFDMA）：OFDM 已在 Wi-Fi 2 中介绍，在一个指定的时间片，该用户占据全部的子载波并发送一个完整的数据包[4]，见图 2-3 左图。OFDMA 将整个信道的资源分成一个个固定大小的时频资源块，每个资源块至少包含 26 个子载波，用户的数据是承载在每一个资源块上的，故从总的时频资源上来看，每一个时间片上有可能有多个用户同时发送，因而提高了传输效率，见图 2-3 右图。

与 OFDM 相比，OFDMA 具有如下优势。

（1）更细的信道资源分配：在部分节点信道状态不太好的情况下，可以根据信道质量分配发送功率，来更精细化地分配信道时频资源。

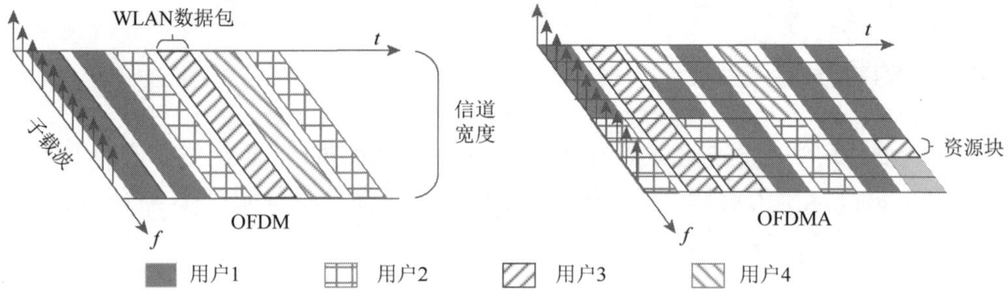

图 2-3　OFDM 与 OFDMA 对信道的占用示意图

（2）提供更好的服务质量：在之前的 Wi-Fi 标准中，如果有一个数据包需要发送，一定要等之前的发送者释放完整个信道才行，而在 OFDMA 中的一个发送者只占据整个信道的部分资源，一次可以发送多个用户的数据，所以能够减少时延。

（3）更多的用户并发数及更高的用户带宽：OFDMA 是通过将整个信道资源划分成多个子载波，子载波又按不同的资源块类型被分成若干组，每个用户可以占用一组或多组资源块以满足不同带宽需求的业务。资源块数量越多，发送小包报文时多用户处理效率越高，吞吐量也越高。

另外，虽然 OFDMA 和 MU-MIMO 都是针对多用户的技术，但其实两者有很大差别。MU-MIMO 实现了物理空间上的多路并发，适用于大数据包的并行传输，如视频、下载等应用，但运行状态不够稳定，很容易受终端影响。OFDMA 实现了频域空间的多路并发，适用于小数据包的并行传输，如网页浏览、即时消息等应用，运行状态稳定，不容易受终端影响。

2.1.3　Wi-Fi 的数据链路层

Wi-Fi 的数据链路层被分成媒体访问控制（media access control，MAC）和逻辑链路控制（logic link control，LLC）两个子层，见图 2-2，MAC 子层是数据链路层的核心。在通信网络中，假定两个或两个以上的终端彼此处于各自通信信号的作用范围之内，它们的信号通常是电压信号。若它们同时传输数据，其信号就会在接收端彼此叠加在一起，导致无法恢复发送端所发送的信号，这就是数据冲突。

Wi-Fi 的 MAC 层的核心功能就是解决数据冲突问题，方法有两种：一种称为点协调，由一个中心节点负责决定由谁来使用传输介质，不存在竞争；另一种则称为分布式协调，它允许节点去争抢传输介质，但是要按照一定规则去抢，以尽量避免产生冲突，这种规则被称为载波侦听多路访问 / 冲突避免协议（carrier sense multiple access/congestion avoidance，CSMA/CA）。由于分布式协调具有良好的分布式特性，因此应用更加广泛。

那么究竟该如何设计 CSMA/CA 呢？在正式学习这个协议之前，有必要讨论无线网络中的两个重要问题[5]：隐藏终端问题和暴露终端问题。

所谓隐藏终端问题，指的是处于发送节点信号覆盖范围以外但是位于接收节点的覆盖范围之内的节点。如图 2-4 所示，如终端 A、B 和 C 都工作在同一信道上，由于 A 和 C 都检测不到对方的无线信号，于是都认为 B 是空闲的，认为都可向 B 发送数据，它们发送的数据必然在 B 处叠加在一起而无法识别，也就是产生了冲突。对于 A 而言，它探测不到 C 的存在，即 C 对它而言是一个隐藏终端；反之亦然。显然，隐藏终端问题的原因是过分乐观地估计了信道被占用情况。

暴露终端指的是处于发送节点信号覆盖范围以内但是位于接收节点覆盖范围之外的节点。如图 2-5 所示，节点 A、B、C 和 D 都工作在同一信道上，节点 C 处于节点 B 的覆盖范围内，但是处于节点 A 的覆盖范围外。在 B 发送数据给 A 的时候，C 也能够检测到该信号的存在，现在 C 虽然想向 D 发送数据，但是害怕会和 B 正在发送的数据产生冲突就放弃向 D 发送数据。实际上，C 发送的数据到达不了 A，B 发送的数据也到达不了 D，在接收端完全不会产生冲突。显然，暴露终端问题过分悲观地估计了信道被占用情况。

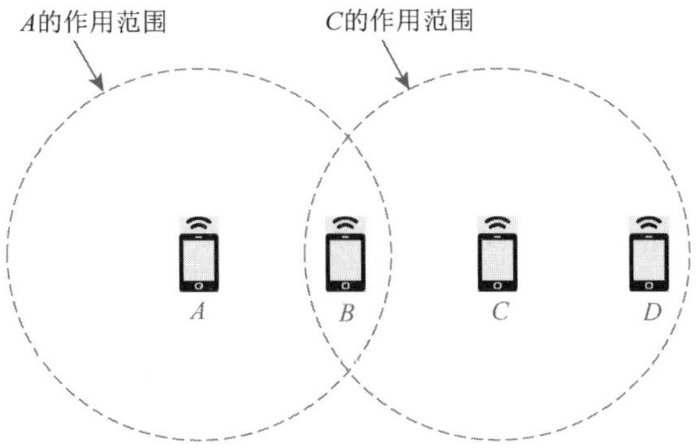

图 2-4　隐藏终端问题

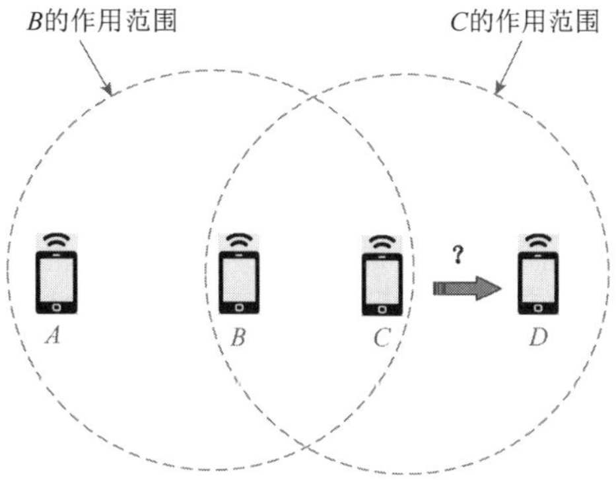

图 2-5　暴露终端问题

在 CSMA/CA 中，一个节点向另一个节点发送数据之前，必须先向对方发送一个请求发送（request-to-send，RTS）帧；如果对方同意，则回复一条允许发送（clear-to-send，CTS）帧。通过 RTS 帧与 CTS 帧的交互过程也称为信道预约，读者可以自行分析加入信道预约之后是否能够避免暴露终端问题与隐藏终端问题。值得注意的是，无论 RTS 帧、CTS 帧还是数据帧，在发送它们之前都会等待一定的时间，称为退避。常用的时间长度主要有两种：一种是分布式帧间间隔（distributed inter-frame spacing，DIFS）；另一种是短时帧间间隔（short inter-frame spacing，SIFS）。具体见图 2-6。

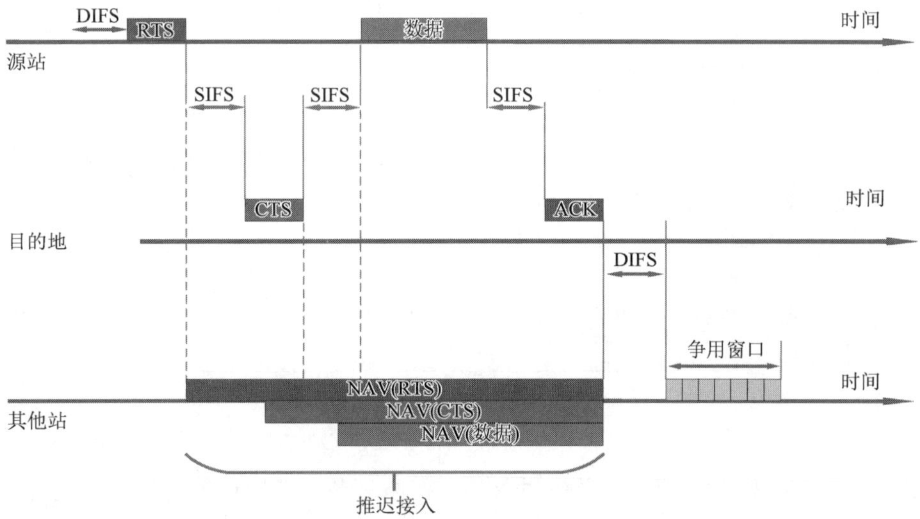

图 2-6　CSMA/CA 的数据发送过程

隐藏终端和暴露终端都会导致信道利用率降低，CSMA/CA 协议通过冲突避免机制来解决这些问题，它包括物理载波监听和虚拟载波监听双重信道检测机制，前者利用空闲信道评估（clear channel assessment，CCA）实现，后者使用网络分配向量（network allocation vector，NAV）实现。

空闲信道评估由能量检测和虚拟载波监听一起完成。能量检测通过使用物理层接收到的能量来判断是否有信号进行接入，若能量大于阈值，则认为信道繁忙，否则判定为空闲，其中阈值的设置与发送功率有关。载波监听识别物理层头部中的前导码，该前导码对于发送方和接收方都是已知的，用来进行帧同步和符号同步。节点会不断采样信道信号，将采样到的信号做自相关运算，或者与已知的前导码做互相关运算，将运算结果与阈值进行比较，若大于该阈值，则认为检测到了一个信号。

所谓虚拟载波监听，就是让源节点将其使用信道的时间告知给其他节点，其他节点在这一段时间都停止发送数据，从而避免发生冲突，见图 2-6，该图在发送 RTS、CTS 和数据的时候都设定了 NAV 值，它反映的就是占用信道的时间，只有当 NAV = 0 时才表示网络中没有数据在发送。注意，源节点通告的时间也包括目的节点发回确认帧所需的时间。称为“虚拟”载波监听的原因，是其他节点实际上并没有监听信道，只是通过源节点的通知才不发送数据的。

在进行空闲信道评估时，能量检测和虚拟载波监听两种方式必须同时使用，如果有一种判断信道是忙状态，那么就认为信道是忙状态；只有两者都认为信道空闲，才会再判断虚拟载波监听结果是否为 0。以上条件都满足时，才可以认为信道空闲，才能开始进行数据发送前的退避。

下面通过图 2-7 说明 CSMA/CA 协议发送数据的要点[6]。

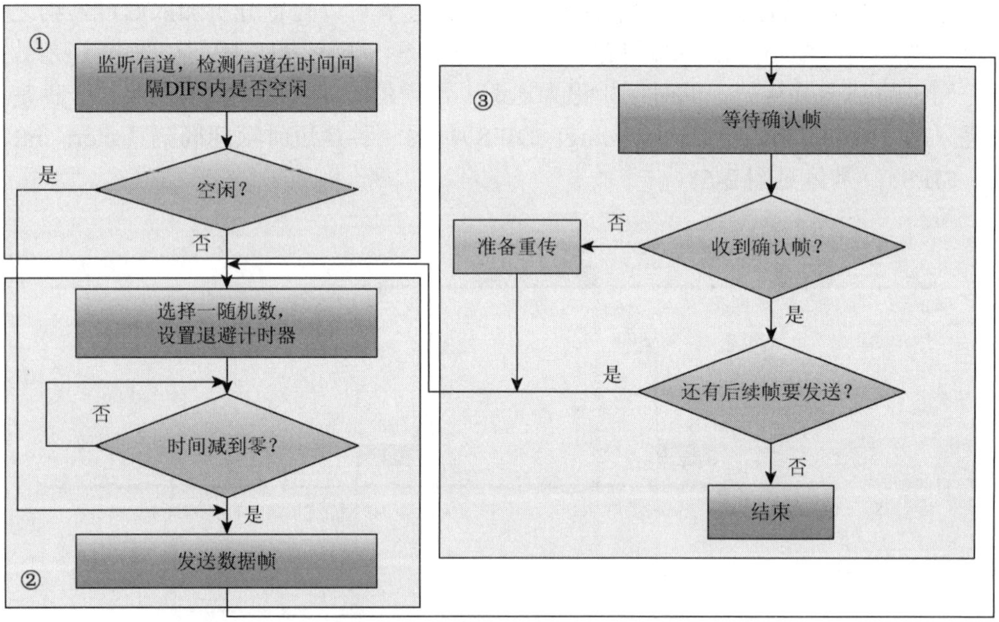

图 2-7　CSMA/CA 协议原理图

（1）若一个节点想要发送消息，首先进入信道监听环节，即通过能量检测、物理载波监听和虚拟载波监听同时监听信道，当监听到介质在 DIFS 时间内都空闲且 NAV = 0 时进入随机退避环节。

（2）在退避环节中，节点为自己随机选择一个退避数值，如果退避数值大于 0，则进一步判断 NAV>0 或传输介质繁忙是否成立，如果成立则重新进入监听环节，否则让退避数值自减一，如果退避数值等于 0，就可以发送数据，否则继续退避。

（3）数据发送完毕后，节点启动计时器，等待接收节点发送确认帧。在收到确认帧之后，节点延迟 DIFS 时间然后返回步骤（2）继续发送下一帧。如果在规定时间内没有收到确认帧，则需要重传数据，如果多次重传均告失败，则放弃本次数据发送。

上述步骤中没有再描述前面内容已经介绍过的信道预约过程，即 RTS 与 CTS 的交互过程。为了便于用户选择，Wi-Fi 标准规定用户可以自行选择是否使用信道预约机制。具体有三种选择：一是使用；二是不使用；三是当数据帧的长度超过某一数值时才使用。Wi-Fi 定位系统中的信标节点与目标节点其实就构成了一个 Wi-Fi 无线网络，它们之间的信息交互当然也必须遵循 CSMA/CA 协议。

2.1.4　Wi-Fi 网络的入网过程

Wi-Fi 的网络结构包括两种模式[7]：基础结构模式和自组网模式。在基础结构模式中，无线网络中设备包括至少一个无线接入点（AP，即无线路由器），若干个无线终端（如手机）。一个 AP 和若干个终端组成一个基本服务集，每一个基本服务集有唯一的编号（service set identifier，SSID），两个或者多个基本服务集构成一个扩展服务集，见图 2-8。在基础结构模式中，两台终端无法直接通信，它们必须通过 AP 的中转才能传输数据，哪怕距离非常近也不行。

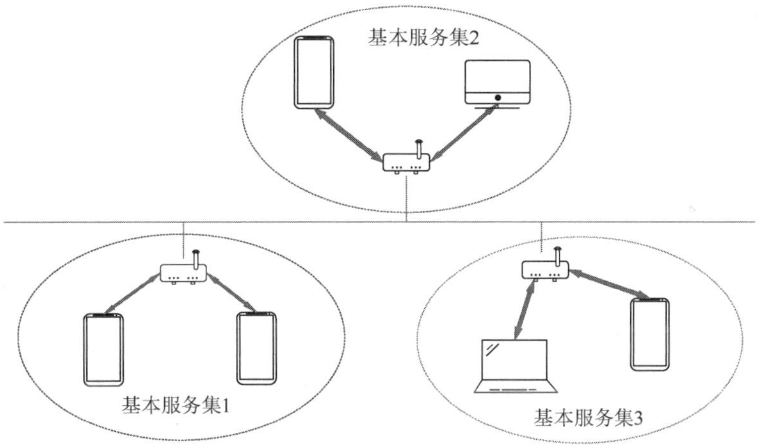

图 2-8　基础结构模式 Wi-Fi 网络

自组网模式是一种无中心、自组织的无线网络，允许两台终端直接通信。自组网模式由 Wi-Fi Direct 标准提供支持，可能的例子有以下几个。

（1）将手机内容直接投屏到电视或显示器，见图 2-9 的情形 1。

（2）手机连接到 AP，且手机与一个显示器直连，AP 的内容可以通过手机传输给显示器，见图 2-9 的情形 2。

（3）虽然有 AP，但是手机并没连接到 AP，而是手机与一个显示器直连，见图 2-9 的情形 3。

（4）手机、AP 与显示器两两连接，见图 2-9 的情形 4。

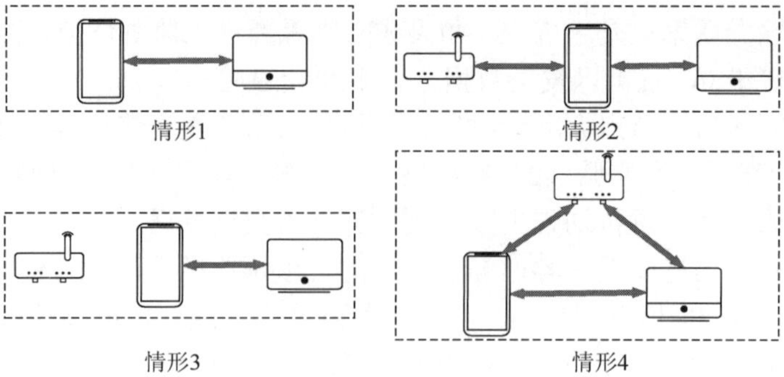

图 2-9　自组网模式 Wi-Fi 网络

在 Wi-Fi 定位中采用的是基础结构模式，AP 是其必备设备。根据功能多寡，AP 可分成胖 AP 和瘦 AP 两种，胖 AP 把所有功能都集中在 AP 中，瘦 AP 只把数据收发和 CSMA/CA 等功能置于 AP，而把其他功能放于一个统一的集中控制器（access controller，AC）。

从组网的角度看，胖 AP 和瘦 AP 存在如下区别。

1. 胖 AP 组网

（1）每个 AP 都是一个单独的节点，独立配置其信道和功率，安装简便。

（2）每个 AP 独立工作，较难扩展到大型的无线局域网和增加高级应用。

（3）每个 AP 都需独立配置安全策略，如果 AP 数量增加，将会给网络管理、维护及升级带来较大的困难。

（4）很难为无线网络质量优化采集数据。

2. 瘦 AP 组网

（1）通过 AC 对所有 AP 进行信道分配和选择，以及调整发射功率、降低 AP 之间的互干扰、提高网络动态覆盖特性。

（2）支持二层/三层漫游切换。

（3）容易实现非法 AP 检测和处理。

（4）管理节点上移后，运维数据采集针对 AC 而非 AP，解决了网管系统受限于 AP 处理能力和性能的问题。

一个节点要经过扫描、认证和关联三个阶段才能接入 Wi-Fi 网络。对于基础结构模式，Wi-Fi 终端搜索 AP 有两种方式。

（1）主动扫描方式：终端主动在其所支持的所有信道内依次发出探寻请求帧，请求帧中可以指定 SSID，表示想找到 SSID 所指定的无线网络，如果找不到，将会一直扫描下去；也可以不指定 SSID，目的是找到处于通信范围内的所有无线网络。收到该请求帧的所有 AP 都会回应，并告诉终端自己的 SSID 是什么。

（2）被动扫描方式：终端不主动发出探测请求帧，而是在所支持的信道中监听 AP 发出的信标帧。信标帧提供了 AP 及所在的基本服务集的信息，相当于告诉终端“我在这里”。这种方式的特点是发现时间较长，但比较省电。

当终端找到 AP 后就进入认证阶段，只有身份认证通过的终端才能进行无线接入访问。常见的认证方法有开放系统身份认证、共享密钥认证、WPA PSK 认证、802.1X EAP 认证等。

当 AP 向终端返回认证响应信息，身份认证获得通过后，进入关联阶段。关联的方法是先由终端向 AP 发送关联请求，AP 收到请求后向终端返回关联响应。

2.1.5　利用 Wi-Fi 进行目标定位

定位的关键在测距。目前，无论 Wi-Fi、ZigBee，还是 UWB、蓝牙，抑或是 5G 甚至 6G 移动通信，都在对应的国际标准中给出了先进的测距方法。

在 Wi-Fi 4 及其之前的版本中，目标定位主要采用信号强度测距或指纹，这种方法精度不高，只能达到 3m 以上的水平。当然，也可利用卡尔曼滤波等方法进行优化。从 Wi-Fi 5 开始，标准中引入了精细时间测量（fine timing measurement，FTM）技术，其最新版本为 IEEE 802.11 az-2022，为基于 Wi-Fi 技术的目标定位提供增强，可工作在 Sub-6GHz，也可用于毫米波频段。值得一提的是，Wi-Fi 中采用的 OFDM 也为提高定位精度提供了条件，基于 OFDM 可以获得信道状态信息，有助于降低多径效应对定位精度的影响。

传统的 FTM 中，节点之间只能通过飞行时间（time of flight，ToF）来测量距离[8]，而基于增强型定向多千兆（enhanced directional multi-gigabit，EDMG）的 FTM 还可以测得角度信息，它通过信道状态信息获得仰角和方位角，见图 2-10。为了测量角度，发起 FTM 消息交换的节点将会尝试不同的天线权值配置，直到波束指向接收站点为止。通过测得的距离和角度，发起节点可以精确地计算出响应节点的相对位置，并基于发起节点的绝对位置计算出响应节点的绝对位置。在 Wi-Fi 5 中能够获得 1～2m 的精度，在 Wi-Fi 6 中的精度小于 1m，在 Wi-Fi 7 中甚至能够小于 0.1m。

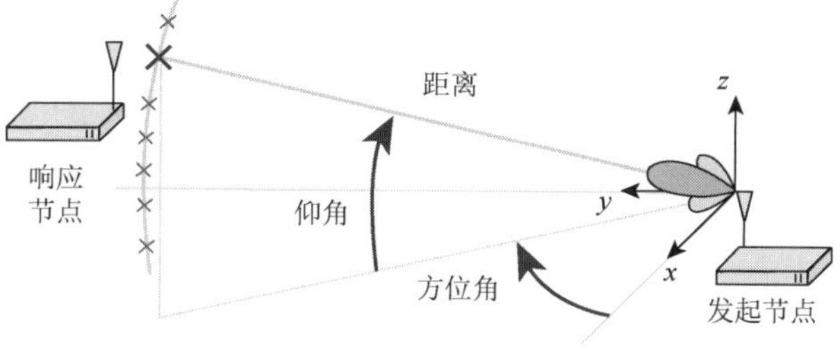

图 2-10　802.11az 利用毫米波波束成形获得方位角和仰角

Wi-Fi 和本章后续通信技术都是层次型体系结构，层与层之间会通过传递控制命令，使得下层为上层提供服务，其中上层被称为服务用户，下层被称为服务提供者，控制命令被称为原语。不同层之间是相互隔离的，但是各自会开一个“小窗”，使得原语可以通过“小窗”在不同层次之间传递，这个“小窗”称为服务访问点（service access point，SAP）。

层次性体系结构一般定义了四种类型的原语（见图 2-11）。

（1）Request：请求原语。当上层需要使用本层的功能时，通过两层之间的服务访问点向本层发送 Request 原语，要求本层执行所期望的动作。

（2）Confirm：确认原语。当本层执行完上层所指定的动作后，通过服务访问点向上层传输 Confirm 原语，用于报告动作执行的结果，告知它所执行的动作是否成功，如果失败，失败的原因是什么。

（3）Indication：指示原语。当本层需要通知上层某个事件的时候（如接收到一条消息），通过服务访问点向上层发送 Indication 原语。

（4）Response：响应原语。当上层收到 Indication 原语后，通过服务访问点向本层发送 Response 原语，对 Indication 原语做出响应。

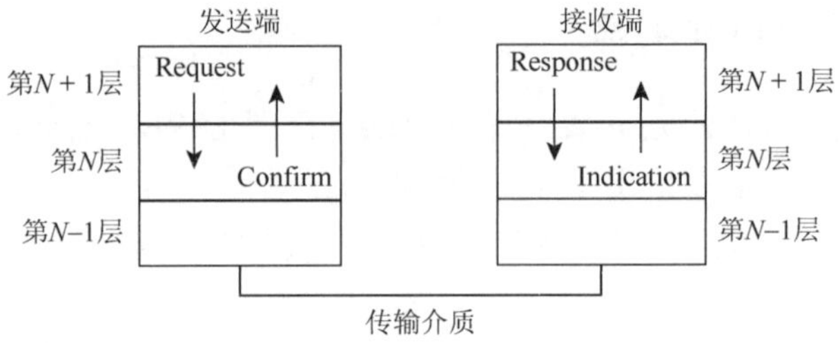

图 2-11　服务原语及其调用方式

原语的书写规则一般遵循“SAP 名称-原语功能.原语类型”的规则，如“MLME-ASSOCIATE.request”表示 MLME-SAP 上提供的关联请求原语，其中 MLME（MAC layer management entity）表示 MAC 层管理实体，ASSOCIATE 表示关联。

FTM 可通过下述四种方法测量距离[9]。

1. 基于 EDCA 的 FTM 测距

EDCA（enhanced distributed channel access）表示增强分布式信道访问，进行测距交换的 FTM 原语与时间戳流程如图 2-12 所示。某个节点（如节点 B）的系统管理实体（system management entity，SME）向其 MLME 发送精细测时请求原语，由节点 B 的天线将精细测时请求以 FTM 请求帧的方式发送给对方节点（如节点 A）。节点 A 的 MLME 收到请求帧后，向其 SME 发送指示原语，告知它收到了精细测时请求。节点 A 的 SME 经处理后向自身的 MLME 发送精细测时原语，使得节点 A 通过天线向节点 B 发送精细测时帧。节点 B 收到后，一方面向 SME 发送指示原语，另一方面向节点回复确认帧。

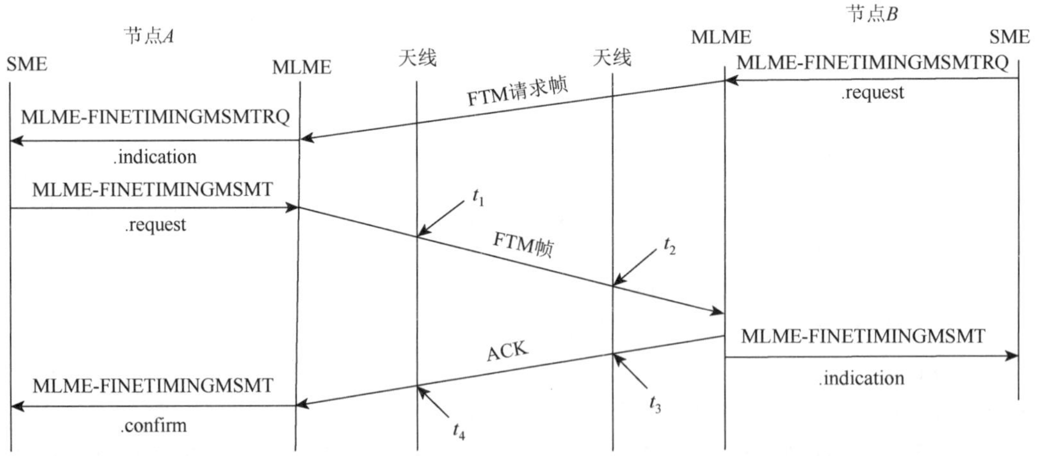

图 2-12　基于 EDCA 测距交换的 FTM 测距

节点 A 和节点 B 会分别记录测时帧和确认帧的发送时刻和接收时刻，得到图中的 t_1、t_2、t_3 和 t_4，利用这四个参数通过双程 ToA 测距法求得节点 A 与节点 B 之间的距离。双程 ToA 测距的原理见 3.1 节，后面三种 FTM 测距方法也都是双程 ToA 测距。为确保在节点之间安全地交换测量数据，节点之间可以协商一些安全参数。

基于 EDCA 的 FTM 测距的过程可简称为三次握手：一个节点发送 FTM 请求帧，另一个节点收到之后发送 FTM 帧，该节点收到 FTM 帧后发送确认。

2. 基于触发的 FTM 测距

这种 FTM 测距方式通过位置触发进行测量值交换从而估计位置，也就是要收到对方的触发消息后才可发起测距过程，见图 2-13，图中的 ISTA（initiating station）表示发起者，RSTA（responding station）表示响应者，R2I 表示从响应者到发起者，I2R 表示从发起者到响应者，LMR（location measurement report）表示位置测量报告。这种方式允许响应节点和多个发起节点同时交换测量值，也允许在节点之间协商安全参数。

前面内容已经提到过从 Wi-Fi 6 开始引入了 OFDMA 技术，它将 OFDM 中的信道进一步划分为资源块分配给不同的用户，从而大幅提升了频谱利用效率，以便更多用户能够并行传输。在 OFDMA 技术中，无论上行传输还是下行传输，都需要利用触发帧在站点之间交换信息，其中上行传输指的是终端到 AP，反之则是下行传输。在接入信道时，可以将与资源块分配相关的信息放入触发帧中，如使用多少个空间流（图 2-1 中有空间流的概念）、对应的调制编码方法是什么等，也可通过触发帧调整终端的发送功率。

在图 2-13 中，节点 A 先等待一个触发帧的到来，它的作用相当于一个轮询帧，即询问它是否有数据要发。节点 A 收到该触发帧后，向节点 B 回送一个响应帧。之后，节点 B 向其发送一个用于进行探测的触发帧，就可以发送用于测距的空数据包通告（null data packet announcement，NDPA），其中 NDPA 表示用于初始化波束成形序列。最终目的仍然是得到 t_1、t_2、t_3 和 t_4 这四个参数。

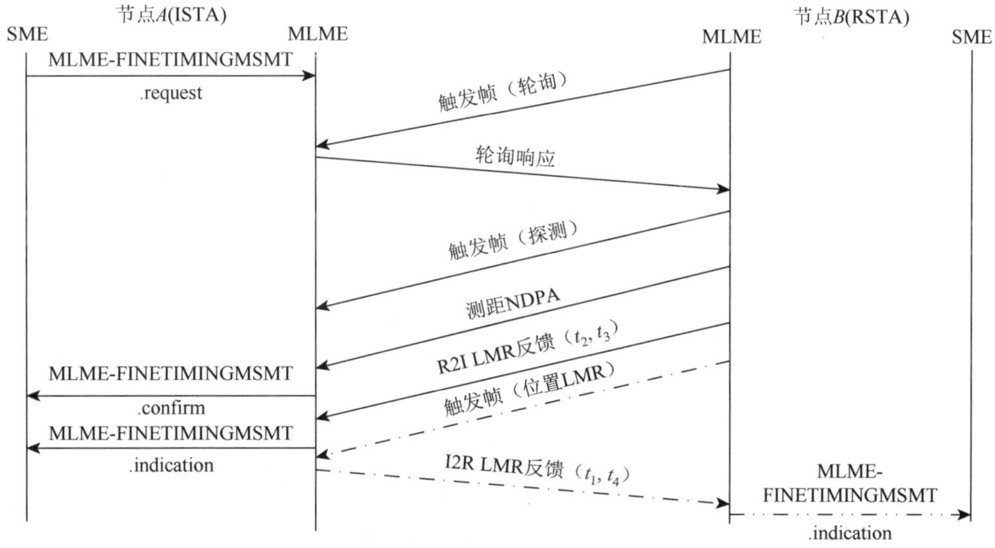

图 2-13　基于触发的 FTM 测距

3. 非基于触发的 FTM 测距

这种方式没有基于触发的 FTM 中的触发过程。同样，可以协商安全参数以确保在节点之间安全地交换测量数据。图 2-14 给出了非触发测距交换的 FTM 原语与时间戳捕获流程图，具体分析方法参照图 2-12。

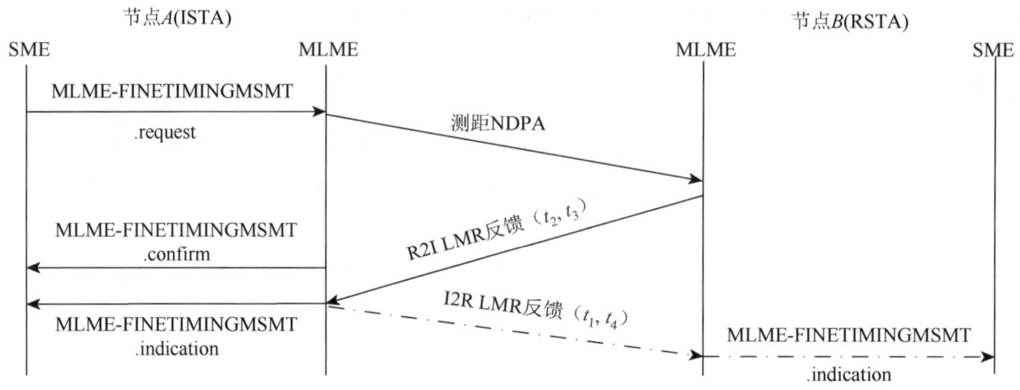

图 2-14　基于非触发的 FTM 测距

4. 基于被动触发的 FTM 测距

通过周期性接收其他节点的测量值来确定自身位置。由于不是主动发出测距消息，因此称为被动触发。图 2-15 给出了被动触发测距交换的 FTM 原语与时间戳捕获流程图，请注意与图 2-13 的区别。

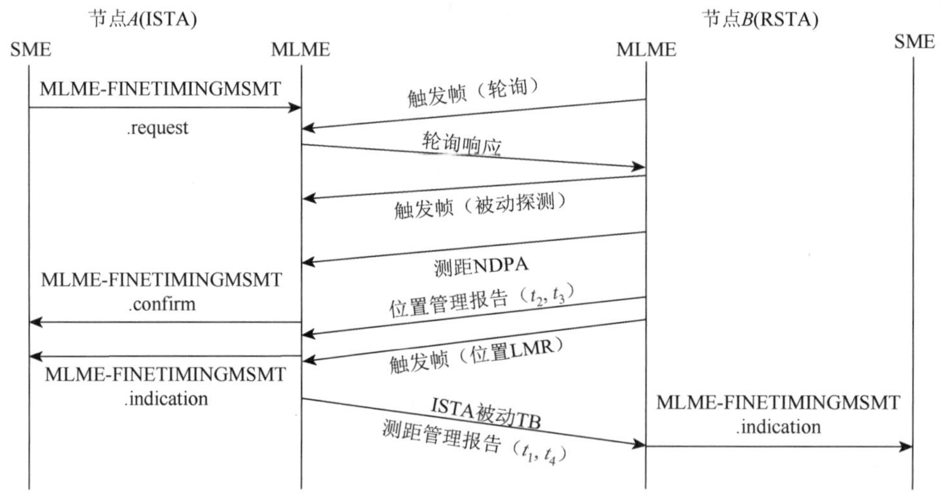

图 2-15　基于被动触发的 FTM 测距

2.2　ZigBee 技术

在目标定位领域，基于 ZigBee 技术的定位算法研究非常活跃。ZigBee 是一种近距离、低复杂度、低功耗、低速率、低成本的双向无线通信技术，可工作于 2.4GHz、900MHz 和 868MHz 等频段，主要用于自动控制、智能家居等领域，同时支持目标定位功能。

2.2.1　ZigBee 技术概述

ZigBee 的技术发展经历了以下历程[10]。

1998 年：麻省理工学院的研究人员探索用于传感器网络的低功耗、低速率的无线通信技术，ZigBee 的概念开始形成。

2003 年：飞利浦、霍尼韦尔和三菱电机等公司发起成立 ZigBee 联盟，旨在开发和推广 ZigBee 标准。

2004 年：ZigBee 1.0 诞生。

2006 年：ZigBee Pro 推出，增加了耐用性和安全性等功能。

2007 年：推出 ZigBee Smart Energy Profile，专注于为智能能源管理和家庭自动化提供可互操作的解决方案。

2011 年：ZigBee Light Link 推出，瞄准智能照明市场，实现照明系统的无线控制。

2012 年：ZigBee IP 发布，将 ZigBee 标准扩展到支持 IPv6，允许 ZigBee 设备和 IP 网络之间直接通信。

2015 年：ZigBee 3.0 发布，将各种 ZigBee 应用配置文件统一为一个标准，以简化互操作性和开发过程。

2017 年：推出 ZigBee Pro 2017 功能集，使得其性能更优、延迟更低、安全性更高。

2020 年：推出 CHIP（connected home over IP），旨在创建一个智能家居设备的通用标准，由 ZigBee 联盟、苹果、谷歌、亚马逊等联合开发，于 2022 年推出标准 Matter 1.0，2023 年 5 月和 10 月相继推出 Matter1.1 和 Matter 1.2，2024 年 5 月发布 Matter 1.3。

2021 年：ZigBee 联盟更名为连接标准联盟（Connectivity Standards Alliance，CSA），意味着其关注重点不再仅仅局限于 ZigBee 技术。

2023 年：推出 ZigBee Pro 2023，一是安全性得到提高，支持动态链路密钥入网、帧计数同步、网络参数安全等；二是扩大了对居民住宅和商业市场领域的支持，如医疗、智能家居、远程资产监控、工业设备运维、过程优化、供应链数字化等；三是增强了对能源保护与可持续发展的支持，如智慧能源、智慧城市，包括停车设施、充电桩、电网等。

按照 ZigBee 设备在网络中所起的作用，可将其分成三种类型，即协调器、路由器和终端设备，见图 2-16。一个 ZigBee 网络一般由一个协调器、多个路由器和多个终端设备组成。

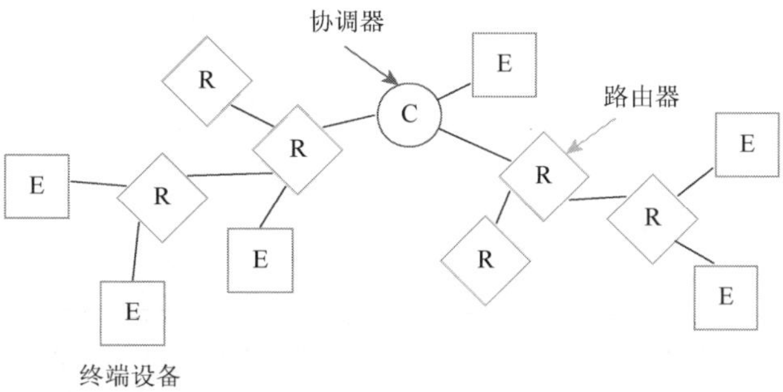

图 2-16　具有协调器、路由器和终端设备的 ZigBee 网络

协调器在 3 种设备中复杂度最高、存储容量大、计算能力最强，主要作用包括：选择信道和 PAN ID 以构建网络，允许路由器和终端设备加入网络，帮助其他设备传输数据，为休眠的终端设备缓存数据包。其中 PAN ID（personal area network identifier）是 ZigBee 网络的唯一标识号。

路由器具有维护网络连通与转发数据的任务，具体作用包括：允许其他路由器和终端设备通过自己加入网络，为收发节点查找传输路径，接收上一跳节点的数据，将数据转发给下一跳节点。路由器不能进入休眠状态。

终端设备是 ZigBee 网络的末端节点，其父节点可以是协调器或路由器。终端设备可以发送数据或接收数据，但是不能中转数据。终端设备一般适合于少量周期性的数据收发，可以进入休眠模式以便节省能量，可以采用电池供电。协调器、路由器和终端设备的功能对比如表 2-2 所示。

表 2-2　协调器、路由器和终端设备的功能对比

功能	协调器	路由器	终端设备
构建新网络	√	×	×
允许其他节点加入或离开网络	√	√	×
分配 16bit 长的网络地址	√	√	×
发现和记录消息传输路径	√	√	×
发现和记录一跳邻居节点	√	√	×
转发数据	√	√	×
接收或发送网络数据包	√	√	√
加入或离开网络	√	√	√
进入休眠模式	×	×	√

按照功能强弱，可将 ZigBee 设备分成全功能设备（full function device，FFD）和精简功能设备（reduced function device，RFD）两种[11]，见图 2-17。FFD 具有 IEEE 802.15.4 规定的全部功能和所有特征，具有更多的存储空间、计算能力，也具备控制器的功能，可以和网络中的任何一种设备进行通信，可提供双向信息传输，因此 FFD 可以担任网络协调器。FFD 也可在空闲时作为路由器或终端设备使用，并支持任何一种拓扑结构。

RFD 只能传送信息给 FFD 或从 FFD 接收信息，因此 RFD 之间不能直接传递数据，只能通过 FFD 中转。RFD 的功能有限，复杂性低，成本不高，在网络中通常用于终端设备，且只支持星形结构。一个 ZigBee 网络的形成，必须先有 FFD 担任网络协调器，再让其他的 FFD 或 RFD 加入这个网络。

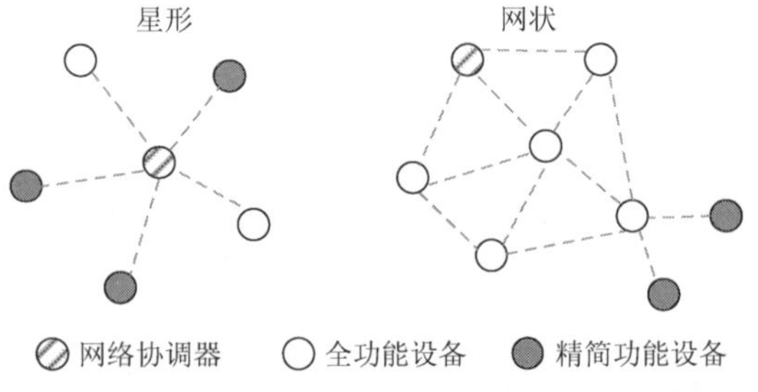

图 2-17　ZigBee 网络的拓扑结构

ZigBee 最新标准仅支持两种拓扑类型，即星形和网状形，如图 2-17 所示。星形拓扑以协调器为中心，网络中的任何设备如果想要传递数据，必须经过中心协调器进行转发。这种拓扑结构有着很大的局限：首先，其他节点不能距离协调器太远，否则可能无法成功传输数据；其次，协调器能量消耗过大，容易造成电能耗尽而使网络瘫痪，除非协调器采用电网供电解决电能问题；第三，节点之间只有唯一的路径，即通过网络协调器进行转发。

网状结构是一种多跳的拓扑结构，节点的数据传输有多条路径可供选择，如果某条路径出现问题，可以通过其他路径传输数据，因此可靠性更高。数据传输路径可以自动建立和维护，具有强大的自组织与自愈能力。此外，网状拓扑通过多跳的方式可以组成极为复杂的网络，可以具有很大的深度和网络节点规模，其中深度表示与协调器的跳数。

2.2.2　ZigBee 的体系架构

接下来以最新的 ZigBee Pro 2023 为例介绍 ZigBee 的体系架构[12]。ZigBee 构建在 IEEE 802.15.4 协议基础之上，自底向上主要包括物理层、媒体接入控制层、网络层和应用层，见图 2-18。其中，物理层和媒体接入控制层的规范由 IEEE 802.15.4 定义，其最新版为 IEEE 802.15.4-2020；ZigBee 定义网络层和应用层的规范。由于 IEEE 802.15.4 是为个域网而制定的，因此 ZigBee 中会出现 PAN 的简称，它指的就是个域网，此处可等同 ZigBee 网络。

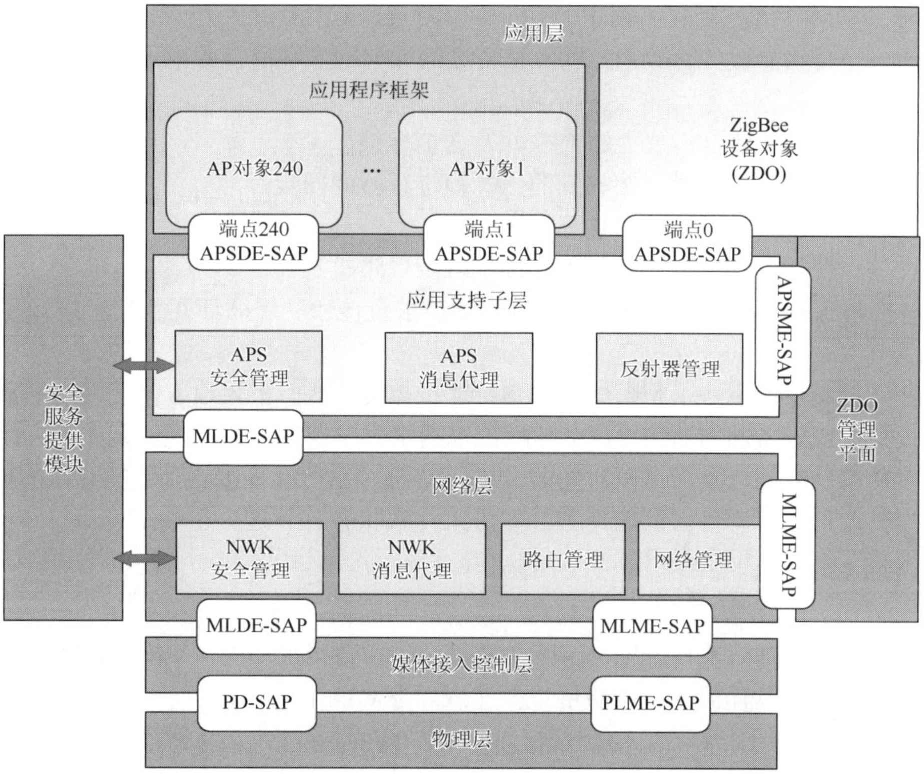

图 2-18　ZigBee 网络的体系结构

与 Wi-Fi 类似，ZigBee 的某一特定层是其下一层的用户，同时是其更上一层的服务提供者或服务实体，服务用户与服务提供者之间通过服务原语交互信息。一个服务实体内部如何实现对于服务用户而言是透明的，服务用户不知道也不用知道服务实体内部是如何实现的，它只需通过服务访问点使用其服务即可。

接下来介绍 ZigBee 各层的主要功能。

1. 物理层

物理层定义了 ZigBee 通信的硬件特性[13]，包括调制方式、工作频带和传输功率，主要作用是利用物理介质为媒体接入控制层提供物理连接，以便透明地传送比特流。具体而言，需要完成以下任务。

（1）激活和关闭无线收发器，以便利用休眠的方式节省能量。

（2）估计信号强度，以便能够进行能量检测。

（3）计算链路质量指示。

（4）监听信道，判断信道是否可用，即空闲信道评估。

（5）将收发器调整到支持的信道上，即对信道频率进行选择。

（6）数据包的传输和接收。

2. 媒体接入控制层

ZigBee 的媒体接入控制层采用了 Wi-Fi 中学习过的 CSMA/CA 协议，利用它处理多个设备如何使用同一个传输介质传输数据，以及设备之间如何同步和交换数据的问题。具体而言，媒体接入控制层完成如下任务。

（1）对于协调器而言，需要能够产生并发送信标帧。

（2）所有节点都要能够根据接收到的信标帧进行时间同步。

（3）使用 CSMA/CA 机制共享物理信道。

（4）在信标使能模式下，能够处理和维护时隙保障机制。

（5）对接收到的数据发送确认，并具有自动请求重传和利用循环冗余校验进行差错检测的功能。

媒体接入控制层中引入了超帧结构和信标帧的概念，从而极大地方便了网络的管理。可以以超帧为周期组织设备间的通信，每个超帧都以网络协调器发出信标帧为起始，信标帧中包含了超帧将要持续的时间以及对这段时间的分配等信息。普通设备接收到超帧开始的信标帧后，就可以根据其中的内容安排自己的任务，如进入休眠状态直到这个超帧结束。

3. 网络层

网络层实现节点加入或离开网络、路由查找及传送数据等功能，其核心是路由和寻址以及网络的建立和维护。具体而言，网络层主要完成以下功能。

（1）配置新设备：配置节点工作模式，可以作为协调器以便建立新网络，或作为普通节点以便加入现有网络。

（2）建立网络：建立一个新网络。

（3）加入、重新加入和离开网络。

（4）寻址：协调器和路由器将会为加入网络的设备分配地址。ZigBee 支持设备寻址和应用层寻址，这里指的是设备寻址，即指定要发送数据包的目的节点地址，而应用层寻址表示接收应用的 ZigBee 端点，并要指定对应的簇 ID，这在应用层还会继续讲解。

（5）邻居发现：发现、记录和报告设备的单跳邻居。

（6）路由发现：为需要发送的数据找到一条能够连通收发节点的传输路径。

（7）接收控制：控制设备接收器何时激活以及激活多长时间，使得 MAC 子层实现同步或直接接收。

（8）数据发送：使用不同路由机制（如单播、广播、多对一或源路由）在网络中高效传输数据。

4. 应用层

ZigBee 应用层包括应用支持子层、应用框架、ZigBee 设备对象。另外，厂商也可以自定义应用对象，它们共同为应用开发者提供统一的接口。

1）应用支持子层

应用支持子层（application support，APS）负责使用消息的端点信息与相关应用进行通信，它通过 APS 数据实体（APS data entity，APSDE）和 APS 管理实体（APS management entity，APSME）提供数据传输与管理功能，并维护被管理对象的数据库，称为 APS 信息库（APS information base，AIB）。

APSDE 应向网络层以及 ZigBee 设备对象（ZigBee device object，ZDO）和应用对象提供数据服务[14]，以便在两个或多个设备之间传输数据，为此，需实现以下几点。

（1）协议数据单元的处理：在应用数据前加入 APS 协议头部。

（2）绑定：两个设备绑定后，APSDE 就能将消息从一个设备传输到另一个设备。

（3）组地址过滤：根据设备是否属于某个组播范围来决定是否将消息传输给它。

（4）可靠传输：通过重传机制提高网络层数据的传输可靠性。

（5）拒绝重复帧：重复的帧仅接收第一个，其余的被丢弃。

（6）分段功能：如果数据太大，则允许将数据分段之后再传输。

APSME 提供了一系列的管理服务，主要包括以下几点。

（1）绑定管理：能够根据两个设备的服务和需求将其匹配在一起，APSME 会构建和维护一个表来存储该信息。

（2）AIB 管理：在 AIB 中获取和设置被管理设备的属性。

（3）安全性：通过使用安全密钥保证与其他设备连接的安全。

（4）组管理：声明多个设备共享的单个地址，即组地址，以便实现组播功能。

2）应用框架

应用框架处于 ZigBee 体系结构中的最上层，是直接与用户打交道的地方。应用框架的内容非常丰富，它定义了应用对象在设备中的驻留环境。ZigBee 设备之间的数据交换是通过客户端-服务器方式执行的，它依赖于应用配置文件、簇和属性，见图 2-19。

一个设备可能有多个应用在其上运行，这些应用实例被称为端点。进一步地，端点可认为是由应用定义的逻辑扩展，是可以通过无线电模块访问的设备。例如，连接到无线电模块的电灯开关可以是一个端点，连接到同一无线电模块的调光器可能是另一个端点。每个应用都必须拥有唯一标识，这被称为端点地址，即图 2-19 中的设备 ID。用户应用可以使用的端点地址编号为 1～240，端点地址 0 被用于 ZDO，端点地址 255 则被用于广播消息，241～254 保留将来使用。例如，遥控器这个设备可以分配端点 6 用于控制主卧室中的灯，端点 8 用于管理供暖和空调系统，端点 12 用于控制安全系统，从而可以独立地与这些功能通信。

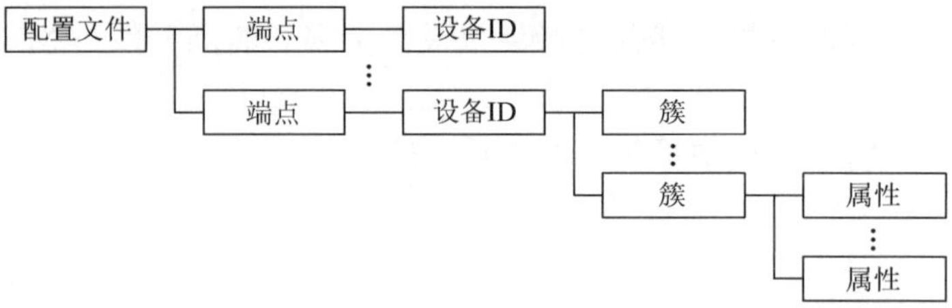

图 2-19　配置文件、端点、簇、属性的关系

端点与端点之间的通信是通过称为簇的数据结构进行的。端点可以认为是一个逻辑设备，可能包含多个簇。簇包含一组表示设备状态的属性，以及用于控制属性的命令，每个簇都有唯一的ID。例如，对于可调节亮度的调光灯（见图 2-20），有开/关状态属性和开/关命令，因此可以定义一个开/关簇；它也有光照强度属性和调节光强的命令，因此可以定义一个调光簇。在 ZigBee 中，所有的簇构成 ZigBee 簇库（ZigBee cluster library，ZCL）。ZCL 内的簇被组织成许多不同的应用类别，如照明簇、感知簇、暖通空调（供暖、通风、空调）簇、安全簇、通用簇等。ZCL 中的每个簇都指明了该簇的哪些属性是强制的、哪些属性是可选的、有哪些控制命令以及相关的功能描述。

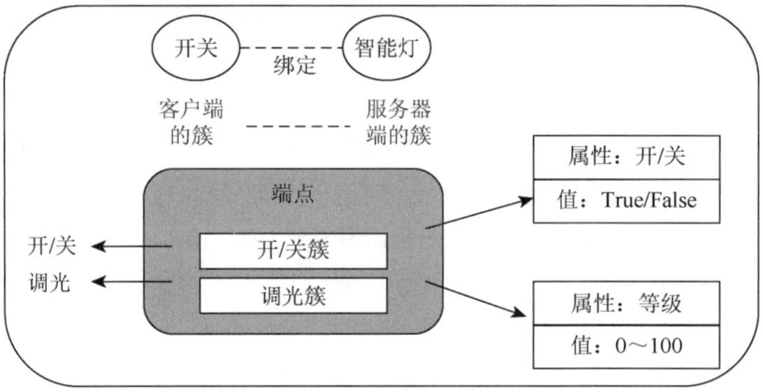

图 2-20　智慧照明中的簇

利用簇进行通信的时候需要指明信息发送方和信息接收方，它们被分别称为客户端和服务器端，这与计算机网络中的客户/服务器模式是类似的。存储有簇属性的实体通常是簇的服务器，而影响该属性或操作该属性的实体被称为该簇的客户端，见图 2-21。不过，如果有必要，簇的客户端中也可以有属性。

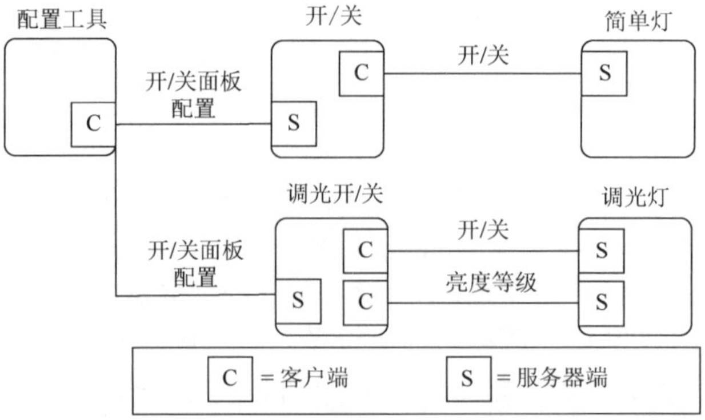

图 2-21　簇与簇之间的客户服务器通信方式

用户开发自己的应用时，如开发基于 ZigBee 的定位应用，可以从 ZCL 中选择所需的簇，具体选择哪些簇由应用配置指定。应用配置文件是对逻辑设备及其接口的描述集合，是面向某个应用类别的公约、准则，遵循该配置文件的节点之间都可以通信，从而解决了不同产品的互操作问题。图 2-22 给出了 ZCL 与 ZigBee 应用配置文件的关系示意图，每个功能领域（如安全）都包括很多簇，应用配置文件可以根据需要从一个或多个应用类别中选择需要的簇构建自己的应用。

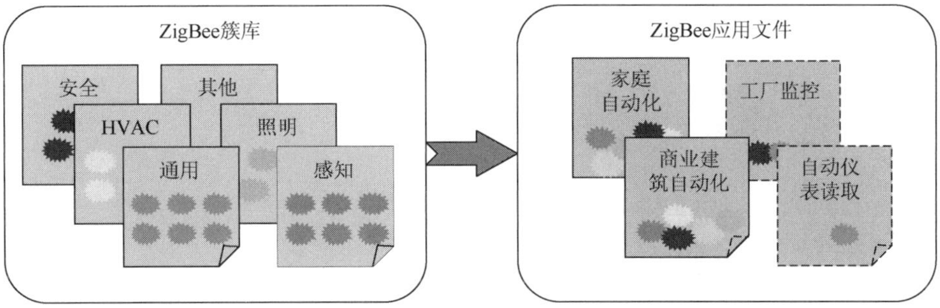

图 2-22　ZCL 与 ZigBee 应用配置文件的关系

3）ZigBee 设备对象

ZigBee 设备对象负责整体设备管理以及安全密钥和策略[15]，它是一个特殊的端点。ZDO 有自己的配置文件，称为 ZigBee 设备配置文件（ZigBee device profile，ZDP），应用端点和其他 ZigBee 节点可以访问该配置文件。ZDO 提供的主要功能如下所述。

（1）初始化应用支持子层、网络层和安全服务提供模块。

（2）设备与服务发现：发现同一网络内的其他设备，以及该设备所能提供的服务。

（3）安全管理：确定是否使用了安全选项，如果使用了，将调用 APSME 的安全管理实体执行密钥传输等功能。

（4）网络管理：如果设备类型为路由器或终端设备，则该功能提供设备加入现有网络的能力，并允许设备在意外离开网络后重新入网。如果设备类型是协调器，则该功能提供利用未使用信道创建新网络的能力。

（5）绑定管理：绑定的功能由应用支持子层提供，但是绑定功能的管理由 ZDO 提供，它确定了绑定表的大小，绑定的发起和绑定的解除等功能。

（6）节点管理：对于网络协调器和路由器，ZDO 提供网络监测、获取路由和绑定信息、发起脱离网络过程等一系列节点管理功能。

应用支持层提到绑定，这里则提到绑定管理，因此需对绑定进行适当解释。绑定是在节点之间建立关系的过程，使得这些节点能够以有意义的方式进行通信，如将开/关与灯链接起来，见图 2-23。因此，绑定决定了网络的整体功能。

为了绑定两个应用，它们必须具有兼容的簇。例如，在不同节点中用于温度控制的两个应用，一个必须能够有与温度相关的输出簇，另一个必须能将其作为输入簇使用。两个应用之间的绑定由以下各项内容指定：源网络地址和输出簇所在的应用端点；目的网络地址和输入簇所在的应用端点；簇的 ID 号。

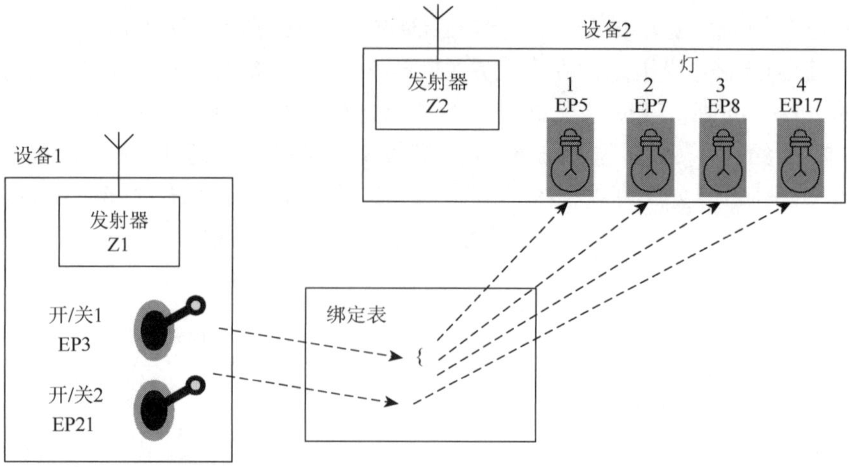

图 2-23　设备绑定与绑定表

绑定可以是一对一、一对多、多对一和多对多。所谓一对一绑定，指的是一个端点绑定到另一个（并且只有一个）端点；一对多绑定，指的是一个源端点绑定到多个目标端点；多对一绑定，指的是多个源端点绑定到一个目标端点；而多对多，则指的是多个源端点绑定到多个目标端点。这些绑定信息存储在绑定表中，绑定表可以位于网络协调器上，称为间接绑定；也可以位于源端点，称为直接绑定。

4）ZDO 管理平面

该平面横跨应用支持子层和网络层，允许 ZDO 在执行其内部任务时与这些层进行通信，并允许 ZDO 处理来自应用的网络访问和安全请求。

2.2.3　ZigBee 的组网

ZigBee 的组网包括网络初始化、节点加入网络两个步骤，其中节点加入网络又包括通过与协调器连接入网和将其他节点作为父节点入网两种情况。

1. 网络初始化

ZigBee 网络的初始化即建立网络的过程，这是由网络协调器发起的。任何一个 ZigBee 节点要组建一个网络，必须满足两点条件：第一，该节点是 FFD 节点，并具备 ZigBee 协调器的能力；第二，该节点还没有加入其他网络，因为一个 ZigBee 网络中有且只能有一个网络协调器。网络建立好后，协调器就退化成路由器的角色，可以允许其他节点加入，能够接收数据、转发数据和进行路由选择。

ZigBee 网络初始化的流程（见图 2-24）如下所述。

1）确定网络协调器

首先判断节点是否是 FFD 节点，接着判断此 FFD 节点是否在其他网络里或者是否已经存在协调器。具体方法是，通过主动扫描发送一个信标请求命令，同时设置一个扫描期限，如果在扫描期限内没有检测到信标，那么就认为在其范围内没有协调器，于是自己就充当协调器，不断地产生信标并广播出去。

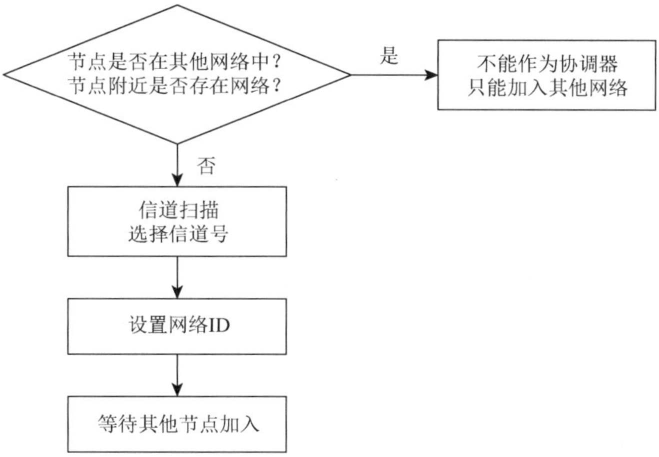

图 2-24　ZigBee 网络初始化流程

2）进行信道扫描

信道扫描包括能量扫描和主动扫描两个过程。首先对指定的信道或者默认的信道进行能量扫描，以避免可能的干扰。以递增的方式对所测量的能量值对信道进行排序，选择允许能量水平内的信道并将它们标注为可用信道。

接着进行主动扫描，在节点的各个可用信道内搜索通信半径内的网络信息。通常而言，网络信息会由该网络的协调器通过信标帧的形式在网络中广播。节点通过主动扫描方式获得这些信标帧，然后根据这些信息找到一个最好的、相对安静的信道，该信道应存在最少的 ZigBee 网络，最好是没有。在主动扫描期间，MAC 层将丢弃除信标以外的其他帧。

3）设置网络 ID

找到合适的信道后，协调器将为网络选定一个网络标识符（PAN ID），这个 ID 在所使用的信道中必须是唯一的，以避免和其他 ZigBee 网络产生冲突，而且不能是广播地址。可以通过侦听其他网络的 PAN ID，然后选择一个不会冲突的 ID 的方式来获取；也可以指定扫描的信道后，人为确定不和其他网络冲突的 PAN ID。

在 ZigBee 网络中有两种地址模式：扩展地址和短地址，其中扩展地址 64 位长，由 IEEE 组织分配，用于唯一的设备标识；短地址 16 位长，用于本地网络中设备标识，在一个网络中，每个设备的短地址必须唯一，当节点加入网络时由其父节点分配。协调器的短地址通常设定为 0x0000。

上面步骤完成后，就成功地初始化了 ZigBee 网络，然后等待其他节点的加入。

2. 通过协调器入网

节点加入网络有两种途径：一种是通过协调器加入；另一种是通过将已经加入网络中的路由节点作为父节点加入。接下来结合图 2-25 讲解节点通过协调器加入网络的过程。

（1）查找网络协调器。节点在加入网络之前，必须先执行网络发现，用于发现可以加入的网络。为此，节点发出请求帧，主动扫描可用信道，看是否能够在扫描期限内检测到信标。由于每个不同信标对应一个不同的网络，如果收到多个不同协调器的信标，则从中选择一个合适的协调器。如果节点没有检测到协调器，则间隔一段时间后重新发起扫描。也可采用被动扫描方式，即被动等待协调器发送信标帧，而不是由自己主动发出请求帧进行扫描。

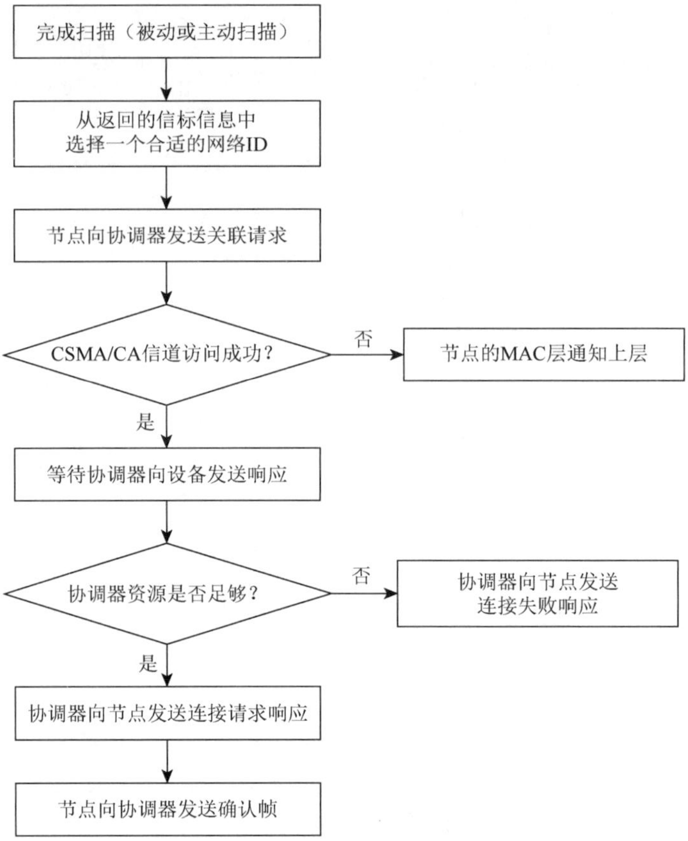

图 2-25　ZigBee 的组网流程

（2）发送关联请求命令。节点向所选择的协调器发送关联请求命令，协调器收到请求后立即回复一个确认帧，表示已经收到节点的连接请求；同时，向它的上层发送连接指示原语，通知上层有新的连接等待处理，同时设置一个等待响应时间来等待协调器对加入请求命令的处理。若协调器的资源足够，协调器会给节点分配一个 16 位的短地址，并产生包含该短地址和连接成功状态的连接响应命令。若协调器资源不够，则不会产生响应消息。

（3）等待协调器处理。当节点收到协调器对关联请求命令的确认后，节点 MAC 将会等待一段时间，用于接收协调器的连接响应。

（4）回复。节点收到关联响应命令后，立即向协调器回复一个确认帧，以确认接收到连接响应命令，此时节点将保存协调器的短地址和扩展地址，并向上层发送连接确认原语，通告关联加入成功的信息。

3. 通过已有节点入网

当靠近协调器的 FFD 节点和协调器关联成功后，处于这个网络范围内的其他节点就可以把这些 FFD 节点作为父节点加入网络。注意，由于 RFD 节点只能充当终端设备，因此不能作为其他节点的父节点，也就不能让其他节点通过 RFD 节点加入网络。具体加入网络有两种方式：一种是孤儿节点加入方式；另一种是新节点加入方式。

待加入网络的节点中，有些节点本来已经加入过网络，但因为某些原因与父节点之间的连接断开了，这样的节点被称为孤儿节点。对于孤儿节点而言，在它的邻居表中存有原父节点的信息，因此可以直接给原父节点发送加入网络的请求信息。如果原父节点同意，就直接告诉它以前被分配的网络地址，它便可成功入网；如果原父节点的子节点数已达到最大值，原父节点便无法批准它加入，孤儿节点只能以新节点身份重新寻找其他可以批准其入网的节点，或者直接向协调器申请入网。

对于新节点，它首先会在预先设定的一个或多个信道上进行主动或被动扫描，以便寻找有能力批准自己加入网络的父节点，并把找到的父节点的信息存入自己的邻居表，存入的信息包括 ZigBee 协议版本、PAN ID 等。这些潜在的父节点可能不止一个，节点从中选择一个深度最小的节点作为自己的父节点，并向其发出请求信息。如果出现两个以上最小深度相同的父节点，就随机选取一个发送请求。如果发出的请求被批准，父节点会分配一个 16 位的网络地址，此时节点入网成功。如果请求失败，那就重新查找邻居表，继续发送请求信息，直到加入网络或者邻居表中没有合适的父节点。如果没有合适的父节点，那么表示入网失败，终止入网过程。

4. 节点分离流程

节点分离即节点从网络中脱离，不再保持入网状态，有正常分离和异常分离两种情况。正常分离的过程如下。

（1）协调器主动要求节点分离。协调器向节点发送结束连接命令，无论节点是否有回应，协调器都认为该节点已经分离。

（2）已连接节点主动分离。节点主动向协调器发送结束连接命令，无论有没有收到协调器的回应，节点都认为自己已经分离。

异常分离过程是由于节点突然断电或者该节点与其父节点的无线通路被障碍物阻断而造成的分离。对于前一种，节点在重启后会发起孤儿请求连接；对于后一种，节点会尝试重传并等待响应，如果没有响应，节点则认为自己已经失去联系，间隔一段时间后，节点重新发起扫描。

2.2.4　利用 ZigBee 进行目标定位

利用 ZigBee 进行目标定位时主要采用信号强度测距或指纹定位，相关方法将在第 3 章介绍。也可采用到达时间或到达时间差的测量方法，见图 2-26，它给出了发送节点与接收节点之间传播时间的组成结构[16]。假定采样周期为 T_s，总传播时间为 T_{PT}，它包括 n 个采样周期 T_s。假定 T_{PT} 包括 m 个整数部分，其长度为 $T_{pi}=T_s\times m$；以及一个不足采样周期长度的小数部分，假定为 T_{pf}。在研究基于到达时间的 ZigBee 定位技术时，应力图准确估计这两部分时间，即整数部分和小数部分。

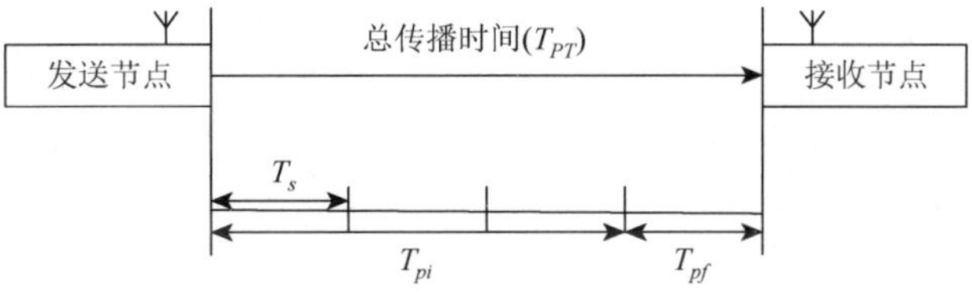

图 2-26　传播时间的组成结构

时间估计需要在收发节点之间发送 IEEE 802.15.4 数据包，其结构见图 2-27，整数部分和小数部分的传播时间分别由前导码#1 和前导码#2 计算。SFD 字段为帧起始分隔，表示前导码#1 结束了。PHR 字段表示物理层首部，它含有帧长度信息。

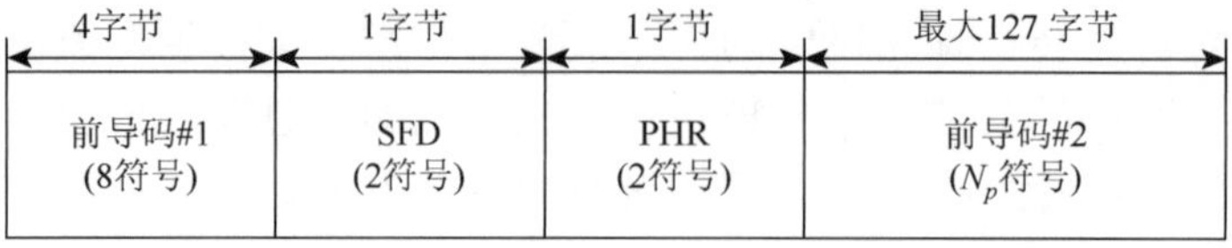

图 2-27　ZigBee 的 ToA 测量数据包结构

整数部分 T_{pi} 可以通过将发送时刻与接收时刻之间的样本数量 N_c 乘以采样周期 T_s 得到，即 $T_{pi} = N_c \cdot T_s$。实际上，前导码#1 由 8 个重复的符号组成，接收端收到后完成时间同步的时刻是随机的，所以接收端无法知道前导码#1 的准确发送时刻。因此，N_c 是通过从 N_{SFD} 中减去 10 个符号时间的计数值来计算的，其中 N_{SFD} 是直到检测到 SFD 的那一刻为止的样本数量，而 10 个符号时间就是前导码#1 和 SFD 的时间之和，如图 2-28 所示。因此，准确的时间同步和 SFD 检测对于估计 T_{pi} 至关重要。估计 T_{pf} 使用前导码#2，它由 N_p 个重复的符号组成。

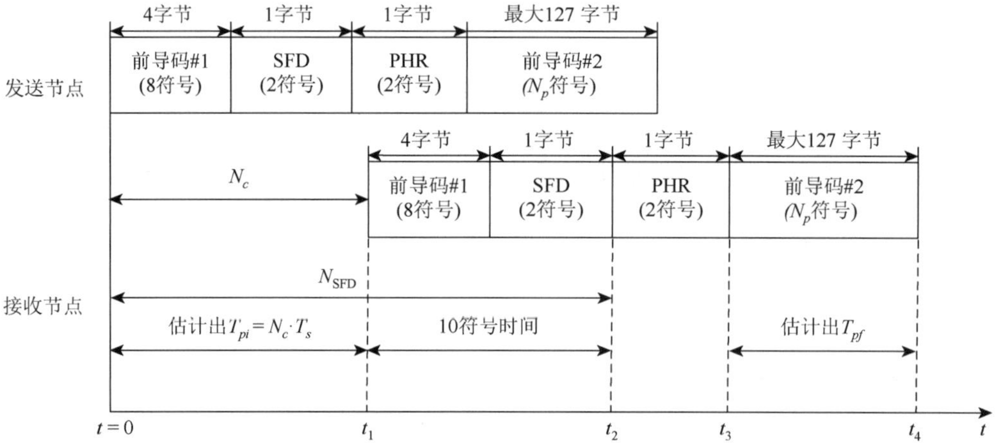

图 2-28　ZigBee 中 ToA 的整数部分的估计

图 2-29 给出了一种一维 ZigBee 测距方法[17]，发射机 T_1 和 T_2 位于两个接收机 R_1 和 R_2 之间，它们全部处于一条直线上。如果只有 T_1 的位置是未知的，则两个发射器之间的距离 d_0 是与传播时间成正比的。再使用 1 个或 2 个额外的接收器可以将其拓展到 2D 或 3D 定位情况。此外，ZigBee 也可以采用相位差测距的方式。

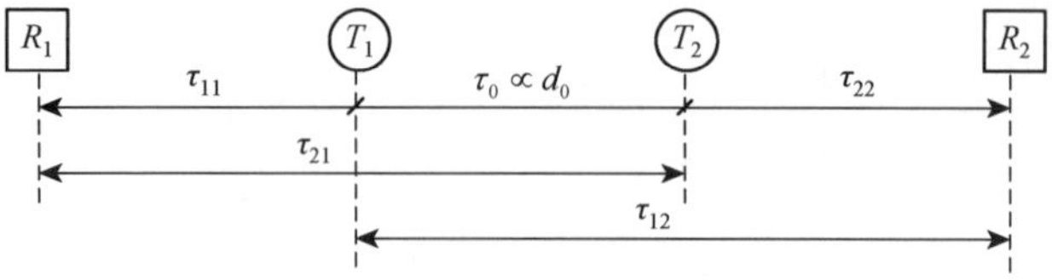

图 2-29　ZigBee 的一种一维测距

ZigBee 工作于 2.4GHz，由于 2.4GHz 也是 Wi-Fi 的工作频段（此外，Wi-Fi 也可工作在 5GHz 频段甚至 6GHz 频段，见表 2-1），因此 ZigBee 与 Wi-Fi 的工作频段存在重叠，见图 2-30。从图中可以看出[18]，Wi-Fi 信道 11 和四个 ZigBee 信道 21～24 工作在相同的频带，频带范围为 2451～2473MHz 的频带。因此，可在这四个 ZigBee 信道上测量 Wi-Fi 的信号强度，从而设计出 Wi-Fi 与 ZigBee 融合且具有多信道能力的定位系统。

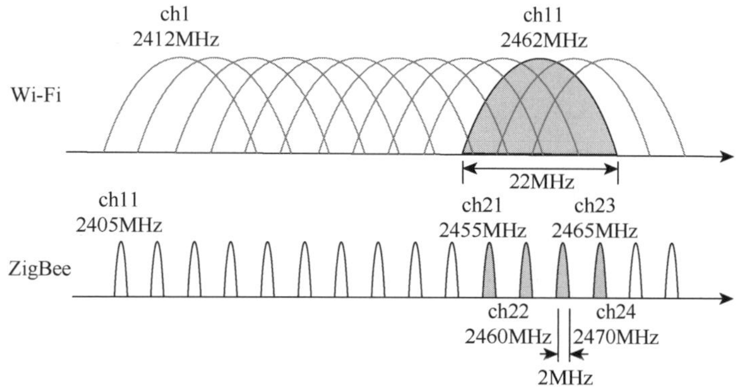

图 2-30　ZigBee 与 Wi-Fi 的工作信道

2.3　UWB 技术

与 Wi-Fi、ZigBee、蓝牙以及 5G 等移动通信技术一样，UWB 原本也不是为定位而生的，只是随着技术发展和需求提高而逐步在通信标准中内生增加了对定位的支持。UWB 采用了持续时间极短、占空比极低的窄脉冲信号[19]，通过多径信道后的直射波、反射波或折射波不易重叠在一起，使得接收机更易分辨出不同路径的信号，这对于抑制复杂环境中的强多径效应是大有裨益的，从而大幅提升目标定位精度。在现在所知的定位技术中，基于 UWB 的定位精度是最高的。随着 UWB 芯片成本的下降，UWB 定位系统的价格已经显著降低，在各行各业中呈现出加速应用之势。

2.3.1　UWB 技术概述

超宽带技术在传感器、雷达、短距通信等领域具有广泛应用，它采用纳秒级别、具备非正弦性的极窄脉冲信号对信号进行调制，使得信号能够利用的频谱范围极宽，因此称为超宽带，这与窄带通信的规律是相反的，见图 2-31。

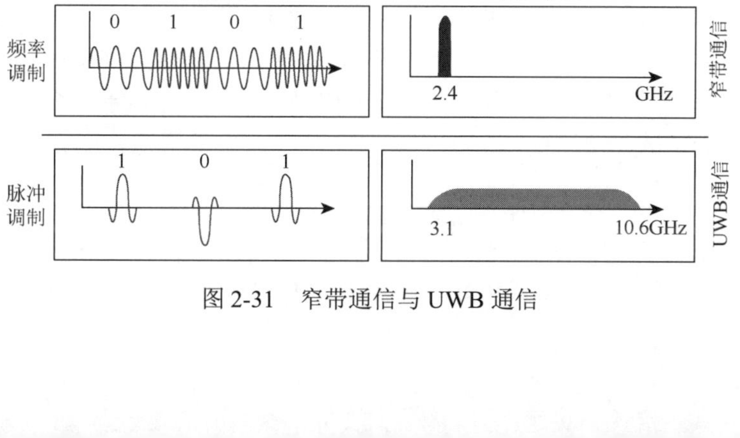

图 2-31　窄带通信与 UWB 通信

利用极窄脉冲信号能产生超宽频带的原因在于，对于一个发送信号 $x(t)$，如果在时域乘以一个因子 a，那将在频域除以该因子，即[20]

$$x(at) \leftrightarrow \frac{1}{|a|} X\left(\frac{f}{a}\right) \tag{2-1}$$

因此，对于一个时域极窄的脉冲，在频域将拥有极宽的频带。例如，对于一个持续 500ps 的脉冲而言，能产生 $f_c = (1/T) = 2\text{GHz}$ 的频宽。

UWB 的定义经历了以下三个阶段[21]。

第一阶段：1989 年以前，UWB 信号主要是通过发射极短脉冲获得的，广泛用于雷达领域并使用脉冲无线电这个术语，属于无载波技术。

第二阶段：1989 年，美国国防部高级研究计划局首次使用 UWB 这个术语，规定若一个信号在衰减 20dB 处的绝对带宽大于 1.5GHz 或相对带宽大于 25%，则这个信号就是 UWB 信号。与之相比，窄带信号的相对带宽通常小于 1%，宽带信号的带宽处于 1%～20%。

这里相对带宽定义为 $(f_H - f_L)/f_c$，其中，f_H、f_L 分别为相对于峰值功率下降 10dB 时所对应的高端频率和低端频率，见图 2-32；f_c 是信号的中心频率，$f_c = (f_H + f_L)/2$。

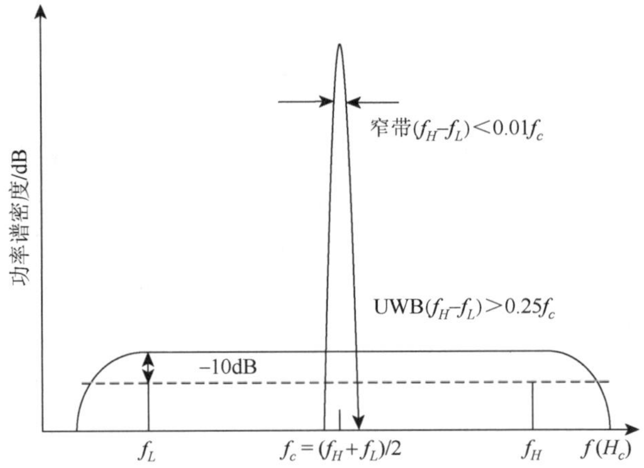

图 2-32　超宽带定义示意图

第三阶段：2002 年，美国联邦通信委员会（FCC）初次允许将超宽带技术运用在民用领域，并规定绝对带宽应大于等于 500MHz，或相对带宽大于 20%。

FCC 规定 UWB 能够使用的频谱范围为 3.1～10.6GHz，与多个现有无线通信技术（如 Wi-Fi）所使用的频段存在重叠。为免对其他无线通信系统带来干扰，应限制 UWB 的发射功率，通常发射功率不得高于−41.3dBm/MHz。也可通过对 UWB 的某些传输特性施加限制来缓解对其他无线通信的干扰，如占空比、介质访问规则、特定扇区内的辐射方向图等。

UWB 中的常用脉冲信号有高斯信号、Chirp 信号等，图 2-33 给出了高斯周期信号的时域和频域图形，数学表达式为

$$P(t) = \frac{t}{\tau} \mathrm{e}^{-\left(\frac{t}{\tau}\right)^2} \tag{2-2}$$

其中，t 表示时间；τ 表示时间衰减系数，决定了脉冲的宽度。

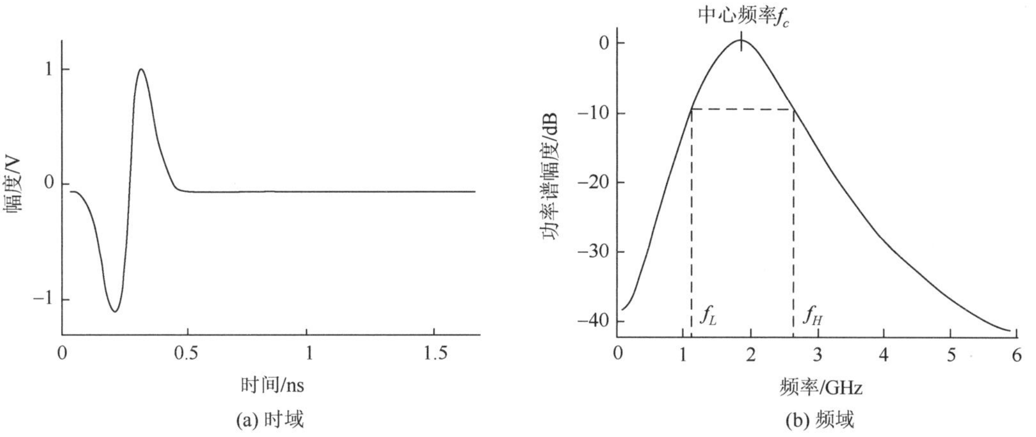

图 2-33　高斯单周期信号

图 2-34 是 UWB 无线传输系统的基本模型[22]。在发送端，通过跳时扩频实现多址，利用脉冲相位调制（pulse phase modulation，PPM）或脉冲幅度调制（pulse amplitude modulation，PAM）调制实现信息传输。其中，PPM 用脉冲之间的间隔携带信息，PAM 用脉冲的幅度携带信息。在接收端，天线接收到的信号经由低噪声放大器放大后，再通过匹配滤波和相关接收机处理，由高增益门限电路恢复出发送的信息。

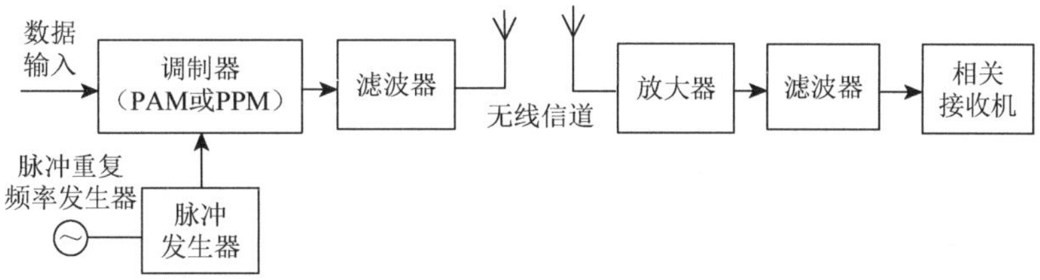

图 2-34　UWB 无线传输系统的基本模型

UWB 无线通信具有如下优点[23]。

（1）传输速率高。超宽带技术具有很高的带宽，可以实现较高的信息传输速率，在 IEEE 802.15.3 中被用作高速通信，可满足许多大容量多媒体信息的传输。当然 UWB 也可用于低速通信，在 IEEE 802.15.4 中就被用于低速应用，UWB 用于定位主要是采用这个标准，最新版本是 IEEE 802.15.4z，于 2020 年发布。

（2）通信安全性高。超宽带技术采用跳时扩频技术，只有接收机知道发送端的脉冲序列，这样保证了数据信号发射和接收过程中的安全性；此外，它的发射功率较低，很难被别有用心的人检测到，进一步提高了安全性。

（3）多径分辨率高。超宽带技术采用窄脉冲，其时间和空间分辨率都很强，使得超宽带系统具有极高的多径分辨率，并且接收机通过分集具有很强的抗衰落能力，使得超宽带在测距、定位、跟踪上具有更高的精准度。

（4）信号穿透力强。UWB 的宽频谱范围中包括了低频部分，它的波长较长。一般而言，信号的波长越长，其穿透能力越强，这使得 UWB 信号穿透包括墙壁在内的各种材料，可用于穿墙通信和探地雷达。当然，UWB 信号的穿透能力只有在它们占据了无线电频谱的低频部分时才有用。

2.3.2　UWB 的物理层

与 ZigBee 一样，UWB 也是基于 IEEE 802.15.4 的技术。注意，IEEE 802.15.4 也包括很多非 UWB 物理层。实际上，IEEE 802.15.4 还被广泛用于其他标准，如 CCC、CSA、ETSI TG28、ETSI TG34、FiRa、IEEE 1901.1 + 2、IETF：6lo、IETF：6tisch、IETF：Roll、ISA100、ISO/IEC JTC1/SC31/WG4、JUTA、Omlox、Thread Group、TIA TR-51、WIA、Wi-SUN Alliance 等。

基于 IEEE 802.15.4 的 UWB 物理层，IEEE 正在制定 802.15.4ab 和 802.15.15 两个标准。802.15.4ab 是对 802.15.4z 的修正，旨在进一步增强 UWB 物理层和 MAC 层，并提供相应的测距技术，从而扩大 UWB 的应用范围，如精确测距、精确定位、精确感知、与其他通信技术共融性极佳的数据通信，支持点-点、点-多点、站-基础设施之间的通信，并提供基础设施之间的同步机制。802.15.15 则为基于 UWB 的 Ad-Hoc 网络提供支持。

目前，UWB 技术主要有两种：多频带正交频分复用（multi-band OFDM，MB-OFDM）、直接序列超宽带（direct sequence UWB，DS-UWB）。2006 年，在 IEEE 802.15 TG3a 关闭 MB-OFDM 项目后，WiMedia 联盟采用了 MB-OFDM 来支持无线视频。TG4a 利用 DS-UWB 进行精确测距，并于 2007 年确定了第一个标准。2011 年，IEEE 802.15.4 将 TG4a 作为物理层选项之一，2015 年完成 UWB 的两个物理层标准的制定，即来自 TG4a 的高速脉冲（high rate pulse，HRP）物理层和来自 TG4f 的低速脉冲（low rate pulse，LRP）物理层。2020 年提出 IEEE 802.15.4z，专门针对 UWB 的测距能力进行了修正，主要修正有增加了额外的编码和前导码选项，改进调制方案以提高测距完整性和准确性，定义了用于交换测距信息的消息格式。此外，还增强了 MAC 层以支持对飞行时间测距过程的控制。

HRP 模式在同等时间内可以发射更多测距脉冲，测距更加精准，这些脉冲的发送速度被称为脉冲重复频率（pulse repetition frequency，PRF）。HRP 与 LRP 的发射能量相同，但是 HRP 的 PRF 比 LRP 高一个数量级以上，单个脉冲能量比 LRP 的要低得多，这从图 2-35 可以轻易看到[24]。从图 2-35 还可以看出，每个脉冲信号会在接收端产生较长的振荡拖尾，如果 PRF 较小，则发送的脉冲间隔时间较长，则接收端不会叠加在一起，可以直接提取到需要信号；如果 PRF 太高，则这些脉冲信号的振荡拖尾在接收端可能会叠加在一起，需要进行密集的互相关运算才能提取出信号。

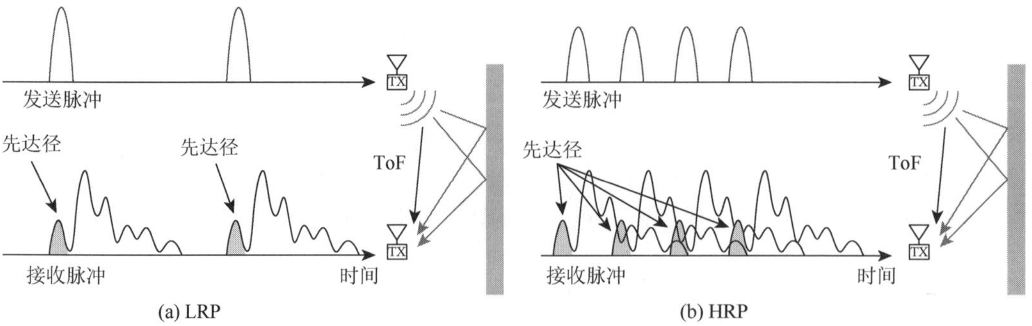

图 2-35　UWB 的发送脉冲与接收信号

HRP 是在 IEEE 802.15.4 标准中用于测距的唯一模式，因此它是商用 UWB 产品和芯片中使用最广泛的模式。在 IEEE 802.15.4z 增强标准中定义了 LRP 中的测距方案。表 2-3 给出了 IEEE 802.15.4 定义的 LRP 和 HRP 两种 UWB 物理层的参数对比情况。

表 2-3　IEEE 802.15.4 定义的 LRP 和 HRP 两种 UWB 物理层对比

参数	LRP UWB		HRP UWB	
特征	IEEE 802.15.4	IEEE 802.15.4z 新增	IEEE 802.15.4	IEEE 802.15.4z 新增
速率	31.25kbit/s 250kbit/s 1Mbit/s	2, 3, 4, 5, 6Mbit/s 8Mbit/s 10Mbit/s	110kbit/s，850kbit/s 6.81Mbit/s 27.24Mbit/s	—
峰值脉冲频率	2MHz	4MHz	499.2MHz	—
多用户干扰抑制	否	—	是	—
测距支持	否	是	是	—
调制	OOK，PPM	PBFSK BPFSK + 8/16/32PPM	BPSK + BPM	BPSK
纠错	SECDED 卷积	—	SECDED 卷积（$K = 3$） Reed-Solomon	SECDED 卷积（$K = 7$）

UWB 的信号传输功率需满足如下两条规则：①最大平均功率谱密度：给定带宽内 1ms 期间的平均辐射功率为–41.3dBm/MHz 或 74nW/MHz；②单个脉冲的最大传输功率：0dBm/50MHz。

根据第一条规则，UWB 每 MHz 的传输功率比蓝牙或 ZigBee 等技术采用的 1mW/MHz 的功率低了 13500 倍。为了保证如此低功率信号的传输，UWB 使用了非常大的传输带宽。假设脉冲占用 500MHz 的带宽，可算出其脉冲持续时间为 2ns，将 500MHz 带宽乘以 74nW/MHz，得到 37μW（–14.3dBm）的最大平均功率，比蓝牙等其他短距通信技术的功率只低一个数量级，即用相差 13500 倍的发送功率实现了只低一个数量级的最大平均功率。

第一条规则还指出，最大平均功率谱密度必须在最多 1ms 内进行平均。在这个时间内，根据脉冲持续时间，理论上可以仅发送一个具有最大全频带峰值功率的强脉冲。在上例中，脉冲持续时间为 2ns，最大平均功率为–14.3dBm，产生+42.7dBm（18W）的瞬时全频带峰值功率，见图 2-36。

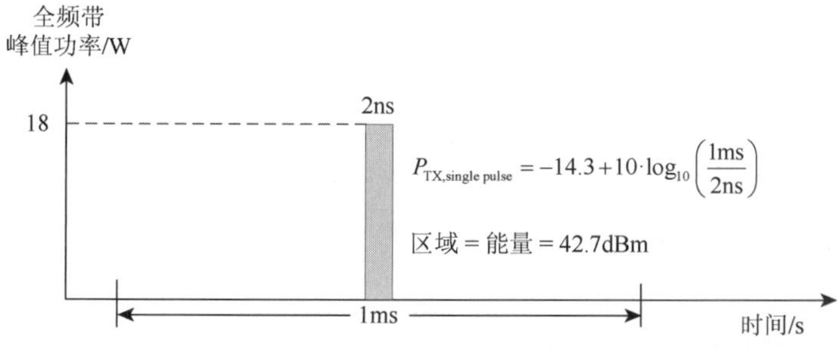

图 2-36　1ms 内传输单个脉冲的发送功率与瞬时全频带峰值功率

第二条规则限制了脉冲的瞬时峰值功率，即当信号通过 50MHz（原始带宽 500MHz 的 10%）带宽滤波器时不应超过 0dBm，它对应 + 20dBm 的全频带信号峰值功率，比仅应用第一规则时低 22.7dB。因此，在保证遵守这两条规则的前提下，为使每个脉冲的发射能量最大化，对于 500MHz 的带宽可以发射 186 个强度为 + 20dBm 的脉冲，平均脉冲重复率变为 1ms/186 脉冲≈5.4μs。其中，186 是通过$10^{(-22.7/10)}$计算得来的。

下面再对 HRP 和 LRP 两种物理层分别予以简单介绍。

（1）HRP 物理层。

FCC 规定了 UWB 的频带范围为 3.1～10.6GHz，并须满足前面内容要求的发射功率不超过–41.3dBm/MHz 的限制。对于 HRP，整个频带被分成 16 个信道，并进一步将 16 个信道分成三个组（见图 2-37）：频带组 0 为亚千兆信道，从 249.6MHz 到 749.6MHz；频带组 1 为低频 HRP 信道，从 3.1GHz 到 4.8GHz；频带组 2 为高频 HRP 信道，从 6.0GHz 到 10.6GHz。但标准中并不要求对每个信道都支持。对于频带组 0，信道 0 是唯一的强制信道，即必须支持的信道；对于频带组 1，信道 3 是强制信道；对于频带组 2，信道 9 是强制信道。这些强制信道保证了不同厂家的 UWB 产品的互联互通，否则这些产品可能由于没有共同信道而无法通信。

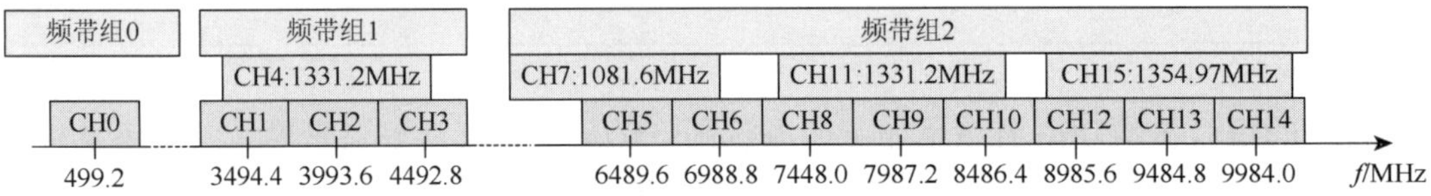

图 2-37　HRP UWB 的信道分配

802.15.4z 给 HRP 引入了一个可选模式，称为 HRP 增强测距设备（HRP enhanced ranging device，HRP-ERDEV），它用于更高密度、更低功率情况下，接收的时候使用相干接收器进行接收。HRP-ERDEV 的帧包括一个加密序列，称为加扰时间戳序列，以增加测距的完整性和准确性。在标称 64MHz 的 PRF 下的 HRP-ERDEV 被称为基本脉冲重复频率模式（base PRF，BPRF），它省略了加扰时间戳序列，数据包简化为传统的数据包格式，可与传播模式实现互通。如果采用比 BPRF 模式更高的 PRF，则被称为高脉冲重复频率模式（higher PRF，HPRF）。

对于 UWB 的发送脉冲而言，首先，它受标准参考脉冲的波形约束，参考脉冲在接收端被用来与发送脉冲做互相关运算；其次，发送脉冲波形不能超过时域掩码的限制。图 2-38 给出了 HRP 兼容脉冲的时域掩码以及 NXP NCJ29D5 和 Qorvo DV1000 两种芯片的波形。

脉冲宽度的差异可能影响测距精度，因为对脉冲的计时方式可能不同，例如，半振幅计时和/或阈值交叉计时。如果采用半振幅计时，脉冲宽度的差异可能带来 0.5ns 的误差，从而导致 15cm 的测距误差，这对分米级别的 UWB 定位系统而言已经比较严重了。不过，通过调整天线时延参数可以解决这个问题。

（2）LRP 物理层。

LRP 是基于带限脉冲无线电的物理层，共有 10 个信道，没有占用 3.1～10.6GHz 的全部带宽，10 个信道的中心频率位于 6489.6～9945.6MHz。

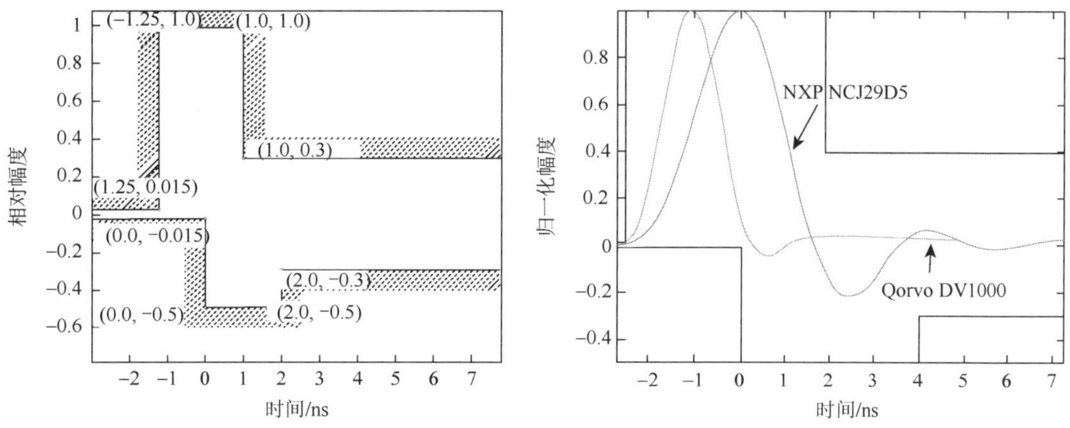

(a) HRP兼容脉冲的时域掩码　(b) NXP NCJ29D5和Qorvo DV1000的波形

图 2-38　HRP 脉冲波形

LRP 物理层定义了多个工作模式，每种 LRP 物理层模式定义了不同的符号结构，其 PRF 也有所不同，从而导致传输速率存在差异，见表 2-4。其中，PPM 之前已经讲述过，OOK 表示通断键控（on-off keying），利用脉冲的有无来发送信息；PBFSK 表示脉冲二进制频移键控（pulse binary frequency shift keying），用载波的频率来传输信息。在 IEEE 802.15.4 标准中定义了长距、扩展和基本模式，在 IEEE 802.15.4z 标准中增加了双频、扩展双频和具有增强载荷容量（enhanced payload capacity，EPC）的双频模式。

表 2-4　LRP 物理层的不同模式及其参数对比

模式类型	调制方法	PRF/MHz	速率/(kbit/s)	IEEE 802.15.4	IEEE 802.15.4z
长距模式	PPM	2.0	31.25	√	√
扩展模式	OOK	1.0	250	√	√
基本模式	OOK	1.0	1000	√	√
双频模式	PBFSK	1.0, 2.0, 4.0	1000, 2000		√
扩展双频模式	PBFSK	1.0, 2.0, 4.0	250, 500, 1000		√
具有 EPC 的双频模式	PBFSK-8/16/32PPM	1.0, 2.0	3, 4, 5, 6, 8, 10Mbit/s		√

对于长距模式，每个符号使用 64 个码片进行曼彻斯特编码，0 和 1 的持续时间都是 32μs。传输 0 的时候，前 16μs 没有信号，在接下来的 16μs 传输 32 个脉冲；传输 1 的时候，前 16μs 传输 32 个脉冲，在接下来的 16μs 没有信号。曼彻斯特编码可以确保传输足够多的脉冲，因此长距模式不需要额外的同步信号。请注意码片与比特、符号之间的区别，信息经过信源编码后称为比特，经过信道编码、交织处理后的数据称为符号，而经过最终扩展以后的数据称为码片。

对于扩展模式，每个符号由 4 个码片组成，这些码片由基于八进制生成器（5, 7, 7, 7）的卷积码生成。它通过脉冲的有或无来传输信号：传输 0 的时候，其码片时间内没有脉冲；传输 1 的时候，则传输 1 个脉冲。在传输物理层服务数据单元期间，每传输 32 个符号（即 128 个码片，因为这里的每个符号包括 4 个码片）的用户数据后，就插入 4 个码片的“1”脉冲。这确保了当输出为“0”脉冲时，接收器具有足够的信息来保持同步。接收端在解码之前去除这4个码片的“1”脉冲。

对于基本模式，每个符号承载1比特信息，它也通过脉冲的有或无来传输信号。基本模式在传输服务数据单元期间也需要额外的同步信号，与扩展模式不同的是每128个符号（而不是32个符号）之后插入4个码片的二进制“1”脉冲。

对于双频模式，它采用PBFSK的方法进行调制，通过移动UWB脉冲载波的中心频率对二进制信号进行编码。传输0的时候，脉冲的载波移动$-f_{dev}$（f_{dev} = 153.6MHz）；传输1的时候，脉冲的载波移动f_{dev}。PBFSK调制可以确保在每个符号中发送脉冲，因此无须额外地同步信号。

扩展双频模式与双频模式基本相同，差别在于双频模式的每个符号使用1个或4个码片进行编码，而扩展双频模式只使用4个码片进行编码，支持的速率也有所差异。

具有EPC的双频模式具有更高的速率。此模式仅适用于1MHz和2MHz的PRF，PRF较低。前面学习过，PRF较低有利于在多径环境中识别出不同的脉冲信号。

2.3.3　UWB的MAC协议

和任何其他网络一样，只要有多个站点共享同一信道，不同站点在发送数据时就可能产生冲突。这个问题是在MAC子层解决的，相应的协议即MAC协议[25]，也称多址方案，前面学习的CSMA/CA就是典型的MAC协议。对于UWB而言，MAC协议应考虑到UWB独特的特性，如大带宽、低功率、脉冲传输、精确定位能力和长捕获时间，而且应充分考虑协议开销、资源分配、服务质量等问题。

由于UWB与窄带无线技术相比具有不同的物理特性，因此需要使用不同的多址方案。不同的UWB无线电芯片可以使用相同的MAC帧格式，但没有定义标准的多址方案，对于哪种多址方案最适合缺乏共识，导致各个厂家的UWB系统都有自己专有的多址访问协议。芯片供应商，如Qorvo和NXP，将MAC层的实现留给芯片使用者来实现。

UWB MAC协议可以分为两大类：集中式和分布式。集中式MAC协议依赖于中央控制器收集网络状态信息，并通过轮询、预留或需求分配来确定资源共享方式。然后，它将调度决策通知给节点。在分布式MAC协议中，节点之间通过彼此协作来实现对介质的共享。

由于UWB信号的传输功率太低，甚至低于本底噪声，因此不能对UWB信号执行载波监听[26]，导致不能使用IEEE 802.15.4标准中的CSMA/CA协议。早期的IEEE 802.15.4a标准建议使用Aloha协议，该协议在数据可用时立即以随机退避的方式传输数据，用于差分到达时间和双程测距（two way ranging，TWR）。不过，当环境中存在多个标签时会导致Aloha协议数据包冲突，进而导致测距失败。

为了降低冲突的发生，可以使用时分复用类的方法，给每个标签分配一个专用时隙。这种方式也可以降低信标节点的能量开销：当不需要与标签进行交互时，其无线电模块可以保持在低功耗模式。不过，这种方法要求网络保持精确的时间同步，各个信标节点需要同步到某个主节点；此外，在节点之间协商时隙带来了额外开销。为此，对于非测距用途的通信可以使用更节能的通信方式，如低功耗蓝牙、Wi-Fi、Sub-GHz等，但是要求节点安装支持这些通信技术的通信模块，增加了系统成本。

图2-39给出了一个典型的用于低功耗信标节点的UWB-MAC协议，它包括6个阶段。

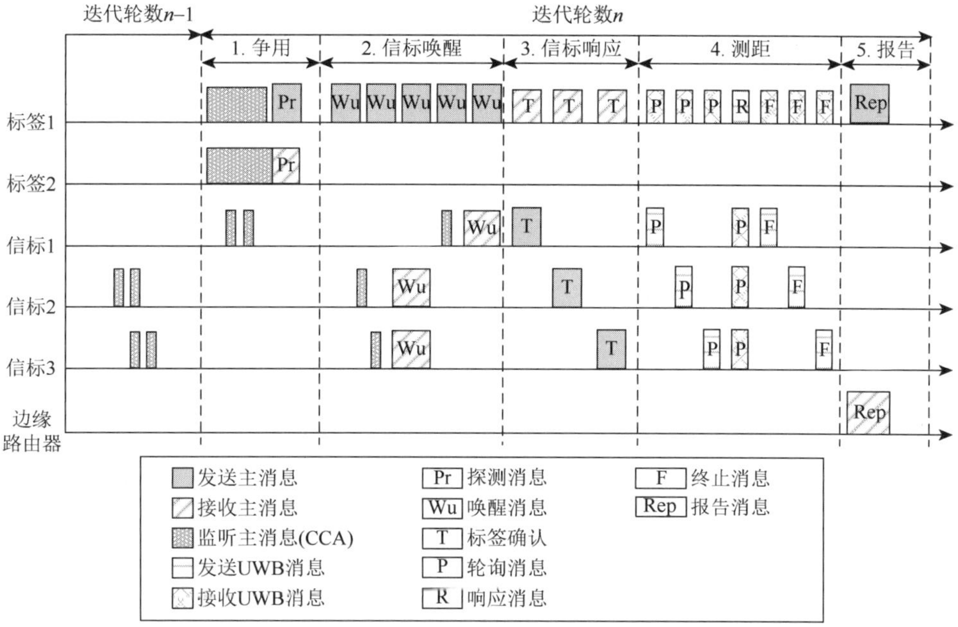

图 2-39　UWB-MAC 协议示意图

阶段 0：初始化阶段。移动标签扫描其他相邻标签，如果没有检测到，则该标签将成为用于同步的主标签，并可以启动争用阶段。如果检测到邻居，它将与其进行时间同步，并加入其争用阶段。

阶段 1：信标争用阶段，即移动标签争夺信标节点的访问权。参与竞争的各个标签都随机等待一段时间，然后通过无线通信模块发送唤醒消息，第一个发送该消息的节点在竞争中获胜。在唤醒消息中包含了用于下一争用阶段的定时信息。

阶段 2：信标唤醒阶段。获胜标签发送触发消息（也称探测消息），唤醒与自己工作在同一信道且位置接近的信标节点。

阶段 3：信标响应阶段，信标节点确认对哪个标签执行测距过程。

阶段 4：测距阶段。该过程是基于时隙的，通过双程测距方案确定标签和信标节点之间的距离。

阶段 5：报告阶段。这是一个可选步骤，标签将测量到的距离报告给边界路由节点，该节点将结果上传到云服务器。

2.3.4　利用 UWB 进行目标定位

UWB 的特殊设计使其特别适合精确测距，因此适合精确定位。目前，UWB 主要采用基于飞行时间（ToF）的方法进行测距。其实，Wi-Fi 中的精细时间测量、2.4 节要介绍的低功耗蓝牙中的高精度距离测量（high accuracy distance measurements，HADM）和信道探测技术等都是基于 ToF 的测距方法。ToF 要求接收节点能够精确地确定信号的到达时间，对于 UWB，该时间通常为物理协议数据单元（physical protocol data unit，PPDU）的报头的第一个符号的第一个脉冲，PPDU 通常以前导码的形式开始，这个前导码在 802.15.4z 中被称为 SYNC 字段。

UWB 定位通常使用 HRP UWB，它有四种可能的 HRP UWB 帧结构，见图 2-40，从上到下的四种格式分别对应于加扰时间戳序列（STS）中的数据包配置符的值为 0、1、2、3 的情况。测距帧与其他UWB帧的区别在于设置了物理层的一个测距比特，其余部分可以是802.15.4z标准所允许的任何格式。在测距过程中，发起测距的 UWB 节点被称为发起者，与其交互的另一个节点被称为响应者。

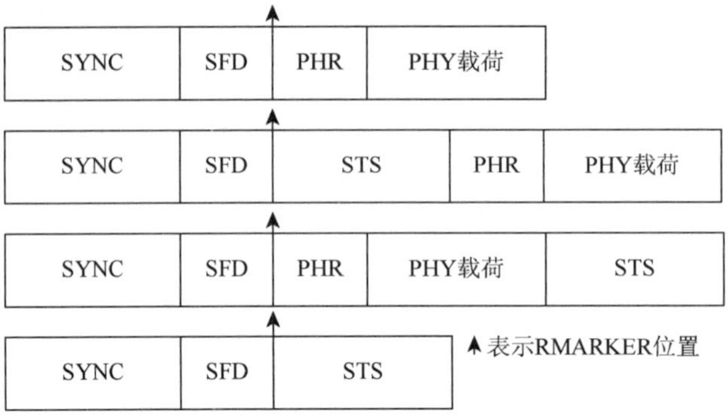

图 2-40　四种可能的 HRP UWB 帧结构

802.15.4z 标准支持三种 UWB 测距方法，分别称为单边双程测距（single-sided TWR，SS-TWR）、双边双程测距（double-sided TWR，DS-TWR）、用于 TDoA 的单程测距（one way ranging，OWR）。

SS-TWR 模式就是第 3 章所讲解的双程 ToA，数据交互过程如图 2-41 所示，节点 A 向节点 B 发送一个数据帧，从而发起测距过程，节点 B 回复一条消息响应，从而完成测距过程。其中，T_{prop} 是 RMARKER 在节点之间的传播时间，RMARKER 被定义为帧的物理层数据包的 SFD 字段之后的第一个符号的起始时间。节点 A 与节点 B 之间的传播时间为 $(T_{round}-T_{reply})/2$，它其实就等于 T_{prop}，但是 T_{prop} 直接测量误差较大。

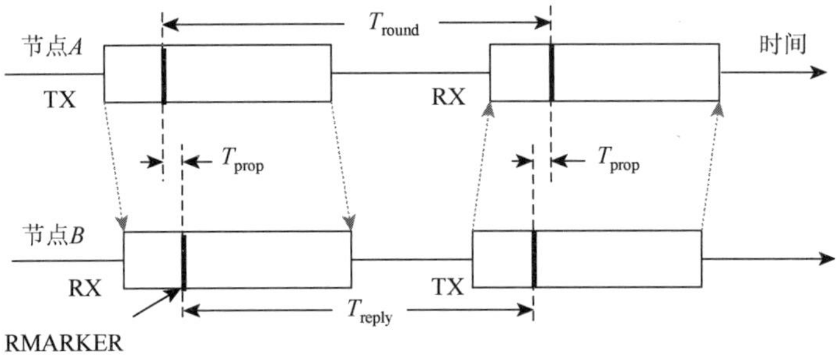

图 2-41　UWB 的 SS-TWR 测距方法

DS-TWR 是对 SS-TWR 的改进。如果将一个节点向另外一个节点发送一条消息称为一次握手，SS-TWR 相当于节点 A 和节点 B 的两次握手，DS-TWR 则在两次握手的基础上再增加了一次节点 A 向节点 B 的一次握手过程，如图 2-42 所示。节点 A 与节点 B 之间的传播时间为 $((T_{round1}-T_{reply1})+(T_{round2}-T_{reply2}))/4$。

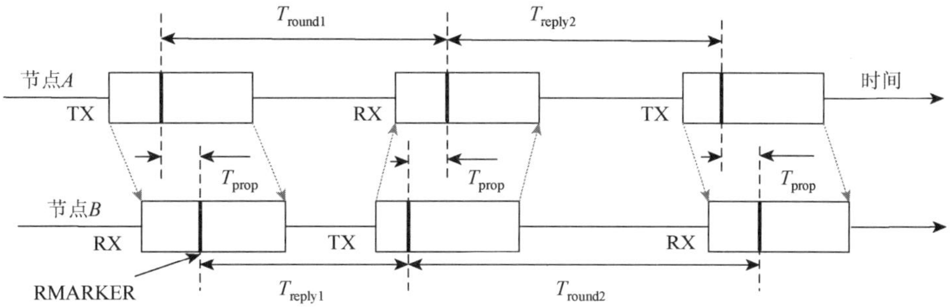

图 2-42　UWB 的 DS-TWR 测距方法

TDoA 是一种基于单个消息或多个消息的相对到达时间来定位目标节点的技术。UWB 的 OWR TDoA 有两种情况（图 2-43）[27]：一种情况是由目标节点周期性地广播消息给信标节点；另一种情况则是多个信标节点按照某个间隔时间有序地向目标节点广播消息。

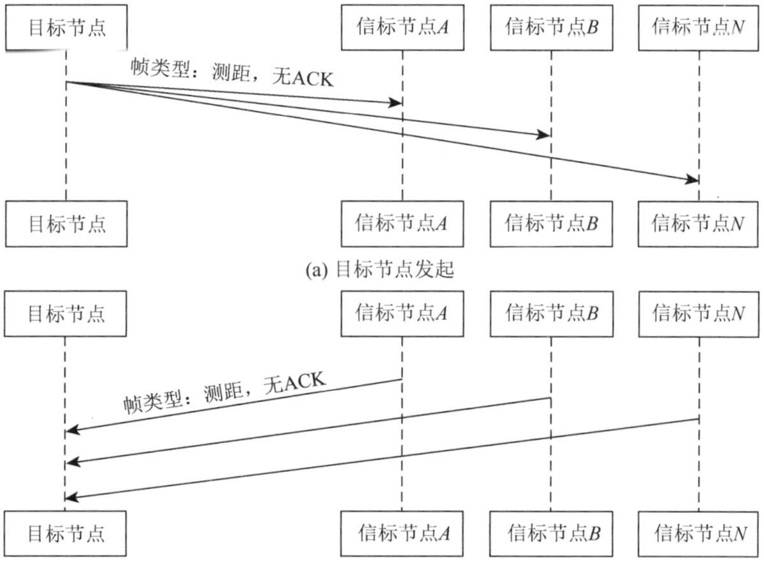

图 2-43　UWB 的 OWR TDoA 测距方法

2.4　蓝牙技术

蓝牙是一种短距离无线通信技术，允许手机、计算机、耳机等设备在短距离内无线传输数据或语音。“蓝牙”的名字取自 10 世纪一位名叫哈拉尔德·蓝牙的丹麦国王，据说他团结了不同的交战地区派，而蓝牙技术旨在将许多不同行业的设备汇集在一起实现互联互通，类似于实现了团结工作，因此将该技术取名蓝牙。蓝牙从 4.2 版本开始在标准中加入了部分定位功能，在 5.1 版本中加入了测向等技术，使得其定位能力达到了厘米级别。

2.4.1　蓝牙技术概述

下面先对蓝牙的发展历史进行简要介绍[28]。

1999 年：蓝牙 1.0 发布，数据传输速度较低，为 732.2kbit/s～2.1Mbit/s，最大传输距离为 10m。第一个支持该标准的手机是 2000 年发布的爱立信 T36。

2004 年：蓝牙 2.0 推出，引入了增强速率模式，使得传输速率达到了 2.1～24Mbit/s，最大传输距离达到 30m。从这个版本开始，蓝牙开始得到广泛应用。

2009 年：蓝牙 3.0 发布，新增了 802.11 协议，引入了交替射频技术，传输速率保持为 24Mbit/s，传输距离也为 30m。但是 3.0 版有一个大缺陷，即能耗较高。

2010 年：蓝牙 4.0 发布，包括基本速率蓝牙、高速率蓝牙和低功耗蓝牙。最大传输速率轻微增长到 25Mbit/s，最大传输距离增加到 60m。

2016 年：蓝牙 5.0 发布，传输速率相比 4.0 版本增加了 1 倍，达到 50Mbit/s；最大传输距离增加了 3 倍，达到 240m。

2019 年：蓝牙 5.1 发布，新增测向功能，将蓝牙定位的精准度提升到厘米级，功耗更低、传输更快、距离更远、定位更精准。

2023 年：蓝牙 5.4 发布，支持信道探测，测距精度大幅提高，更有利于定位。

这里以最新的蓝牙 5.4 进行讲解，其主要特点是高鲁棒性、低功耗和低成本[29]。蓝牙有两大类型：经典蓝牙和低功耗蓝牙（bluetooth low energy，BLE）。经典蓝牙也被称为基本速率/增强数据速率（basic rate/enhanced data rate，BR/EDR）蓝牙，支持点对点通信，主要用于实现无线音/视频传输，已成为无线音响、无线耳机、车载娱乐系统、无线打印等应用的标准通信协议。BLE 为需要低能耗的场景设计，如心率监测，它支持多种通信拓扑结构，支持创建可靠的、大规模网络，在定位技术中使用也较为广泛。

表 2-5 给出了 BR/EDR 与 BLE 的主要特征对比[30]。在 BR/EDR 中，节点以伪随机方式在 79 个信道上跳变，每个信道的带宽为 1MHz，第 k 个信道的中心频率位于（$2402+k$）MHz，其中 $k=0, 1, \cdots, 78$。在 BLE 中，节点工作在 2.4000～2.4835GHz（包括 2.4000GHz）的范围内，工作频带分为 40 个信道，每个信道带宽为 2MHz，第 k 个信道的中心频率位于 $2402+k\times 2$MHz，$k=0, 1, \cdots, 39$。

表 2-5　BR/EDR 与 BLE 的主要特征对比

特征	BR/EDR	BLE
使用频带	2.4000～2.4835GHz	
信道数目	79 个	40 个
信道带宽	1MHz	2MHz
跳频技术	FHSS，1600 次/s	FHSS，频次低一些
调制方式	GFSK，π/4 DQPSK，8DPSK	GFSK
最大发射功率	类型 1：100mW（20dBm） 类型 2：2.5mW（4dBm） 类型 3：1mW（0dBm）	类型 1：100mW（20dBm） 类型 1.5：10mW（2dBm） 类型 2：2.5mW（4dBm） 类型 3：1mW（0dBm）
传输速率	BR 物理层（GFSK）：1Mbit/s EDR 物理层（π/4 DQPSK）：2Mbit/s EDR 物理层（8 DPSK）：3Mbit/s	LE 编码物理层（$S=8$）：125kbit/s LE 编码物理层（$S=2$）：500kbit/s LE 1M 物理层：1Mbit/s LE 2M 物理层：2Mbit/s
设备发现	查询或寻呼	通告

BR/EDR 和 BLE 都支持传输音频数据，如耳机、音响等。但是，医疗与健康设备、体育与监视设备等数据传输应用以及监控系统与服务、自动化系统等设备网络应用只有 BLE 支持，特别是本书研究的定位需求也由 BLE 提供支持。

2.4.2　蓝牙的体系结构

蓝牙的完整体系结构如图 2-44 所示。

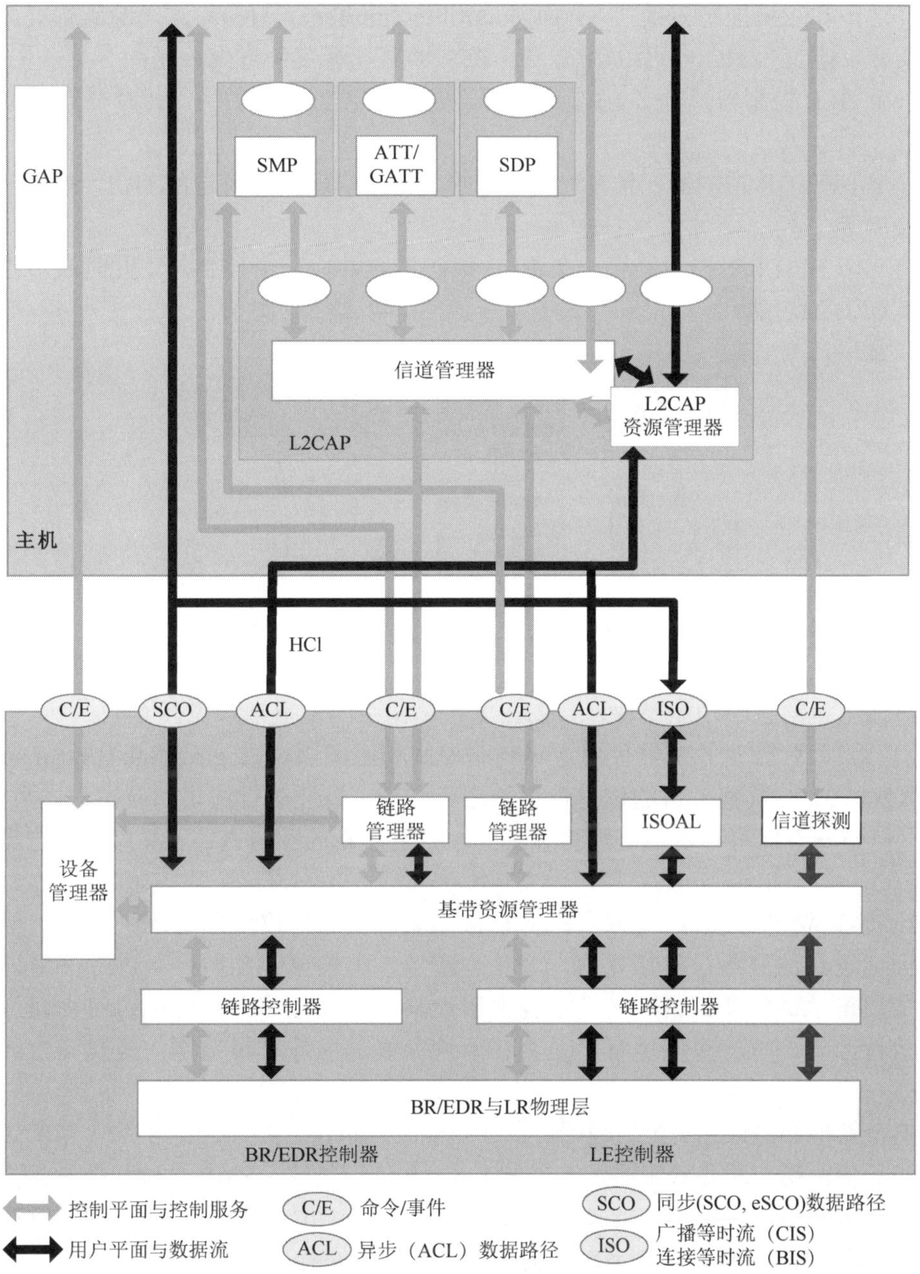

图 2-44　蓝牙 4.0 的协议栈架构

经典蓝牙（BR/EDR）覆盖了蓝牙规范定义的四个最底层和相关协议以及一个公共服务层协议，在通用访问配置文件（generic access profile，GAP）中指定服务发现协议（service discovery protocol，SDP）和总体配置要求。低功耗蓝牙覆盖了蓝牙规范定义的四个最底层和相关协议以及两个公共服务层协议，在通用属性配置文件（generic attribute profile，GATT）和通用访问配置文件中指定了安全管理器（service manager，SM）和属性协议（attribute，ATT）以及总体配置文件要求。如果一个节点需要同时支持 BR/EDR 和 BLE，则要将上述功能都包含在内。

蓝牙的核心系统由一个主机 + 一个或多个控制器构成。主机是一个逻辑实体，定义为非核心配置文件之下和主机控制器接口（host controller interface，HCI）之上的所有层。控制器是一个逻辑实体，定义为 HCI 下面的所有层。控制器可能有三种方式，见图 2-45。

（1）一个 BLE 控制器，具有 BLE 物理层、链路层和可选的 HCI，此时节点就是一个 BLE 节点。

（2）一个 BR/EDR 控制器，具有射频、基带、链路管理器和可选的 HCI，此时节点就是一个 BR/EDR 节点。

（3）将一个 BR/EDR 控制器和一个 BLE 控制器合并成一个控制器，此时该节点同时具有 BR/EDR 和 BLE 的功能。

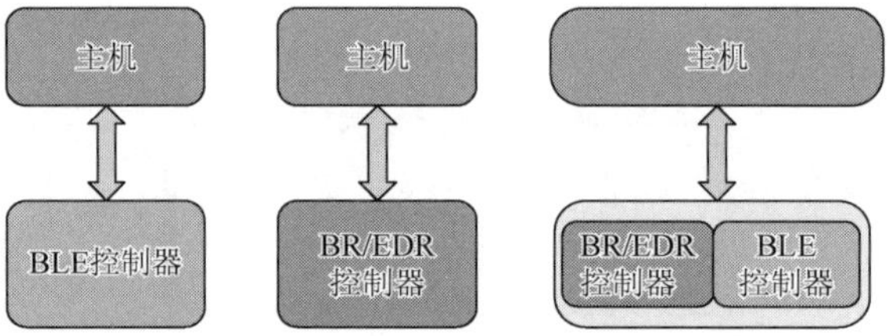

图 2-45　蓝牙主机与控制器的三种组合

下面讲述主机的各个功能模块，它们在体系结构中的位置请参见图 2-44。

（1）信道管理器。信道管理器使用逻辑链路控制和适配协议（logical link control and adaption protocol，L2CAP）与其他设备的信道管理器进行交互，以便进行协议和应用程序数据的传输。如有必要，信道管理器可与本地链路管理器交互以创建新的逻辑链路，并对这些逻辑链路进行配置。

（2）L2CAP 资源管理器。L2CAP 将基带功能与上层协议实现适配。它为上层提供面向连接或非面向连接的服务，包括复用、分片与重组、组抽象等功能；可进行信道调度，以确保具有服务质量承诺的 L2CAP 信道不会由于控制器资源耗尽而被拒绝访问物理信道；可执行流量一致性监管，以检查应用程序是否在所协商好的服务质量范围内提交 L2CAP 服务数据单元。

（3）安全管理器协议。安全管理器协议（service manager protocol，SMP）用于生成和存储加密密钥和身份密钥，这些密钥通过专用的 L2CAP 信道传输。SMP 直接与控制器交互，以便在加密或配对过程中提供密钥。此外，SMP 还负责生成随机地址和将随机地址解析为设备标识。SMP 仅用于 BLE，BR/EDR 系统中的类似功能包含在控制器的链路管理器中。

（4）属性协议。属性协议（ATT）使得 ATT 客户端能够通过专用的 L2CAP 信道与其他设备上的 ATT 服务器进行通信。ATT 客户端向 ATT 服务器发送命令、请求和确认，以便对其进行读取或写入属性值，ATT 服务器向客户端发送响应、通知和指示。ATT 在多数 BLE 应用中都有使用，偶尔也被用在 BR/EDR 应用。

（5）通用属性配置文件。通用属性配置文件用于表示 ATT 服务器和 ATT 客户端（可选）有哪些功能，描述了 ATT 服务器用到的服务、特征和属性，它提供了发现、读取、写入和指示服务特征和属性的接口，以便能够对其进行访问。

（6）通用访问配置文件。通用访问配置文件表示所有蓝牙设备的通用功能，包括设备发现、连接模式、安全性、身份验证、关联模型和服务发现等。

接下来讲解控制器的各个功能模块，它们在体系结构中的位置同样请参见图 2-44。

（1）设备管理器。设备管理器是基带中控制蓝牙设备通用行为的功能块，负责与数据传输不直接相关的操作，例如，询问附近是否存在蓝牙设备、连接到蓝牙设备，或者使自己可被其他设备发现或连接。设备管理器会通过基带资源控制器访问传输介质，以及控制许多 HCI 命令所需的行为，例如，管理设备名称、连接密钥等。

（2）链路管理器。链路管理器负责创建、修改和发布逻辑链路及其逻辑传输，并更新设备间物理链路的参数。在 BR/EDR 中，通过链路管理器协议（link manager protocol，LMP）完成，而在 BLE 中则通过链路层协议完成，这两个协议都允许在需要时创建新的逻辑链路和逻辑传输，并可对链路和传输属性进行控制，如对传输进行加密、调整发射功率或服务质量参数。

（3）基带资源管理器。基带资源管理器负责与射频介质打交道，其中一个主要功能是与实体进行协商，对如何访问信道达成一致，称为达成了访问合约；另一个核心功能是给那些已经达成访问合约的物理信道授予时间。

（4）链路控制器。链路控制器负责对数据进行编码和解码，并具有流量控制、传输确认和请求重传的功能。

（5）物理层。物理层负责在物理信道上发送和接收数据，其中基带负责信道处理和定时，而前面的链路控制则负责信道访问控制。蓝牙有两种物理层射频链路，分别为用于实时音频传输的同步连接和用于支持数据包传输的异步连接。

（6）同步适配层。同步适配层（isochronous adaption layer，ISOAL）使上层能够以灵活的方式向链路层发送或从链路层接收数据，它的存在使得上层中的数据包的大小和间隔可以与链路层不同，它负责适配这之间的差异，具体方法是使用分片/重组或分段/重组操作将上层数据单元转换为下层数据单元。

2.4.3　蓝牙连接的建立

在蓝牙网络中可能存在 5 种节点，分别如下所述。

（1）通告节点，在网络中广播通告数据，以便节点与其建立连接。

（2）扫描节点：监听通告数据的节点，它可以与通告节点建立连接，如果它发起连接，就称为该连接的发起者。

（3）中心节点与（4）外围节点：蓝牙节点构成的网络称为微微网，一个微微网由一个中心节点以及与之相连的一些外围节点组成，各个节点按照跳频序列指定的信道与中心设备的时钟进行同步。

（5）混合节点：具有上述两种及两种以上功能的节点。

某一个区域可能存在多个微微网，但是每个微微网络须使用不同的物理信道。一个蓝牙设备可以同时加入多个微微网，它以时分复用的方式轮流在各个微微网工作。这种通过某个设备将多个微微网连在一起之后形成的网络称为散射网。需要注意的是，将多个微微网连在一起形成散射网的那个节点并不意味着具有路由能力，只是说明它属于多个微微网而已。另外需注意，一个蓝牙设备不能同时充当多个微微网的中心设备。

图 2-46 给出了一组 BR/EDR 蓝牙拓扑结构示例，阴影区域是一个微微网，节点 A 是该微微网的中心节点。简单起见，以中心节点名称命名微微网，因此将该网简称为网 A，节点 B、C、D、E 为其外围节点。除此以外还有 3 个微微网：①以节点 F 为中心节点的网 F，其外围节点为 E、G、H；②以节点 D 为中心节点的网 D，其外围节点为 J；③以节点 M 为中心节点的网 M，其外围节点为 E 以及其他 N 个节点。显然，节点 E 连接了多个网络，它将网 A、网 M 和网 F 构建成了一个散射网；同理，节点 D 也连接成了一个散射网。

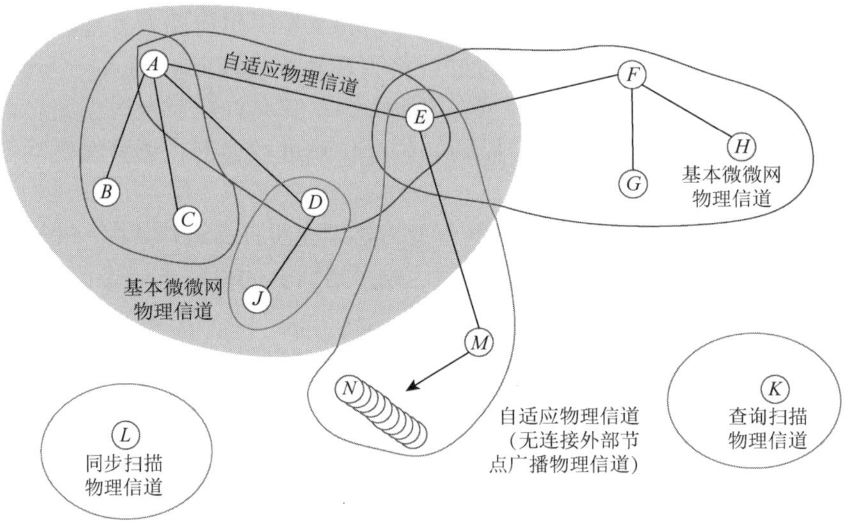

图 2-46　BR/EDR 蓝牙拓扑结构示例

网 A 有两种物理信道：基本信道和自适应信道，区别在于自适应信道可以实现自适应调频。节点 B 和节点 C 通过基本信道与节点 A 通信，而节点 D 和节点 E 通过自适应信道与节点 F 通信。在网 D 中，尽管节点 D 支持自适应信道，但是节点 J 不支持，因此它们只能通过基本信道通信。同理，尽管节点 E 支持自适应信道，但是节点 F 不支持自适应信道，因此节点 F 只能通过基本信道与节点 E 以及其他外围节点通信。在网 M 中，节点 M 采用的是广播方式，它是一种无连接方式，通过自适应物理信道将数据广播给外围节点。

图 2-46 中的节点 K 和节点 L 目前尚不属于任何微微网，但是节点 K 可以给其他节点提供一些服务，它目前正在监听其查询扫描信道，等待其他节点发出查询请求；节点 L 正在监听其同步扫描信道，等待其他设备与其同步。

图 2-47 给出了一组 BLR 蓝牙拓扑结构示例，实线箭头从微微网的中心节点指向外围节点，虚线节点表示从发起节点到通告节点发起一条连接请求。节点 A 是两个微微网的中心节点，其外围节点分别为 B 和 C。注意，BLE 不允许各个外围设备共享物理信道与同一中心节点通信，

因此节点 B 和节点 C 需要使用不同的信道与节点 A 通信，这一点与 BR/EDR 是不同的。节点 K 处于一个散射网中，它是节点 L 的主节点，同时又是节点 M 的外围节点。同理，节点 O 也处于散射网中，它既是节点 P 的外围节点，也是节点 Q 的外围节点。节点 D 是一个通告节点，而节点 A 可充当发起者，与节点 D 建立连接，在彼此之间构建一个微微网。其他节点的分析以此类推。

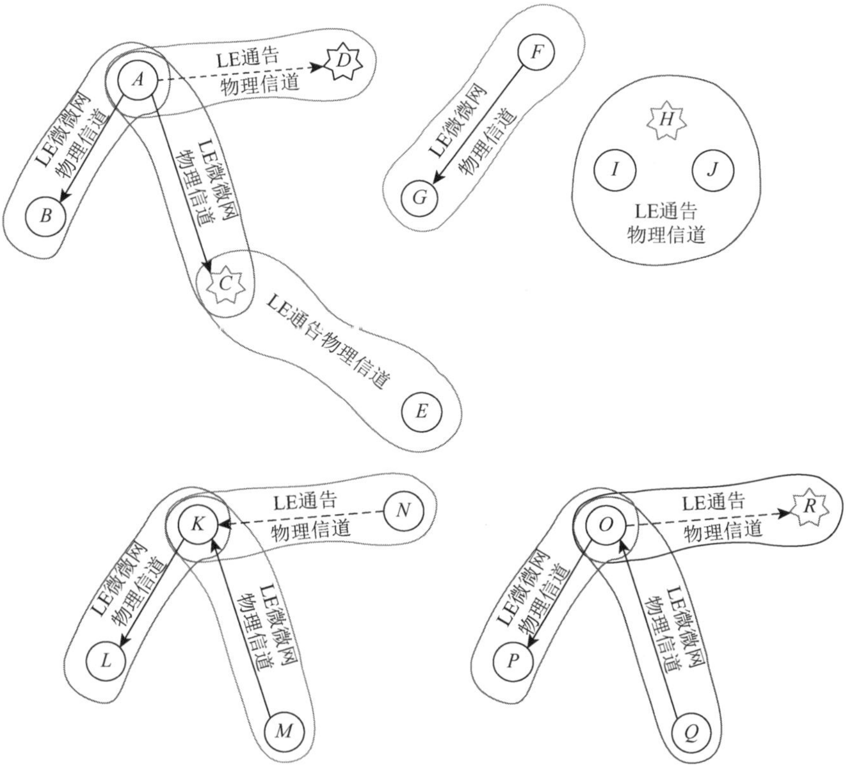

图 2-47　BLR 蓝牙拓扑结构示例

下面分析蓝牙 5.4 中定义的 BR/EDR 连接建立过程。

（1）查询过程。查询过程用于查找周围的其他蓝牙设备。节点主动通过一个特定的物理信道发送查询请求，收到查询消息的设备通过该信道回送查询响应消息。除了标准的查询响应，标准中还定义了扩展查询响应流程，被查询的设备能够向查询设备反馈它能支持的服务，如果设备名称太长，在响应的时候可以只提供名称最重要的部分。

（2）寻呼过程。发现设备后，便可尝试在两个设备之间建立连接，这通过寻呼过程完成。寻呼设备通过一个特定的物理信道向目标设备发起寻呼请求，被寻呼的设备在该信道上监听寻呼请求。

（3）已连接模式。通过寻呼过程连接成功后，节点之间就处于已连接模式。此时，两个设备处于同一个微微网，二者之间有一条物理链路和四条默认的逻辑链路。当处于已连接模式时，可以创建和释放额外的逻辑链路，并可更改物理和逻辑链路的模式，如切换到保持模式或呼吸模式。处于已连接模式的设备也可以执行查询、寻呼或扫描流程，因此可以在无须断开原微微网物理信道的情况下连接到其他微微网。

总之，BR/EDR 的连接建立过程是，先通过查询发现可以连接的设备，然后通过寻呼与目标设备建立连接，从而进入已连接模式。

BR/EDR 还有两种省电模式，分别称为保持模式和呼吸模式。在保持模式下，只能在同步链路预留的时隙内传输数据，而异步链路不收发数据，从而可以节省电量或参与到其他微微网中。注意，一旦设备进入保持模式就不能取消，直到预定的时间结束后再返回到以前的模式。呼吸模式下，通过定义占空比来确定逻辑链路的可用性，使得中心设备减少发送数据的时隙数，并相应地减少外围设备监听的时隙数，从而达到省电的目的。此外，标准中还定义了低耗电呼吸模式，通过指定最大发送延迟和接收延迟来进一步降低占空比的活跃时间，从而进一步增强呼吸模式的省电能力。除此以外，还有一个无连接外设广播模式，被中心节点用来向外围节点发送广播数据。

在 BR/EDR 中，中心设备和外围设备可以进行角色转换，也就是中心设备变成外围设备，反之亦然。为此，需要改变微微网中的物理信道，将原来中心设备物理信道迁移到新中心设备的物理信道上。在角色切换之后，除非还有外围设备连接到原来的中心设备上，否则原来的微微网物理信道将会被删除。

接下来分析蓝牙 5.4 中定义的 BLE 连接建立过程。

（1）设备过滤过程。BLE 在进行设备连接之前可以先进行设备过滤，也就是限制哪些设备可以收到通告消息、扫描请求和连接请求，以便降低控制器需要响应的设备请求数量，从而降低能量开销。此外，它也降低了控制器与主机的通信，从而降低主机的能耗。方法很简单：设备在链路层维护一个“过滤接受列表”，凡是不在此列表中的设备发来的数据都被忽略。

（2）通告过程。设备利用通告过程进行单向广播，目的是让其他设备可与它建立连接。进行单向广播时，无须与其他设备建立连接。通告消息可加密传输，也可非加密传输。

（3）扫描过程。设备利用扫描过程监听通告消息，收到通告消息后便可发送扫描请求，让通告设备再发送一些额外数据。通告设备收到扫描请求后，向其回送扫描响应。通告过程和扫描过程达到了发现其他设备或被其他设备发现的目的。

（4）连接过程。某个蓝牙设备在收到通告设备的可连接通告事件后，就可通过主或从通告物理信道发送连接请求。如果是通过主通告信道发送，则设备在发送完毕之后会停止扫描过程，然后进入已连接模式；如果是通过从通告信道发送，则设备在发送完毕之后停止扫描，并在收到连接响应后进入已连接模式，也就是多了一个响应的过程。

（5）已连接模式。成功完成连接过程后，两个蓝牙设备就在物理上属于同一微微网了，即处于已连接模式。在此模式下，可以改变物理链路和逻辑链路的参数，如改变自适应调频序列或数据包的最大长度；也可进行通告、扫描或发现过程。如果将已经建立好的连接设置为节能连接，则活跃占空比将会迅速降低，从而节省能量，在需要的时候可以迅速恢复到正常连接状态。

可见，BLR 与 BR/EDR 的连接过程有所差别，它可先进行设备过滤，然后由通告设备对过滤后的设备广播通告消息，其他设备通过扫描过程监听到通告消息后，向通告设备发送连接请求，成功后进入已连接模式。

设备之间的同步也通过通告完成。为完成同步，通告节点会通过专门的主或从物理通告信道进行周期性通告，它包括两部分：获得周期性通告同步信息、监听周期性通告。获得周期性通告同步信息的方法有两种，第一种是一个设备执行通告过程而另一个设备执行扫描过程，第二种是已经获得周期性通告同步信息的设备将该信息传输给与之相连的其他设备；随后进入监听周期性通告阶段，其他设备一旦收到该消息，就可完成同步。

2.4.4　利用蓝牙进行目标定位

在蓝牙中，用于目标定位的通常是 BLE，而不是 BR/EDR。除了支持测量接收信号强度、在接收端测量到达角、在发送端测量离开角，蓝牙 5.4 版本还提供了一种被称为信道探测的新技术，其测距精度可达 10cm，能够与 UWB 媲美，但是成本和功耗更低。

信道探测引入了一个新的物理层，即信道探测物理信道，见图 2-48[31]。信道探测的调制方式为幅移键控，与其他 BLE 射频操作采用时分复用方式。信道探测的大部分功能都在链路层，其主要功能包括通告、扫描、连接管理、异步通信、同步通信、数据加密等。

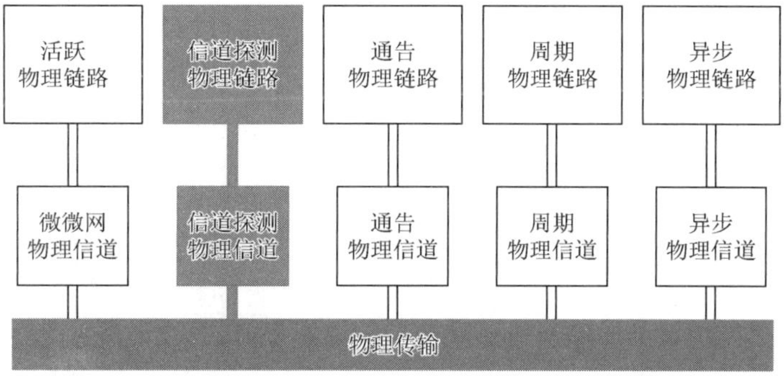

图 2-48　信道探测引入的信道探测物理信道和物理链路

信道探测过程被划分为一个或多个事件，每个事件由一个或多个子事件组成，而一个子事件又由两个或多个步骤组成，每个步骤以称为 T_FCS 的频率变化周期开始。子事件之间留有时间间隔，以避免连续分配射频资源，并有助于与其他无线技术共存。在子事件内，第一个步骤用于为该子事件中的剩余步骤提供校准信息。图 2-49 显示了信道探测过程的事件、子事件和步骤之间的关系。

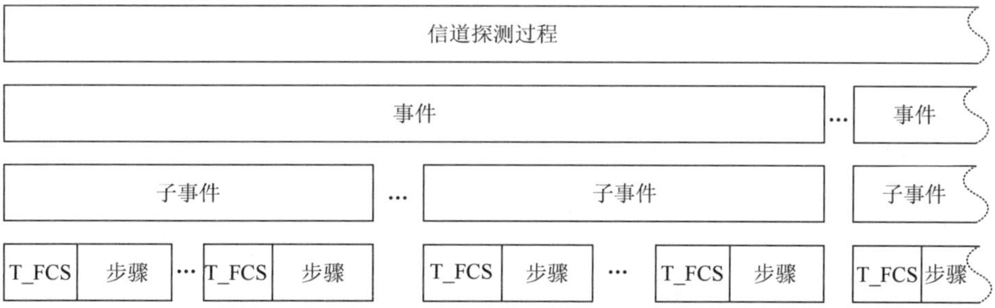

图 2-49　信道探测过程事件、子事件和步骤之间的关系

进行信道探测的两个节点，一方称为发起者，另一方称为响应者。在每个步骤中首先由发起者传输数据，然后由响应者传输一次或多次信息。这些传输可以是基于分组的高斯频移键控调制数据，也可以是基于音调的幅移键控调制数据，或者两者兼而有之。

步骤有 4 种类型，称为模式 0～模式 3。模式 0 用于将一个蓝牙节点的频率和时间校准到另一个节点，模式 1 用于交换往返时延分组，模式 2 用于交换基于相位的测距信息，模式 3 用于交换往返时延和相位/振幅测量值。

蓝牙的信道探测流程如图 2-50 所示。节点之间首先需要建立连接，随后二者交换信道探测能力，并协商信道探测过程的一些参数，其中也包括必要的安全参数，然后就可以开始信道探测过程，这是通过交换信道探测子事件完成的，从而实现测距信息的交换，不同类型的测距会使用不同的步骤类型。根据这些信息，ZigBee 可以采用两种方法测量出距离：一种方法是利用往返时延计算节点间距离，它类似于双程 ToA 的方法；另一种方法是利用相位与幅度信息测量距离，不再赘述。

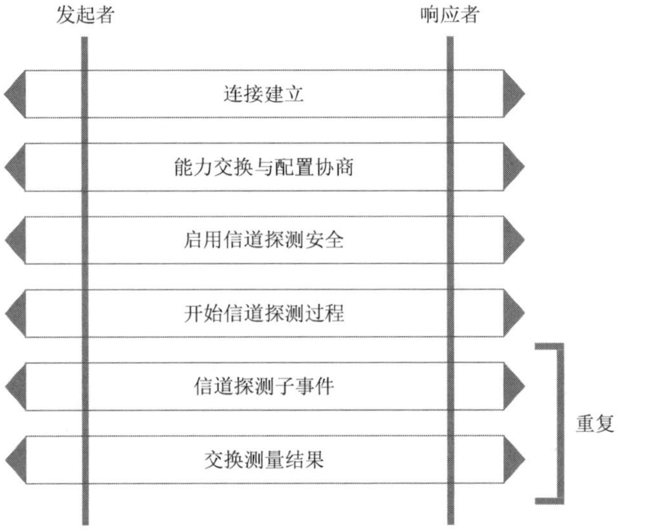

图 2-50　蓝牙信道探测流程

参 考 文 献

[1] Links C. The evolution of Wi-Fi networks：From IEEE 802.11 to Wi-Fi 6E[EB/OL]. https://www.wevolver.com/article/the-evolution-of-wi-fi-networks-from-ieee-80211-to-wi-fi-6e [2023-12-28].

[2] 瑞哥. IT 知识百科：IEEE 802.11——无线局域网的重要里程碑[EB/OL]. https://mp.weixin.qq.com/s/hYwE3pvW-Mp44Wb12GR2VQ [2024-2-1].

[3] Shelly. 802.11 物理层技术讲解[EB/OL]. https://blog.csdn.net/weixin_42353331/article/details/86504529 [2024-2-1].

[4] Wi-Fi 研习者. Wi-Fi 6（802.11ax）解析 2：OFDMA 资源块-RU[EB/OL]. https://zhuanlan.zhihu.com/p/24416610？from_voters_page=true [2024-2-1].

[5] LMM_5201. CSMA/CA 载波侦听多路访问及冲突避免协议[EB/OL]. https://blog.csdn.net/LMM_5201/article/details/81673371 [2024-2-1].

[6] 谢希仁. 计算机网络[M]. 8 版. 北京：电子工业出版社，2021.

[7] 狼牙 X. Wi-Fi 网络结构[EB/OL]. https://blog.csdn.net/xiaozy115/article/details/101285878 [2024-2-1].

[8] Picazo-Martinez P，Barroso-Fernandez C，Martin-Perez J，et al. IEEE 802.11az indoor positioning with mmwave[J]. IEEE Communications Magazine，2024，62（10）：126-131.

[9] IEEE Computer Society. IEEE Standard for Information Technology—Telecommunications and Information Exchange between Systems Local and Metropolitan Area Networks--Specific Requirements Part 11：Wireless LAN Medium Access Control（MAC）and

Physical Layer（PHY）Specifications Amendment 4：Enhancements for Positioning[S]. 2022.

[10] Digitalthinkerhelp. ZigBee technology：Architecture & applications | how does it work[EB/OL]. https://digitalthinkerhelp. com/zigbee-technology-architecture/[2024-2-1].

[11] 电子网. ZigBee 网络结构[EB/OL]. https://www.51dzw.com/embed/embed_78585.html [2023-12-8].

[12] Connectivity standards alliance. ZigBee Specification Revision 23[S]. 2023.

[13] 电子发烧友. zigbee 协议栈各层的功能[EB/OL]. http://www.elecfans.com/baike/wuxian/20171108576836.html [2023-12-8].

[14] ZigBee Alliance. ZigBee Spcification Revision 22 1.0[S]. 2017.

[15] Libelium. Networking methods[EB/OL]. https://development.libelium.com/zigbee-networking-guide/networking-methods [2023-12-28].

[16] Cheon J，Hwang H，Kim D，et al. IEEE 802.15.4 ZigBee-based time-of-arrival estimation for wireless sensor networks[J]. Sensors，2016，16（2）：203.

[17] Schwarzer S，Vossiek M，Pichler M，et al. Precise distance measurement with IEEE 802.15.4（ZigBee）devices[C]. 2008 IEEE Radio and Wireless Symposium，Orlando，2008.

[18] Kimoto R，Ishida S，Yamamoto T，et al. MuCHLoc：Indoor ZigBee localization system utilizing inter-channel characteristics[J]. Sensors，2019，19（7）：1645.

[19] 胡青松，杨维，丁恩杰，等. 煤矿应急救援通信技术的现状与趋势[J]. 通信学报，2019，40（5）：163-179.

[20] Nekoogar F. Ultra-Wideband Communications：Fundamentals and Applications Fundamentals and Applications[M]. Upper Saddle River：Prentice Hall Press，2011.

[21] 梁久祯. 无线定位系统[M]. 北京：电子工业出版社，2013.

[22] 王艳芬. 矿井超宽带无线通信信道模型研究[D]. 徐州：中国矿业大学，2009.

[23] 张玲. 超宽带无线通信技术的应用及发展前景研究[J]. 电子世界，2017（17）：87.

[24] 3db Access AG. Impulse radio UWB principles and regulation[EB/OL]. https://www.3db-access.com/filemanager/files/2/20191112_Technical_Article_1_v10.pdf [2023-12-29].

[25] 吴婕，朱铁，雍建平. DS-UWB 通信系统 MAC 协议设计[J]. 计算机测量与控制，2011，19（7）：1784-1787.

[26] Bauwens J，Macoir N，Giannoulis S，et al. UWB-MAC：MAC protocol for UWB localization using ultra-low power anchor nodes[J]. Ad Hoc Networks，2021，123：102637.

[27] Henry J. Ranging and Positioning with UWB[M]. London：Intechopen，2023.

[28] Wagner S. A brief history of Bluetooth and its many versions[EB/OL]. https://straussandwagner.com/blogs/news/a-brief-history-of-bluetooth-and-its-many-versions [2023-12-29].

[29] Bluetooth SIG Core Specification Working Group. Bluetooth Core Specification Version 5.4[S]. 2023.

[30] Mathworks. Comparison of Bluetooth BR/EDR and Bluetooth LE specifications[EB/OL]. https://ww2.mathworks.cn/help/bluetooth/gs/comparison-of-bluetooth-bredr-and-bluetooth-le.html [2023-12-29].

[31] Hillyard J，Bachmann C，Huang L. Bluetooth channel sounding：A step towards 10-cm ranging accuracy for secure access digital key and proximity services[EB/OL]. https://www.bluetooth.com/blog/bluetooth-channel-sounding-a-step-towards-10-cm-ranging-accuracy-for-secure-access-digital-key-and-proximity-services/[2023-12-29].

第 3 章　无线定位的基本原理

第 1 章已经学习过，根据是否需要测量距离，可将无线定位方法分成测距定位和非测距定位两类[1]。从测距方法看，以基于信号强度指示（RSSI）为主，或者使用到达时间（ToA）、差分到达时间（TDoA）、到达角度（AoA）和到达相位差（PDoA），以及多种测距手段联合的系统；从定位求解方法看，以基于几何信息的定位为主，辅以指纹定位等方法，并用信号传播环境建模、智能信息处理方法等手段进行优化，以消除非视距干扰，提高定位精度。非基于测距的方法则利用网络的拓扑约束、相对位置等进行定位。本章将对这些无线定位的基本原理进行研究和探讨。

3.1　距离测量方法

进行目标定位的时候，需要在目标节点与信标节点之间交换信息，这些被交换的信息必须有一个承载的载体，如声音、无线电信号等[2]。在不同使用环境，不同类型信号的传播能力不同，如在潮湿环境，无线电信号要比声音信号的效果差，因为空气中的水分会吸收和反射高频无线电波，但是对振动声波却影响不大。考虑到多数节点都有无线电硬件，因此无线电信号是最常见的定位信号形式，其强度、相位或频率都可用来估计距离。采用无线电信号的定位方法和定位系统非常多，也是本书的主要探讨对象。

声音定位信号可采用超声或可听波，第 1 章学习过的 Cricket 是超声波，而 PinPtr 反狙击手系统则是可听波。红外信号相对来说衰减较大，适合于目标节点与信标节点离得较近的场景，如室内定位，典型系统有 Active Badge。但是，室外定位不太适合使用红外定位，因为室外场景中目标节点与信标节点之间的距离一般较大，同时存在太阳光的干扰，使得红外信号难以检测。也可采用可见光作为定位信号，如 Lighthouse 和 Spotlight，但是这些系统只有在有照明的区域才能定位，并且需要专用的光源。脉冲超宽带的距离分辨率比其他系统高得多，其脉冲宽度为纳秒级，理论定位精度可达厘米级甚至毫米级，因此在 IEEE802.15.4 中被用作定位首选技术[3]。

选定定位信号类型之后，需要选择合适的测距方法，测量信标节点与目标节点之间的距离，进而根据距离求解目标位置。在无线定位中使用得最为广泛的测距方法包括 RSSI、ToA、TDoA 和 AoA 等[4]。RSSI 通过信号强度与传播距离的统计关系计算节点之间的距离，由于多数无线节点都有 RSSI 测量能力，因此不用为测量距离专门增加硬件，但是容易受到噪声、多径、干扰等因素的影响。ToA 通过测量信号的传播时延确定节点间的距离，但要求节点之间具有严格的时间同步，实施起来较为困难。AoA 通过天线阵列测量信号的到达角度，它与移动目标和信标之间的距离相关，距离较远时，很小的 AoA 误差就会导致较大的定位误差。ToA 和 TDoA 一般比 AoA 的定位精度高，但是它们都需要至少 3 个信标节点参与，而 AoA 只需要 2 个信标节点。

3.1.1 基于 RSSI 的距离测量

发送节点发出的信号到达接收节点后，其信号强度将发生衰减。如果能将这种信号强度随距离衰减的关系构建出来，就可通过在接收端测得的信号强度衰减值推算出收发节点之间的距离。目前使用得最广泛的信号强度与距离的变化模型是对数距离损耗模型[5, 6]：

$$\mathrm{PL}(d)=\mathrm{PL}(d_0)-10n\log_{10}\left(\frac{d}{d_0}\right)+\chi \tag{3-1}$$

其中，$\mathrm{PL}(d)$ 和 $\mathrm{PL}(d_0)$ 分别为与发送节点的距离为 $d(\mathrm{m})$ 和 $d_0(\mathrm{m})$ 位置处的功率损耗，其单位为 dBm；d_0 为一个参考距离，通常 $d_0=1\mathrm{m}$；n 为路径损耗因子，通常位于 2～4；χ 为阴影效应导致的零均值高斯随机变量，具体计算的时候通常忽略不计。

如果用 RSSI 表示，那么在 d 处测得的 RSSI 值为

$$\mathrm{RSSI}=P_t-\mathrm{PL}(d) \tag{3-2}$$

其中，P_t 表示发送功率。将式（3-2）代入式（3-1）并忽略 χ，得

$$\mathrm{RSSI}=A+10n\log_{10}\left(\frac{d}{d_0}\right) \tag{3-3}$$

其中，$A=P_t-\mathrm{PL}(d_0)$ 表示参考距离 d_0 处的 RSSI 值，为了方便计算，通常取 $d_0=1\mathrm{m}$。因此，收发节点之间的距离 d 为

$$d=d_0\cdot 10^{\frac{\mathrm{RSSI}-A}{10\cdot n}} \tag{3-4}$$

射频不规则性是 RSSI 测距不准的重要原因之一，它是由设备和传输介质两种因素导致的。设备因素包括天线类型、发送功率、天线增益、接收机灵敏度、接受阈值、信噪比，传输介质因素包括介质类型、背景噪声，以及其他环境因素，如传输介质温度、障碍物等。射频不规则性可以用射频不规则模型表示，它定义为单位角度的方向变化导致的最大接收信号强度变化百分比。值得一提的是，定位场景（特别是室内环境）的多径衰落和非视距特性对定位具有重要影响，这将在第 6 章深入介绍。

通过对 χ 的分析建立合适的噪声模型而不是忽略它，可以有效补偿环境的误差。使用最小二乘法、卡尔曼滤波等方法可以较好地滤除信号传播过程中引入的线性噪声，对于非线性噪声的滤除可采用扩展卡尔曼滤波、粒子滤波等方法。

除了常用的对数距离损耗模型，也可针对一些特殊场景研究更为精确的测距模型，如煤矿巷道场景。理论研究和现场实测都表明，矿井中对能量传递测距模型准确性影响最大的是巷道中的金属结构，而巷道截面面积、截面形状、围岩介质等对测距模型的影响不太大。井下存在大量的周期性环状金属结构，如爆破用雷管引线、金属支柱等，它们等效于环形天线，对电磁能量具有较强的吸附作用。因此，可以引入电磁衰减指数对能量传递测距模型进行改进[7]，用以反映金属结构的几何尺寸和介电常数对测距模型的影响，从而得出衰减指数与电磁波工作频率的近似关系式，建立节点间距离与信标节点发射功率、工作频率的能量传递测距模型。

信标节点在测距的时候向目标节点发射测距信号，目标节点所接收到的信号功率为[8]

$$P_{RX}=\frac{c^2G_{RX}}{4\pi f_0^2}\times\frac{P_{TX}G_{RX}\sigma}{(4\pi)^2d^4}=\frac{c^2G_{RX}^2P_{TX}\sigma}{(4\pi)^3d^4f_0^2} \tag{3-5}$$

其中，P_{TX} 为发射功率；G_{RX} 为目标节点天线增益；σ 为目标节点天线散射截面；c 为光速；f_0

为工作频率；d 为信标节点与目标节点的距离。

若电磁波辐射区域存在金属结构，电磁波会损耗部分能量，经金属吸收后传到目标节点的电磁波辐射能量为

$$P_{\mathrm{RS}}=\frac{c^2P_{TX}\left(G_{RX}^2\sigma-(4\pi)^2d^4D(\theta,\varphi)\mathrm{e}^{-2\alpha_{\mathrm{Eh}}}\right)}{(4\pi)^3d^4f_0^2} \tag{3-6}$$

其中，α_{Eh} 为环状金属结构的衰减指数；$D(\theta,\varphi)$ 为天线的方向性系数；d 为沿金属结构方向的衰减距离。由于能量衰减在较长时间内持续存在，因此 d 近似为目标节点与信标节点间的距离。将式（3-6）进行泰勒级数展开，得到测距模型为

$$\ln d^4=\ln\left(c^2P_{TX}G_{RX}^2\sigma\right)-\ln\left((4\pi)^3P_{\mathrm{RS}}f_0^2\right)-\sum_{n=0}^{\infty}(-1)^n\frac{\left(\dfrac{c^2P_{TX}D(\theta,\varphi)\mathrm{e}^{-2\alpha_{\mathrm{Eh}}d}}{4\pi P_{\mathrm{RS}}f_0^2}\right)n+1}{n+1} \tag{3-7}$$

这种改进模型对频率的敏感性较强，对高频信号的吸收明显，利用该模型测距的时候，应根据功率设计合适的工作频率。

尽管多数无线电设备可以测量出 RSSI 值，但是多径特性和环境导致的非视距传播将使得定位系统的精度和鲁棒性下降，甚至出现近处的节点收到的 RSSI 值比远处的节点收到的 RSSI 值更低的情况，这可通过探索信道状态信息加以克服。

3.1.2　基于 ToA 的距离测量

ToA 测距利用了目标节点到信标节点间距离 d 与信号传播时间 Δt 成正比的规律。由于无线信号在空气中的传播速度为光速 c，于是有 $d=c\times\Delta t$。若能求得信号传播时延 Δt，便可求得节点之间的距离。传播时延有些文献也称为飞行时间。

如图 3-1（a）所示，假定发送节点在 T_1 时刻发出测距信号，接收节点在 T_2 时刻收到测距信号，那么两个节点之间的距离为

$$d=(T_2-T_1)v \tag{3-8}$$

上述方法称为单程 ToA 测距，即只需发送单程测距信号即可完成测距。

另一种方式称为双程测距，即节点之间需要来回发送两次测距信号，因此又称为往返时延（round trip time，RTT），见图 3-1（b）。这种情况下，节点之间的距离可计算如下：

$$d=\frac{(T_2-T_1)+(T_4-T_3)}{2}\times v=\frac{(T_4-T_1)-(T_3-T_2)}{2}\times v \tag{3-9}$$

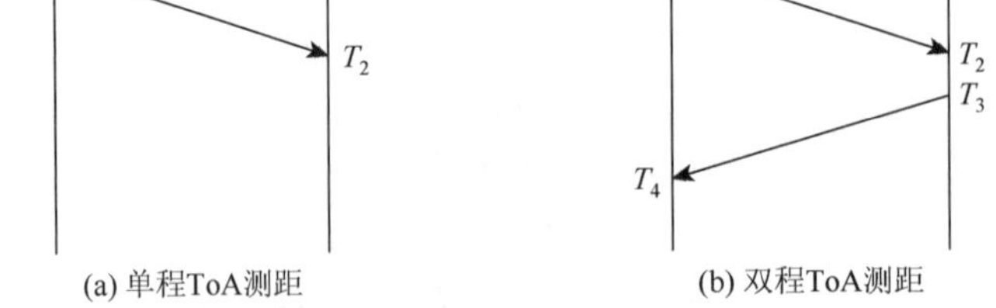

图 3-1　ToA 测距示意图

单程 ToA 测距和双程 ToA 测距都要求知晓测距信号的传输开始时刻和结束时刻[9]。单程 ToA 测距要求目标节点和信标节点的时钟保持高度同步，因为 T_2 和 T_1 是两个不同节点的时钟的计时结果，如果二者的时钟不严格同步，将会对时延测量带来较大误差。由于电磁波的传播速度为 $c = 3.0\times10^8\,\text{m/s}$，1ns 的时间误差就将导致 0.3m 的测距误差，而现有的网络时间同步技术甚至很难达到 10ns 的同步级别。时间同步的主要影响因素是设备时延、计时器频率偏移、处理器的处理时延等，为了精确定位，必须对这些因素加以抑制。孙继平等提出了一种基于 Wi-Fi 和计时误差抑制的 ToA 定位方法[10]，通过双路 Wi-Fi 和一路光纤信道，在计算中对计时误差加以抵消。我们将在第 4 章对该方法加以介绍。

与单程 ToA 测距相比，双程 ToA 测距对时间同步的要求要低得多。从式（3-9）可以看出，计算信号传播时延 Δt 的时候，只需要分别计算 $T_4 - T_1$ 和 $T_3 - T_2$ 即可。显然，T_4 和 T_1 都是同一个时钟计时的结果，求解 $T_4 - T_1$ 时不涉及其他节点，只需求解出自己的一个时间差值。同理，T_3 和 T_2 也是同一个时钟计时的结果，求解 $T_3 - T_2$ 时也不涉及其他节点，只需求解出自己的一个时间差值。因此，双程 ToA 对节点之间的时钟同步要求大为降低。

双程 ToA 的应用范围非常广泛，如 UWB 中的飞行时间、Wi-Fi 中的 FTM 测距、低功耗蓝牙中的高精度距离测量和信道探测技术等。

3.1.3　基于 TDoA 的距离测量

ToA 要求信标节点与目标节点之间具有精确时间同步，其适用性显著降低，使得人们更多地采用基于差分到达时间的方法。TDoA 有两种实现方法[11]：一种方法是目标节点同时向同一个信标节点分别发送传播速率不同的信号，如电磁波和超声波，通过测量两种信号到达信标节点的时间差，可简称为多信号 TDoA 法；另一种方法是目标节点向两个信标节点发送同一种信号，分别测量该信号到达这两个信标节点的时间，从而计算时间差，可简称为多节点 TDoA 法。上述信号发送过程改为从信标节点发送给目标节点也可。

1. 多信号 TDoA 法

多信号 TDoA 法要求目标节点和信标节点都配备两种信号收发器，以实现收发两种信号的功能。本方法原理如图 3-2（a）所示，节点 1 在 T_1 时刻同时向节点 2 发送两种不同类型的测距信号，要求这两种信号的传播速度具有较大差别，如电磁波信号和超声波信号。由于超声波的速度比电磁波慢，节点 2 先后在 T_2 和 T_3 时刻接收到电磁波和超声波信号。

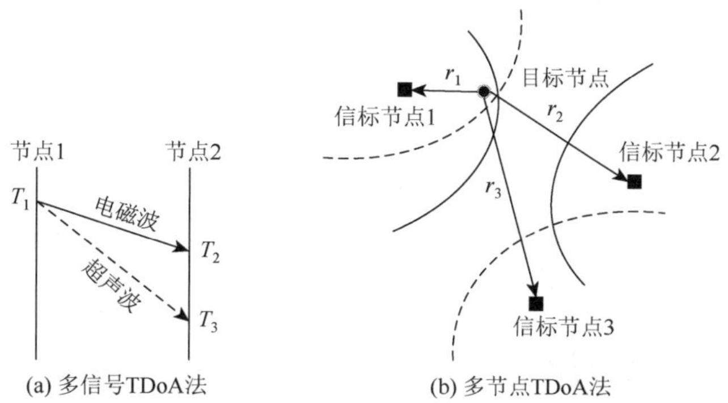

图 3-2　TDoA 测距示意图

假定电磁波和超声波的传播速度分别为v_1和v_2，则

$$d=(T_2-T_1)v_1=(T_3-T_1)v_2 \tag{3-10}$$

于是可得$T_1=\dfrac{T_2v_1-T_3v_2}{v_1-v_2}$，将其代入$d=(T_2-T_1)v_1$，得到

$$d=(T_3-T_2)\frac{v_1\times v_2}{v_1-v_2} \tag{3-11}$$

从式（3-11）可以看出，多信号 TDoA 在计算距离时只涉及接收节点的时间，与其他节点的时钟无关，因此无须考虑节点间同步的问题。

2. 多节点 TDoA 法

多节点 TDoA 法由目标节点向多个信标节点同时发送同一测距信号，因此节点只需要配备一种信号收发器即可，在一定程度上降低了硬件成本，其原理如图 3-2（b）所示，目标节点所发射的信号到达三个信标节点所经历的时延分别为t_1、t_2和t_3，则目标节点与三个信标节点的距离分别为

$$d_1=v\times t_1,\quad d_2=v\times t_2,\quad d_3=v\times t_3$$

于是可以求得目标节点与信标节点之间的距离差，为

$$\begin{aligned} d_{12}&=d_1-d_2=v\times(t_1-t_2)\\ d_{13}&=d_1-d_3=v\times(t_1-t_3)\end{aligned} \tag{3-12}$$

其中，t_1-t_2是信号到达信标节点 1 和 2 的时间差；t_1-t_3是信号到达信标节点 1 和 3 的时间差。

由于信标节点的坐标是已知的，不妨设第i个信标节点的坐标为(x_i,y_i)。令(x,y)为目标节点的坐标，那么可以建立如下双曲线方程：

$$\begin{aligned} d_{12}&=\sqrt{(x_1-x)^2+(y_1-y)^2}-\sqrt{(x_2-x)^2+(y_2-y)^2}\\ d_{13}&=\sqrt{(x_1-x)^2+(y_1-y)^2}-\sqrt{(x_3-x)^2+(y_3-y)^2}\end{aligned} \tag{3-13}$$

将式（3-12）代入式（3-13），即可求得两条双曲线的焦点，它就是目标节点的位置。不过，式（3-12）指出，多节点 TDoA 法在计算距离时涉及不同节点的时钟，为了准确求出传播时延，势必要求节点之间进行严格的时间同步。

ToA 与 TDoA 均是基于时间的测距方法。一般来说，基于时间的测距方法在视距条件下的测距非常准确，非视距对定位的影响将在第 6 章讲述。与 RSSI 这种基于功率的测距方案不同，基于时间的测距精度随着信号带宽的增加而提高，这也是 UWB 定位精度高的重要原因，因为它具有超大带宽和很高的时间分辨率。

相比而言，多节点 TDoA 由于不需要多套收发器件，比多信号 TDoA 应用范围更为广泛，特别是在 5G 等蜂窝通信中广为使用，如 5G 中的下行链路 TDoA（down link TDoA，DL-TDoA）和上行链路测量 TDoA（up link TDoA，UL-TDoA）。

3.1.4 基于 TSoA 的距离测量

到达时间和（TSoA）用在有多个信号发送端和多个信号接收端的情况[12]，各个发送端和

接收端的坐标均是已知的，一个典型例子是分布式 MIMO 雷达。其基本做法是，发送端发出信号，目标节点收到信号后发射出去，由信号接收端接收，如图 3-3 所示。其中，信号从发送端到达目标节点的时延与发射信号从目标节点到达接收端时延之和，被称为 TSoA。

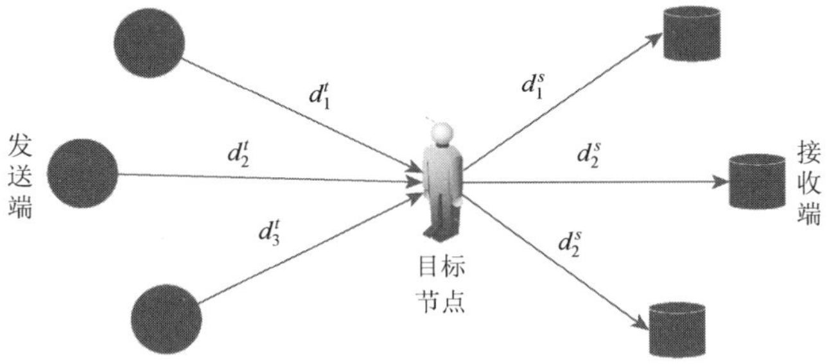

图 3-3　TSoA 的基本原理

假定共有 M 个发送节点，其坐标已知，为 $(x_m, y_m), m=1,2,\cdots,M$；接收节点共有 L 个，其坐标已知，为 $(x_l, y_l), l=1,2,\cdots,L$。那么 TSoA 测量值可以表示为

$$d_{m,l} = d_m^t + d_l^s, \quad m=1,2,\cdots,M; \quad l=1,2,\cdots,L \tag{3-14}$$

其中，d_m^t 为从发送端到目标节点的距离，即 $d_m^t = \sqrt{(x-x_m)^2 + (y-y_m)^2}$；$d_l^s$ 为目标节点到接收端的距离，即 $d_l^s = \sqrt{(x-x_l)^2 + (y-y_l)^2}$。

M 个发送节点和 L 个接收节点一共可以构造 $M \times L$ 个与式（3-14）类似的式子，联合起来即可求解出目标节点位置。

3.1.5　基于 AoA/AoD 的距离测量

到达角（AoA）是在接收端测量，而离开角（AoD）是在发送端测量。不妨先看 AoA，其基本思想如图 3-4 所示[13]，利用安装在接收节点上的天线阵列估计目标节点与信标节点之间的角度 α 和 β，过两个信标节点且满足所测角度关系的直线的交点，即目标节点的位置。

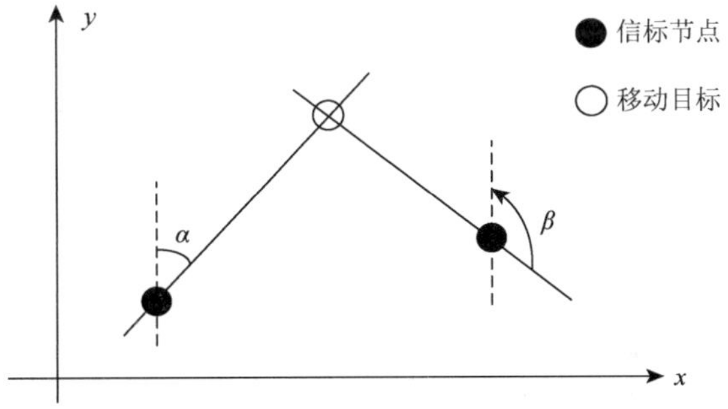

图 3-4　通过角度关系确定目标位置

图 3-5（a）给出了 AoA 收发双方组成的测距系统示意图[14]，发送端发送的信号被接收端的天线阵列接收到，然后由接收节点进行 AoA 的计算，其计算方法如图 3-5（b）所示。

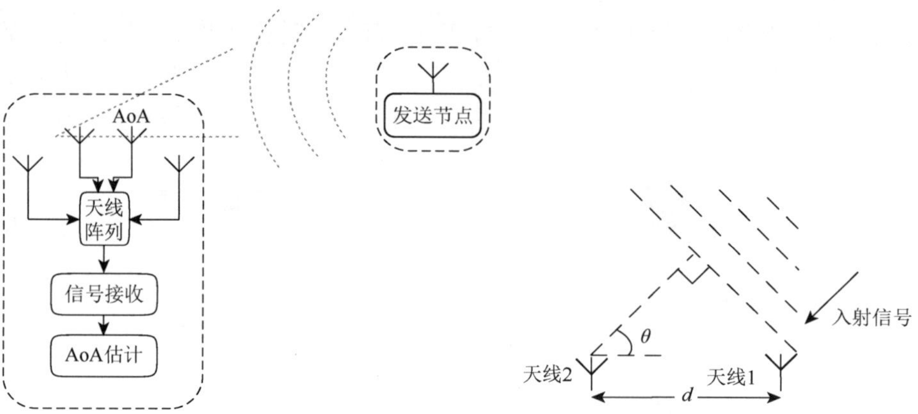

(a) AoA测距系统　　(b) AoA的计算

图 3-5　AoA 测距系统和 AoA 的计算

假定接收节点相隔发送节点足够远（大于 $2(d(M-1))^2/\lambda$，其中 λ 是信号波长，d 是相邻天线之间的距离，M 是天线阵列中的阵元数目）的情况下，入射到接收节点上的各个信号可视为相互平行的，则到达两根相邻天线的信号的相位差为

$$\varphi = (2\pi d\cos(\theta))/\lambda \tag{3-15}$$

其中，θ 为信号的到达角。因此，信号的到达角为

$$\theta = \arccos(\varphi\lambda)/(2\pi d) \tag{3-16}$$

AoD 的计算方法与 AoA 类似，图 3-6（a）给出了 AoD 收发双方组成的测距系统示意图，发送端天线阵列发送的信号被接收端接收到，由接收端进行 AoD 的计算，计算公式与式（3-16）完全相同。

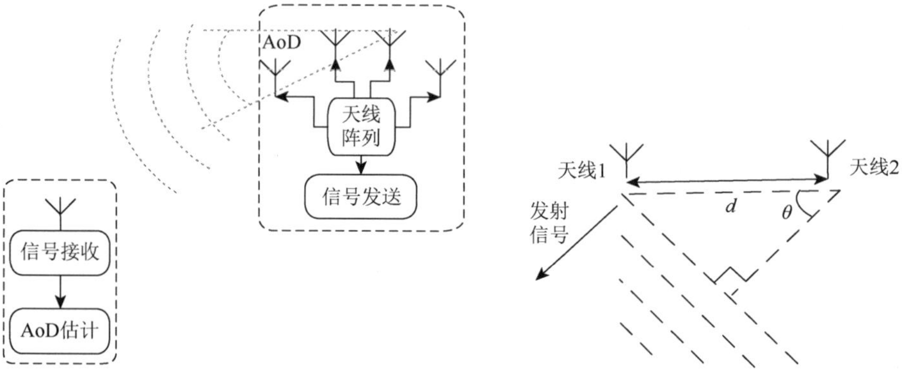

(a) AoD测距系统　　(b) AoD的计算

图 3-6　AoD 测距系统和 AoD 的计算

3.1.6　基于 PDoA 的距离测量

PDoA 表示到达相位差，它通过测量信号从发送端到接收端的相位差，计算出信号的传播距离[15]。假定信号从信标节点出发到目标节点，然后返回信标节点所需的时间为 Δt，信标节点与目标节点之间的距离为 d，信号经过 Δt 时间的相位变化为 ϕ，信号的中心频率为 f。假定信号的传播速率为 v，那么

$$d=\frac{1}{2}v\Delta t \tag{3-17}$$

$$\phi=2\pi f\Delta t \tag{3-18}$$

于是有

$$d=v\frac{\phi}{4\pi f}=\frac{v}{f}\frac{\phi}{4\pi}=\lambda\frac{\phi}{4\pi} \tag{3-19}$$

其中，λ 是信号的波长。

不同的距离如果相差 λ 倍，则测量获得的相位相同，因此有

$$d=\lambda\frac{\phi}{4\pi}+n\lambda=\lambda\left(\frac{\phi}{4\pi}+n\right) \tag{3-20}$$

其中，n 是非负整数。

令 $\phi=2n\pi+\phi'$，则

$$d=\frac{1}{2}\lambda\left(\frac{\phi'}{2\pi}+n\right) \tag{3-21}$$

仅仅利用式（3-21）无法确定距离 d 的准确值，因为 n 无法计算。为此，可采用两个中心频率分别为 f_1 和 f_2 的信号，得到

$$\phi_1=2n_1\pi+\phi_1'=\frac{4\pi df_1}{v} \tag{3-22}$$

$$\phi_2=2n_2\pi+\phi_2'=\frac{4\pi df_2}{v} \tag{3-23}$$

假设 ϕ_1 和 ϕ_2 具有相同的整数周期，即 $n_1=n_2$，另外假定 $f_2>f_1$，那么利用式（3-23）减去式（3-22）可得

$$\begin{cases} d=\dfrac{v\Delta\phi}{4\pi\Delta f}, & \phi_2>\phi_1 \\ d=\dfrac{v(\Delta\phi+2\pi)}{4\pi\Delta f}, & \phi_2<\phi_1 \end{cases} \tag{3-24}$$

其中，$\Delta\phi=\phi_2'-\phi_1'$；$\Delta f=f_2-f_1$。

请问式（3-16）中为什么没有考虑距离相差 λ 倍的问题？答案是天线阵列中的阵元之间通常不超过 $\lambda/2$，从而不用考虑这个问题。

3.2　基本测距定位算法

目标的位置计算，就是利用测得的距离、角度等数据和其他信息确定目标节点的近似位置的过程。无线定位一般是对移动目标进行的，目标的移动性一方面增加了定位的难度，另一方面可以为定位提供额外信息，从而为定位提供帮助[16]。位置计算的常见方法有三边法、三角法等。如果测量数据中有噪声，可用极大似然估计法，它仅需测距信息，无需位置的先验信息，而序列贝叶斯估计则同时需要测量数据和先验信息。统计方法可以处理节点运动的不确定性，如蒙特卡罗定位法，相关内容请参见第 5 章。

3.2.1　三边定位法

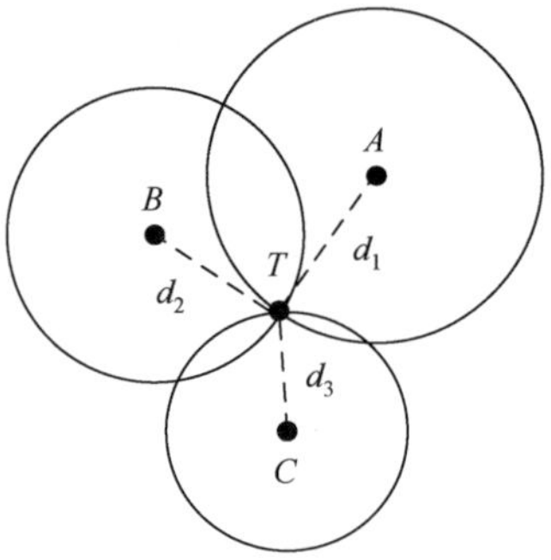

图 3-7　三边定位法

三边定位法的原理如图 3-7 所示[13, 17]。A、B、C 为定位区域中的三个信标节点，其坐标为已知条件，表示为$(x_i, y_i), i=1,2,3$；T 为目标节点，其坐标(x, y)为待求量。

设节点 T 与信标(x_i, y_i)的距离为d_i，$i=1,2,3$，那么有

$$\begin{cases}(x-x_1)^2+(y-y_1)^2=d_1\\(x-x_2)^2+(y-y_2)^2=d_2\\(x-x_3)^2+(y-y_3)^2=d_3\end{cases}\tag{3-25}$$

于是可得目标节点 T 的坐标为

$$\begin{bmatrix}x\\y\end{bmatrix}=\begin{bmatrix}2(x_1-x_3)2(y_1-y_3)\\2(x_2-x_3)2(y_2-y_3)\end{bmatrix}^{-1}\times\begin{bmatrix}x_1^2-x_3^2+y_1^2-y_3^2+d_3^2-d_1^2\\x_2^2-x_3^2+y_2^2-y_3^2+d_3^2-d_2^2\end{bmatrix}\tag{3-26}$$

若信标节点与目标节点之间的距离测量不准确，将导致目标节点不在三个圆的交点上，见图 3-8，其中图 3-8（a）表示距离测量过小，此时三个圆的交点是一个区域而不是一个点；图 3-8（b）表示距离测量过大，三个圆没有交点。

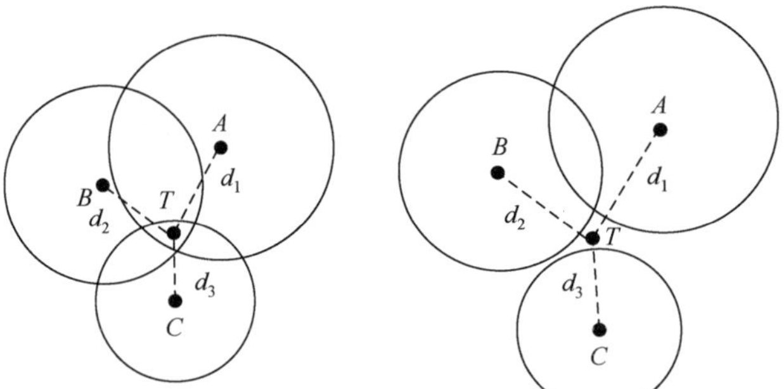

(a) 距离测量过小　　(b) 距离测量过大

图 3-8　三边定位法定位误差

3.2.2　三角定位法

三角定位法只需要两个信标节点就可以确定一个位置节点，其原理如图 3-9 所示，其中 T 为目标节点，B_1、B_2 为定位区域中的两个坐标已知的信标节点，其坐标分别为$(x_i, y_i), i=1,2$，二者

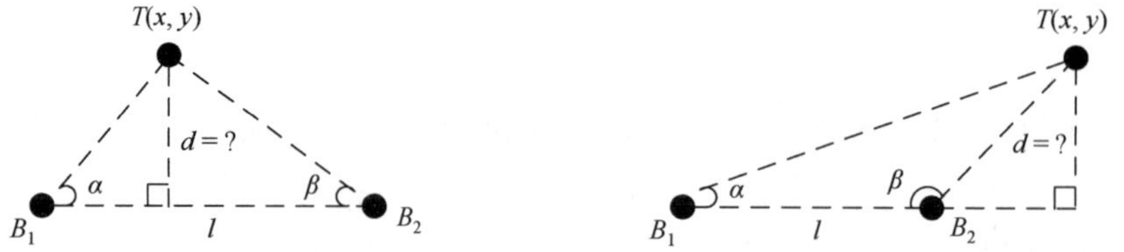

(a) 目标节点垂足在信标节点连线之间　　(b) 目标节点垂足在信标节点连线的延长线上

图 3-9　三角定位法

的间距可以直接通过信标的坐标计算得到，假定为 l。信标节点 B_1、B_2 具有测角能力，收到目标节点的信号后，分别测得到达角为 α 和 β。另假定 T 到 B_1B_2 的垂线距离为 d。

三角定位有两种情况，即目标节点垂足在信标节点连线之间和目标节点垂足在信标节点连线的延长线上，分别见图 3-9（a）和（b）。先探讨第一种情况，根据几何关系可得

$$l=\frac{d}{\tan\alpha}+\frac{d}{\tan\beta} \tag{3-27}$$

从而得到

$$d=l\frac{\sin\alpha\sin\beta}{\sin(\alpha+\beta)} \tag{3-28}$$

据此即可计算出目标节点 T 的坐标，即 $x=x_1+d\cos\alpha$，$y=y_1+d\sin\alpha$。对于目标节点垂足在信标节点连线的延长线上的情况，同样步骤可得

$$d=l\frac{\sin\alpha\sin\beta}{\sin(\beta-\alpha)} \tag{3-29}$$

据此即可计算出目标节点的坐标，即 $x=x_2+d\cos(\pi-\alpha-\beta)$，$y=y_2+d\sin(\pi-\alpha-\beta)$。

3.2.3　极大似然估计法

极大似然估计的基本思想是，在已经测得多个数据样本（如距离）的情况下，去估计定位系统的参数（此处指的是目标节点的坐标位置），使得这些样本值的发生概率最大。一般方法是求解使得样本观测值的联合概率最大时候的值，显然它是个乘积函数，为了便于求解，通常通过取对数变成线性求和。将此线性求和函数求导并令一阶导数为零，就可以得到最大似然估计值。

假定目标节点的坐标为 (x,y)，信标节点数目共有 N 个，信标节点 i 的坐标为 (x_i,y_i)，它与目标节点的距离为 d_i。在存在噪声的情况下，信标节点 i 与目标节点的估计距离 $\hat{d}_i$ 为

$$\hat{d}_i=d_i+n_i \tag{3-30}$$

其中，d_i 是信标节点 i 与目标节点的真实距离；n_i 是一个零均值、方差为 σ_i^2 的高斯噪声，即 $n_i\sim\mathcal{N}\left(0,\sigma_i^2\right)$。

令 $\boldsymbol{d}=[d_1,d_2,\cdots,d_N]^{\mathrm{T}}$ 为真实距离向量，$\hat{\boldsymbol{d}}=[\hat{d}_1,\hat{d}_2,\cdots,\hat{d}_N]^{\mathrm{T}}$ 为估计距离向量，$\boldsymbol{n}=[n_1,n_2,\cdots,n_N]$ 为噪声向量，$\boldsymbol{Q}=E(\boldsymbol{n}\boldsymbol{n}^{\mathrm{T}})=\mathrm{diag}\left[\sigma_1^2,\sigma_2^2,\cdots,\sigma_N^2\right]$ 为噪声向量的协方差，不同噪声之间彼此独立。于是，目标节点处于位置 $\boldsymbol{x}=(x,y)$ 时的条件概率密度函数为[18]

$$P(\hat{\boldsymbol{d}}\mid\boldsymbol{x})=\prod_{i=1}^{N}\frac{1}{\sqrt{2\pi\sigma_i^2}}\exp\left(-\frac{\left(\hat{d}_i-d_i\right)^2}{2\sigma_i^2}\right)=\frac{1}{\sqrt{(2\pi)^N\det(\boldsymbol{Q})}}\exp\left(-\frac{\boldsymbol{J}}{2}\right) \tag{3-31}$$

其中，$\boldsymbol{J}=[\hat{\boldsymbol{d}}-\boldsymbol{d}]^{\mathrm{T}}\boldsymbol{Q}^{-1}[\hat{\boldsymbol{d}}-\boldsymbol{d}]$。

利用最大似然估计法求解目标节点位置就是求解 $P(\hat{\boldsymbol{d}}\mid\boldsymbol{x})$ 最大时候的 $\boldsymbol{x}$ 值，即

$$\hat{\boldsymbol{x}}=\arg\max_{\boldsymbol{x}}P(\hat{\boldsymbol{d}}\mid\boldsymbol{x}) \tag{3-32}$$

求解式（3-32）需要搜索目标节点的所有可能位置，计算开销很大。如果各噪声的方差相等，即 $\sigma_i^2=\sigma^2$，式（3-32）等价于求 $\boldsymbol{J}$ 的最小值。为了求得该最小值，求取 $\boldsymbol{J}$ 关于 $\boldsymbol{x}$ 的梯度并令结果等于 0，得到

$$\begin{cases} \sum_{i=1}^{N} \frac{\left(d_i - \hat{d}_i\right)(x - x_i)}{d_i} = 0 \\ \sum_{i=1}^{N} \frac{\left(d_i - \hat{d}_i\right)(y - y_i)}{d_i} = 0 \end{cases} \tag{3-33}$$

式（3-33）是非线性的，不能使用线性最小二乘法之类的方法求得闭式解。此外，该式依赖于 d_i，它是未知量。因此，只能通过迭代近似似然法得到近似解。

极大似然估计虽然可以获得近似 CRLB 的定位结果，但是它的代价函数是非线性和非凸的，其数值解严重依赖于初始值，如果初始值离全局最小值较远，可能会收敛于一个局部最小或者鞍状点。

3.2.4 最小二乘法

最小二乘法的核心思想是找到一个或一组估计值，使得实际值与估计值的距离最小。直观上而言，用实际值与估计值之差求绝对值即可，但是绝对值意味着要分正负两种情况进行讨论，因此求绝对值最小比较麻烦。因此，通常用实际值与估计值之差的平方来代替，通过使得该平方最小来进行求解，因此称为最小二乘法。前面内容在三边定位法中实际上就隐含采用了最小二乘法，这里进一步从描述最小二乘法的通用方法角度加以阐述。

根据式（3-30）可得

$$\hat{\boldsymbol{d}} = \boldsymbol{d} + \boldsymbol{n} \tag{3-34}$$

其中，$\hat{\boldsymbol{d}}$、$\boldsymbol{d}$ 和 $\boldsymbol{n}$ 的含义与 3.2.3 节中相同，这里再写出真实距离矩阵 $\boldsymbol{d}$ 的详细表达式：

$$\boldsymbol{d} = \begin{bmatrix} \sqrt{(x - x_1)^2 + (y - y_1)^2} \\ \sqrt{(x - x_2)^2 + (y - y_2)^2} \\ \vdots \\ \sqrt{(x - x_n)^2 + (y - y_n)^2} \end{bmatrix} \tag{3-35}$$

于是有[12]

$$J(\tilde{\boldsymbol{x}}) = \sum_{i=1}^{n} \left(\hat{d}_i - \sqrt{(x - x_i)^2 + (y - y_i)^2} \right) = (\hat{\boldsymbol{d}} - \boldsymbol{d}(\tilde{\boldsymbol{x}}))^{\mathrm{T}} (\hat{\boldsymbol{d}} - \boldsymbol{d}(\tilde{\boldsymbol{x}})) \tag{3-36}$$

其中，目标节点的位置就是当 J 值取得最小值的时候的 $\tilde{\boldsymbol{x}}$，即

$$\hat{\boldsymbol{x}} = \arg\min_{\tilde{\boldsymbol{x}}} J(\tilde{\boldsymbol{x}}) \tag{3-37}$$

这种方法称为非线性最小二乘法，因为目标函数中包含了非线性函数。求解式（3-37）有两类方法：一类是利用遗传算法、粒子群优化算法之类的方法进行全局寻优；另一类是在给定一个初值的情况下进行迭代运算，这是一种局部寻优。常见的三种局部寻优方法是牛顿-拉弗森法、高斯-牛顿法和最速下降法，其中牛顿-拉弗森法需要求解黑塞矩阵和梯度向量，高斯-牛顿法需要计算雅可比矩阵，因此它们的计算量较大，但是收敛速度快；最速下降法较为稳定，但是收敛速度较慢。

接下来考虑线性最小二乘法。暂不考虑噪声项，通过将前 $N-1$ 个方程分别与第 N 个方程相减，从而消去二次项，并用矩阵的形式表达，可将式（3-34）转化为

$$\boldsymbol{AX} = \boldsymbol{B} \tag{3-38}$$

其中

$$A=\begin{bmatrix}2(x_1-x_N) & 2(y_1-y_N)\\ 2(x_2-x_N) & 2(y_2-y_N)\\ \vdots & \\ 2(x_{N-1}-x_N) & 2(y_{N-1}-y_N)\end{bmatrix},\ B=\begin{bmatrix}x_1^2-x_N^2+y_1^2-y_N^2+d_N^2-d_1^2\\ x_2^2-x_N^2+y_2^2-y_N^2+d_N^2-d_2^2\\ \vdots\\ x_{N-1}^2-x_N^2+y_{N-1}^2-y_N^2+d_{N-1}^2-d_{N-1}^2\end{bmatrix},\ X=\begin{bmatrix}x\\ y\end{bmatrix}$$

求解式（3-38）即可求得目标节点的坐标：

$$\hat{X}=(A^{\mathrm{T}}A)^{-1}A^{\mathrm{T}}B \tag{3-39}$$

这种方法就是线性最小二乘法，不过这种利用方程相减的方法消去二次项会对已知的坐标信息造成一定损失[19]。如果换成泰勒级数展开的方式进行线性化，该问题可以得到一定程度的缓解。为此，令

$$f(x,y)=\sqrt{(x-x_i)^2+(y-y_i)^2} \tag{3-40}$$

对 $f(x,y)$ 在 (x_0,y_0) 点进行泰勒级数展开，得

$$\begin{aligned}\hat{d}_i&=d(x_0+h,y_0+k)\\ &=\underbrace{\sqrt{(x_0-x_i)^2+(y_0-y_i)^2}}_{d_i}+\underbrace{\frac{(x_0-x_i)}{\sqrt{(x_0-x_i)^2+(y_0-y_i)^2}}h+\frac{(y_0-y_i)}{\sqrt{(x_0-x_i)^2+(y_0-y_i)^2}}k}_{n_i}\end{aligned} \tag{3-41}$$

于是有

$$\frac{(x_0-x_i)}{\sqrt{(x_0-x_i)^2+(y_0-y_i)^2}}h+\frac{(y_0-y_i)}{\sqrt{(x_0-x_i)^2+(y_0-y_i)^2}}k=\hat{d}_i-\sqrt{(x_0-x_i)^2+(y_0-y_i)^2}$$

由于共有 N 个信标节点，因此有

$$\begin{cases}\dfrac{(x_0-x_1)}{\sqrt{(x_0-x_1)^2+(y_0-y_1)^2}}h+\dfrac{(y_0-y_1)}{\sqrt{(x_0-x_1)^2+(y_0-y_1)^2}}k=\hat{d}_1-\sqrt{(x_0-x_1)^2+(y_0-y_1)^2}\\ \dfrac{(x_0-x_2)}{\sqrt{(x_0-x_2)^2+(y_0-y_2)^2}}h+\dfrac{(y_0-y_2)}{\sqrt{(x_0-x_2)^2+(y_0-y_2)^2}}k=\hat{d}_2-\sqrt{(x_0-x_2)^2+(y_0-y_2)^2}\\ \qquad\vdots\\ \dfrac{(x_0-x_N)}{\sqrt{(x_0-x_N)^2+(y_0-y_N)^2}}h+\dfrac{(y_0-y_N)}{\sqrt{(x_0-x_N)^2+(y_0-y_N)^2}}k=\hat{d}_N-\sqrt{(x_0-x_N)^2+(y_0-y_N)^2}\end{cases} \tag{3-42}$$

令 (x_0,y_0) 的初始值为各信标的中点，解此方程组得到 h、k 之后，判断式（3-43）是否成立，若成立，则停止计算；否则，将 (x_0,y_0) 的步长增加 $(h/2,k/2)$ 再代入式（3-42）重新计算，直到满足式（3-43）为止，求得的 (x_0,y_0) 即目标节点的坐标。

$$\sqrt{h^2+k^2}<\varepsilon_{\mathrm{th}} \tag{3-43}$$

3.2.5　多维尺度法

多维尺度（multidimensional scaling，MDS）法是将高维数据映射到低维空间的一种方法，其核心思想是使用距离矩阵来表示数据点之间的相似性或关联性[20]。因此，在实际问题中需要将这些数据转换为距离矩阵，然后利用 MDS 法来挖掘数据中的结构信息和潜在关系。MDS 降

维映射过程分为以下几个步骤。

（1）构建距离矩阵：首先计算原始空间中数据点之间的距离，常用的距离度量方法包括欧氏距离、Minkowski 距离等。计算出每对数据点之间的距离后可构建出一个距离矩阵。

假设有 5 种水果：苹果（A）、香蕉（B）、橙子（C）、葡萄（D）和菠萝（E）。对这些水果进行了甜度、酸度和多汁度的评分。评分结果如下：A：（6, 4, 5），B：（8, 1, 3），C：（5, 7, 6），D：（7, 3, 4），E：（4, 6, 8）。如果采用欧氏距离，可得距离矩阵 ***D*** 为

$$\boldsymbol{D}=\begin{bmatrix} 0.0 & 4.69 & 3.74 & 2.45 & 3.32 \\ 4.69 & 0.0 & 6.56 & 3.32 & 6.56 \\ 3.74 & 6.56 & 0.0 & 5.29 & 2.45 \\ 2.45 & 3.32 & 5.29 & 0.0 & 5.29 \\ 3.32 & 6.56 & 2.45 & 5.29 & 0.0 \end{bmatrix}$$

（2）构建与距离矩阵同维度的中心化距离矩阵：中心化处理的目的是使得数据点相对于原点对称。中心化矩阵的计算方法是 $\boldsymbol{H}=\boldsymbol{I}-(1/n)\times\mathbf{1}\times\mathbf{1}^{\mathrm{T}}$，其中 $\boldsymbol{I}$ 是单位矩阵，n 是数据点的数量，$\mathbf{1}$ 是一个全 1 的 n 维矩阵，$\mathbf{1}^{\mathrm{T}}$ 代表对该矩阵转置。

与距离矩阵 ***D*** 同维度的中心化距离矩阵 ***H*** 为

$$\boldsymbol{H}=\begin{bmatrix} 0.8 & -0.2 & -0.2 & -0.2 & -0.2 \\ -0.2 & 0.8 & -0.2 & -0.2 & -0.2 \\ -0.2 & -0.2 & 0.8 & -0.2 & -0.2 \\ -0.2 & -0.2 & -0.2 & 0.8 & -0.2 \\ -0.2 & -0.2 & -0.2 & -0.2 & 0.8 \end{bmatrix}$$

（3）计算内积矩阵：内积矩阵表示数据点之间的内积关系，可以用于进一步分析数据的结构。内积矩阵的计算方法为 $\boldsymbol{B}=-1/2\times\boldsymbol{H}\times\boldsymbol{D}^2\times\boldsymbol{H}$，其中 $\boldsymbol{D}^2$ 为距离平方矩阵，其每一个元素均是距离矩阵 ***D*** 对应元素的平方。

例如，上述水果的内积矩阵 ***B*** 为

$$\boldsymbol{B}=\begin{bmatrix} 2.12 & -2.27 & -1.07 & 1.12 & 0.11 \\ -2.27 & 15.33 & -8.99 & 5.21 & -9.29 \\ -1.07 & -8.99 & 9.72 & -6.07 & 6.42 \\ 1.12 & 5.21 & -6.07 & 6.12 & -6.37 \\ 0.11 & -9.29 & 6.42 & -6.37 & 9.13 \end{bmatrix}$$

（4）计算内积矩阵的特征值和特征向量：特征值表示数据的主要变化方向，特征向量表示对应方向上的大小。选取最大的 k 个特征值及其对应的特征向量，作为降维后的 k 维空间的基。

例如，上述水果的内积矩阵 ***B*** 的 2 个最大特征值及其特征向量如下。

特征值：$\lambda_1=32.32$，$\lambda_2=6.39$。

λ_1 对应的特征向量为 $v_1=(-0.02, 0.63, -0,48, 0.36, -0.49)$。

λ_2 对应的特征向量为 $v_2=(-0.53, 0.59, 0.33, -0.50, -0.10)$。

（5）计算降维后的坐标：将原始数据投影到选定的 k 维基上得到降维后的坐标。计算方法为新坐标 = 特征向量矩阵×特征值矩阵的平方根。

例如，上述水果的新坐标如下。

苹果（A）：（−0.11, −1.33）。

香蕉（B）：（3.60, 1.50）。

橙子（C）：（−2.76, 0.84）。

葡萄（D）：（2.02, −1.26）。

菠萝（E）：（0.36, 2.89）。

MDS-MAP 算法是最早的基于经典 MDS 的定位算法，该算法既可以用于基于测距的定位，也可以用于非基于测距的定位，但是 MDS-MAP 要求集中式处理，并且要求网络中的节点分布较为均匀。

MDS-MAP 算法由 3 个步骤组成[21]。

（1）从全局角度生成网络拓扑连通图，并为图中每条边赋予距离值。当节点具有测距能力时，该值就是测距结果。当仅拥有连通性信息时，所有边赋值为 1。随后使用最短路径算法（如 Dijkstra 或 Floyd 算法）生成节点距离矩阵。

（2）对节点距离矩阵应用 MDS 技术，生成整个网络的二维或三维相对坐标。

（3）当拥有足够的信标节点时，将相对坐标转换为绝对坐标。

假定在 D 维平面上随机部署了 N 个节点，所有节点的最大通信半径都为 R。记节点 i 的坐标为 $\boldsymbol{x}_i=(x_i,y_i)$，定义坐标矩阵 $\boldsymbol{X}=[\boldsymbol{x}_1,\boldsymbol{x}_2,\cdots,\boldsymbol{x}_N]\in\mathbf{R}^{D\times N}$，节点 i 和节点 j 之间的距离为

$$d_{ij}=d(i,j)=\left\|\boldsymbol{x}_i-\boldsymbol{x}_j\right\|_2=\sqrt{(\boldsymbol{x}_i-\boldsymbol{x}_j)^{\mathrm{T}}(\boldsymbol{x}_i-\boldsymbol{x}_j)} \tag{3-44}$$

对式（3-44）两边平方，得到

$$d_{ij}^2=\boldsymbol{x}_i^{\mathrm{T}}\boldsymbol{x}_i-\boldsymbol{x}_i^{\mathrm{T}}\boldsymbol{x}_j+\boldsymbol{x}_j^{\mathrm{T}}\boldsymbol{x}_j \tag{3-45}$$

进一步定义距离平方矩阵为

$$\boldsymbol{D}=\begin{bmatrix} d^2(1,1) & d^2(1,2) & \cdots & d^2(1,N) \\ d^2(2,1) & d^2(2,2) & \cdots & d^2(2,N) \\ \vdots & \vdots & & \vdots \\ d^2(N,1) & d^2(N,2) & \cdots & d^2(N,N) \end{bmatrix} \tag{3-46}$$

假设 $\boldsymbol{g}=\left[\boldsymbol{x}_1^{\mathrm{T}}\boldsymbol{x}_1,\boldsymbol{x}_2^{\mathrm{T}}\boldsymbol{x}_2,\cdots,\boldsymbol{x}_N^{\mathrm{T}}\boldsymbol{x}_N\right]^{\mathrm{T}}$，则距离平方矩阵可以进一步表示为

$$\boldsymbol{D}=\boldsymbol{g}\cdot\mathbf{1}^{\mathrm{T}}-2\boldsymbol{X}^{\mathrm{T}}\boldsymbol{X}+\mathbf{1}\cdot\boldsymbol{g}^{\mathrm{T}} \tag{3-47}$$

其中，$\mathbf{1}$ 为 N 维全 1 矩阵。

对矩阵 $\boldsymbol{D}$ 进行中心化处理，得到

$$\boldsymbol{B}=-\boldsymbol{C}\boldsymbol{D}\boldsymbol{C}=\boldsymbol{C}\boldsymbol{X}^{\mathrm{T}}\boldsymbol{X}\boldsymbol{C} \tag{3-48}$$

$$\boldsymbol{C}=\boldsymbol{I}-(\mathbf{1}\cdot\mathbf{1}^{\mathrm{T}}/N) \tag{3-49}$$

其中，$\boldsymbol{I}$ 为单位矩阵。

在求得 $\boldsymbol{B}$ 后，通过求解下列优化问题可以求出节点坐标矩阵：

$$\hat{\boldsymbol{X}}=\min_{\boldsymbol{Y}\in\mathbf{R}^{D\times N}}\left\|\boldsymbol{B}-\boldsymbol{Y}^{\mathrm{T}}\boldsymbol{Y}\right\|_{\mathrm{F}}^2 \tag{3-50}$$

其中，$\|\cdot\|_{\mathrm{F}}$ 表示矩阵的 Frobenius 范数。

式(3-50)的最优化问题可以通过奇异值分解得到，即当分解结果为 $\boldsymbol{B}=\boldsymbol{U}\boldsymbol{\Lambda}\boldsymbol{U}^{\mathrm{T}}$ 时，式(3-50)的最优解为

$$\boldsymbol{Y}^*=\operatorname{diag}\left(\lambda_{(1)}^{1/2},\lambda_{(2)}^{1/2},\cdots,\lambda_{(D)}^{1/2}\right)\boldsymbol{U}^{\mathrm{T}} \tag{3-51}$$

其中，$\{\lambda_{(i)}\}_{i=1}^{D}$ 为矩阵 $\boldsymbol{B}$ 的 D 个最大特征值。

式（3-51）给出的最优解$\boldsymbol{Y}^*$为节点间的相对坐标，如果网络中没有部署任何信标节点，则无法得到节点的确定位置，若部署了足够多的信标节点，则节点的实际坐标可以通过以下变换得到：

$$\boldsymbol{X}^* = \boldsymbol{M}\boldsymbol{Y}^* + \boldsymbol{T} \tag{3-52}$$

其中，$\boldsymbol{M} \in \mathbf{R}^{D\times D}$；$\boldsymbol{T} \in \mathbf{R}^{D\times N}$。矩阵$\boldsymbol{M}$和$\boldsymbol{T}$可以求解如下：

$$\min_{\boldsymbol{M},\boldsymbol{T}} \left\| \boldsymbol{X}_A^* - \boldsymbol{M}\boldsymbol{Y}_A^* - \boldsymbol{T} \right\|_{\mathrm{F}}^2 \tag{3-53}$$

其中，$\boldsymbol{X}_A^*$和$\boldsymbol{Y}_A^*$分别为信标节点的实际矩阵和相对关系矩阵。

经典 MDS 算法存在两个主要问题。

（1）构建矩阵$\boldsymbol{B}$时必须知道所有节点间的距离值。由于节点功率受限，其通信半径较小，在实际定位中通常无法知道所有节点间的距离值。为了解决该问题，经典 MDS 算法使用节点i和j间的最短路径来替代实际距离，这就导致距离矩阵的大多数元素不是实测所得的，从而造成距离估计误差。

（2）估算节点位置时，经典 MDS 算法采用了集中式的计算方法，由于节点的通信模块的能量消耗远大于其他模块，因此集中计算将带来整个网络的高能耗问题，尤其是靠近中心节点的那部分节点能耗更加严重。

3.2.6　指纹定位法

每个人都有自己独特的指纹，它代表了个体的独特身份，可用其进行手机解锁、打开防盗门、在线支付等。在目标定位过程中，如果能够找到一种特征数据，该特征数据与位置紧密相关，即不同位置具有不同的特征数据，则可将该特征数据当成定位时的指纹，如地物地貌特征、RSSI 值、往返时间、地磁信息、可见光强度等。除了将单个特征数据当成指纹，也可将多个特征数据联合起来当成位置指纹。

指纹定位法是如何工作的呢？为了弄清该问题，我们先看看利用人体指纹进行身份鉴别的原理。首先，需要一个可资利用的指纹库，如一个单位利用指纹进行考勤，需要首先采集每一个人的指纹，构成该单位的员工指纹库。在考勤过程中，当某个员工将指头按到指纹考勤机上时，考勤系统服务器把考勤机采集到的指纹与员工指纹库进行匹配，选择指纹库中最接近的指纹与之匹配，从而判定正在考勤的人员的身份。

利用位置指纹进行目标定位的基本原理与指纹考勤的原理相似。首先，需要针对特定定位场景（类比于上述考勤的公司）构建位置指纹库；在定位系统安装完成后，如果想要定位某个位置的目标，则需要通过信标节点（类比于考勤机）采集目标节点的指纹，定位系统服务器（类比于考勤系统服务器）将该位置指纹与位置指纹库进行匹配，选择位置指纹库中最接近的位置指纹与之匹配，从而判定正在定位的目标的位置。

根据上述的形象化描述，我们不难发现指纹定位有两个过程，分别为指纹库构建过程和目标定位过程，指纹库构建通常需要在定位系统部署完成之前进行，称为离线阶段；目标定位过程则是目标在定位场景运动期间确定目标位置，称为在线阶段。

现在用图 3-10 更加具体地描述指纹定位过程，此处利用 RSSI 作为位置指纹，因此离线阶段的目的是采集不同位置的 RSSI 值。为此，将整个网络区域划分成足够小的区域，将每个区域的特定点（如中点、左上角顶点等）作为参考点，也称为采样点。在每个参考点测量其收到来自各个信标节点信号的 RSSI 值，在数据库中记录类似于（参考点坐标，RSSI 值）的表项。当所有参考点的 RSSI 值都测量完毕后，指纹库便构建完成了。

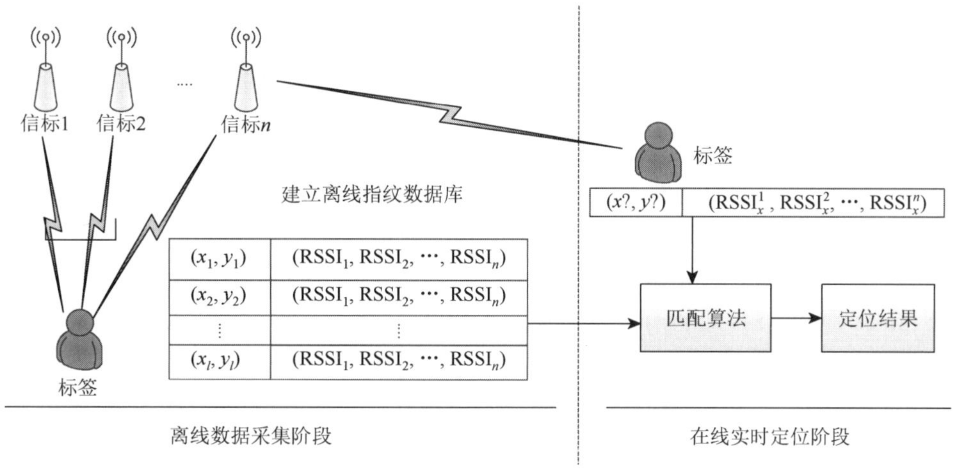

图 3-10　指纹定位的原理

假定在定位区域中有 l 个采样点，n 个信标节点，那么在每一个采样点可以采集到 n 个 RSSI 值，将该采样点的坐标和这 n 个 RSSI 值一起存储到指纹库中，得到

$$\text{FD}=\begin{bmatrix}(x_1,y_1) & \text{RSSI}_1^1 & \text{RSSI}_1^2 & \cdots & \text{RSSI}_1^n \\ (x_2,y_2) & \text{RSSI}_2^1 & \text{RSSI}_2^2 & \cdots & \text{RSSI}_2^n \\ \vdots & \vdots & \vdots & & \vdots \\ (x_l,y_l) & \text{RSSI}_l^1 & \text{RSSI}_l^2 & \cdots & \text{RSSI}_l^n\end{bmatrix} \tag{3-54}$$

其中，RSSI_i^j 表示在第 i 个采样点测得的来自第 j 个信标节点的 RSSI 值。指纹库的每一行表示的意思是在位置 (x_i,y_i) 处的指纹为 $(\text{RSSI}_i^1,\text{RSSI}_i^2,\cdots,\text{RSSI}_i^n)$，此处的位置坐标 (x_i,y_i) 类似于指纹考勤中的员工姓名，将位置 (x_i,y_i) 与其指纹 $(\text{RSSI}_i^1,\text{RSSI}_i^2,\cdots,\text{RSSI}_i^n)$ 对应的过程和将员工姓名与员工的指纹对应是一个道理。

在需要定位的场景中部署好定位系统之后，可以对出现在该场景中的目标进行实时定位。该目标需要携带定位标签，从而接收来自定位场景的 n 个信标节点的信号强度。假设此时收到的各信标节点的信号强度为 $(\text{RSSI}_x^1,\text{RSSI}_x^2,\cdots,\text{RSSI}_x^n)$，它为目标节点在当前位置所对应的指纹。有了该指纹之后，就可以去指纹库中寻找哪个指纹与其最为接近，该过程称为指纹匹配。假定指纹库中第 k 行的指纹与其最为接近（正式术语称为最佳匹配），那就将该指纹对应的参考点位置坐标 (x_k,y_k) 作为目标节点的坐标，从而完成定位，相当于从当前正在考勤机上采集到的指纹去指纹库中寻找这个指纹对应于哪个员工。

由上面的描述可知，在线定位阶段需要将实时采集的指纹与指纹库进行匹配，将最佳匹配作为定位结果。那么如何进行最佳匹配呢？常用的有确定性方法、概率性方法或机器学习方法，下面分别予以介绍。

1. 确定性方法

确定性方法将当前采集到的指纹信息输入匹配算法中，采用确定性的推理算法估计用户的位置。例如，可以采用信号空间最近邻法和信号空间 k 近邻法，在指纹数据库中找出与实时接收的信号强度最接近的一个或多个样本，将它们对应的采样点或多个采样点的平均作为位置估计的结果。也可采用基于查表的方法，利用曼哈顿距离度量信号空间的相似度，然后以表中最匹配的样本位置作为定位结果。

2. 概率性方法

概率性方法通过条件概率为位置指纹建立模型，并采用贝叶斯原理估计用户的位置。在使用贝叶斯方法时，需要知道检测到的信号强度在某个位置的条件概率函数，可以采用直方图法及核密度方法获取。直方图法将信号强度在最小值和最大值之间划分成若干个区间，统计每个区间内的信号强度出现的次数。核密度方法将每个测量样本的概率用高斯核函数表示，在某个位置接收到的信号强度的密度估计是所有样本密度的平均值。

3. 机器学习方法

机器学习方法将定位问题作为分类问题处理。在离线阶段，机器学习方法将接收信号强度和对应的位置坐标作为分类器的输入信息进行训练，得到信号强度与位置关系的模型。例如，采用多层感知机网络、径向基函数网络或循环神经网络等方法，学习多个信标节点的信号强度与位置坐标之间的非线性关系。这些方法的模型训练时间长，需要大量的样本数据。支持向量机也已被用于解决指纹定位问题。

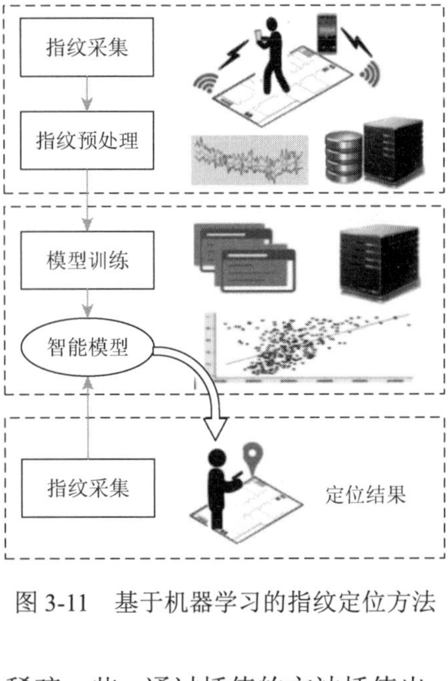

图 3-11　基于机器学习的指纹定位方法

可见，与传统指纹定位方法相比，基于机器学习的指纹定位必须增加一个模型训练的阶段[22]，见图 3-11。在采集到指纹数据后，可以对数据进行预处理（传统指纹定位方法也可加入预处理过程），一是解决信号缺失问题，也就是在某个参考点采集指纹时收不到某一个信标的信号或者信号太弱怎么办，常见的方法是将该信标的信号强度置为 0；另一个要解决的问题是干扰信标的处理，也就是定位场景之外的其他信标传输来的信号，常见方法是直接抛弃该信标信号。预处理完毕的信号输入机器学习算法，用于训练出能够进行定位的智能模型。在进行目标定位的时候，将采集到的指纹输入已经训练好的模型就可得到定位结果。

指纹定位法必须构建位置指纹库，这需要在每个参考点采集位置指纹，且参考点越密集，定位精度越精确。如果定位场景较大，这是非常费时费力的。解决该问题的一种方法是将离线阶段的人工采集数据点设置得适当稀疏一些，通过插值的方法插值出一部分指纹点。此外，当定位环境发生变化，如增加了设备或家具、空间大小发生变化甚至季节发生变化，都将导致与构建好的指纹库发生偏离，从而导致定位精度下降，当定位误差不能再满足需求时就不得不重新构建指纹库。如何降低构建指纹库的工作量，以及让指纹库具有环境自适应性一直是指纹定位领域的研究热点，一种解决方法是采用众包的方法进行指纹库的更新，也就是当携带有能够采集指纹的终端（如手机）的用户在定位场景中移动的时候，将信号强度等信息发送给定位系统，“顺便”帮助定位系统优化指纹库。

3.2.7 惯导定位法

如果知道目标节点的初始位置和行进方向，也知道每一时刻如何改变了速度和方向，把这些加在一起不停地递推，走一步递推一步，在不考虑各种误差时，得出的结果就是当前的方向和位置[23]。

如何测得目标的方向和位置是怎么改变的呢？不同的导航系统使用不同的传感器和方法，如车辆上的里程计使用轮子转动的周数，多普勒计程仪像蝙蝠一样往水底发射声波，而惯导则使用的是安装在设备上的惯性器件，也就是加速度计和陀螺仪，加速度计测量加速度，陀螺仪测量角速度。方便起见，将惯性器件所安装的设备称为载体，即携载惯性器件的物体。

因此，所谓惯导即利用载体上的加速度计、陀螺仪这两种惯性元件，去分别测出载体相对于惯性空间的角运动信息和线运动信息，并在给定初始条件下，推算出载体的姿态（偏航角、俯仰角、横滚角）、速度、位置等导航参数的方法。组成惯性导航系统的设备都安装在载体内，工作时不依赖于外界信息，也不向外界辐射能量，不易受到干扰，是一种自主式导航系统。

惯性测量装置可分为平台式和捷联式两种类型[24]。平台式惯性测量装置的陀螺仪和加速度计被安装在一个特制的陀螺稳定平台上，简称平台。捷联式惯性测量装置的陀螺仪和加速度计直接固连在载体上，工程上习惯将其简称为惯性测量装置或惯测装置。

下面以行人的惯导定位为例讲解二维场景下的惯导定位原理[25]，见图 3-12。

假定行人的初始位置点为 $P_0(x_0,y_0)$，沿航向角 θ_0 移动，移动距离 l_0 后到达位置点 $P_1(x_1,y_1)$，则点 P_0 和点 P_1 之间的关系如下：

$$\begin{cases} x_1 = x_0 + l_0\sin\theta_0 \\ y_1 = y_0 + l_0\cos\theta_0 \end{cases} \tag{3-55}$$

节点以航向角 θ_1 移动距离 l_1 后到达位置点 $P_2(x_2,y_2)$：

$$\begin{cases} x_2 = x_1 + l_1\sin\theta_1 = x_0 + \sum_{i=0}^{1} l_i\sin\theta_i \\ y_2 = y_1 + l_1\cos\theta_1 = y_1 + \sum_{i=0}^{1} l_i\cos\theta_i \end{cases} \tag{3-56}$$

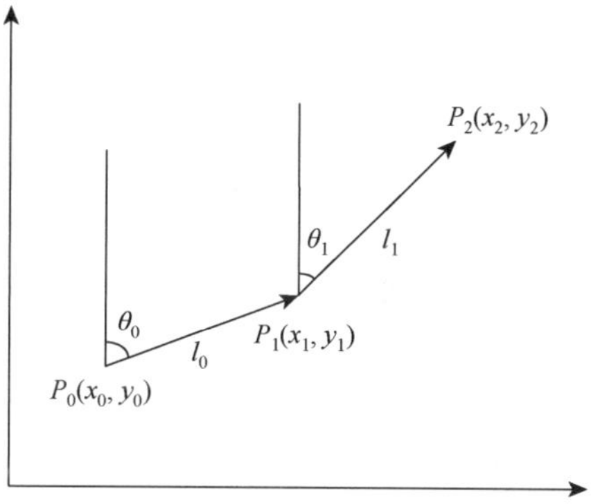

图 3-12　二维惯导定位的原理

继续按照节点的航迹进行推算，可得到点 P_k 坐标为

$$\begin{cases} x_k = x_0 + \sum_{i=0}^{k-1} l_i\sin\theta_i \\ y_k = y_0 + \sum_{i=0}^{k-1} l_i\cos\theta_i \end{cases} \tag{3-57}$$

随着时间的推移，惯导系统的误差将会累积得越来越大，因此惯导系统只能维持短时间的高精度。然而，考虑到惯导系统能够全程提供载体的姿态信息，因此在远距离导航任务中通常采用组合导航方式，使用其他导航系统之长（有界误差）弥补惯导系统之短（无界误差），又以惯导系统之长（能提供全姿态信息）弥补其他导航系统之短（不能提供姿态信息）。

3.2.8 地磁定位法

地球周围存在稳定的磁场，称为地磁。不同位置处具有不同的地磁特征，因此可以根据目标节点所处位置的地磁强度确定其位置。地磁信息被称为地球母亲的金手指，很多鸟类，尤其是迁徙的候鸟（如大雁），在做长途飞行时都能利用地磁来保持其飞行路线不发生偏离。人类利用地磁进行方向辨认和导航由来已久，古人发明的指南车、航海罗盘都是很好的例证。随着测量仪器的发展和对地磁研究的深入，人们可以对不同空间的地磁进行精确描述和测量，使得地磁定位导航成为可能。

地磁是一个三维矢量[26]，表示为 $\boldsymbol{m}=(m_x,m_y,m_z)$，见图 3-13，其中 H 为横向场分量，磁偏角 D 是地理北与 H 间的夹角，磁倾角 I 是地磁场总强度 F 和 H 间的夹角。

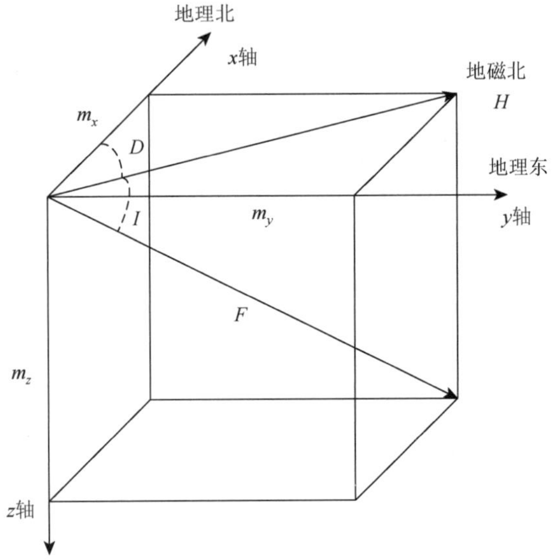

图 3-13　地磁矢量图

地磁场具有用于目标定位的优良特性。

（1）时间稳定性：如果建筑物本身不发生钢筋体的结构性改变，室内磁场的特性也就基本不变。室内地磁定位就是通过捕捉这种地磁场规律，辨认室内环境里不同位置的磁场信号强度差异，确定自己在空间中的相对位置。

（2）铁磁干扰的独特性：地磁场会受到金属物的干扰，特别是穿过钢筋混凝土结构的建筑物时，原有磁场被金属结构建筑材料扰动扭曲，使得每个建筑物内都形成了独特的磁性纹路，也就是说在室内形成了一种有规律的室内磁场。因此，可以通过带有嵌入式传感器的机器人收集室内磁场，指示房间中是否存在柱子、门和电梯。

（3）对移动物体的耐受性：人或移动机器人对磁场的影响非常有限，在室内环境中添加不含铁磁材料的家具对磁场局部特征也没有实质性影响，这是相比无线电信号定位的巨大优势。

地磁定位的基本原理可用图 3-14 表示[27]，主要包括地磁信息的测量、地磁基准图的建立和地磁定位方法的设计。其中，获取地磁信息类似于指纹定位中的指纹库构建过程，是地磁导航的前提条件，足够精确的地磁基准图可以为定位提供基准；地磁定位方法作为输出位置结果的最终阶段，需要整合测量到的地磁信息和地磁基准图中的特征，是实现地磁定位的核心技术，主要有地磁滤波、地磁匹配和磁场同时定位与构图（simultaneous localization and mapping, SLAM）三类。

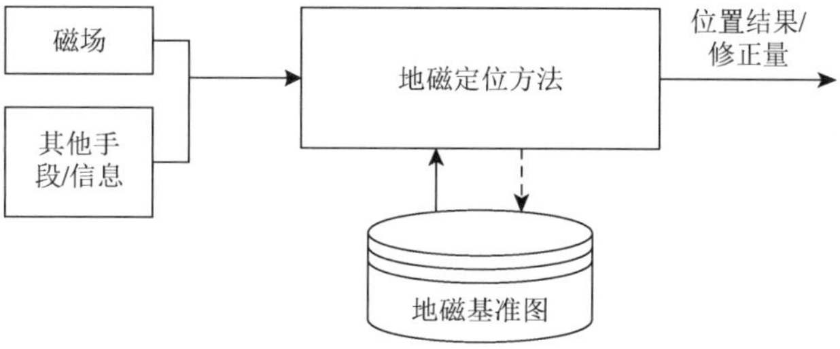

图 3-14　地磁定位的基本原理

地磁滤波和地磁匹配都需事先建立磁图，而磁场 SLAM 是在定位的过程中逐步构建并优化磁场图。地磁滤波是将磁场与其他定位手段和信息融合滤波，得到位置或位置修正量。具体而言，它根据惯性导航等系统提供的信息，在对自身状态进行推算的同时，结合实时采集到的地磁数据，采用滤波的方式建立实测磁场与系统状态之间的数学模型，得到系统的修正信息，从而抑制系统误差随时间发散，见图 3-15。目前，常见的滤波方式包括卡尔曼滤波和粒子滤波。

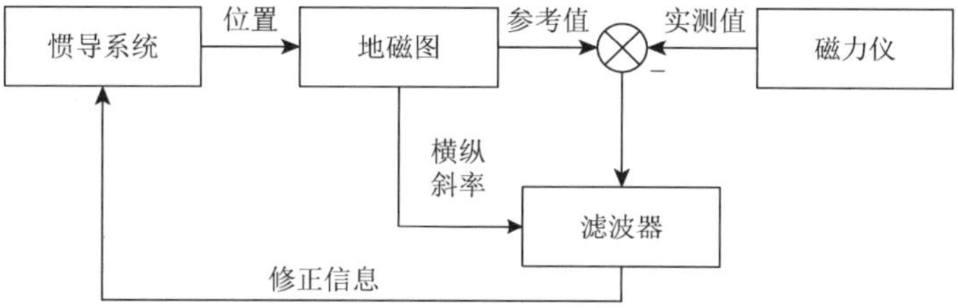

图 3-15　地磁滤波基本原理图

地磁滤波是以目标运动模型为主、磁场为辅的一类定位方法，其缺点是需要知道目标运动模型，优点是对磁场的测量精度、特征丰富程度等要求较低，因为即便磁传感器的精度和成本都相对较低，测得的磁场存在一定误差，但只要滤波器未发散，滤波后的输出就不会出现很大的偏移。因此，地磁滤波具有较强的稳定性。此外，地磁滤波更适用于磁场变化较微弱的高空等场景，且不需要对各高度层进行全方位测绘或延拓，只需利用粗略的地磁场模型，便可以估计导航信息，节约了测绘成本和匹配耗时。

与地磁滤波不同，地磁匹配是利用某些辅助手段或信息，通过实时采集和已建立磁图之间的磁场进行匹配，得到位置或位置修正量，见图 3-16。具体而言，其原理与指纹定位基本类似，通过地磁传感器提取目标节点在运动过程中实时测量的地磁特征信息，然后将其与地磁数据库的基准图进行匹配，按照一定准则判断两者的匹配程度，找出最佳匹配点，从而确定目标位置。通常选取磁场总强度和三轴磁场强度分量作为地磁匹配的特征量。按照匹配过程中使用算法的不同，将地磁匹配方法分为四类：地磁轮廓匹配算法、基于磁场的最近等值线迭代算法、智能优化算法和人工智能算法。

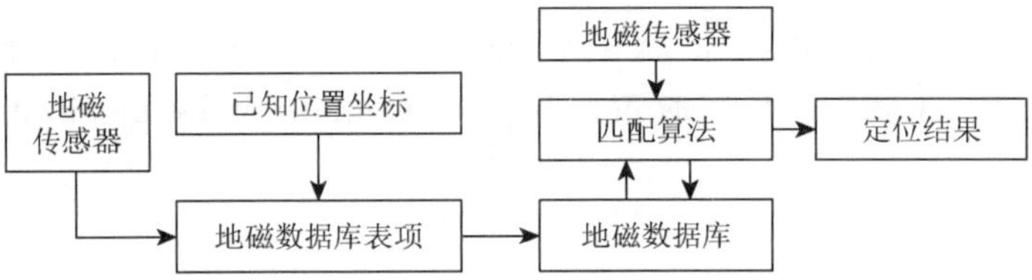

图 3-16　地磁匹配定位导航的基本原理

地磁轮廓匹配算法仅考虑平移变换，原理简单、操作易行，但当航向较差时，结果有时会出现较大的偏移，定位结果不稳定，该算法适用于目标的航向精度较高的场景，其时效性与搜索区域有关，搜索区域越大，待匹配的轨迹越多，所需的计算次数越多，实时性越差。

基于磁场的最近等值线迭代算法除了考虑平移因素，也考虑了旋转因素，精度有所提高，全局性较好，但是对传感器的要求较高，对噪声的容忍度较差，并且反复迭代增加了算法的复杂度，实时性难以保证。该算法适用于浅水区、低空等大尺度且磁场有一定区分度的场景。

智能优化算法按照一定规则在磁场基准图中寻找磁场最相近的解。虽然这种方法需要不断迭代，但可以自适应地调整搜索方向，具有隐含的并行性，能够快速收敛。缺点是在参数设置欠佳时，可能会导致结果陷入局部最优。它适用于水下、空中等大尺度场景，且在磁场平缓区域的情况下表现更佳。

人工智能算法可以利用大量数据进行自主学习，无须人工设计匹配策略，缺点是在训练阶段的工作较烦琐，对于较大面积空间的特征学习较为困难，所设计的分类器和神经网络较为复杂，在线定位的时效性也难以保证，比较适合用于室内等小尺度空间场景。此外，人工智能算法能够通过反复学习从质量各异的输入数据中提取出所需特征，对传感器的要求并不苛刻。

磁场 SLAM 适合不能提前获取磁图条件的情景，它包括传感器信息读取、运动模型的建立、回环检测、优化和建图 5 个步骤。按照优化方法，磁场 SLAM 可分为滤波和图优化两类，其中基于滤波的磁场 SLAM 是在检测到闭环的基础上，使用滤波的方法估计目标位置和姿态。与地磁滤波不同的是，它使用的地磁基准图是本次定位过程中前期所经过的局部磁图。基于图优化的磁场 SLAM 在检测到回环后，将不同时刻目标的位置和姿态作为顶点，两个位姿之间的关系作为边，利用最小二乘法通过迭代优化调整各顶点，使闭环轨迹在尽量满足边约束的基础上实现误差最小化。

表 3-1 从是否需要提前构建磁图、优缺点、时效性、适用场景、对传感器的要求等方面对各种地磁定位方法进行了综合比较。

表 3-1　不同地磁定位方法比较

<table>
<tr><th colspan="2">定位方法</th><th>磁图</th><th>优点</th><th>缺点</th><th>时效性</th><th>适用场景</th><th>对传感器的要求</th></tr>
<tr><td colspan="2">地磁滤波</td><td rowspan="3">需要提前建立</td><td>稳定性强</td><td>需要载体运动模型</td><td>卡尔曼滤波实时性好，粒子滤波与粒子个数相关</td><td>高空等地磁变化平缓区域，变高度层运动载体</td><td>低</td></tr>
<tr><td rowspan="2">地磁匹配</td><td>地磁轮廓匹配</td><td>简单易行</td><td>稳定性差</td><td>与搜索区域大小有关</td><td>航向精度较高</td><td>视相关性准则而定</td></tr>
<tr><td>最近等值线迭代</td><td>全局性好</td><td>对噪声容忍度差，复杂度高</td><td>实时性较差</td><td>浅水区、低空等大尺度且磁场有一定区分度的空间</td><td>高</td></tr>
</table>

续表

定位方法		磁图	优点	缺点	时效性	适用场景	对传感器的要求
地磁匹配	智能优化	需要提前建立	高效	受参数设置影响较大，容易陷入局部最优解	收敛速度快	空中、水下等大尺度空间	与最优条件相关
	人工智能		无须人工设计匹配策略	需要大量数据进行训练	依分类器类型和神经网络结构而定	小尺度空间	低
磁场 SLAM		无须提前建立	无须提前建立磁场基准图	后端优化资源消耗较大	定位实时，后端优化较耗时	不具备事先获取磁基准图的条件	与具体处理过程有关

3.3　基本非测距定位算法

与测距定位方法不同，非测距定位不是通过测量目标节点与信标节点之间的距离进行定位的，而是利用节点之间的空间关系、跳数关系、拓扑约束等信息进行定位。

3.3.1　质心定位法

如图 3-17 所示，假定目标节点 T 能够收到 n 个信标节点的信号，这些信标节点的坐标为 $(x_i, y_i), i=1,2,\cdots,n$，这些信标节点可构成一个 n 边形，质心定位法将 n 边形的质心作为目标节点的坐标，即

$$x=\frac{1}{n}\sum_{i=1}^{n}x_i,\quad y=\frac{1}{n}\sum_{i=1}^{n}y_i \tag{3-58}$$

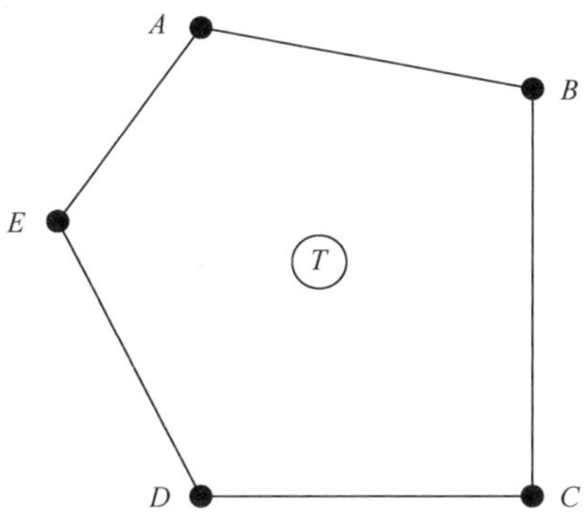

图 3-17　质心定位法

质心定位法方便简单，计算量小，通信开销低，但是对网络节点密度具有较高要求，否则无法构成多边形。该算法的定位精度较低，无论目标节点位于多边形的哪个位置，定位结果都是同一个位置，即多边形的质心。

为提高定位精度，可将不同信标节点对定位的贡献度考虑在内，具体方法是为不同信标节点的坐标赋予不同的权值，如离目标节点近的信标节点赋予更大的权值，从而演变为加权质心定位法：

$$x=\frac{1}{\sum_{i=1}^{n}w_i}\sum_{i=1}^{n}w_i x_i,\quad y=\frac{1}{\sum_{i=1}^{n}w_i}\sum_{i=1}^{n}w_i y_i \tag{3-59}$$

其中，$w_i(i=1,2,\cdots,n)$ 表示权值，通常 $\sum_{i=1}^{n}w_i=1$。

加权质心定位法明显比普通质心定位法更合理，因为距离更近的信标以及没有障碍物影响的信标发送给目标节点的信号更加可靠，判断目标位置的时候理应多“听听这些信标的意见”。普通质心定位法可看成加权质心定位法在 $w_i=\frac{1}{n}(i=1,2,\cdots,n)$ 时的特例。

3.3.2　APIT 定位法

近似三角形内点测试（approximate point-in-triangulation test，APIT）的基本思想是利用信标节点构建多个包含目标节点的三角形区域，然后求这些三角形区域的交集，该交集构成一个多边形，最后将该多边形的质心作为目标节点的位置。可见，APIT 本质上也是一种质心定位法，但不是直接将各个信标节点连接成多边形，而是通过三角形求交的方式缩小多边形的面积。显然，这个多边形越小，定位精度越高，因此 APIT 提高了质心定位法的定位精度。

以图 3-18 为例[28]，图中黑色圆点表示目标节点 T。假定目标节点能够收到 n 个信标节点的信号，由于每三个信标节点可构成一个三角形，那么 n 个信标节点可构成 C_n^3 个三角形。从这 C_n^3 个三角形中选出能够覆盖目标节点的所有三角形，它们的交叉区域构成一个多边形，然后利用质心定位法求解该多边形的质心，将质心作为目标节点的坐标位置。

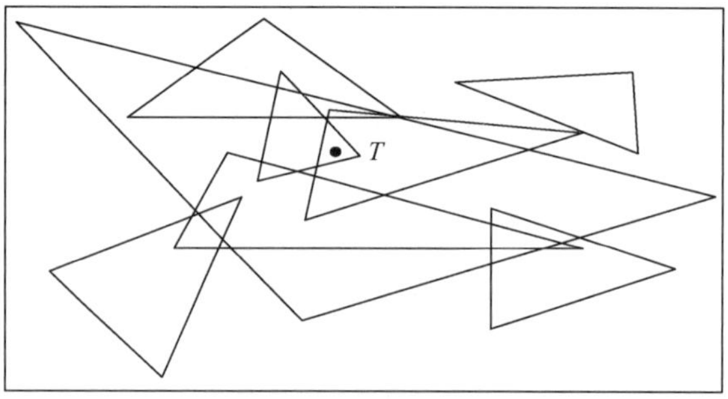

图 3-18　APIT 定位的基本原理

由 APIT 的定位原理可知，其核心是判断哪些三角形能够覆盖目标节点，APIT 采用的方法称为最佳三角形内点测试，用以判断目标节点是在三角形内还是三角形外。以图 3-19 为例，其中目标节点为 T，A、B、C 为 3 个信标节点，APIT 定位法需要判断 T 是否在△ABC 之内。判断方法如下：将 T 向远离/靠近三角形的方向移动，如果 T 同时远离/靠近△ABC 的三个顶点，则目标节点在△ABC 之外，见图 3-19（a）；如果离一些节点越来越远但是离另外的节点越来越近，则目标节点必然在△ABC 之内，见图 3-19（b）。

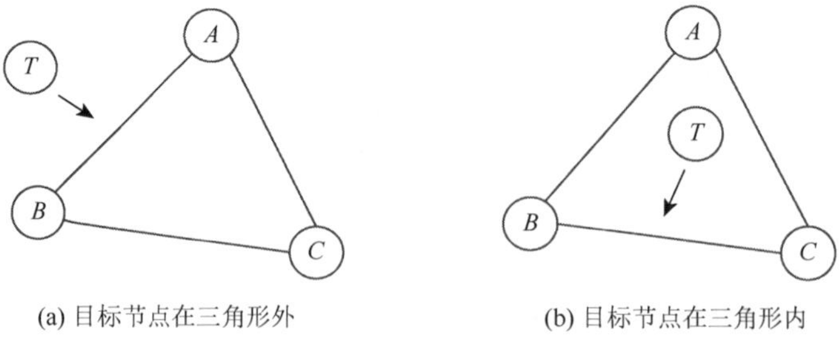

图 3-19　三角形内点测试

由于目标节点周围的 n 个信标节点一共可以围成 C_n^3 个三角形，APIT 定位法需要进行 C_n^3 次三角形内点测试方可找出能够覆盖目标节点的所有三角形。因此，APIT 定位法的时间复杂度比较高。此外，在网络初始化阶段需要信标节点广播一次自身位置信息，此时不需要其他节点参与进来，但在进行内点测试时，为了计算目标节点所在的三角形区域的个数，需要信标节点再一次广播邻居节点信息，尤其是其信号强度信息，因此通信开销量大，在程序运行中需要占用较大的存储空间，其空间复杂度较高。

当邻居信标节点数目小于 3 时，或者虽然有 3 个以上的邻居信标节点但是目标节点处于这些信标节点所构成三角形外部时，将无法进行定位，这对处于网络边缘区域的目标定位有很大影响。以图 3-19（a）为例，尽管目标节点 T 有 3 个信标节点 A、B、C，但是由于 T 在 $\triangle ABC$ 外部，因此无法完成定位。

3.3.3　DV-Hop 定位法

距离向量跳数（distance vector hop，DV-Hop）定位法利用节点之间的多跳信息来进行目标定位，定位覆盖率较大，适用于在大规模传感器网络实现目标定位[29]。在该定位方法中，目标节点首先计算与信标节点的最小跳数，然后估算平均每跳距离，利用最小跳数乘以平均每跳距离，估算得到目标节点与信标节点之间的距离，再利用三边定位法或极大似然估计法计算目标节点的坐标。

具体而言，DV-Hop 定位法包括以下 3 个阶段。

（1）计算节点之间的最小跳数。

信标节点向邻居节点发送广播分组，该分组中包括自身位置和跳数字段，其中跳数字段初始化为 0。注意，这里的分组就是网络中对所传输数据的称呼。接收节点接收到分组后，判断该分组是否来自同一个信标节点，也就是之前是否已经收到过，如果之前收到过，又通过其他节点转发了回来，必然经历了更多跳数，接收节点将抛弃这些跳数更大的分组。如果不是，则将跳数值加 1 转发给邻居节点。通过这个方法，网络中的所有节点都能够知道到达每个信标节点的最小跳数。

（2）计算目标节点与信标节点的实际跳段距离。

每个信标节点根据第 1 阶段中记录的其他信标节点的位置信息和跳数信息，利用式（3-60）估算跳段平均距离：

$$\mathrm{HopSize}_i = \frac{\sum_{j\neq i}\sqrt{(x_i - x_j)^2 + (y_i - y_j)^2}}{\sum_{j\neq i} h_{ij}} \tag{3-60}$$

其中，(x_i, y_i)、(x_j, y_j) 是信标节点 i 和 j 的坐标；h_{ij} 是信标节点 i 和 j 之间的最小跳数。

然后，信标节点将计算的跳段平均距离用带有生存期的分组广播到网络中，目标节点仅记录接收到的第 1 个跳段平均距离，并转发给邻居节点。这个策略可以确保绝大多数目标节点从最近的信标节点接收跳段平均距离。

目标节点接收到跳段平均距离后，根据记录的跳数，利用跳段平均距离×跳数，计算到每个信标节点之间的距离。

（3）目标节点计算自身位置。

目标节点利用第 2 阶段中记录的到各个信标节点的跳段平均距离，利用三边定位法或极大似然估计法计算出自身坐标。

下面以图 3-20 为例说明 DV-Hop 的原理。经过第 1 和第 2 阶段，能够计算出信标节点 L_1

与 L_2、L_3 之间的跳段平均距离和最小跳数。信标节点 L_2 计算得到跳段平均距离为 $(40 + 75)/(2 + 5) = 16.43$。

假设目标节点 T 从 L_2 获得的跳段平均距离，则它与 3 个信标节点之间的距离分别为 L_1：3×16.43，L_2：2×16.43，L_3：3×16.43，最后可利用三边定位法确定节点 T 的位置。

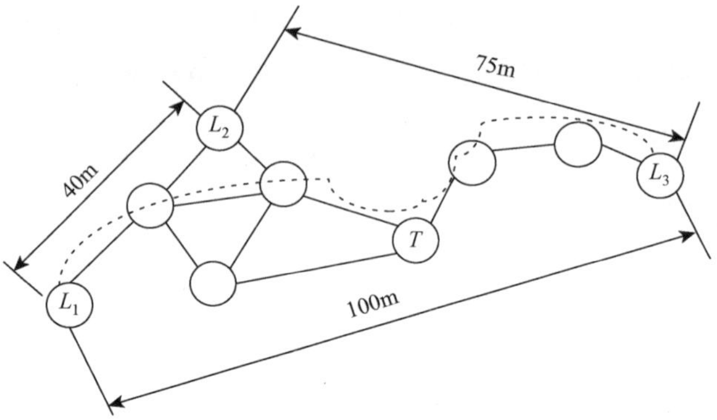

图 3-20　DV-Hop 定位法实例

DV-Hop 定位法采用跳段平均距离来估算实际距离，对节点的硬件要求低，实现简单。但是，节点之间的距离应该是直线距离，而 DV-Hop 求出的是跳段距离，即每一跳的长度累加的结果，是一个弯曲的路径，与直线距离存在较大的误差。误差来源主要有以下几点[30]。

（1）跳数信息误差：DV-Hop 定位法中的节点间距离是通过最小跳数来计算的，跳数值越大则代表节点距离越远。此外，两个可以相互接收到消息的相邻节点间的距离都设定为一跳，也就是距离默认为通信半径，而实际中相邻节点间距离是不等的，若都设置为通信半径，则会导致节点间距离出现误差。

（2）平均跳距误差：得知信标节点间的最小跳数，就可以通过信标节点之间的实际距离除以最小跳数获得信标节点之间的平均跳距。最小跳数存在误差，那么平均跳距也必然存在误差。此外，因为只是使用最近的信标节点作为自己的平均跳距，没有考虑整个网络的情况，误差会进一步加大。

（3）计算定位误差：通常采用三边定位法或者极大似然估计法计算节点位置，若采用三边定位法，当选取的三个信标节点位置在一条直线上时，就无法进行目标定位。若采用极大似然估计法，公式中本身包含估计距离误差和信标节点误差，计算出定位结果没有进行优化计算，不一定是最佳结果。

3.3.4　MSP 定位法

多序列定位（multi-sequence positioning，MSP）通过从多个一维节点序列中获取相对位置信息[31]，其核心思想是通过对节点序列的处理将整个网络分割成一个个小的区域。定位网络的特定区域在某个时刻产生事件，事件可以是来自不同位置的超声波信号，或者不同角度的激光扫描信号，或者任何可被节点检测到的信号类型。当事件在定位网络中传播的时候，相距事件源更近的节点必然会先接收到，我们将节点按照检测到事件的先后进行排序，得到一个节点序列，该节点序列中既包括信标节点，也包括目标节点。

以图 3-21（a）为例，对于产生于左下角的事件 1，最先收到事件信息的是节点 A，然后是 1、5、3…，因此根据事件 1 得到的节点序列为 A、1、5、3、2、4、B，其中阿拉伯数字编号的节点为目标节点，英文字母编号的节点为信标节点。同理，可以得到与事件 2、事件 3 和事件 4 对应的节点序列，见图 3-21（b）。随后，利用多序列处理算法将各个节点缩小到一个小区域中，见图 3-21（c）。最后，通过一个分布式的方法估计各个目标节点的精确位置，见图 3-21（d）。

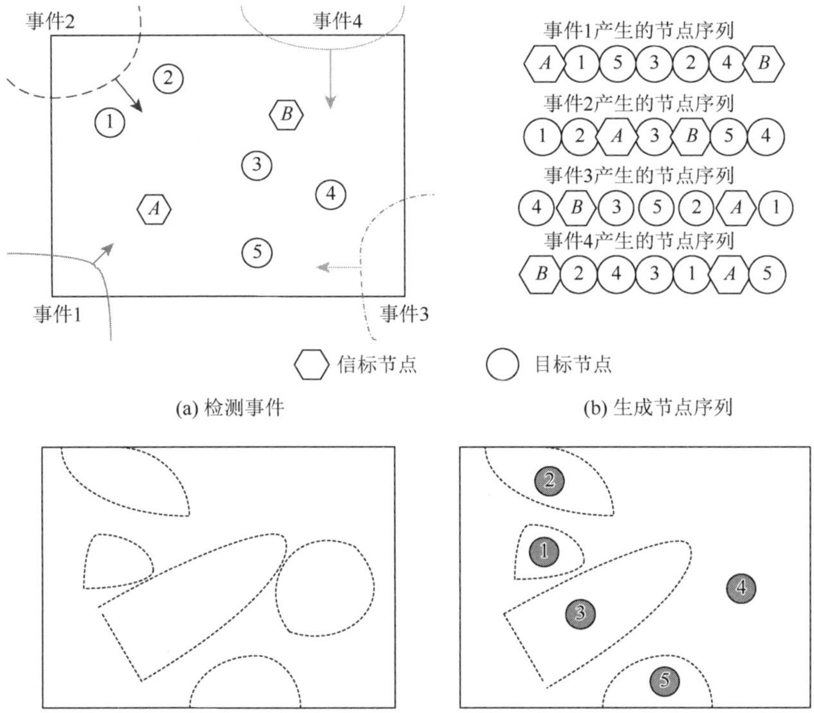

(a) 检测事件　(b) 生成节点序列

(c) 划分网络区域　(d) 确定节点位置

图 3-21　MSP 定位法原理

现在以一个直线扫描的场景讲述 MSP 定位的过程，这被称为基本 MSP。直线扫描指的是事件传播过程中，其传播的最前端是一条直线，而不是通常意义上的二维空间中的圆或三维空间中的球面，见图 3-22，其中带数字编号的圆圈表示目标节点，带字母编号的六边形为信标节点。

基本 MSP 利用两条直线从不同方向对定位网络进行扫描，并将每次扫描视为一个事件。所有节点按序对每个事件进行响应，从而产生两个节点序列。首先考虑图 3-22 中的垂直扫描线，显然，距离顶部横线越近的节点越先被扫描到，因此垂直扫描的时候将产生节点序列（8, 1, 5, A, 6, C, 4, 3, 7, 2, B, 9），而水平扫描将产生节点序列（3, 1, C, 5, 9, 2, A, 4, 6, B, 7, 8）。

由于信标节点的坐标是已知条件，如果过信标节点分别画一条横线和垂线，则信标节点 A、B、C、D 可将网络分成 16 个网格型区域，据此即可确定目标节点的位置，如图 3-22 所示的节点 1 位于最左上角的四边形中，将该多边形的质心作为该目标节点的坐标位置。一般而言，如果网络中有 M 个信标节点，并且网络被从不同方向执行了 d 次扫描，从而可获得 d 个节点序列。当 M 和 d 足够时，每个目标节点的多边形可以变得足够小，从而可以准确估计目标节点位置。需要注意，节点 1 位于最左上角的四边形中是人眼观测的结果，算法如何知道目标节点属于哪个区域还需要专门设计，该区域被称为节点的边界多边形。

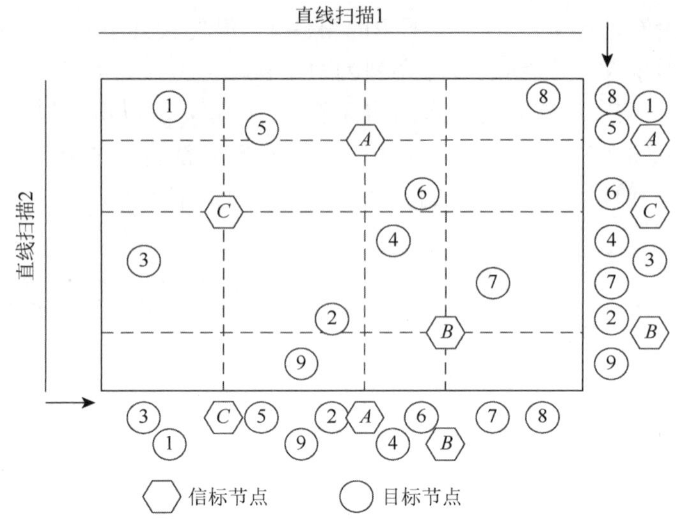

图 3-22　直线扫描获得节点序列示例

为了确定某个节点的边界多边形，首先需要在节点序列中搜寻该节点的前一个信标节点和后一个信标节点，分别称为前序信标节点和后序信标节点。如对于节点 2，根据事件 1 的节点序列可知其前序、后序信标节点分别为 C 和 B，根据事件 2 的节点序列可知其前序、后序信标节点分别为 C 和 A。由此可知，事件 1 形成了信标节点 C 和 B 之间的横向条带，事件 2 形成了信标节点 C 和 A 之间的纵向条带，这两个条带的交叉区域即节点 2 的边界多边形。

有些目标节点在事件序列中仅有前序或后序信标节点，如节点 1，它在两个事件序列中都没有前序信标节点，其在事件序列 1 中的后序信标节点为 A，在事件序列 2 中的后序信标节点为 C。这种情况下，确定边界多边形需要借助定位网络的边界。以节点 1 为例，事件序列 1 中的 A 与定位网络的上边界（因为该事件来自网络上方）构成一个条带，事件序列 2 中的 C 与定位网络的左边界（因为该事件来自网络左方）构成另一个条带，这两个条带的交叉区域即节点 1 的边界多边形。

基本 MSP 只利用了节点序列中目标节点和信标节点的先后顺序信息，实际上可以从节点序列中提取更多用于定位的信息，这就是高级 MSP 的基本思想，其中又包括基于序列的 MSP、迭代 MSP、分布式估计 MSP 和自适应 MSP 四种，这里不再介绍。

与通过测距方法在目标节点和信标节点之间进行精确距离测量相比，MSP 定位法可以更容易地获得节点序列。此外，该系统不需要本地化事件的严格时空关系，而后面内容将要讲到的 Spotlight 定位法存在此项限制。

3.3.5　凸规划定位法

假定定位网络的连通性可以表达为一些凸位置约束，那么可用线性规划或半正定规划为网络中的所有节点生成可行的位置。该问题相当于：“给定节点 A 的位置，节点 B 最有可能在哪些位置？”

在二维坐标中，每个节点的位置用 (x, y) 表示。假定网络中的节点总数为 N，其中信标节点数目为 K，其坐标为 $\{(x_1, y_1), \cdots, (x_K, y_K)\}$，剩余的 $N-K$ 个节点为目标节点，坐标为 $\{(x_{K+1}, y_{K+1}), \cdots, (x_N, y_N)\}$。包含所有节点位置的向量表示为

$$z = [x_1 \;\; y_1 \;\; \cdots \;\; x_K \;\; y_K \;\; x_{K+1} \;\; y_{K+1} \;\; \cdots x_N \;\; y_N]$$

目标定位就是要求出剩余的 $N-K$ 个横纵坐标变量对，这可以采用线性规划[32]：

$$\begin{cases} \text{Minimize} \;\; \boldsymbol{c}^{\mathrm{T}}\boldsymbol{z} \\ \text{s.t.} \quad \boldsymbol{A}\boldsymbol{z} < \boldsymbol{b} \end{cases} \tag{3-61}$$

其中，Minimize 表示求最小值；s.t.是 subject to 的缩写，表示需要满足的约束条件；$\boldsymbol{c}$ 为变量向量；$\boldsymbol{b}$ 为约束条件；$\boldsymbol{A}$ 为约束变量。几何学上，这就是要在一个凸多面体上最小化一个线性函数。

线性规划更一般的形式是如下的半正定规划形式：

$$\begin{cases} \text{Minimize} \;\; \boldsymbol{c}^{\mathrm{T}}\boldsymbol{z} \\ \text{s.t.} \quad \boldsymbol{F}(\boldsymbol{z}) = \boldsymbol{F}_0 + z_1\boldsymbol{F}_1 + \cdots + z_n\boldsymbol{F}_N < \boldsymbol{0} \\ \boldsymbol{A}\boldsymbol{z} < \boldsymbol{b} \\ \boldsymbol{F}_i = \boldsymbol{F}_i^{\mathrm{T}} \end{cases} \tag{3-62}$$

其中，$\boldsymbol{F}_i$ 为节点向量变量矩阵，第一个约束条件表示半正定矩阵锥上的矩阵不等式，即 $\boldsymbol{F}$（$\boldsymbol{z}$）的特征值被约束为非正的，这被称为线性矩阵不等式。与线性规划类似，这里的目标函数也必须是线性的。

凸规划定位需要利用节点之间的约束构建不等式。最直观的约束是两个节点之间的距离必然小于节点的通信半径，见图 3-23（a）。用 $\boldsymbol{a}$ 代表节点 a 的位置，$\boldsymbol{b}$ 代表节点 b 的位置，可以得到如下约束关系式：

$$\|\boldsymbol{a}-\boldsymbol{b}\|_2 \leqslant R \Rightarrow \begin{bmatrix} \boldsymbol{I}_2 R & \boldsymbol{a}-\boldsymbol{b} \\ (\boldsymbol{a}-\boldsymbol{b})^{\mathrm{T}} & R \end{bmatrix} \geqslant 0 \tag{3-63}$$

其中，$\boldsymbol{I}_2$ 为一个二维单位矩阵；R 为节点通信半径。式（3-63）利用矩阵的舒尔补将二次不等式转换为一个 3×3 的线性矩阵不等式。式中的 R 可用节点之间的距离 d_{ab} 代替，但是注意 $\|\boldsymbol{a}-\boldsymbol{b}\|_2 > R$ 和 $\|\boldsymbol{a}-\boldsymbol{b}\|_2 = d_{ab}$ 都不是凸约束。

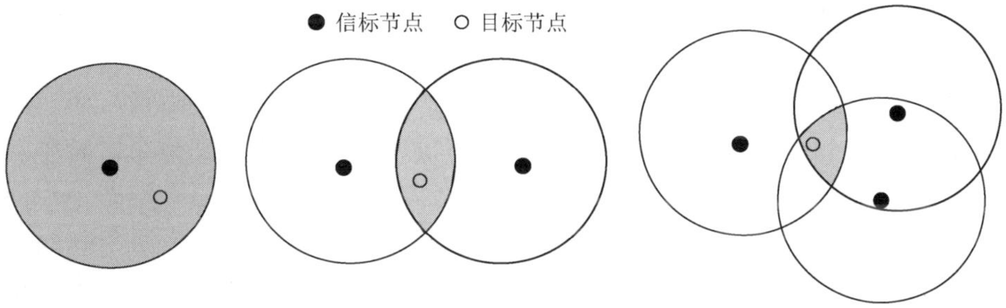

图 3-23　节点之间的距离约束

其他节点也可施加这样的约束，图 3-23（b）和（c）分别给出了 2 个信标和 3 个信标施加类似约束的例子。每个约束都将形成这样的线性矩阵不等式，将每个不等式作为一个对角矩阵的一个矩阵块，多个线性矩阵不等式可形成一个表达整个网络的半正定规划。

有了这些约束后，便可估计第 $k(k = K+1,\cdots,N)$ 个目标节点的位置。具体而言，令式(3-62)中 $\boldsymbol{c}$ 的元素 $c_i = \begin{cases} 1, & i = 2k-1 \\ 0, & \text{其他} \end{cases}$，求解式(3-62)半正定规划，得到 $(x_k)_{\min}$；令 $c_i = \begin{cases} -1, & i = 2k-1 \\ 0, & \text{其他} \end{cases}$，

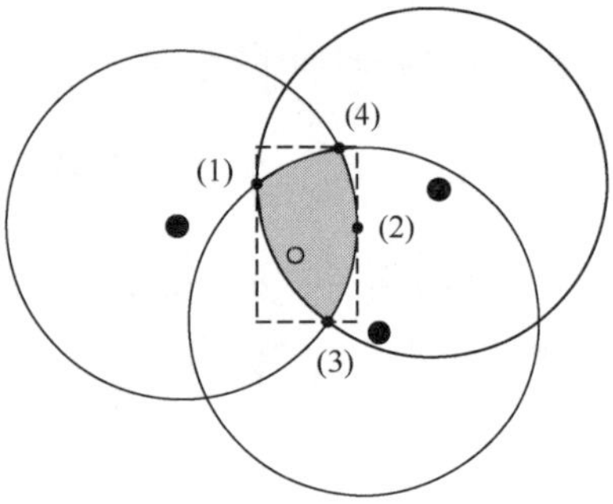

图 3-24　凸规划定位示意图

求解式（3-62）半正定规划，得到$(x_k)_{\max}$。针对c_{2k}，利用相似的方法求得$(y_k)_{\min}$和$(y_k)_{\max}$，得到的结果便是图 3-24 中的点（1）、（2）、（3）和（4），它们界定了一个包含目标节点的最小矩形，选择该矩形的质心作为定位结果。

使用凸规划定位法的定位精度很大程度上取决于信标节点的部署情况[30]，当信标节点比例较低时，目标节点只能被一个信标节点感测到或者不能被信标节点直接感测到，此时目标节点无法通过信标节点的信息进行准确的定位。但是，随着信标节点比例越来越高，一个目标节点可以被越来越多的信标节点感测到，那么就会造成较大的重叠区域。如果重叠区域过大，会导致目标节点定位精度较低，因此进一步缩小定位区域才能提升定位精度。

3.3.6　Spotlight 定位法

Spotlight 定位法的主要思想是在定位网络中产生一些事件，如图 3-25 所示的光圈[33]，其他事件例子包括热、烟、声音等。当该事件被网络中的节点检测到之后，就可推断出检测到事件的时间以及所产生事件的时空属性、网络节点的空间信息（即位置）之间的关系。

图 3-25　Spotlight 定位系统示意图

图 3-25 是 Spotlight 定位系统示意图，由无人机通过播撒的方式在一个区域中随机播撒一些节点，这些节点的位置是未知的，是需要定位的对象。部署完成之后，这些节点能够自组成网并进行时间同步。为了进行定位，通过一个无人机或直升机携带一个称为 Spotlight 的设备在待定位区域飞行，它能产生所需的光圈事件。节点检测到事件后，向 Spotlight 设备报告它检测到事件时的时间戳，然后由 Spotlight 计算出节点位置。

一个 Spotlight 定位系统具有三个主要功能，分别称为事件分发功能、定位功能和事件检测功能，前两个功能都由 Spotlight 设备提供，事件检测功能由传感节点提供。事件分发功能是系统的核心功能，它有三种分发方式，见图 3-26。点分发每隔一段距离产生一个事件点，线分发的事件形成一条扫描线，区域分发的事件覆盖一个区域。

对于点分发方式，用间隔时间乘上分发速度即可得到目标位置，见图 3-26（a）。对于线分发方式，假定节点分别在时刻 t_1 和 t_2 检测到事件，求这两个时间点对应扫描线的交点即可得到目标位置，见图 3-26（b）。对于区域分发，分发事件将整个定位区域分割成多个二维方格，将这些方格进行二进制编码，见图 3-26（c）。在定位的时候，根据检测到的编码确定目标位置，如对于编码为 1010 的方格，它将在时刻 t_1 和 t_2 检测到事件，根据该信息将目标定位到方格的质心位置。

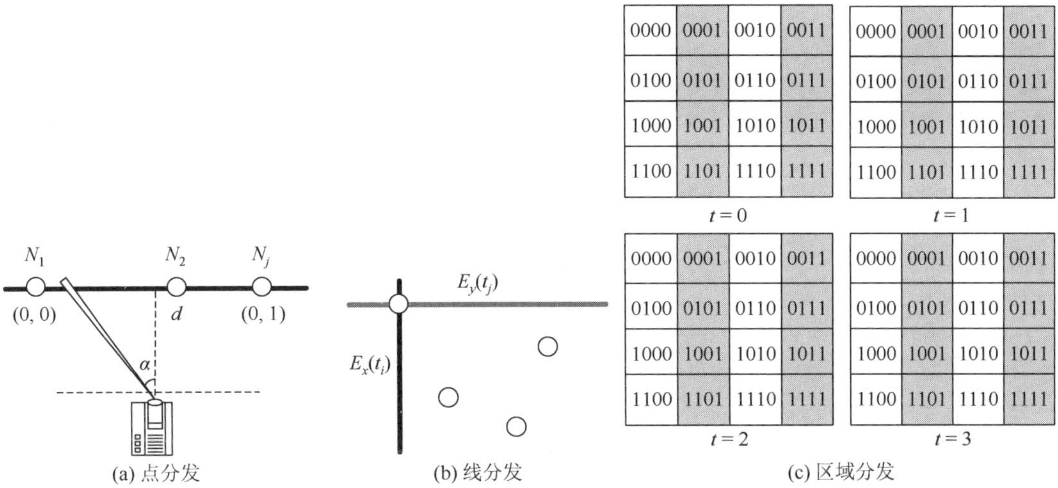

图 3-26　事件分发功能的三种分发方式

在事件分发、事件检测和位置计算的支持下，Spotlight 按照下述流程对节点进行定位：

（1）一个 Spotlight 设备在网络区域分发事件；

（2）在事件分发过程中，节点记录所检测到的事件的时刻；

（3）节点将时间戳发回给 Spotlight 设备；

（4）Spotlight 设备根据时间戳计算节点位置。

参 考 文 献

[1] 胡青松，张申. 矿井动目标精确定位新技术[M]. 徐州：中国矿业大学出版社，2016.

[2] Cui H Q，Wang Y L. A survey of localization schemes in wireless sensor networks with mobile beacon[C]. 3rd International Conference on Computer and Automation Engineering，Chongqing，2009：235-254.

[3] 肖竹，黑永强，于全，等. 脉冲超宽带定位技术综述[J]. 中国科学（F 辑：信息科学），2009，39（10）：1112-1124.

[4] Sahu P K，Wu E H K，Sahoo J. DuRT：Dual RSSI trend based localization for wireless sensor networks[J]. IEEE Sensors Journal，2013，13（8）：3115-3123.

[5] Cota-Ruiz J，Rosiles J G，Rivas-Perea P，et al. A distributed localization algorithm for wireless sensor networks based on the solutions of spatially-constrained local problems[J]. IEEE Sensors Journal，2013，13（6）：2181-2191.

[6] Trevisan L M，Pellenz M E，Penna M C，et al. A simple iterative positioning algorithm for client node localization in WLANs[J]. EURASIP Journal on Wireless Communications and Networking，2013，2013（1）：1-11.

[7] 孙继平，王帅. 改进型能量传递测距模型在矿井定位中的应用[J]. 中国矿业大学学报，2014，43（1）：94-98.

[8] Zhang Q，Yang H，Wei Y. Selection of destination ports of inland-port-transferring RHCTS based on sea-rail combined container transportation[C]. International Symposium on Innovation and Sustainability of Modern Railway，Nanchang，2009：129-135.

[9] 王赛伟. 基于位置指纹的 WLAN 室内定位方法研究[D]. 哈尔滨：哈尔滨工业大学，2009.

[10] 孙继平，李晨鑫. 基于 WiFi 和计时误差抑制的 TOA 煤矿井下目标定位方法[J]. 煤炭学报，2014，39（1）：192-197.

[11] 徐小龙. 物联网室内定位技术[M]. 北京：电子工业出版社，2017.

[12] Zekavat S A，Buehrer R M. Handbook of Position Location：Theory，Practice and Advances [M]. Hoboken：Wiley，2019.

[13] 耿飞. 矿井无线传感器网络定位技术研究[D]. 徐州：中国矿业大学，2015.

[14] Bluetooth SIG Core Specification Working Group. Bluetooth Core Specification Version 5.4[S]. 2023.
[15] 裴曙阳. 基于 AOA 和 PDOA 的无源 UHF RFID 室内定位算法研究[D]. 天津：天津大学，2018.
[16] Wang J，Ghosh R K，Das S K. A survey on sensor localization[J]. Journal of Control Theory and Applications，2010，8（1）：2-11.
[17] 张明华. 基于 WLAN 的室内定位技术研究[D]. 上海：上海交通大学，2009.
[18] Chan Y T，Hang H Y C，Ching P C. Exact and approximate maximum likelihood localization algorithms[J]. IEEE Transactions on Vehicular Technology，2006，55（1）：10-16.
[19] 诸燕平. 无线传感器网络节点定位算法研究[D]. 南京：南京航空航天大学，2009.
[20] Mr.看海. [数据降维-第 4 篇]多维尺度变换（MDS）快速理解，及 MATLAB 实现[EB/OL]. https://zhuanlan.zhihu.com/ p/618906910 [2023-9-16].
[21] 石琴琴. 无线传感器网络节点自定位系统及其算法研究[D]. 上海：上海交通大学，2009.
[22] Roy P，Chowdhury C. A survey on ubiquitous WiFi-based indoor localization system for smartphone users from implementation perspectives[J]. CCF Transactions on Pervasive Computing and Interaction，2022，4（3）：298-318.
[23] I-Legend. 带你走进惯性导航[EB/OL]. https://blog.csdn.net/flight_solar/article/details/78748151[2023-12-25].
[24] Gdutjin. 惯性导航基本概念[EB/OL]. https://blog.csdn.net/gdutjin/article/details/89956295[2023-12-25].
[25] 马京，胡青松，宋泊明，等. 基于指纹膜与航迹推算的井下人员定位系统[J]. 工矿自动化，2016，42（5）：19-23.
[26] Ouyang G，Abed-Meraim K. A survey of magnetic-field-based indoor localization[J]. Electronics（Basel），2022，11（6）：864.
[27] 陆一，魏东岩，纪新春，等. 地磁定位方法综述[J]. 导航定位与授时，2022，9（2）：118-130.
[28] 韩颖，缪建华. 无线传感网质心和 APIT 定位算法分析仿真比较[J]. 江苏理工学院学报，2015，21（6）：18-22.
[29] 奔跑着的孩子. DV-Hop 定位算法[EB/OL]. https://blog.csdn.net/wangh0802/article/details/73550756[2023-12-25].
[30] 叶娟. 无线传感器网络非测距定位算法研究[D]. 桂林：广西师范大学，2019.
[31] Zhong Z G，He T. MSP：Multi-sequence positioning of wireless sensor nodes[C]. The 5th International Conference on Embedded Networked Sensor Systems（SenSys'07），Sydney，2007：15-28.
[32] Doherty L，Pister K S J，El Ghaoui L. Convex position estimation in wireless sensor networks[C]. IEEE INFOCOM 2001，Anchorage，2001：1655-1663.
[33] Stoleru R，He T，Stankovic J A，et al. A high-accuracy，low-cost localization system for wireless sensor networks[C]. The 3rd International Conference on Embedded Networked Sensor Systems，San Diego，2005：13-26.

第 4 章　无线定位的进阶算法

第 3 章讲解无线定位的基本原理时提到，对于基于距离测量的定位系统而言，其核心包括距离测量、位置求解和位置优化三个阶段，其中位置求解是其核心，并在该章中介绍了一些简单的测距方法和位置求解方法。然而，这些最基本的算法仅仅是设计定位算法的起步，仅仅利用这些基本算法在很多时候无法获得满意的定位精度，需要在此基础上，利用网络特征、数学手段等设计针对性定位算法。本章将介绍一些代表性的无线定位进阶算法。

4.1　提高测距精度

距离测量精度是测距定位算法的基础。在 AoA、RSSI 和 ToA、TDoA 等测距方法中[1]，RSSI 方法对测距模型依赖度很高，需提出更精确的信号衰减模型来描述信号衰减与距离的关系[2]；AoA 方法要求节点配备天线阵列或智能天线，因此成本较高；单程 ToA 方法需要信标节点和目标节点之间保持严格的时间同步，多节点 TDoA 方法要求信标节点之间保持严格的时间同步，而时间同步通常比较困难；双程 ToA 方法通过测量往返时延间接测量信标节点和目标节点之间的距离，不要求二者之间保持严格的时间同步，因此应用十分广泛。本节探讨如何提高测距精度的一些基本方法。

4.1.1　近场电磁测距优化

ToA、TDoA、AoA、RSSI 等测距方法采用的都是高频无线信号[3]，在实践中利用得最为广泛，本书探讨的知识若无特殊说明也都采用高频无线信号。不过，高频无线信号在传播过程中存在多径效应，并在穿透墙壁、家具等物体时存在严重的衰减。低频信号穿透建筑物的能力更强，能够有效减少多径干扰，并在非视距情况下也能够取得较高的定位精度。

电磁场的近场通常指的是与天线相距 1 个波长之内的区域。近场信号传播过程并不满足式（3.1），因此不能用第 3 章基于 RSSI 的方法计算距离。考虑到接收端所测量到的电场相位和磁场相位随着收发节点的距离而变化，因此对于位于近场区域的目标节点，可分别通过电场天线和磁场天线接收发射信号的电场成分和磁场成分，然后利用二者相位差与通信距离之间的关系来实现测距。

可见，近场测距的关键是测定电场成分和磁场成分的相位差，在实现时要求电场天线和磁场天线需要具有相同的有效接收面积，这就要求电场天线和磁场天线有相同的电尺寸、方向图和极化方向。假设电场接收天线是竖直放置（$\theta=90°$）的单极子天线，磁场接收天线是竖直放置的环形天线，这样接收天线的极化方向都是垂直极化，电尺寸也很容易设计成相同尺寸。但是单极子天线的方向图是水平全向的，而竖直放置的环形天线的方向图在水平方向不是全向的。为使磁场接收天线的方向图是近似水平全向的，可以用两个互相垂直的环形天线作为磁场接收天线，然后对两路接收信号进行叠加作为磁场接收信号。

近场测距系统的结构如图 4-1 所示，在接收端利用单极子天线或偶极子天线作为电场天线接收到达信号的电场成分，并用环形天线作为磁场天线接收同一个发射天线发出信号的磁场成分，然后利用相位差，获取目标与接收端之间的距离。

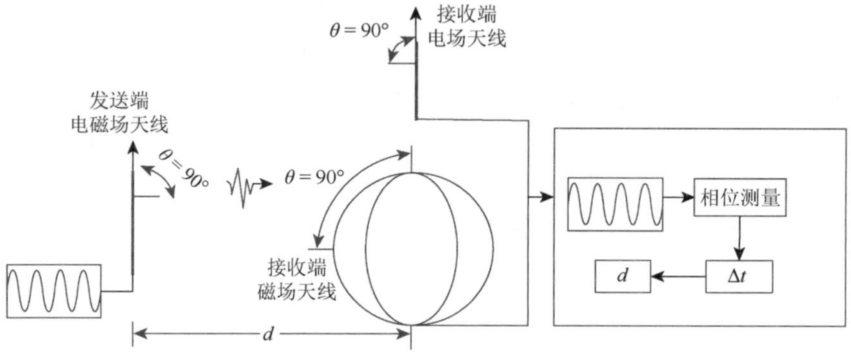

图 4-1 近场测距系统结构

在自由空间中，接收端电场、磁场之间的相位差 $\Delta\varphi$ 可转化为时域内的延迟 $\Delta t=\Delta\varphi/\omega$，则收发节点之间的距离 d 与相位差的关系为

$$d=\frac{\lambda}{2\pi}\sqrt[3]{\cot(\omega\Delta t)} \tag{4-1}$$

式（4-1）表明，相位差可等效为延迟的方式。信号的电场、磁场成分之间的相位差与收发节点距离之间的关系并不是线性关系，因此即使鉴相精度保持一致，在不同的测距范围也会有不同的测距精度。研究表明，在发射信号 10%～30%波长范围内，近场电磁测距系统的测距精度比较高。

遗憾的是，上述近场电磁测距原理有一个潜在要求，即收发节点之间的距离 d 不能超过发射信号半个波长范围。当收发节点距离大于半个波长时，根据波长与频率呈倒数的关系，如果降低发送信号频率，则相当于增加了信号波长，从而使得节点距离重新满足小于半个波长的需求。不过，现有近场电磁测距系统采用模拟鉴相器来鉴别电场成分与磁场成分之间的相位差，在硬件设计完成之后，难以根据不同测距范围的需求来更改发射信号频率。另外，鉴相器不仅需要根据已知的发射信号频率设置本地参考信号频率，而且还要求电场成分处理通道和磁场通道同步工作，同步精度会影响鉴相器的相位鉴别精度，从而影响测距精度。

幸运的是，式（4-1）还表明，对于近场电磁测距系统采用的单频信号而言，电场成分与磁场成分之间的相位差在时域的表现形式是二者之间的时间延迟。也就是整个系统不用考虑接收端的鉴相器的难题，因此不会对改变发射信号频率构成制约。因此，如果能够自适应估计信号的电场成分和磁场成分之间的时间延迟，便可测得与定位目标之间的距离，其框图如图 4-2 所示。

假设接收端接收到的电场成分和磁场成分的离散模型为

$$\begin{cases} x(k)=s_E(k)+n_1(k) \\ y(k)=s_H(k)+n_2(k) \end{cases} \tag{4-2}$$

其中，$s_E(k)$ 和 $s_H(k)$ 分别是目标信号的电场成分和磁场成分；$n_1(k)$ 和 $n_2(k)$ 是噪声，它们相互独立且与目标信号不相关。$s_E(k)$ 和 $s_H(k)$ 之间的关系为

$$s_E(k)=As_H(k-D) \tag{4-3}$$

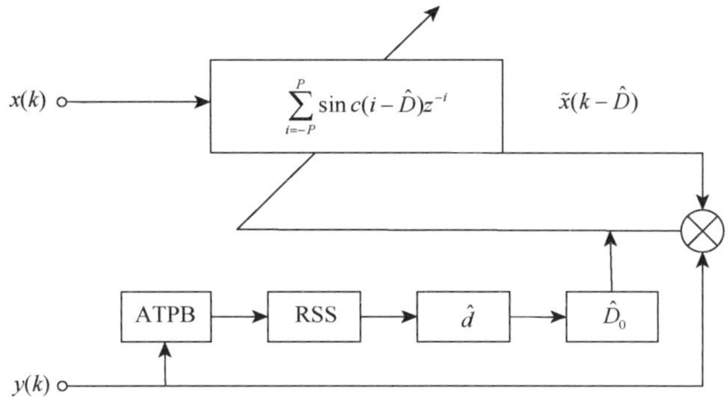

图 4-2　基于 RSSI 的精确时延估计

其中，$A\in(0,1]$ 是电场、磁场天线之间的衰减因子；D 是电场成分与磁场成分之间的时延。假设时延估计值为 $\hat{D}$，将 $x(k)$ 延迟时间 $\hat{D}$，从而得到 $x\left(k-\hat{D}\right)$。显然，当 $\hat{D}=D$ 时，$x(k-\hat{D})$ 与 $y(k)$ 的乘积取得最大值。$x(k-\hat{D})$ 可以表示为

$$x(k\quad\hat{D})=\sum_{i=-\infty}^{\infty}x(k-i)\sin c(i-\hat{D}) \tag{4-4}$$

显然，要将式（4-4）无穷多个分量求和是不可行的，在实际应用中可近似表示为

$$\tilde{x}(k-\hat{D})=\sum_{i=-P}^{P}x(k-i)\sin c(i-\hat{D}) \tag{4-5}$$

其中，P 的取值应该足够大，以便减小时延估计差。

为了获取时延估计值 $\hat{D}$，可通过求 $E\left\{\tilde{x}(k-D)y(k)\right\}$ 的最大值来获得，这就是简化精确时延估计算法的基本原理。但是，简化精确时延估计算法的收敛时间比较长，对于位置快速变化的目标，很难快速跟踪测距。为此，对其进行如下改进：通过接收带有脉冲噪声的信号 $s(k)$，计算其信号强度 RSSI，然后得到距离的不精确估计值 $\hat{d}$，进而得到时间延迟的不精确估计值，作为简化精确时延估计算法的初始时延估计值 $\hat{D}_0$，见图 4-2。有了初值 $\hat{D}_0$，便可将搜索范围限定在 $\hat{D}_0$ 附近，而不是在一个足够大的范围内搜索，从而大幅加快算法速度。图 4-2 中的 ATPB 表示自适应脉冲消隐器，用于在计算 RSSI 值之前尽可能消除噪声的影响。

4.1.2　基于计时误差抑制的 ToA 测距优化

ToA 定位方法的主要影响因素是设备时延、计时器频率偏移、处理器的处理时延等[4]，为了精确定位，必须对这些因素加以抑制。这里介绍一种基于 Wi-Fi 和计时误差抑制的 ToA 测距优化方法，通过双路 Wi-Fi 和一路光纤信道，在计算中对计时误差加以抵消，从而提高距离测量精度。该方法适合于隧道、矿井等一维定位场景。

发送节点和接收节点都有计时器用于计时，其计时精度受自身晶振精度限制。由于收发节点的计时器不是理想的，第 3 章中的双程 ToA 传播时间公式变为

$$d=c\frac{T_1-T_2-(e_1T_1-e_2T_2)}{2} \tag{4-6}$$

其中，T_1 为发送节点发出探测信号到收到接收节点回应信号时所经历的时间；T_2 为接收机自接收到探测信号到发出回应信号时所经历的时间，见图 4-3；e_1 和 e_2 分别为发射机和接收机的计时器的频率偏移系数。

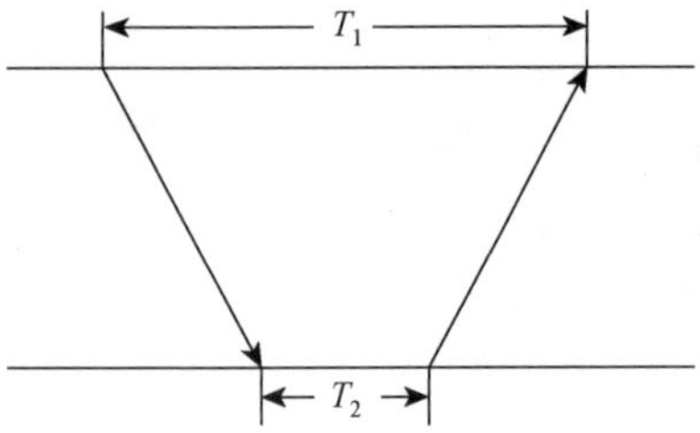

图 4-3　双程 ToA 测距

由于计时器的晶振存在频率偏移误差，从而给节点计时带来额外误差，体现为式（4-6）中的 $-(e_1T_1-e_2T_2)$ 项。因此，必须对计时器频率偏移系数加以抑制才能精确测距和定位。为此，利用三条信道进行定位信息交互，即目标节点与左右的两个 Wi-Fi 路由器（即 AP）之间的 Wi-Fi 信道，以及 AP 之间的光纤信道，见图 4-4，其中相邻 AP 之间的距离为 d_*，目标与左右两个 AP 的距离分别为 d_1 和 d_2。

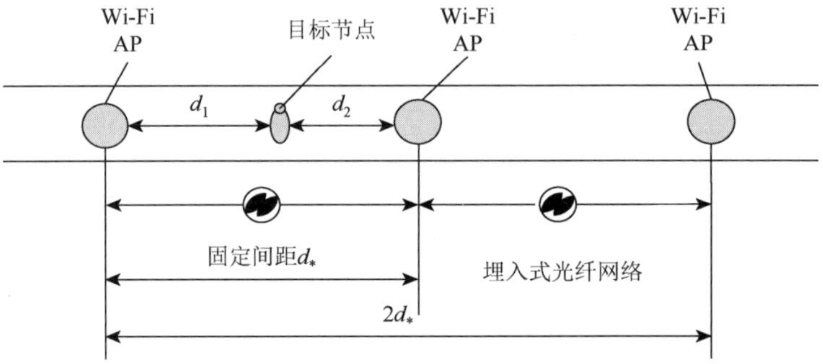

图 4-4　进行定位检测的三条信道

信号的收发和计时流程如图 4-5 所示，其中 A 和 B 是图 4-4 中的两个 Wi-Fi 路由器，它们充当信标节点；目标节点记为移动节点 M。M 发出探测信号给 A 并收到来自 A 的回应的这段时间记为 T_{MA}，与此相似，M 发出探测信号给 B 并收到来自 B 的回应的这段时间记为 T_{MB}。随后，A 向 B 发送信号，令 A 发出信号到收到 B 的回应信号的这段时间为 T_{AB}，B 收到 A 的信号到发出回应信号的这段时间为 T_{BA}。

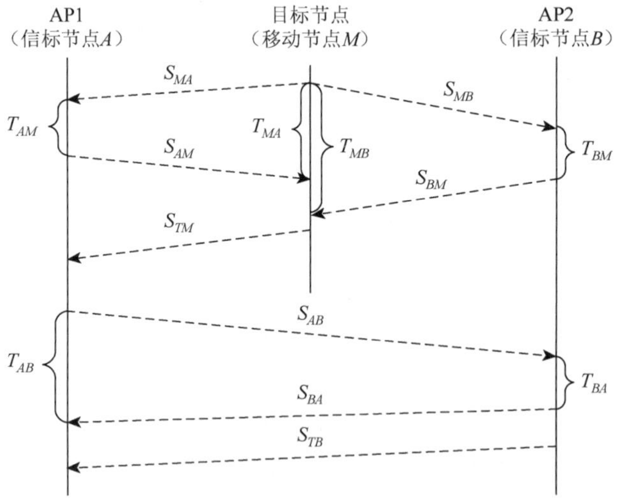

图 4-5　信号收发及计时流程

显然，节点 A 和节点 B 之间的信息交互构成一个双向 ToA 测距过程，那么根据图 4-5，有

$$\begin{cases} T_{AB} = \dfrac{2d_*}{\frac{2}{3}c} + T_{BA}^* + e_A T_{AB} \\ T_{BA} = T_{BA}^* + e_B T_{AB} \end{cases} \tag{4-7}$$

式中，T_{BA}^*为 B 处理来自 A 的信号的净时延；e_A和e_B分别为A、B计时器的频率偏移系数。计算T_{AB}的时候，之所以在第一项的分母中为光速乘以了系数$2/3$，是因为光在光纤中的传播速度相比自由空间中降低了约 31%。

将式（4-7）中的上式减去下式，并根据 IEEE 802.11 中的设备时钟频率偏移容限得到的如下关系式：

$$e_A(T_{AB} - T_{BA}) \approx e_A \frac{3d_*}{c} \Rightarrow \frac{3d_*}{c} = (T_{AB} - T_{BA}) \tag{4-8}$$

得到

$$T_{AB} - T_{BA} = \frac{3d_*}{c} + (e_A - e_B)T_{BA} \tag{4-9}$$

同理，节点 M 与节点 A 和节点 B 之间的信息交互也各自构成一个双向 ToA 测距过程。按照上述方法可得

$$T_{MA} - T_{AM} = \frac{2d_1}{c} + (e_M - e_A)T_{AM} \tag{4-10}$$

$$T_{MB} - T_{BM} = \frac{2d_2}{c} + (e_M - e_B)T_{BM} \tag{4-11}$$

联合式（4-9）～式（4-11），可以消除e_A、e_B和e_M，得到仅与测得时间值有关的d_1和d_2，而与设备的同步时延、计时器频率误差系数和信号处理时延都无关，即计时误差的影响得到了有效抑制。

4.2　移动信标辅助的定位

移动信标可以降低对信标节点的数量要求[5]，也可用于对现有定位系统的定位结果进行校正，其基本原理是移动信标在移动过程中周期性地广播自己的坐标位置，并将这些位置作为虚拟信标。

4.2.1　移动信标定位的基本原理

一般而言，定位系统中的信标节点数量越多，其定位精度越高。不过，信标的增多将导致部署成本的大幅上升。为了达到减少信标节点数量从而降低系统成本的目的，假定有一个机器人或无人机在网络中移动，该机器人或无人机配备有卫星定位导航接收机，因此可在移动过程中实时确定自身位置。根据信标节点的定义，该移动设备可视为一个移动信标。移动信标在定位区域移动的时候周期性地广播自己的坐标位置，按照信标节点的定义，所广播出来的这些坐标位置也可视为一个个信标节点。不过，这些信标节点不是真实存在的物理设备，因此通常将它们称为虚拟信标，见图 4-6[6]。当某个目标节点周围的虚拟信标数目大于或等于 3 个时，便可对该目标节点实现定位。

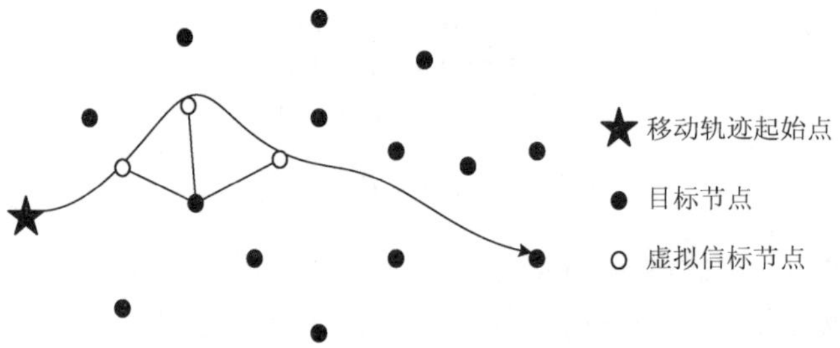

图 4-6　基于移动信标的目标定位

基于移动信标的定位技术仅需一个移动信标即可实现定位，显著降低了对信标节点数量的要求，大幅节省了定位系统成本。当然，如果想要加快定位进程，也可采用多个移动信标。第 1 章讲述过，用于对某个目标节点定位的 3 个信标节点不应位于同一条直线上，因此基于移动信标的定位技术所形成的虚拟信标需要尽量不在同一条直线上，这就要求对移动信标节点的移动路径、移动时机、信标间隔等进行合理规划。

根据移动目标及其所处环境状况，可将移动信标的路径规划分为静态环境下的路径规划和动态环境下的路径规划，后者包括动态确定环境和动态不确定环境。所谓静态环境下的路径规划，指的是整个定位网络环境在移动信标移动过程中不发生变化；动态确定环境下的路径规划指的是移动信标所经过的环境处于动态变化状态，但是如何变化是已知的；动态不确定环境下的路径规划面临的环境不但是动态变化的，而且如何变化不可知，因此路径规划机制必须根据环境变化进行实时调整。

本章的重点不是移动信标的路径规划，而是基于虚拟信标的目标节点定位方法。在未加说明的情况下，定位方法可以采用任何满足现场条件的移动路径规划方法，如 SCAN、DOUBLE-SCAN、HILBERT、S-CURVES、CIRCLES 等，但是最好不要使用静态路径规划方法，因为静态路径规划方法通常假定节点均匀分布，而生产或事故现场的积水、凹凸不平的地面情况、随机抛撒的节点部署方式都会导致均匀分布的假设不再成立。

4.2.2　LMAP 定位法

移动信标点（LMAP）定位法是一种非测距定位算法[7]，其基本原理是，以目标节点为圆心、通信距离为半径构造一个圆，简称通信覆盖圆。移动信标在网络移动过程会在某个时刻进入通信覆盖圆，其移动路径在进入时刻会与圆相交于一个点。同理，移动信标也会在某个时刻移动出通信覆盖圆，其移动路径会在离开时刻与圆相交于另外一个点。如果将进入时刻与离开时刻所形成的两个交点相连，所形成的直线段便是通信覆盖圆的一条弦，而目标节点必然位于经过该弦中点的垂直线上，但是具体在该垂直线哪个位置尚不可知。如果移动信标能够再次进入该圆一次，从而构造另外一条弦，那么目标节点也必将位于经过该弦中点的垂直线上。这两条垂直线的交点即为目标节点的位置，如图 4-7 所示。

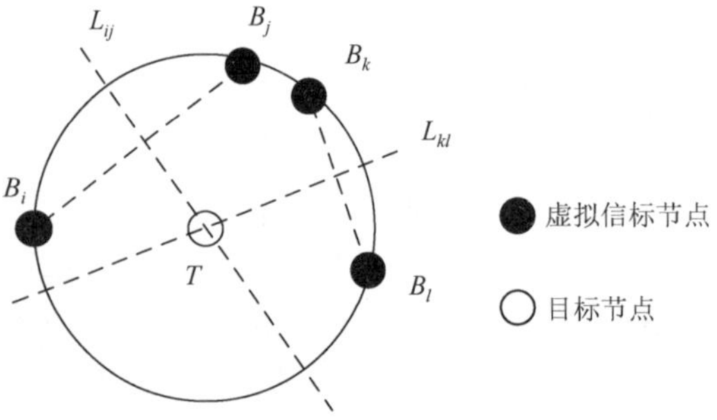

图 4-7　LMAP 定位法示意图

假定 B_i、B_j、B_k 和 B_l 分别表示移动信标进入或离开目标节点通信覆盖圆的 4 个交点，坐标分别为 (x_i,y_i)、(x_j,y_j)、(x_k,y_k) 和 (x_l,y_l)，目标节点 T 的坐标为 (x,y)。$\overline{B_iB_j}$、$\overline{B_kB_l}$ 是以 S 为圆心的圆的两条弦，L_{ij} 和 L_{kl} 分别为两条弦的垂直平分线，则可得如下方程：

$$\begin{cases} L_{ij}: a_{ij}x + b_{ij}y = c_{ij} \\ L_{kl}: a_{kl}x + b_{kl}y = c_{kl} \end{cases} \tag{4-12}$$

其中，$a_{ij} = x_i - x_j$；$b_{ij} = y_i - y_j$；$c_{ij} = (x_j - x_i)\dfrac{x_j + x_i}{2} + (y_j - y_i)\dfrac{y_j + y_i}{2}$；$a_{kl} = x_k - x_l$；$b_{kl} = b_k - b_l$；$c_{kl} = (x_k - x_l)\dfrac{x_k + x_l}{2} + (y_k - y_l)\dfrac{y_k + y_l}{2}$。

通过式（4-12）即可计算出目标节点坐标。

LMAP 定位法具有精度高、能耗小的优点。但是，移动信标的随机移动性，造成了移动信标在整个网络中的遍历时间变长，从而导致对目标节点的定位时间变长，最终导致算法完成时间变长。在极端情况下，某些目标节点可能一直无法实现定位。

在选择弦的时候，应该设定一个阈值，使得弦的长度大于该阈值，因为弦的长度太小，易导致定位精度低甚至错误。此外，移动信标与目标节点之间可能存在障碍物，导致弦的端点选取在圆内部或者外部，而不是在圆上，从而导致定位失败，为此，可考虑采用同心圆的方式，因为同心圆的弦的垂直平分线也相交于圆心。

4.2.3 定向天线定位法

1. 经典定向天线定位法

可以为移动信标配备定向天线进行目标定位[8]，其基本思路是为移动信标配备 4 个定向天线 D_1、D_2、D_3、D_4，其中，D_1 和 D_3 与横轴平行，D_2 和 D_4 与纵轴平行，见图 4-8。该方法既不需要测距，也不需要繁杂的计算过程，在此称为经典定向天线定位法。

在经典定向天线定位法中，移动信标按照棋盘路径匀速运动，也就是移动信标要么横向运动，要么垂直运动。运动期间周期性地发射自己的位置坐标，所形成的虚拟信标等距地位于移动路径上。当它沿着竖线方向移动的时候，目标节点从收到的多个虚拟信标的 y 坐标中选取中值作为自身的 y 值。如果虚拟信标个数为奇数，中值就是最中间那个信标的 y 坐标；如果虚拟信标个数为偶数，中值就是最中间那两个信标的 y 坐标的平均值。同理，当沿着横轴方向移动的时候，可采用类似的方法求取 x 值，即

$$\begin{aligned} x &= \begin{cases} x_{(N_x+1)/2}, & \text{如果}N_x\text{为奇数} \\ \dfrac{1}{2}\left(x_{N_x} + x_{(N_x+1)}\right), & \text{如果}N_x\text{为偶数} \end{cases} \\ y &= \begin{cases} y_{(N_y+1)/2}, & \text{如果}N_y\text{为奇数} \\ \dfrac{1}{2}\left(y_{N_y} + y_{(N_y+1)}\right), & \text{如果}N_y\text{为偶数} \end{cases} \end{aligned} \tag{4-13}$$

其中，(x,y) 为目标节点的坐标；N_x、N_y 分别为移动信标在横向移动和纵向移动的时候所留下的虚拟信标数目。

经典定向天线定位法尽管简单直观，但是它要求移动信标必须按照棋盘路径移动，从而保证式（4-13）的有效性。但是由于定位场景中障碍物的存在，横向或者纵向不一定有可行的移动路径，此时按照经典定向天线定位法可能无法求得目标节点坐标。

2. 扩展定向天线定位法

为了弥补经典定向天线定位法只能按照棋盘路径移动的缺陷，现将经典定向天线定位法扩展到移动路径可以为任意斜率的直线的情况，称为扩展定向天线定位法，见图 4-9。

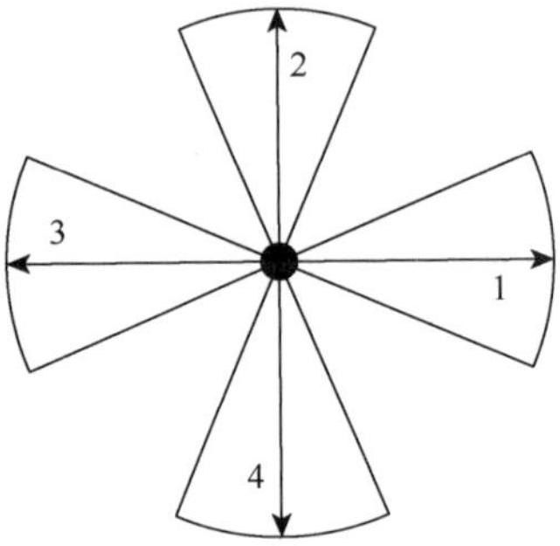

图 4-8　移动信标的天线配置

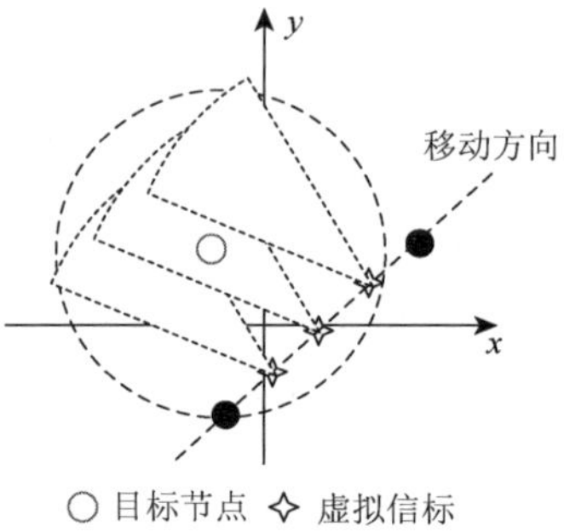

图 4-9　移动信标按照任意直线路径移动

在详细探讨扩展定向天线定位法之前，需要特别注意基于定向天线的目标定位方法的如下特点。

（1）同等发射功率的定向天线，其发射距离比全向天线远。由于移动信标配备的是定向天线，而目标节点配备的一般是全向天线，因此移动信标的发射距离比目标节点大，移动信标即使位于目标节点的覆盖圆外，其发射的信号也能被目标节点收到，从而产生虚拟信标。

（2）由于定向天线的波束宽度限制，移动信标即使位于目标节点的覆盖圆内，但是定向天线的波束如果没有覆盖目标节点，目标节点也无法收到移动信标的信号，从而得不到虚拟信标。综合第（1）条和第（2）条，由第一个和最后一个虚拟信标相连所构成的直线段，不能近似为目标节点覆盖圆的弦，不能按照 LMAP 定位法求解目标节点的位置。

（3）定向天线的波束宽度不同，同样的移动路径情况下，所得到的虚拟信标数量可能不同。

（4）移动信标的 4 个定向天线，D_1 和 D_3 天线与移动方向平行，D_2 和 D_4 天线与移动方向垂直。实际上，经典方法中也遵循这样的规律。在实践中，将 4 个天线按照图 4-8 的方式固定在节点上以后，移动信标按照斜线前进，它的 4 个天线必然按照该斜率旋转了同样的角度，因此这个条件自然能够得到满足。

将目标节点落入移动信标的波束覆盖范围到再次离开这一段时间，称为目标节点进入一次移动信标的通信范围。在经典定向天线定位法中，目标节点至少需要两次进入移动信标的通信范围：一次水平方向进入，用以求解目标节点的横坐标；另一次垂直方向进入，用以求解目标节点的纵坐标。与此类似，扩展定向天线定位法中也需要至少进入两次，分别用于求解横坐标和纵坐标，但是不要求必须按照垂直或水平方向进入。

以第 j 次进入为例。假定目标节点侦听到的第一个虚拟信标为 B_1^j，最后一个虚拟信标为 $B_{N_B}^j$，其中 N_B 为虚拟信标数量。从移动路径 Path_j 上取一个点 C_j，其坐标为

$$x_C^j=\begin{cases}x_{(B_{NB}+1)/2}^j, & \text{如果}N_B\text{为奇数}\\ \dfrac{1}{2}\left(x_{B_{NB}/2}^j+x_{(B_{NB}+1)/2}^j\right), & \text{如果}N_B\text{为偶数}\end{cases}$$
$$y_C^j=\begin{cases}y_{(B_{NB}+1)/2}^j, & \text{如果}N_B\text{为奇数}\\ \dfrac{1}{2}\left(y_{B_{NB}/2}^j+y_{(B_{NB}+1)/2}^j\right), & \text{如果}N_B\text{为偶数}\end{cases} \tag{4-14}$$

其中，$\left(x_{Bi}^j,y_{Bi}^j\right)$ 是第 i 个虚拟信标 B_i 的坐标。式（4-14）的含义是，如果目标节点收到奇数个虚拟信标，其横/纵坐标分别为最中间虚拟信标的横/纵坐标；如果目标节点收到偶数个虚拟信标，其横/纵坐标分别为最中间两个虚拟信标的横/纵坐标的平均值。

过 C_j 引一条与 Path_j 垂直的直线，假定为 $V\text{Line}_j$。用式（4-14）类似的方法从第 i $(i\neq j)$ 次进入的移动路径上选取一点 C_i，过该点引一条与 Path_i 垂直的直线，假定为 $V\text{Line}_i$。显然，$V\text{Line}_i$、$V\text{Line}_j$ 将相交于一点（见图 4-10），该交点即目标节点的估计位置。可以看出，LMAP 定位法和经典定向天线定位法可以看成本方法的特例。

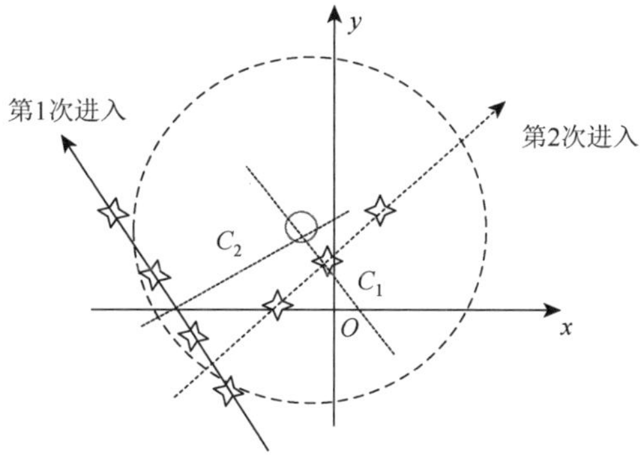

图 4-10　扩展定向天线定位图示

下面求解 $V\text{Line}_i$、$V\text{Line}_j$ 的交点坐标。在移动路径 Path_j 上任取两点，即可求得移动路径的方程，在此不妨取第一个虚拟信标 $B_1^j\left(x_{B_1}^j,y_{B_1}^j\right)$ 和最后一个虚拟信标 $B_{N_B}^j\left(x_{B_{NB}}^j,y_{B_{NB}}^j\right)$，得

$$y=\frac{y_{B_{NB}}^j-y_{B_1}^j}{x_{B_{NB}}^j-x_{B_1}^j}\cdot\left(x-x_{B_1}^j\right)+y_{B_1}^j \tag{4-15}$$

其中，$y_{B_{NB}}^j\neq y_{B_1}^j$；$x_{B_{NB}}^j\neq x_{B_1}^j$。当 $y_{B_{NB}}^j=y_{B_1}^j$ 或 $x_{B_{NB}}^j=x_{B_1}^j$ 的时候可以直接用经典定向天线定位法求解，下同。

令 $k_j=\dfrac{y_{B_{NB}}^j-y_{B_1}^j}{x_{B_{NB}}^j-x_{B_1}^j}$，根据 Path_j 与 $V\text{Line}_j$ 的垂直关系，可以假设垂线 $V\text{Line}_j$ 的方程为

$$y=-\frac{1}{k_j}\cdot x+b$$

将 C_j 的坐标 $\left(x_C^j,y_C^j\right)$ 代入上面公式，可以得最终的 $V\text{Line}_j$ 方程为

$$y=-\frac{1}{k_j}\cdot x+\frac{1}{k_j}x_C^j+y_C^j$$

因此 $V\text{Line}_i$、$V\text{Line}_j$ 的交点坐标（即目标节点的估计位置）为

$$\begin{cases}x=\dfrac{k_ik_j}{k_i-k_j}\left(X_C^j-X_C^i\right)\\ y=\dfrac{k_j}{k_j-k_i}\left(X_C^j-X_C^i\right)+X_C^i\end{cases} \tag{4-16}$$

其中，$X_C^j=\dfrac{1}{k_j}x_C^j+y_C^j$；$X_C^i=\dfrac{1}{k_i}x_C^i+y_C^i$。

3. 曲线移动路径定向天线定位法

在某些场景（如灾后救援场景）下，定位区域由于障碍物众多，移动信标基本不太可能按照直线路径前进，而是在避障过程中形成如图 4-11（a）所示的曲线移动路径。显然，这样的曲线路径，无论经典的还是扩展的定向天线定位法均无法完成定位，因此需将虚拟信标的移动路径进一步扩展为曲线路径的情况。

在进一步探讨之前，需要特别注意以下几点。

（1）移动信标可能位于目标节点的覆盖圆之外，当然也可能位于圆上或圆内。

（2）移动信标的 4 个定向天线，D_1 和 D_3 天线与曲线的瞬时切线方向平行，D_2 和 D_4 天线与曲线的瞬时切线方向垂直。

（3）覆盖目标节点的波束可能来自不同定向天线，如图 4-11（a）所示，1、2 虚拟信标来自 D_2 天线，3、4 虚拟信标则来自 D_3 天线。

不妨假定形成了 6 个虚拟信标，见图 4-11（b）。以第一个虚拟信标 $B_1^j\left(x_{B_1}^j, y_{B_1}^j\right)$、最后一个虚拟信标 $B_{N_B}^j\left(x_{B_{NB}}^j, y_{B_{NB}}^j\right)$ 为端点，在图中画一条直线段 $B_1^j B_{N_B}^j$，称为移动信标的虚拟移动路径 VPath。随后，除 B_1^j 和 $B_{N_B}^j$ 之外，过虚拟信标 B_i^j $(i=2,\cdots,N_{B-1})$ 各画一条与 x 轴平行的辅助线 L_{pi}^j，这些辅助线与 VPath 形成一系列交点，称为虚拟信标在 VPath 上的虚拟投影信标，用 B_{pi}^j $(i=2,\cdots,N_{B-1})$ 表示。显然，B_{p1}^j、$B_{pN_B}^j$ 可以视为分别与 B_1^j、$B_{N_B}^j$ 重合。上述过程称为曲线移动路径场景下虚拟信标的虚拟投影过程。

从图 4-11（b）可以看出，只需确定虚拟投影信标 B_{pi}^j 的坐标值，即可用前面内容的扩展定位方法对目标节点进行定位，而 B_{pi}^j 正好是辅助线 L_{pi}^j 和直线 $B_1^j B_{N_B}^j$ 的交点。由于虚拟信标 B_1^j 和 $B_{N_B}^j$ 的坐标 $\left(x_{B_1}^j, y_{B_1}^j\right)$,$\left(x_{B_{NB}}^j, y_{B_{NB}}^j\right)$ 都是已知的，因此 $B_1^j B_{N_B}^j$ 的方程可用式（4-15）表示。

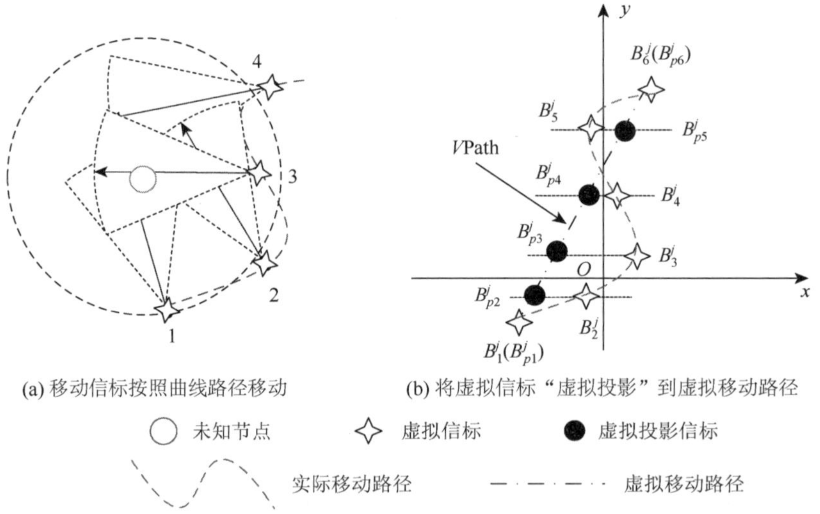

图 4-11　移动信标按照曲线路径移动以及将虚拟信标“虚拟投影”到虚拟移动路径

另外，根据虚拟投影过程中虚拟投影信标与虚拟信标的关系（见图 4-11（b）），可知 $y_{pi}^j = y_{B_i}^j$，于是直线 L_{pi}^j 的方程为

$$y = y_{B_i}^j \tag{4-17}$$

因此，联合式（4-15）和式（4-17），即可求得虚拟投影信标 B_{pi} 的坐标：

$$\begin{cases} x_{pi}^{j} = \dfrac{1}{k_j} \cdot \left(y_{B_i}^{j} - y_{B_1}^{j} \right) + x_{B_1}^{j} \\ y_{pi}^{j} = y_{B_i}^{j} \end{cases} \tag{4-18}$$

需要注意的是，上述方法是按照与 x 轴平行的方法进行虚拟投影的，适合于直线 $B_1^j B_{N_B}^j$ 的斜率 $\left|k_j\right| \geqslant 1$ 的场景。当 $\left|k_j\right| < 1$ 时，按照与 y 轴平行的方法虚拟投影更合适，以防止虚拟投影信标被压缩到一条较短的直线段上，此时的虚拟投影信标 B_{pi} 的坐标为

$$\begin{cases} x_{pi}^{j} = x_{B_i}^{j} \\ y_{pi}^{j} = k_j \cdot \left(x_{B_i}^{j} - x_{B_1}^{j} \right) + y_{B_1}^{j} \end{cases} \tag{4-19}$$

4.3　基于压缩感知的定位

传统的定位系统，尤其是无线传感器网络的定位需要测量和处理大量数据[9]，而传感器节点的能量和计算能力都有限，若持续进行定位将耗费大量资源，缩短传感器的工作寿命。压缩感知（compressed sensing，CS）理论为上述问题提供了新的解决思路。在 CS 框架下，采样速率不再取决于信号的带宽，而在很大程度上取决于信号的稀疏性。在信号具有稀疏性的前提下，CS 可用远低于奈奎斯特采样率的速率对信号进行采样（或称为观测），并实现信号的精确重构。无线传感器网络中的目标定位问题具有天然的稀疏性，因而 CS 理论被广泛应用于以大幅降低各节点的采样数据量，从而大幅减少网络的资源消耗。

4.3.1　压缩感知的基本原理

传统的数字信号采样定理就是有名的香农采样定理[10]，又称奈奎斯特采样定理，它表明，为了不失真地恢复模拟信号，采样频率不能小于模拟信号频谱中最高频率的 2 倍。这样的采样方式得到的数据量较大，不利于存储和传输，不过该数字信号本来存在很多冗余，可以对其压缩。

例如，相机的传感器通过将模拟光信号转换为 N 个像素的数字图像信号，再通过压缩编码算法将其转化为 K 个系数表示的数据，而 $K \ll N$。这样费尽心思获得 N 个采样值，却又通过复杂的编码算法将之压缩成 K 个数值的方式，能否改为直接获得小数据量的采样值呢？基于这个疑问，人们引出了压缩感知的概念，它直接获取压缩后的数据，即在采集的时候直接采集有效的 M 个测量值，而非满足奈奎斯特采样定理的 N 个采样值（$M \ll N$）。

压缩感知有两个基本前提，一是信号在某个域内是稀疏的，即非零点数目远小于信号的总点数。不过信号通常不会完全呈现出稀疏性，只要大部分值趋近于零，就可认为该信号近似满足稀疏性。压缩感知得到的信号可表示为

$$\boldsymbol{y} = \boldsymbol{\Phi x} = \boldsymbol{\Phi \Psi s} \tag{4-20}$$

其中，$\boldsymbol{x} = \boldsymbol{\Psi s}$ 为稀疏变换后的信号，$\boldsymbol{\Psi}$ 为稀疏基，它是一个矩阵；$\boldsymbol{\Phi}$ 称为观测矩阵，通过它实现对信号 $\boldsymbol{x}$ 的观测。

压缩感知的第二个前提条件是要求 $\boldsymbol{\Phi}$ 满足约束等距性条件，其等价条件是观测矩阵 $\boldsymbol{\Phi}$ 和稀疏基 $\boldsymbol{\Psi}$ 不相关。图 4-12 形象地描述了压缩感知的观测过程，该图中的 $\boldsymbol{x}$ 已经是稀疏后的信号，$\boldsymbol{\Phi}$ 的每一行代表一次测量，M 行可以得到 M 个测量值。

因此，压缩感知通常有三个关键的研究内容。

（1）如何构造合适的稀疏基，从而由原始信号 $\boldsymbol{s}$ 得到稀疏信号 $\boldsymbol{x}$？

（2）如何构造合适的观测矩阵，从而由稀疏信号 $\boldsymbol{x}$ 得到测量值 $\boldsymbol{y}$？

（3）如何构造合适的重构算法，从压缩感知后的信息 $\boldsymbol{y}$ 恢复数据 $\boldsymbol{x}$？

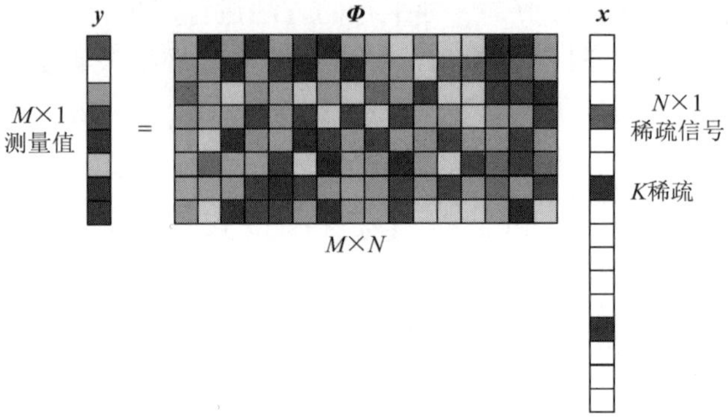

图 4-12　基于压缩感知的信号采集过程

压缩感知具有如下显著优势。

（1）稳定性：采集和重建过程都是数值稳定的。

（2）通用性：相同的测量投影（观测矩阵或硬件）可以用于不同的信号采集。

（3）不对称性：压缩感知的采集过程简单，大部分计算在于解码，即信号重建。

（4）民主性：每个测量值都携带着相同的信息，这样对于测量时的损失具有鲁棒性。

4.3.2　基于压缩感知的两阶段多目标定位

本节介绍一种基于压缩感知的多目标定位算法，它采用了 RSSI 信息。假定网络中有 M 个位置已知的传感节点和 K 个目标节点，并且将定位网络区域分割为 $N = n \times n$ 个网格，且 $M \ll N, K \ll N$，见图 4-13，其中传感节点由于位置已知，在此充当信标节点。定义 K 个目标的位置信息向量为 $\boldsymbol{x} = \{x_1, \cdots, x_K\}$，若第 j 个网格存在目标，则 $x_j = 1$，否则 $x_j = 0$。

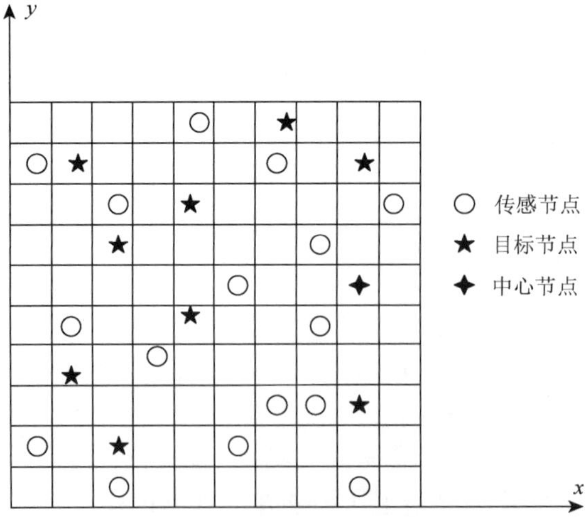

图 4-13　多目标定位的网络模型

于是，基于 RSSI 的多目标定位问题就转化为判断稀疏向量 $\boldsymbol{x}$ 中非零元素所在位置的问题，式（4-20）中的观测矩阵 $\boldsymbol{\Phi}$ 在此处变为节点之间的 RSSI 值所组成的矩阵 $\boldsymbol{P}=(P_{i,j})_{M\times N}$，其中 $P_{i,j}$ 为节点 i 与 j 之间的 RSSI 值。为了从观测矩阵中估计出目标位置，即估计稀疏向量中的非零元素位置，这里通过粗定位和细定位两个阶段来完成。

1. 粗定位阶段

用户通过中心节点向定位网络广播“监测指令”信号，网络中的其他节点检测到信号之后，将观测值（RSSI）传输给中心节点。中心节点首先收到 $m+T$ 个节点的观测值，然后利用仿射尺度方法通过 m 个观测值重构出稀疏向量 $\boldsymbol{x}$。随后判断重构误差是否小于给定门限，如果不满足，就再接收 T 个观测值，重新计算重构误差，直至重构误差小于给定门限为止。此时，中心广播“停止指令”，各节点停止发送观测值。同时，根据重构向量 $\boldsymbol{x}^{m+ST}$ 中非零元素的位置，确定出目标所在的候选网格，以完成目标的粗定位任务，如图 4-14（a）所示。

2. 细定位阶段

粗定位阶段只能确定目标节点所在的候选网格，无法获取目标在候选网格中的具体位置。为此，在细定位阶段采用四分法，逐步细分候选网格，以逼近目标的真实位置，如图 4-14（b）和（c）所示，具体方法如下。

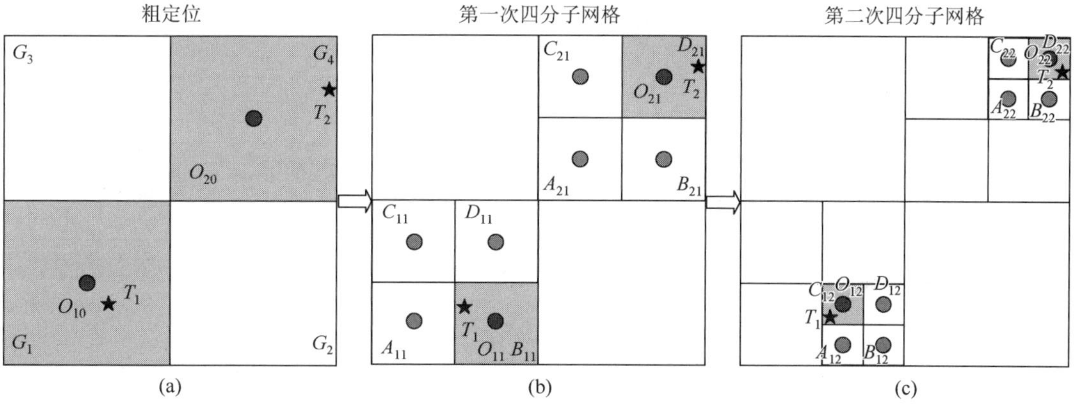

图 4-14　两阶段多目标定位示意图

（1）对候选网格一分为四，然后根据最小残差准则选择候选子网格，并更新观测矩阵、重构向量和目标的估计位置；

（2）接下来判断网格划分是否满足停止条件，如果不满足，则返回第（1）步继续对候选网格进行划分，否则进入下一步；

（3）删除划分结束的网格，并更新候选子网格；

（4）判断所有候选网格是否完成划分，如果没有，回到第（1）步，否则输出所有目标的估计位置，完成定位过程。

4.3.3　基于压缩感知的目标轨迹测绘

移动目标轨迹测绘是人们感知客观世界的重要工具，已经成为人类生活的重要组成部分[11]。

在军事领域，通过跟踪测绘敌方炮弹轨迹来获取炮弹参数，能提高我军的防御能力；在体育领域，通过测绘竞争对手的发球轨迹，乒乓球机器人能做出合理的判断和回球策略，实现机器与人类的体育竞技对抗；在野生动物监测和保护领域，通过测绘野生动物的运动轨迹，动物保护专家能发掘出野生动物种群的迁徙规律，给野生动物保护提供可靠的决策支撑。

这里介绍一种基于压缩感知的被动式目标轨迹测绘算法，它通过少量观测数据就能一次性精确测绘出目标轨迹，减少了计算开销，降低了通信能耗。其工作原理与传统基于学习的被动式定位跟踪方法类似，在定位跟踪前的预部署阶段，让目标遍历监测区域的所有位置，并记录目标在这些位置处对链路造成的 RSSI 扰动值，然后将这些 RSSI 扰动值按照一定方式进行编排构建观测矩阵。在定位跟踪阶段，根据压缩感知理论，将少量 RSSI 扰动值和观测矩阵作为压缩感知稀疏恢复算法的输入，重建出表示目标轨迹的稀疏向量，根据该稀疏向量的定义即可测绘出目标的轨迹。注意，这里的 RSSI 扰动值是基于被动定位方式测定的，具体测定方法见 4.4 节中被动定位的基本原理。

假设将二维监测区域划分成 N 个网格，并依次由左至右、从上而下对每个网格标记唯一的编号，标号从 1 至 N 。目标的位置用网格标号表示，若在给定时刻某网格上存在目标，则将该网格标记为 1，否则标记为 0。在时刻 $q(1 \leqslant q \leqslant Q)$，将目标在网格上的位置标记用 N 维向量 $\boldsymbol{S}_q$ 表示，将监测系统观测的一组 RSSI 值用 M 维向量 $\boldsymbol{U}_q$ 表示。经过 Q 个时刻后，目标在监测区域移动形成图 4-15 中虚线所示的轨迹。

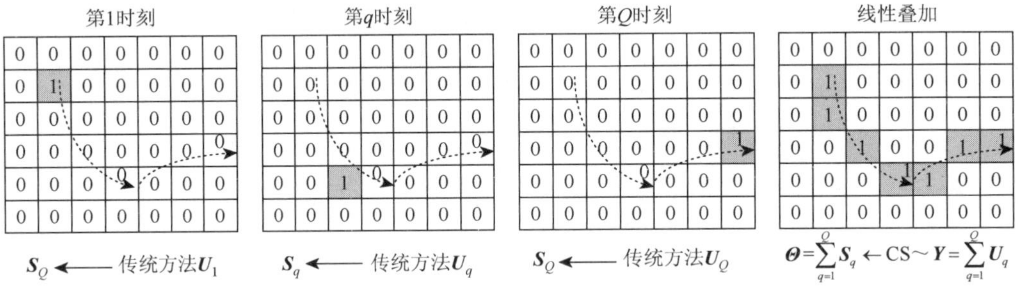

图 4-15　基于压缩感知的被动式目标轨迹测绘原理

现有被动式目标定位跟踪方法对目标的轨迹测绘，需先定位再将不同时间点目标的估算位置通过几何关系进行拼接来获得轨迹，因此需要在每个时间点进行定位计算，导致计算开销较大。这里根据以下两个特性给出新的解决思路。

（1）时间独立性。轨迹上不同的位置在时间上具有独立性，空间上具有统一性。由于用 q 时刻观测向量 $\boldsymbol{U}_q$ 进行位置估算，不会影响用 $q+1$ 时刻观测向量 $\boldsymbol{U}_{q+1}$ 进行位置估算，即上述两个“估计事件”在不同时刻发生，互不影响，因此，轨迹上不同位置的估算在时间上具有独立性。此外，表示 q 时刻的位置向量 $\boldsymbol{S}_q$ 和 $q+1$ 时刻的位置向量 $\boldsymbol{S}_{q+1}$ 维度相同仅元素取值不同，均表示给定监测空间区域的位置信息，因此轨迹上不同位置的估算在空间上具有统一性。

（2）轨迹稀疏性。针对上述场景规则，目标经过 Q 个时刻后的轨迹及位置如图 4-15 所示，容易发现大部分标记为 0，只有少部分标记为 1。当考察某一时刻目标位置向量 $\boldsymbol{S}_q$ 时，该向量只有一个非零元素，$\boldsymbol{S}_q$ 具有 1-稀疏性；经过 Q 个时刻后，假设目标轨迹覆盖了 K 个网格，一般情况下有 $K \ll N$，因此目标轨迹向量具有 K-稀疏性。

基于时间独立性，可将不同时刻目标位置的 1-稀疏向量 $\boldsymbol{S}_q$ 线性叠加映射到同一个监测空间区域，构成目标在 Q 个时刻内形成的轨迹的 N 维 K -稀疏向量 $\boldsymbol{\Theta}_{N\times 1}$，即 $\boldsymbol{\Theta}=\sum_{q=1}^{Q}\boldsymbol{S}_q$；同时将 Q 个时刻的观测值向量 $\boldsymbol{U}_q$ 线性叠加构成 M 维测量向量 $\boldsymbol{Y}_{M\times 1}$，即 $\boldsymbol{Y}=\sum_{q=1}^{Q}\boldsymbol{U}_q$，然后从向量 $\boldsymbol{Y}$ 一次性恢复出 K -稀疏目标轨迹 $\boldsymbol{\Theta}$，避免频繁定位计算的问题。

基于轨迹稀疏性，即目标轨迹的 N 维向量表示 $\boldsymbol{\Theta}$ 具有 K -稀疏性，利用压缩感知稀疏恢复的优点，可在不损失向量 $\boldsymbol{\Theta}$ 恢复精度的同时，仅用 $M(M \ll N)$ 维的观测向量 $\boldsymbol{Y}$ 精确恢复出向量 $\boldsymbol{\Theta}$，减少轨迹测绘所需的数据量开销，降低能耗。

4.4 被动定位

无线定位通常要求被定位目标携带一个无线设备，一般称为定位标签。当被定位目标在定位场景中移动的时候，通过目标节点与信标节点之间的信息交互，以测距或非测距的方式实现目标定位。这种定位方式需要被定位目标主动参与，称为主动定位，在无线定位领域中占绝大多数。被动定位和主动定位不同，它无须被定位目标携带任何标签，在智能家居场景可用于检测是否有陌生人闯入，在应急响应、军事行动等场景可用于探测是否有潜在危险。

4.4.1 被动定位的基本原理

被动定位的基本原理如图 4-16 所示[12]，在监控区域四周部署监测传感器，传感器之间两两形成通信链路。当目标节点出现在定位场景的时候，将会引起无线信号的反射、折射和吸收，从而改变监控区域中通信链路的电磁波分布情况。通过分析电磁波的变化，便可确定目标的位置和

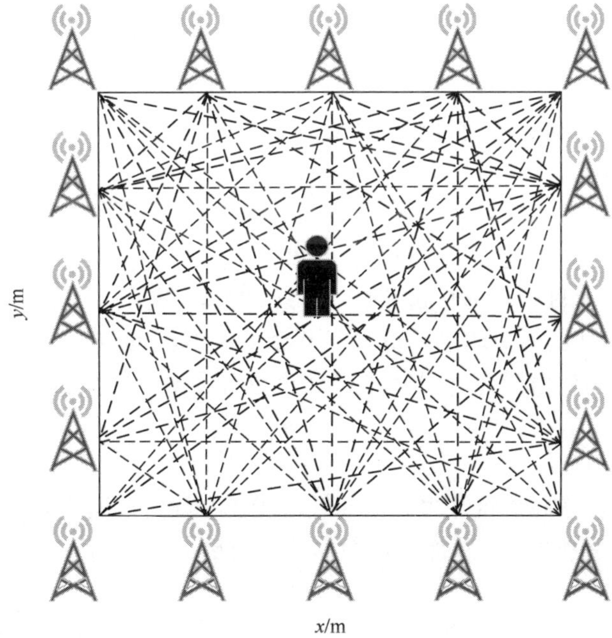

图 4-16　被动定位原理示意图

运动轨迹。电磁波的改变可以通过对比监控区域内有目标和无目标时电磁波分布情况得出，如检测 RSSI 的变化，这已在 4.3.3 节中得到应用。检测 RSSI 值是否变化有很多方法，如移动平均法[13]通过对比某个时间范围内的平均 RSSI 值（长期行为）与当前时刻的 RSSI 值（短期行为），其中长期行为代表了静态环境下的 RSSI 值，因此这二者的差别大于阈值就意味着有目标出现。也可采用移动方差法，它与移动平均法类似，只不过比较的是长期行为与短期行为的方差。

上面讲述的只是被动定位的基本原理，确定目标节点坐标位置还需要具体方法，通常有射频层析成像法、指纹定位算法、几何滤波算法、支持向量机法、粒子滤波算法、压缩感知算法、贝叶斯算法等。

1. 射频层析成像法

无线层析成像定位技术是一种基于 RSSI 变化的定位方法，定位原理如下所述[14]。

（1）对监测的区域进行网格化处理，将其均匀划分成大小相等的网格，定位算法中将这些网格视为监测区域图像的像素点。

（2）通过传感器节点两两间互相通信的链路，构建整个监测区域的无线通信链路监测网络，并测量出所有无线通信链路接收信号强度的变化，如图 4-16 所示。

（3）根据每条通信链路与所有像素点的距离远近关系，计算出每个像素点对每条通信链路衰减的影响权值。

（4）将通信链路的 RSSI 衰落近似为每个像素点上的衰落与相应权值乘积的线性相加。

（5）通过求解反问题得到整个网络的阴影衰落在每个像素上的分布，并通过寻找阴影衰落分布最多的像素点来确定目标位置。

2. 指纹定位算法

其原理与第 3 章中的指纹定位算法相似。在离线指纹库构建阶段，让一个测试人员站在预先设定的位置上作为目标，然后测量此时所有通信链路的 RSSI 值，并将人员所站位置的坐标值与所有链路 RSSI 值的对应关系记录在数据库中，以此类推，再在定位场景的其他位置处采集数据，从而构建数据库。在线定位阶段时，系统实时采集所有通信链路的 RSSI 值，将其与指纹库中的值进行比较，确定当前目标的位置。请注意此时的指纹定位算法中的指纹是什么，以及与第 3 章指纹的差别。

3. 几何滤波算法

首先计算有目标和无目标时通信链路的 RSSI 改变，然后滤除 RSSI 值较小的通信链路，从而逐渐缩小目标的估计区域，达到降低计算复杂度和滤波的效果。最后，通过为通信链路交点赋予 RSSI 权值和距离权值等方式，将不同交点进行区分，达到提高定位精度的目的。

4. 支持向量机法

与指纹定位相似，支持向量机法也包括离线阶段和在线阶段两个阶段。所不同的是，支持向量机法是将数据映射到高维空间，从而使得数据的分类更加有效，但是计算量更大，复杂度更高。

5. 粒子滤波算法

它将目标节点的上一个估计位置作为求解下一个估计位置的先验信息。初始状态下系统在监测区域随机部署粒子，然后将通信链路 RSSI 的测量值作为观测模型求得每个粒子的权值。随后根据目标估计位置调节粒子的权值，将权值较小的粒子剔除。最后，通过状态转移函数，预测目标节点接下来的位置。该算法通常与其他算法联合使用，如几何滤波算法。

4.4.2　射频层析成像算法

射频层析成像（radio tomographic imaging，RTI）算法的思路来源于计算机断层扫描（computer tomography，CT）技术。所谓 CT 技术，是利用 X 射线或超声波照射人体部位，由于不同部位的衰减或吸收不同，射线照射人体后强度将会发生变化，从而形成人体器官外貌图片，显著提高了诊疗水平。

利用层析成像进行目标定位与 CT 具有类似之处，如前所述，当监控区域有人员或者其他目标的时候，无线电信号将会被遮挡而发生衰减[15]，使得某些链路的 RSSI 值发生变化，当变化超过一定阈值时，表示该链路受到了干扰。图 4-17 给出了收发节点之间的无线链路示意图[16]。在没有目标节点接入该场景时，接收节点收到的信号包括视距信号、障碍物反射信号。当目标节点进入该场景后，接收节点还可能收到目标所反射的信号，以及经过目标和障碍物两次反射到达的信号。将目标引起的反射信号称为扰动分量。

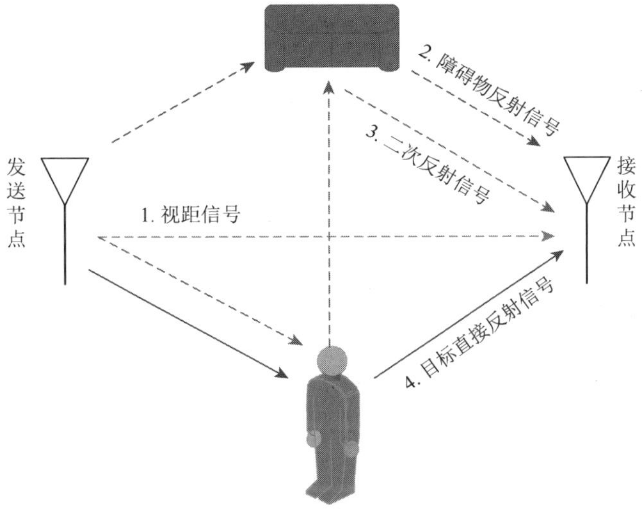

图 4-17　收发节点之间的无线链路示意图

层析成像算法将监控区域划为等间隔的细小网格，每个网格称为一个像素块，由目标节点引起的衰减将体现在每个像素块上，从而引起层析成像图像的变化，见图 4-18。

任意两个节点组成的节点对都被算作一条链路，无论该节点对之间是否真的进行通信。接收节点收到的信号强度可以表示为

$$y_i(t) = P_i - L_i - S_i(t) - F_i(t) - \nu_i(t) \tag{4-21}$$

其中，P_i 为发射功率；L_i 为大尺度衰落，与传播距离、天线模式、设备不一致等因素有关；$S_i(t)$ 为目标节点遮挡通信链路引起的阴影损耗；$F_i(t)$ 为多径环境中窄带信号所引起的衰落损耗；$\nu_i(t)$ 为测量噪声。

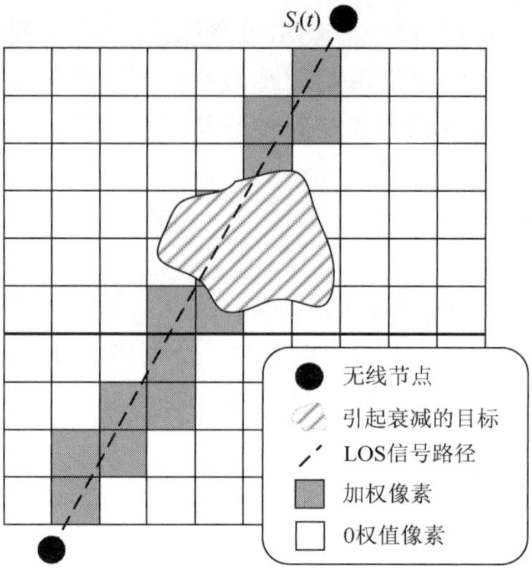

图 4-18　一条 LOS 链路经过 RTI 网络示意图

由于不同时刻的静态损耗保持不变，因此可以只对动态衰减部分成像，从而使得整个问题得到了极大简化。信号强度从时刻 t_a 到时刻 t_b 的变化为

$$\begin{aligned}\Delta y_i &= y_i(t_b) - y_i(t_a) \\ &= S_i(t_b) - S_i(t_a) + F_i(t_b) - F_i(t_a) + \nu_i(t_b) - \nu_i(t_a)\end{aligned} \tag{4-22}$$

目标引起的阴影损耗 $S_i(t)$ 可以近似为信号在各个像素块中的衰减之和。由于各个像素块对某条特定的链路的衰减不同，因此引入权值，于是某条链路的阴影损耗 $S_i(t)$ 可以表示为

$$S_i(t) = \sum_{j=1}^{N} w_{ij} x_j(t) \tag{4-23}$$

其中，$x_j(t)$ 表示链路 i 于 t 时刻在像素块 j 的衰减；w_{ij} 表示权值。如果链路没有穿过某个像素块，则将权值置 0。

令 n_i 为衰落和测量噪声的组合，即

$$n_i = F_i(t_b) - F_i(t_a) + \nu_i(t_b) - \nu_i(t_a) \tag{4-24}$$

那么式（4-22）可以进一步改写为

$$\Delta y_i = \sum_{j=1}^{N} w_{ij} \Delta x_j + n_i \tag{4-25}$$

其中，$\Delta x_j = S_j(t_b) - S_j(t_a)$，表示链路在像素块 j 中从时刻 t_a 到时刻 t_b 的衰减变化。

如果将网络中的所有链路视为同时发生的，则网络中的信号强度衰减可以表达为如下的矩阵形式：

$$\Delta \boldsymbol{y} = \boldsymbol{W} \Delta \boldsymbol{x} + \boldsymbol{n} \tag{4-26}$$

其中，$\Delta \boldsymbol{y} = [\Delta y_1, \Delta y_2, \cdots, \Delta y_M]^{\mathrm{T}}$ 为所有链路 RSSI 变化的向量，是可以测量到的数据；$\Delta \boldsymbol{x} = [\Delta x_1, \Delta x_2, \cdots, \Delta x_N]^{\mathrm{T}}$ 为所有像素点的衰减大小，是待估计的图像；$\boldsymbol{n} = [n_1, n_2, \cdots, n_M]$ 为通信链路的测量噪声；$[\boldsymbol{W}]_{i,j} = w_{ij}$ 为权值，它的第 m 行表示所有像素点对第 m 条链路的权值，第 n 列表示第 n 个像素点对所有通信链路的权值。

从上面推导可以看出，权值模型对实现层析成像非常重要。为此，可将通信链路在二维平面的投影或通信链路信号传播范围看作椭圆，发送节点和接收节点分别为椭圆的两个焦

点，见图 4-19。只有落在椭圆内部的像素点，才会对该通信链路的接收信号强度产生衰落影响，因此第 i 条通信链路的 RSSI 衰落变化为图中所有阴影填充效果像素点上衰落的累加和，而其余像素点对该链路衰落影响为 0。

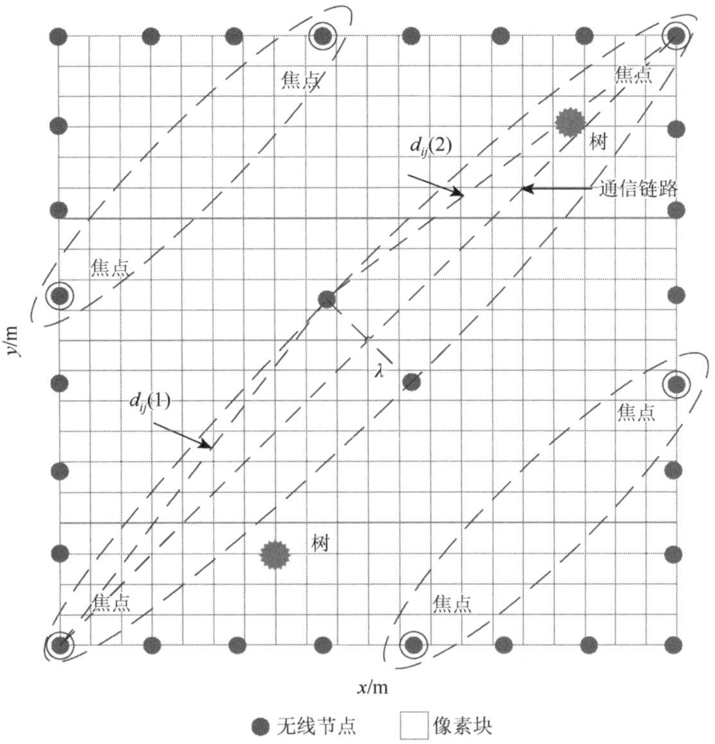

图 4-19　通信链路椭圆模型示意图

因此，第 i 条通信链路椭圆内的像素的权值可表示为

$$w_{ij} = \frac{1}{\sqrt{A_i}} \begin{cases} 1, & d_{ij}(1) + d_{ij}(2) < d + \lambda \\ 0, & 其他 \end{cases} \tag{4-27}$$

其中，A_i 表示第 i 条通信链路所对应椭圆的面积；$d_{ij}(1)$ 和 $d_{ij}(2)$ 分别表示从像素块 j 的中心与链路 i 的收发节点的距离，请参见图 4-19 进一步明确其含义；λ 表示椭圆短轴方向的宽度，通常设置为较小的值。

为了求出层析成像的图像，需要解出式（4-26）中的 $\Delta \boldsymbol{x}$ 。简便起见，下面将 $\Delta \boldsymbol{x}$ 和 $\Delta \boldsymbol{y}$ 简写为 $\boldsymbol{x}$ 和 $\boldsymbol{y}$ 。对于形如式（4-26）的等式，通常可以通过最小二乘法获得最优解，即

$$\boldsymbol{x}_{\mathrm{LS}} = \arg\min_{\boldsymbol{x}} \|\boldsymbol{W}\boldsymbol{x} - \boldsymbol{y}\|_2^2 \tag{4-28}$$

也就是说，最小二乘法通过使得噪声能量最小，从而使得测量值与模型匹配。最小二乘法需要通过将式（4-28）的梯度置为零获得所需的解：

$$\boldsymbol{x}_{\mathrm{LS}} = (\boldsymbol{W}^{\mathrm{T}}\boldsymbol{W})^{-1}\boldsymbol{W}^{\mathrm{T}}\boldsymbol{y} \tag{4-29}$$

但是，这只有在矩阵 $\boldsymbol{W}$ 是满秩矩阵的时候才有效，而这对 RTI 系统而言通常并不满足。RTI 是一个病态求逆问题，测量数据中的少量噪声会被放大到足以让定位结果失去意义的程度。

为此，将 $\boldsymbol{W}$ 用其奇异分解替换，即 $\boldsymbol{W}=\boldsymbol{U\Sigma V}^{\mathrm{T}}$，其中 $\boldsymbol{U}$ 和 $\boldsymbol{V}$ 是酉矩阵，$\boldsymbol{\Sigma}$ 是奇异值对角阵。将其代入式（4-29），得

$$\boldsymbol{x}_{\mathrm{LS}}=\boldsymbol{V\Sigma}^{-1}\boldsymbol{Uy}=\sum_{i=1}^{N}\frac{1}{\sigma_i}\boldsymbol{u}_i^{\mathrm{T}}\boldsymbol{y}\boldsymbol{v}_i \tag{4-30}$$

其中，$\boldsymbol{u}_i$ 和 $\boldsymbol{v}_i$ 分别是 $\boldsymbol{U}$ 和 $\boldsymbol{V}$ 的第 i 列；σ_i 是 $\boldsymbol{\Sigma}$ 的第 i 个对角线元素。显然，当奇异值为零或接近于零时，对应的奇异基矢量在求逆时是无界的。

RTI 模型存在病态问题的原因是采用了少量节点进行估计，不过多种可能的衰减图像均有可能导致同样的测量数据，因此无法从测量数据逆向求出图像。为此，可采用正则化的手段引入额外的信息，从而解决病态问题。很多方法为原来的最小化目标函数引入一个正则化项：

$$f_{\mathrm{reg}}=f(\boldsymbol{x})+\alpha J(\boldsymbol{x}) \tag{4-31}$$

其中，α 是一个调节参数，若 α 较小，则求解结果将更多地取决于测量数据，反之更偏向于之前的信息。

上述方法采用了 RSSI 值的变化进行层析成像，适合通信节点安装在室内的场景。如果是在室外安装通信节点、对室内目标进行穿墙被动定位的情况，则适合采用 RSSI 移动方差进行定位，其基本原理是，利用若干条通信链路的移动方差描述图像中像素点的像素值，从而根据像素点分布确定所处的位置。

4.5　1G～5G 移动通信网络定位

基于蜂窝通信的移动通信网络已在全球非常普及。蜂窝通信网络最初是为语音通话而设计的，并逐渐演变到支持文本、图像、视频。从定位角度而言，蜂窝通信在最初标准制定时并未考虑定位需求，不过随着应用拓展和技术进步，现在蜂窝通信已与定位深度融合，是通信定位一体化的最好例证。

4.5.1　1G～5G 的定位演进过程

1. 1G 蜂窝系统（1979～1991 年）

1G 蜂窝移动通信是模拟系统，典型的有北欧移动电话（Nordic mobile telephone，NMT）、高级移动电话系统（advanced mobile phone system，AMPS）或全接入通信系统（total access communications system，TACS）等[17]，中国的 1G 通信网络在 1987 年开通。

1G 标准没有定义专门的定位功能，不过已经将车辆位置用来增强通信性能，例如，基于车辆位置提升小区站点选择、语音信道分配或切换的性能，这通常是基于信号强度的定位方法获得的。另外，也被用在高速公路等场合的紧急施救，这通常涉及一些专利技术，例如，基于 TDoA + AoA 的 Grayson Wireless 技术，以及基于上行链路到达时间差（uplink TDoA，UTDoA）的 TruePosition 技术，它们都是用于 AMPS 系统的定位方法。

2. 2G 蜂窝系统（1991～2002 年）

2G 移动通信系统是数字系统，最知名的是全球移动通信系统（global system for mobile communications，GSM），此外还有数字 AMPS（digital AMPS，D-AMPS）、摩托罗拉的综合调

度增强网络（integrated digital enhanced network，iDEN）、日本的个人数字蜂窝（personal digital cellular，PDC）以及俗称小灵通的个人手持电话系统（personal handy-phone system，PHS）等。

由于 2G 标准中没有定位机制，GSM 的定位能力仅限于使用训练或同步信号来测量距离。例如，在 IS-95A 标准中使用注册更新消息进行基于时间的定位，称为反向链路。1996 年，美国联邦通信委员会在 E911 中要求运营商基于现有 TDMA 和 CDMA 蜂窝系统提供位置服务。为解决此问题，基于 ToA、TDoA、AoA、Cell-ID、指纹、辅助 GPS（assisted GPS，A-GPS）等技术的定位方法开始涌现。

3. 3G 蜂窝网络（2002～2010 年）

3G 网络有 3 个全球标准，即 WCDMA、CDMA2000 和中国提出的 TD-SCDMA。

WCDMA 在 TS 25.305 标准中定义的定位方法是 CID、下行链路中具有网络可配置空闲期的观测 TDoA（observed TDoA，OTDoA）和 A-GPS，其中 OTDoA 通常使用通用移动通信系统（universal mobile telecommunications system，UMTS）公共导频信道进行。在 TR 25.84 中，提出了用户终端位置增强。随后，UTDoA、射频模式匹配（radio frequency pattern matching，RFPM）也被 UMTS 所支持。

4. 4G 蜂窝网络（2010～2019 年）

在 3G 和 4G 之间有一个俗称 3.9G 的阶段，即长期演进（long term evolution， LTE）。LTE 技术引领了 GSM 和 UMTS 以及 CDMA2000 向 4G 蜂窝系统的发展，但是由于第 8 版和第 9 版中的 LTE 标准不完全符合 IMT-Advanced 对 4G 的要求，因此被视为 3.9G 技术。在该版本中的定位技术有 OTDoA、辅助全球导航卫星系统（assisted global navigation satellite system，A-GNSS）、E-CID 等。在 3.9G 中还专门定义了定位参考信号（positioning reference signal，PRS），可用于测量参考信号的时间差。

4G 即 LTE-Advanced，简称 LET-A。该标准中的 UTDoA 定位技术用作 A-GNSS 的补充，并支持没有下行链路 OTDoA 功能的传统用户终端。此外，该标准支持射频模式匹配定位技术，它是一种基于指纹定位的方法。

4G 基础上有一个 4.5G 阶段，即 LTE-Advanced Pro，其中针对定位提供了一些方法，如 OTDoA、UTDoA、E-CID、RFPM、WLAN/蓝牙等。

5. 5G 蜂窝网络（2019 年至今）

5G 仍然是基于 LTE 的演进结果，目前已经演进到 R18 版本。5G 技术可以利用新空口（new radio，NR）中的宽带信号、来自大规模多输入多输出（MIMO）的波束成形能力以及更密集的 5G 网络部署，从而提高定位精度。具体表现在[18]：

（1）5G NR 将使用毫米波（24GHz 及以上）频带，而毫米波频率通常需要用户和基站之间保持视距传输，而网络密集化是实现这一要求的一种方式，这些与毫米波频率相关的特性将为开发高精度定位解决方案铺平道路；

（2）由于 5G NR 大带宽的特性，用户定位的 ToA 估计将更加精确，因为大带宽能够使得时域采样的分辨率更高；此外，毫米波的波长非常小，可以在较小的设备中封装大量的天线阵元，这将提高波束形成能力，极大地提高 AoA 或 DoA 的估计精确度。

在后续演进中，5G 将会在以下方面进一步增强定位性能：一是提升基于载波相位的定位，保证更高的精度；二是采用认知无线电的方法，利用未经许可的频谱进行定位，例如，基于非授权新空口（NR unlicensed，NR-U）的定位；三是实现极低成本和低复杂性的定位，以实现资产跟踪；四是侧链（sidelink）和车联网（vehicle to everything，V2X）定位，以解决自动驾驶等场景的定位；五是用于扩展现实的定位和姿态估计。此外，标准还将引入机器学习方法，从而进一步增强定位性能。

4.5.2　蜂窝通信网络主要定位方法

本节对 4.5.1 节提到的主要蜂窝通信网络定位方法的基本原理进行简要介绍。

1. Cell-ID 定位技术

基站覆盖一组小区，如图 4-20（a）所示的 C_1、C_2 和 C_3 就是三个小区，它类似于蜂巢中的一个蜂窝，因此称为蜂窝通信。每个基站都有唯一的编号，称为 Cell-ID[19]，简称 CID，是一个 16 位的数据。除此以外，还有移动国家代码（mobile country code，MCC）、位置区域码（location area code，LAC）和移动网络号码（mobile network code，MNC），如中国的 MCC 为 460；LAC 是某个地区的编码，用于标识基站所在位置；MNC 为运营商的编号（如中国移动为 00）。

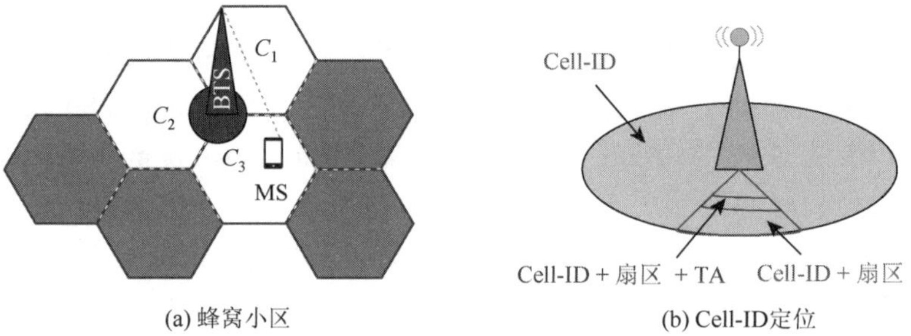

图 4-20　基站、小区与移动站示意图

一个基站所属的 MCC、MNC、LAC 和 CID 是唯一的，如果移动站（如手机）知道所连接的基站信息，则通过在基站信息数据库中查找该数据所对应的基站位置，从而实现定位。Cell-ID 定位是最便宜、最简单的定位方法，不需要修改已部署的任何硬件。在这种方法中，位于同一小区的两个移动站的定位结果是相同的，如图 4-20（a）所示的 C_1、C_2 和 C_3 三个小区，即使它们相隔较远也是如此，因此定位精度比较低。

定位的精度取决于基站的密度，具体而言，取决于蜂窝小区的大小。在城市和发达地区，定位精度可以降至 50～100m，而在农村和山区，误差可能达到数公里。一些额外信息能够提高 CID 定位的精度，如小区的扇区号、GSM 中的时间提前量（time advance，TA）和 UMTS 中的往返时延（round trip time，RTT）。例如，在图 4-20（b）中，Cell-ID 的基础上加上 Cell 扇区信息，定位区域将明显缩小；如果在此基础上进一步加上 TA 信息，则定位结果进一步缩小到扇区内的圆环区域。信号强度信息也是常见的辅助信息，如 GSM 中的接收信号电平（receive signal level，RXLEV）和 UMTS 中的接收信号码功率（received signal code power，RSCP）。

时间提前量是用来衡量移动站与基站之间的时延数据的，通常通过移动站发送给基站的上行数据测量。在 LTE 中的时间提前量的取值范围为 0～63，表示以 μs 为单位的时间量，每个单位约 16.67μs，因此，最大的时间提前量约为 1050μs 或 1.05ms。

2. ECID 定位技术

扩展 CID（enhanced CID，ECID）是对 CID 定位技术的增强，它通过测量来自多个基站的信号强度或传播时延，从而确定移动站与每个基站的距离，然后基于这些距离测量值来估计位置。ECID 有如下三种方式[20]。

（1）只估计移动站与 1 个基站的距离，将目标定位于一个圆上。

（2）测量移动站与 3 个基站的距离，将目标定位于三个圆的交点上。

（3）测量来自至少 2 个基站的 AoA，将目标定位于两条线的交点上。

前两种情况可以测量如下信息，进而计算距离：参考信号接收功率（reference signal received power，RSRP），即信号强度的方法；或 TDoA、TA、RTT，它们都是基于时间的测距方法，其中 RTT 就是双程 ToA 的思想。对于情况（1）和（2），测量由移动站进行，情况（3）由基站测量。随着技术的进步，目前手机也拥有天线阵列，因此也有 AoA 测量能力。

3. A-GNSS 定位技术

A-GNSS 最开始是针对 GPS 的一种技术，称为 A-GPS，后来由于被推广到所有卫星定位导航系统而称为 A-GNSS。对于卫星定位导航而言，首次搜索卫星的时间较长[21]，需要几十秒至几分钟不等。此外，卫星信号穿透力弱，容易受到建筑物、树木等障碍物的阻挡而影响定位精度。A-GNSS 通过蜂窝通信网络的辅助，成功地解决或缓解了这两个问题。

首次搜星慢的原因是卫星信号接收器需要进行全频段搜索。在 A-GNSS 中，通过从蜂窝网络下载当前地区的可用卫星信息，包含卫星频段、方位、仰角等，从而限制搜星范围，大幅加快搜索速度。信号易受干扰是由卫星信号本身的性质决定的，A-GNSS 通过蜂窝基站的辅助，或是借助 Cell-ID 定位等方法，缓解了卫星信号不良情况下的定位问题。

A-GNSS 定位的基本流程包括搜索卫星、计算位置等过程，见图 4-21。

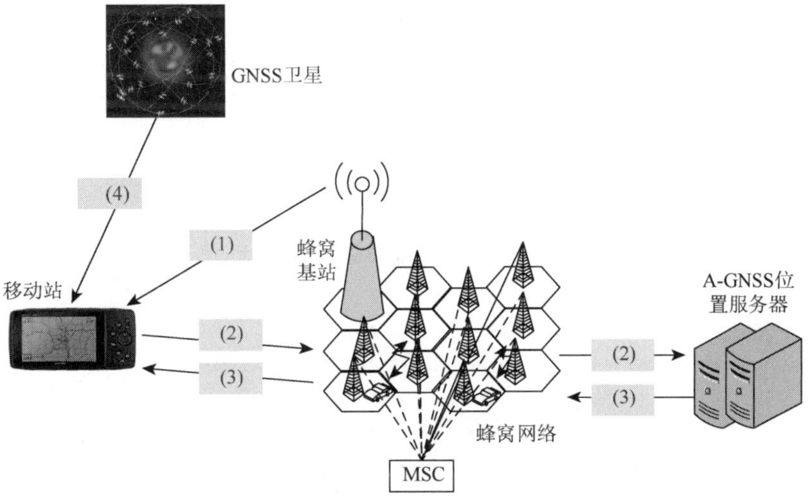

图 4-21　A-GNSS 的定位过程

1）搜索卫星

（1）移动站从基站获取当前所在的小区位置信息，相当于进行了一次 CID 定位。

（2）移动站通过蜂窝网络将当前小区位置传送给网络中的 A-GNSS 位置服务器。

（3）A-GNSS 位置服务器根据当前小区位置查询该区域当前可用的卫星信息，并返回给移动站。

（4）移动站根据得到的可用卫星信息，从给定频段、方位、仰角范围内快速找到当前可用的卫星。

2）计算位置

通常有两种方式：移动站计算的 MS-Based 方式和在网络端进行计算的 MS-Assisted 方式。MS-Based 方式与传统卫星定位完全相同，卫星接收器接收原始卫星信号，解调处理后进行位置计算，具体方法见第 7 章。在 MS-Assisted 方式中，移动站将处理后的伪距信息通过蜂窝网络传输给 A-GNSS 位置服务器，它根据伪距信息和其他途径（蜂窝基站定位等）得到的辅助定位信息，计算出最终的位置坐标，返回给设备。由于有辅助定位信息的加入，通常可以获得更高的定位精度，并可在很大程度上克服弱卫星信号情况下无法定位或定位精度降低的问题。

4. OTDoA 与 E-OTD 定位技术

OTDoA 是一种下行链路的解决方案，在基站发送数据给移动站的时候，由移动站测量多个基站的到达时间差，并将这些时间差报告给网络中的演进服务移动位置中心（evolved serving mobile location center，ESMLC）。

具体而言，由基站发送定位参考信号给移动站，求解出不同基站信号到达移动站的时间差，进而算出不同基站的 TDoA，在蜂窝网络中被称为参考信号时间差（reference signal time difference，RSTD），根据该 RSTD 可构造一条双曲线，而三个基站可以构造两条双曲线，两条双曲线的交点就是移动站所处的位置[22]，见图 4-22。OTDoA 实质上是一种多节点 TDoA 技术，它不要求移动站和基站之间的时间同步，但是要求基站之间彼此同步，因此使用 OTDoA 需要对通信基站进行改造，使得彼此之间能够同步，这需要网络运营商进行较大的硬件投资。

增强型观测时间差（enhanced observed time difference，E-OTD）是与 OTDoA 相似的技术，只不过 E-OTD 是在 GSM 提出的技术，而 OTDoA 是 UMTS 提出的技术。

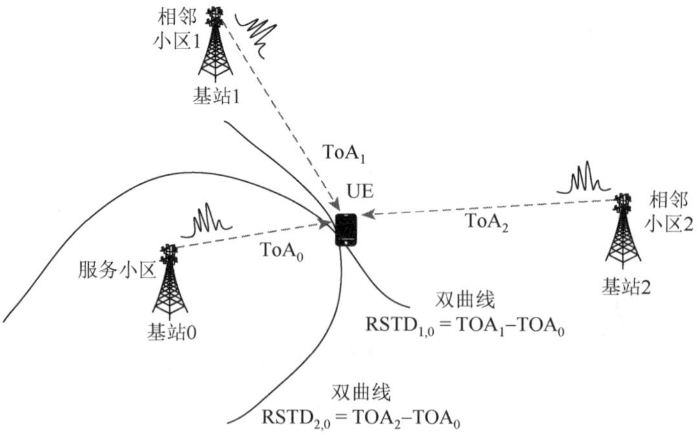

图 4-22　OTDoA 的工作原理

5. UTDoA 定位技术

UTDoA 即 Uplink TDoA，它是 UMTS 的称呼，在 GSM 中与之类似的是 Uplink ToA。与 OTDoA 相似，UTDoA 也是基于 TDoA 的技术，所不同的是 OTDoA 采用的是下行信号，即基站发送的 PRS 信号；UTDoA 采用的是上行信号，即由移动站主动发送探测参考信号（sounding reference signal，SRS）给基站，由网络的移动服务定位中心测量出到达时间差。测量出到达时间差之后，采用两条双曲线求交的方式确定移动站的位置。与 OTDoA 一样，它不需要移动站和基站之间的严格时间同步，但是要求基站之间同步。

6. AFLT 定位技术

高级前向链路三边定位（advanced forward link trilateration，AFLT）是 CDMA 独有的一种基于时间的定位技术。具体做法如下[23]：

（1）移动站测量 CDMA 导频信号的相位；

（2）位置服务器根据这些测量值找出所属的基站；

（3）从基站数据库中查找到这些基站的物理位置；

（4）根据基站位置和导频测量值，利用三边定位法求解位置。

AFLT 要求基站数据库具有如下信息：小区的扇区标识信息、小区的扇区位置（经度、纬度、高度）、AFLT 校正值、测量不精确度值。

当单纯使用 GNSS 不足以定位的时候，可以将 AFLT 与 GNSS 组合起来使用，它的定位精度比 GNSS 低，但是比只用 AFLT 要高。

7. RFPM 定位技术

RFPM 就是第 3 章学习过的指纹定位方法，一般分为离线阶段和在线阶段，前者用于构建指纹库，后者通过在线匹配的方式进行目标定位。RFPM 的指纹可以采用 RSSI 或 TDoA 值。具体方法这里不再赘述。此外，还可以输入 GIS 信息，如地形、道路网，将其叠加在指纹图上对指纹库进行优化。

RFPM 与三边定位或三角定位相比具有显著优势：①在复杂的多径场景内，相比多边定位或三角定位，RFPM 的性能不会显著下降；②RFPM 能够利用地理信息，而三边定位或三角定位则不能；③RFPM 也可以充分利用地磁信息提高定位精度。

8. TBS 定位技术

地面信标系统（terrestrial beacon system，TBS）需要建设专门的信标网络用于发射定位信号，NextNav 公司开发的城域信标系统（metropolitan beacon system，MBS）是一种典型的 TBS 系统，其结构如图 4-23 所示。

MBS 是一种基于 ToA 的多点定位系统[24]，因此需要信标之间进行准确的时间同步。为此，它需要部署地面同步发射机网络，这些发射机被称为信标，工作于 920～928MHz 频带范围，安装在屋顶或基站塔上，或者运营商认为合适的其他位置。发射机一般通过 GNSS 时间进行同步，但在没有 GNSS 的情况下，它们可以恢复到非卫星定时源（铯时钟或光纤时间）。有了这些信标，就可由其发送 MBS 信号，然后采用第 3 章所学习的 ToA 方法测距并定位。MBS 还可借助气压高度计测量垂直高度，从而实现三维定位。

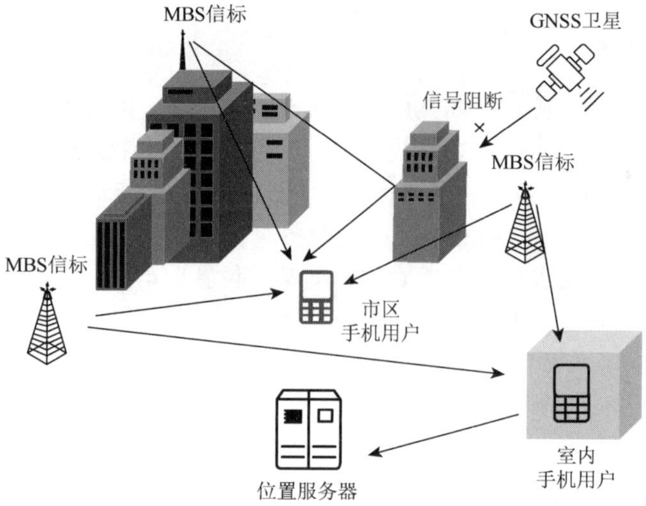

图 4-23　MBS 结构图

4.5.3　5G 定位方法与系统

前面已经学习了 1G～5G 的定位演进过程以及主要的定位方法，本节对新兴的 5G 定位进行进一步介绍。

5G 的定位系统架构如图 4-24 所示[25]，由用户终端、5G 无线接入网、5G 核心网组成。

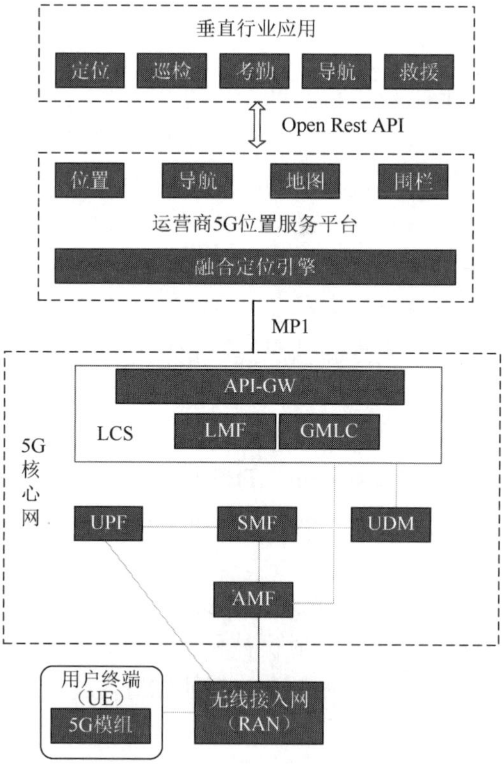

图 4-24　5G 的定位系统架构

1. 用户终端

用户终端即手机等移动站，接入网络时需上报定位能力信息。终端可主动发送探测参考信号（SRS）给网络侧，由网络侧完成信号测量及位置计算；或者由网络侧发送定位参考信号（PRS），由 5G 终端自身完成信号测量并将测量结果反馈给网络计算位置。

2. 5G 无线接入网

以上行测量为例，基站收到 5G 终端的 SRS 信号后，测量 TDoA、RSRP 等信息，并将测量结果上报给 5G 核心网。基站与 5G 核心网通过 N2 接口对接，并通过接入和移动管理功能（access and mobility management function，AMF）模块在位置管理功能（location management function，LMF）模块和基站节点之间传输定位消息，包括定位请求与响应、测量请求与响应等。

3. 5G 核心网

AMF，即接入和移动管理功能，采用 3GPP 标准流程集成，支持位置服务报告（location service，LCS）特性开放 NL1/NL2 接口，也支持对接多接入边缘计算（multi-access edge computing，MEC）上的 LCS 服务。

MEC，即移动边缘计算，使得用户面功能（user plane function，UPF）可下沉园区部署，为园区提供本地分流能力。

LCS，即位置服务报告，集成了高精度定位算法，并提供配置入口，用于导入特定定位区域内的基站规划信息，实现精确位置解算。LCS 包括位置管理功能（location management function，LMF）和网关移动位置中心（gateway mobile location center，GMLC）。

UDM，即统一数据管理功能（unified data management），采用 3GPP 标准流程集成，支持 LC 特性开放 NL6 接口。

MP1：ETSI 定义的标准应用程序接口，并在基础 5G 定位能力上进行增强，从而满足运营商 5G 位置服务平台按需调用的位置服务的需求。各类边缘计算应用可以直接或通过 MP1 接口调用 MEC 平台提供的边缘计算能力。

4. 运营商 5G 位置服务平台

运营商 5G 位置服务平台是第三方应用与 5G 定位网络的中间桥梁，通过开放的接口为客户提供基于 5G 定位网络的位置能力，如实时位置推送、电子围栏、地图管理、位置告警、轨迹查询、视频联动、位置数据分析等服务。

从定位方法看，5G 有三类定位方法，分别为与无线接入技术（radio access technology，RAT）无关的方法，基于演进 UMTS 地面无线接入网络（evolved UMTS terrestrial RAN，EUTRAN）的方法和基于 5G NR 的方法，见图 4-25。5G NR 采用了新的端到端网络体系结构，为增强移动宽带、超高可靠性和低时延通信、大规模机器类通信奠定了基础。

图 4-25 中的 A-GNSS、WLAN（基于 Wi-Fi 进行定位）、蓝牙、TBS、气压计、OTDoA、ECID 都已经学习过。DL-AoD 在下行链路测量离开角，即当基站发送信号给移动站的时候测量信号离开基站的角度；UL-AoA 在上行链路测量到达角，即移动站发送信号给基站的时候测量信号到达基站的角度，AoA 和 AoD 的测量方法在第 3 章均已学习过。DL-TDoA 和 UL-TDoA 分别表示通过下行和上行链路测量 TDoA，原理均是第 3 章的多节点 TDoA，其中 DL-TDoA

对应 4.5.2 节的 UTDoA，UL-TDoA 则对应 OTDoA 和 E-OTD。NR ECID 与 ECID 方法完全相同，差别仅在于前者不再包含 RTT 信息。

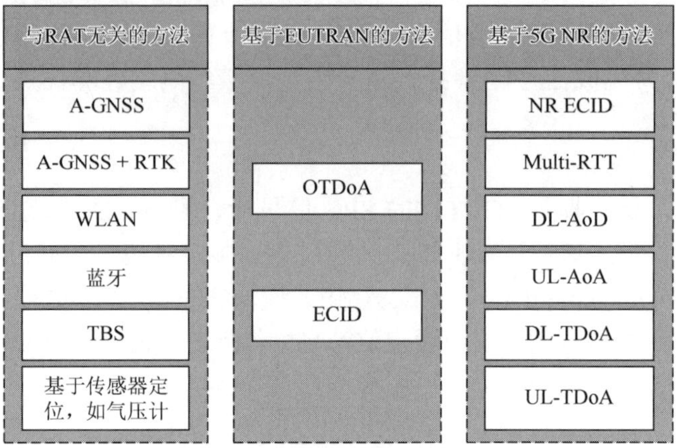

图 4-25　5G 采用的定位方法

这里对 Multi-RTT 进行进一步探讨。RTT 采用了第 3 章的双程 ToA 的方式测量距离，从原理上避免了时间同步。不过，为了降低干扰以便更好地监听到其他站点发来的信息，通常要求对基站之间进行粗略同步，通常达到微秒级即可，这是比较容易实现的。但是，RTT 有一个缺点，那就是它仅仅测量服务小区，无法使用服务小区的邻居小区。从 5G 的 Rel 16 版本开始，已经可以与相邻小区进行信息交换测量 RTT 信息。移动站与至少三个基站分别测量 RTT 信息（所以称为 Multi-RTT），即利用双程 ToA 分别测量移动站与至少三个基站的距离，然后利用三边定位法或多边定位法计算移动站坐标。

4.6　面向 6G 的可重构超表面辅助定位

可重构智能超表面（reconfigurable intelligent surface，RIS）是由电磁超材料构成的薄层，能够对入射信号的幅度、相位、频率和极化方式进行调整，针对无线信道的变化进行配置和调控，“创造”出用户所需要的特定无线环境[26]。RIS 安装方便，可以方便地张贴在墙壁、天花板、车辆等物体之上。RIS 是 6G 无线通信的关键技术之一，已成为全球研究热点，在定位领域也具有极大前景。

4.6.1　可重构超表面辅助定位的理论基础

RIS 有三种实现方式，见图 4-26。

（1）反射型：RIS 只向与基站位于同一侧的用户反射入射信号，此时的可重构超表面也被称为智能反射面（intelligent reflection surface，IRS）。

（2）折射型：入射信号能穿透 RIS，并向基站对侧的用户折射。

（3）混合型：入射信号分为两部分，一部分折射，另一部分反射。这种类型的 RIS 也被称为智能全向表面（intelligent omni-surfaces，IOS）。

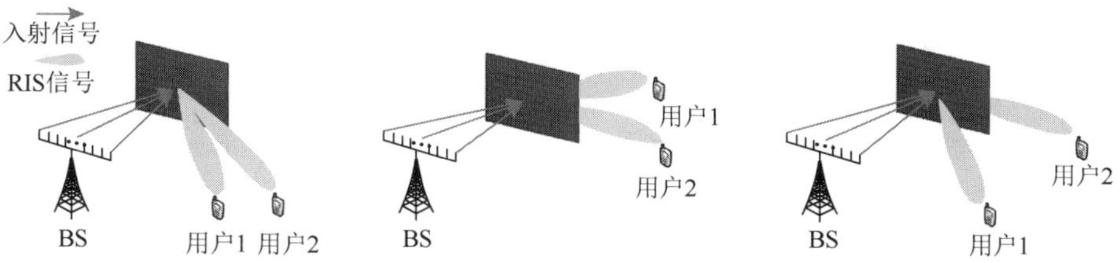

图 4-26　RIS 的三种类型

RIS 由多层结构组成，但每层的组成将因 RIS 的类型而异。图 4-27 给出了反射型 RIS 的结构，它包括三层：外层是由 RIS 元件组成的二维阵列，直接与入射信号相互作用；中间层是一块铜板，可以防止信号能量泄漏；内层是连接到 RIS 控制器的控制电路，RIS 控制器可以控制 RIS 元件的相移。

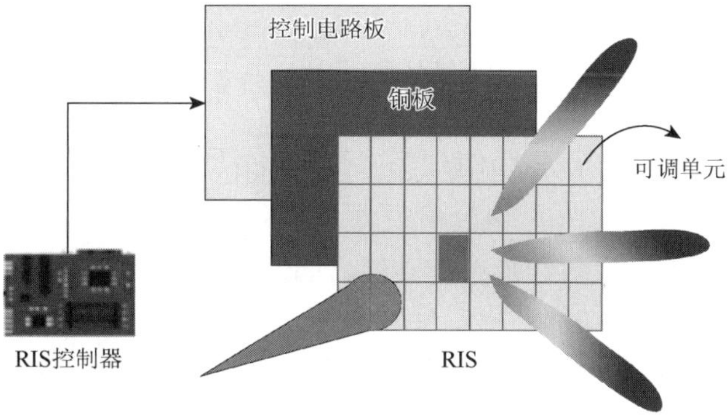

图 4-27　反射型 RIS 基本结构

每个 RIS 元件都是一个低成本的亚波长可编程超材料元件，其工作频率可以从亚 6GHz 到太赫兹不等。当电磁波入射到 RIS 元件上时，电磁波将感应出电流，进而引起电磁辐射，辐射的大小和方向受介电常数和电导率控制，从而实现对无线信号的控制。超材料元件的一个例子如图 4-28 所示，它嵌入了一个正本征负（positive-intrinsic-negative，PIN）二极管。通过控制通孔的偏置电压，PIN 二极管可以在开和关状态之间切换，从而改变介电常数和电导率，相当于施加了不同的相移和振幅，从而对入射信号产生不同的响应。

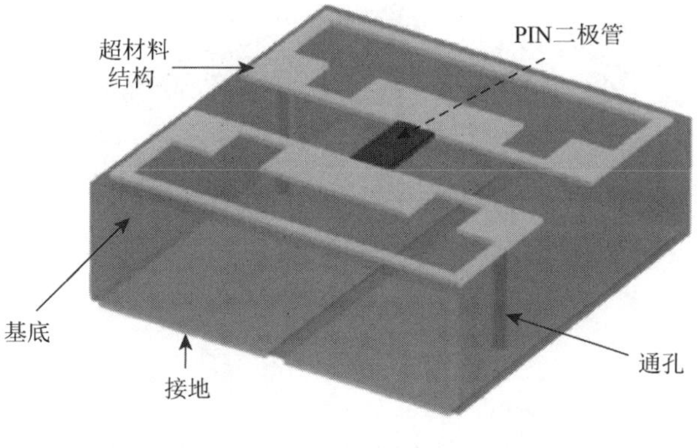

图 4-28　可编程超材料元件示例

反射型 RIS 元件的信号响应关系式为

$$\gamma = \Gamma \mathrm{e}^{-\mathrm{j}\theta} \tag{4-32}$$

其中，j为复数的虚部符号；$\Gamma \in [0,1]$为 RIS 响应的幅度，当$\Gamma = 1$时表示入射信号全部被反射，而当$\Gamma = 0$时表示入射信号被全部吸收掉。响应由 RIS 元件的等效电路的调谐阻抗和 RIS 端口的互阻抗（如果互耦合不能忽略）决定，通常受入射和反射信号的方位角和仰角的影响，即图 4-29 中的ϕ^A、Ψ^A、ϕ^D、Ψ^D。

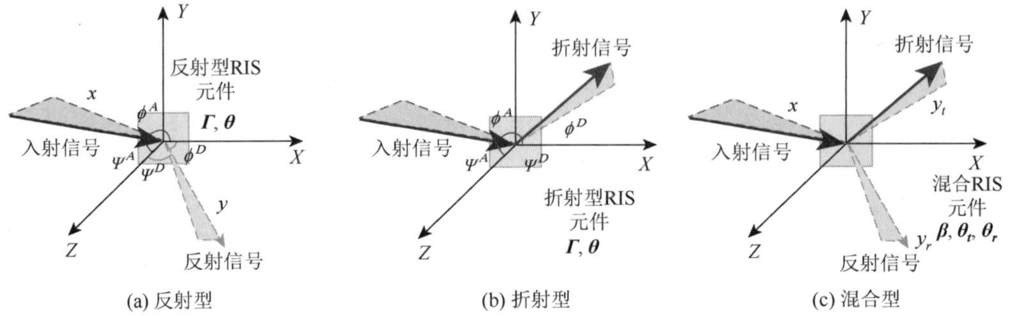

图 4-29　三种 RIS 元件的信号响应

折射型 RIS 元件的信号响应与反射型类似，唯一的区别是当$\Gamma = 1$时，入射信号将完全穿过 RIS 元件。

混合 RIS 元件同时具有反射和折射的功能。因此，RIS 首先将入射信号的能量分成两部分，一部分用于折射信号，另一部分用于反射信号。假定 $\beta \in [0, +\infty)$ 表示反射信号功率与折射信号功率的比值，则反射和折射部分的响应可表达为

$$\begin{cases} \gamma_{\text{refl}} = \Gamma_{\text{refl}} \mathrm{e}^{-\mathrm{j}\theta_{\text{refl}}} \\ \gamma_{\text{refc}} = \Gamma_{\text{refc}} \mathrm{e}^{-\mathrm{j}\theta_{\text{refc}}} \end{cases} \tag{4-33}$$

其中，Γ_{refl}和Γ_{refc}分别表示反射部分和折射部分的幅度；θ_{refl}和θ_{refc}分别表示反射部分和折射部分的相移。

后面内容将以反射型 RIS 为例讲述定位方法。在引入 RIS 的情况下，发送节点与接收节点之间除了原有的视距（line of sight，LoS）路径与多径成分（LoS 与多径将在第 6 章介绍），还将引入 RIS 路径，见图 4-30。显然，通过调整 RIS 的相移和幅度，即可实现对接收信号的调整，这为利用 RIS 进行目标定位提供了理论基础。

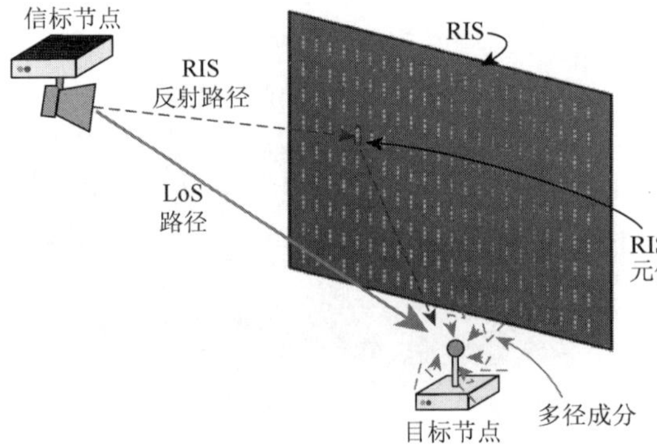

图 4-30　有 RIS 情况下收发节点之间的信号传输

4.6.2　利用可重构超表面进行目标定位

在具有RIS的场景中，由于RIS的安装位置是已知的，因此其发射信号可以为定位系统提供额外的定位测量值[27]，有助于提高定位系统的性能。由于 RIS 可以提供额外的时延、离开角等信息，因此即使信标节点数量不足也有可能实现目标定位。

图 4-31 给出了一个基于 RIS 的指纹定位示意图[28]，其中 AP 为一个 Wi-Fi 路由器，墙上贴了一张 RIS。如同图 4-30 一样，AP 发送的信号可以通过 LoS 路径直接传输给目标节点，也可以通过 RIS 反射给目标节点。注意，本例将整个定位区域分成了一个个三维立体方格，称为空间体。

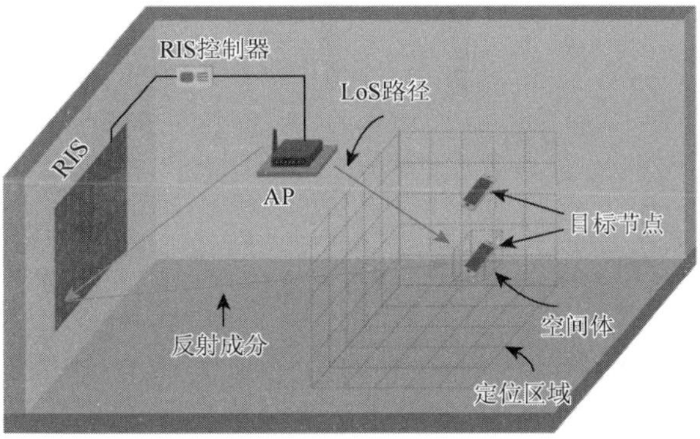

图 4-31　基于 RIS 的指纹定位示意图

没有 RIS 的环境中，无线电信号传输不可控，RSSI 值与空间位置的映射关系是被动测量得出的，相邻两个位置的 RSSI 值可能相似，导致定位困难，降低定位精度。而 RIS 可以主动改变传播环境，降低两个相邻位置的 RSSI 相似性。

在基于RIS的指纹定位中，系统需要调整RIS配置，以便让无线电环境生成有利于目标定位的指纹库。第 3 章学习过，指纹定位包括离线指纹库构建与在线定位两个阶段。对于某个 RIS 配置而言，定位区域中的每个空间体可以计算出收到的 RSSI 值，对 RIS 的所有配置都执行上述步骤即可得到指纹库。

除了指纹定位外，欧盟 RISE 6G 提出了多个基于 RIS 的定位应用场景[27]。

1. 无信标情况下的 RIS 定位

该场景如图 4-32 所示，目标节点发出的信号通过 RIS 反射后返回到目标节点，从而可以测量出信号的往返时间，进而计算出 RIS 与目标节点的距离，假设为 d 。因此，可以将目标节点定位于以 RIS 反射点为圆心、d 为半径的圆上。此外，在 RIS 处，可以测量出反射信号的离开角（AoD）。显然，AoD 对应的射线与上述圆的交点即目标节点的位置。

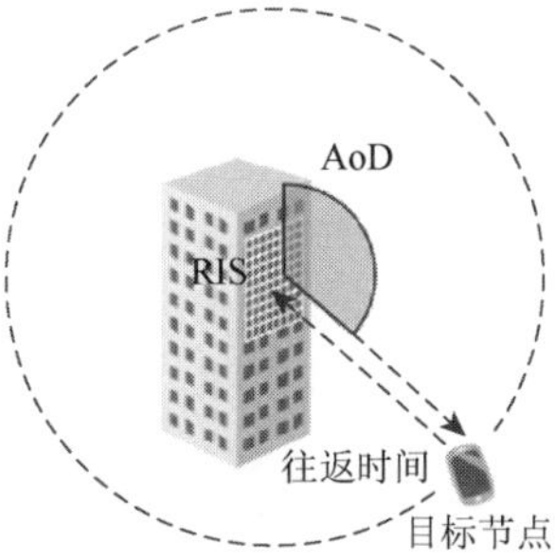

图 4-32　基于 RIS 的 RTT 和 AoD 的目标定位

2. 基于 2 个 RIS 和 1 个信标节点的目标定位

该场景如图 4-33 所示，信标节点发出的信号通过两个 RIS 反射后到达目标节点，每一个 RIS 都可以测量出反射信号的 AoD。显然，AoD1 射线与 AoD2 射线的交点即目标位置。注意，图 4-33 中实际上假定了信标与目标之间没有 LoS 路径，如果有 LoS 路径，一个 RIS 辅助即可实现定位，读者可自行尝试推导。

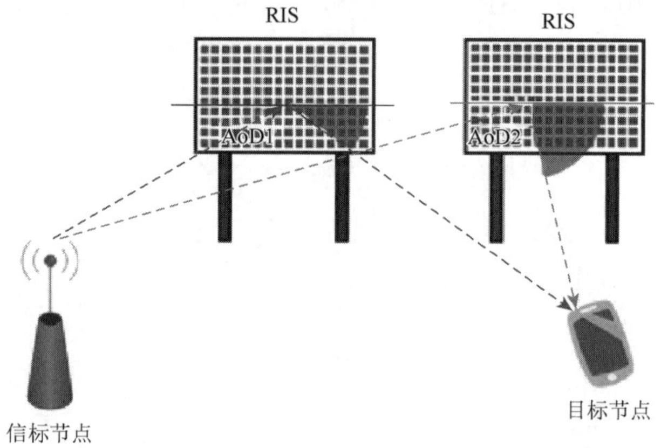

图 4-33　基于 2 个 RIS 和 1 个信标节点的目标定位

3. 基于移动 RIS 的定位

该场景如图 4-34 所示，车辆或机器人是要定位的目标，其上安装有 RIS。定位场景中有一个信标节点，以及若干可以接收信标节点和 RIS 反射信号的接收节点。各接收节点根据收到的信号计算信号传播延迟，利用三边定位法计算用户位置。这种场景只需要计算延迟即可，除了利用 RIS 反射信号，无须目标节点接收或传输任何信号。

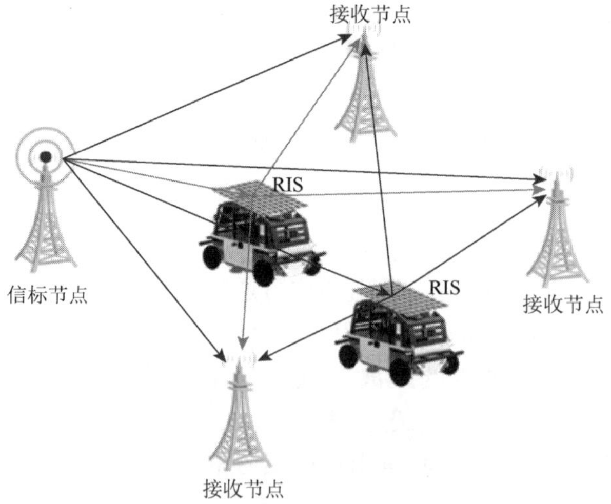

图 4-34　基于移动 RIS 的定位

4. RIS 辅助的被动定位

4.4 节学习了被动定位的基本原理，使用 RIS 也可以实现辅助被动定位。在定位场景周围安装有无线信号收发设备，这一点与图 4-16 相似，不同的是在房内天花板上安装了一块 RIS，它可以探测定位区域内的信号强度变化，构造一张无线电地图，见图 4-35。当有人或动物等目标进入定位区域的时候，RIS 所采集的瞬时信号值与所构造的无线电地图会有差别，利用这种差别即可实现目标定位。

图 4-35　基于 RIS 的被动定位

4.7 机 会 定 位

在之前学习的定位方法中，定位参数主要指的是目标节点和信标节点之间的测量信息，目标节点之间不存在信息交互。实际上，如果定位场景中有多个目标节点，目标节点不仅能与信标节点交换信息，而且目标节点之间也可交换数据，使得不在信标节点范围内的节点也能被定位，这种方式称为协作定位[29]。不过，协作定位中的节点协同通常是预先计划好的或者受控的方式，不能利用节点之间的偶尔相遇机会提供的定位能力[30]。例如，当前的绝大多数人员随身携带手机，他们在相遇时可以使用手机在彼此之间交换数据，不过，他们如何运动完全取决于自身需要，因此这些设备之间的数据交换是机会性的，称为机会交互，基于机会交互的定位称为机会定位。另一种机会定位，则是利用定位场景的普通传感节点提供的机会感知提高定位能力，如温度传感器、声音传感器等。

4.7.1 基于节点相遇的机会定位

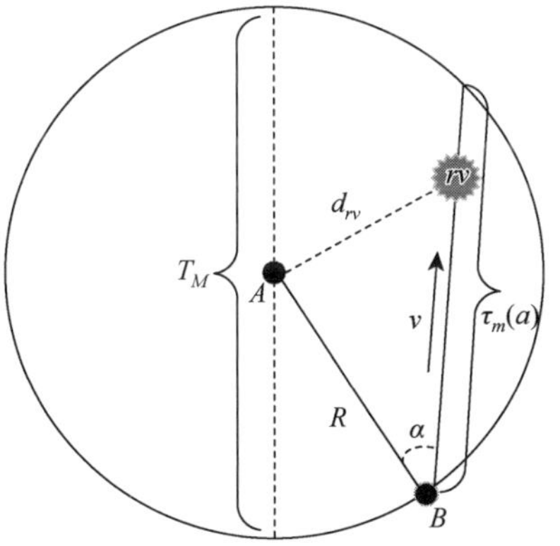

图 4-36　节点相遇的模型

简便起见，只讨论两个节点 A 和 B 相遇的情形，见图 4-36。对于两个独立的目标节点，假定二者均能利用现有定位系统实现定位。在相遇的时候，二者能够彼此交换自己获得的位置信息或其他信息，从而帮助对方提高定位精度。假定无线信号传播遵循单位圆盘模型，即处于发射节点的通信距离 R 范围内的节点可以正确收到信号。节点在运动过程中，如果在某一时刻处于对方的通信覆盖范围，称为发生了一次相遇。

显然，机会交互只能在相遇的时候进行，不过相遇所持续的时间与两个节点的运动轨迹和运动速度密切相关。此外，有些节点会采用休眠策略来降低能量消耗，显然，两个节点在相遇期间必须都处于苏醒状态才能进行信息交互。如果一方或双方都处于休眠状态，二者不能进行信息交互。信息交互的时间很短，可以忽略不计。一旦发生信息交互，就称为发生了一次“约会”事件。

假定目标节点的真实位置和估计位置（定位结果）分别为$\mathbf{s}$和$\hat{\mathbf{s}}$，并假定估计误差$\mathbf{e}=\mathbf{s}-\hat{\mathbf{s}}$可以建模为一个二维高斯随机变量，其均值为0，方差为σ_i^2，$\|\mathbf{e}\|$是参数为σ_i的瑞利随机变量。在机会交互期间，节点交换的消息中包含了各自定位得到的估计位置$\hat{\mathbf{s}}_A$和$\hat{\mathbf{s}}_B$。另外，节点A和B可以利用RSSI或ToA的方式估计彼此的距离$\hat{d}$，于是节点可以利用最大似然估计法将自定位结果$\hat{\mathbf{s}}$的性能提高，得到更精确的结果$\tilde{\mathbf{s}}$：

$$\begin{aligned}\tilde{\mathbf{s}}_{A,B}&=\arg\max_{\mathbf{s}_A,\mathbf{s}_B}\Pr\left[\hat{d},\hat{\mathbf{s}}_A,\hat{\mathbf{s}}_B\mid\mathbf{s}_A,\mathbf{s}_B\right]\\&=\arg\max_{\mathbf{s}_A,\mathbf{s}_B}\left\{f_{\varepsilon_A}\left(\|\hat{\mathbf{s}}_A-\mathbf{s}_A\|\right)f_{\varepsilon_B}\left(\|\hat{\mathbf{s}}_B-\mathbf{s}_B\|\right)f_r\left(\hat{d}\,\|\mathbf{s}_A-\mathbf{s}_B\|\right)\right\}\end{aligned}\tag{4-34}$$

其中，$\hat{\mathbf{s}}_A$、$\hat{\mathbf{s}}_B$和$\hat{d}$分别表示节点A和B位置以及AB距离的估计值；$\|\cdot\|$为欧氏范数；$f_r(\cdot)$为测量距离的概率密度函数，与节点采用的定位方法有关。不过，式（4-34）给出的最大似然估计法不能通过数学表达式的方式进行求解，可以通过蒙特卡罗仿真的方式获得近似解。

4.7.2　利用机会感知增强定位能力

本节中介绍的机会定位不是利用节点移动所带来的相遇机会，而是利用环境中所部署的传感节点。待定位场景中可能部署有大量传感节点，如温度传感器、振动传感器、声音传感器等。这些传感节点之间、传感节点与现有定位系统之间能够交互信息，因此可以让这些传感节点为现有定位系统提供辅助服务，提高定位精度。

我们知道，在二维空间定位至少需要3个信标节点，有时候信标节点部署不合理或障碍物遮挡等原因，导致难以在目标节点通信范围内找到3个信标节点。以图4-37为例，目标节点在定位区域内移动，它从时刻t_1运动到时刻t_5的过程中，能够覆盖它的信标节点数量是变化的。当它处于区域1的时候，能够收到3个信标节点的信号，因此可以采用三边定位法等方法确定节点位置。但是，当目标进入区域2之后，能够覆盖它的信标节点不足3个，因此无法利用传统方法进行定位。

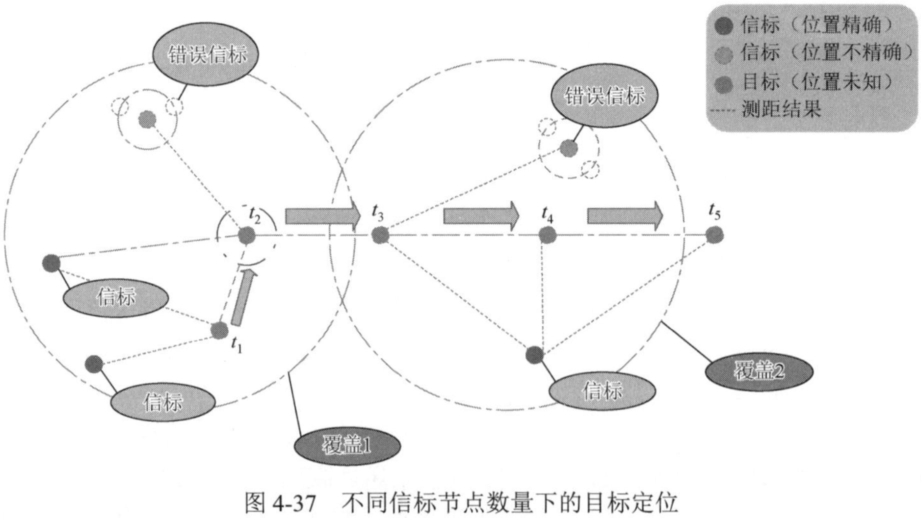

图4-37　不同信标节点数量下的目标定位

想要获得更高的定位精度，通常需要部署更密集的信标节点，这必然意味着更高的成本，并增加节点管理负担。随着现代社会各种传感节点的增长，机会式利用这些传感节点的数据将有助于提高定位效率和定位系统的可扩展能力。在这种机会式定位中，目标节点可以感知环境的声音节点信号、蓝牙设备信号、ZigBee 节点信号等，利用这些信号来帮助定位，使得在信标节点少于 3 个时也有可能定位成功。

图 4-38 是一个利用传感节点实现机会定位的示例，最左边的是信标节点。系统中采用了低功耗蓝牙或 ZigBee 进行 RSSI 测距，利用声音信号测量角度，利用 ToA 测量距离、位移和移动方向。将这些数据进行融合，并设计基于该融合数据的定位算法，在测量数据足够多的时候可以达到厘米级的定位精度。

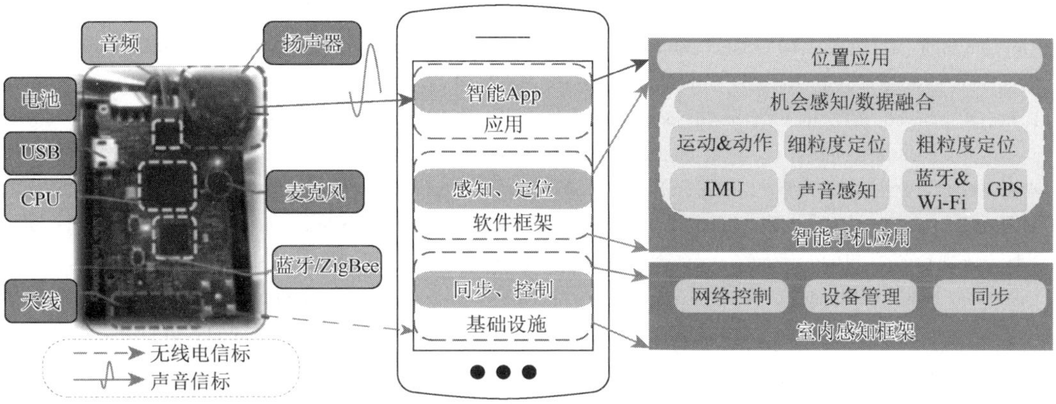

图 4-38　基于多感知信号的机会定位

如图 4-38 所示的系统以蓝牙和声音作为最主要的信标信号类型。与 Wi-Fi 相比，蓝牙信号进行 RSSI 扫描的功耗低、效率高，这也是不少大型公司都将蓝牙作为最主要的信标源的原因。信号处理、测距、三边定位法等功能在智能手机中实现，同时部署一个后端服务器，智能手机可以选择性地将复杂的处理任务交由服务器处理，从而在智能手机的处理能力和网络能耗方面达到均衡。

参 考 文 献

[1]　范强，张涵，隋心. UWB TW-ToA 测距误差分析与削弱[J]. 测绘通报，2017（9）：19-22.

[2]　蒋恩松. 矿井扩频测距定位方法研究[D]. 北京：中国矿业大学（北京），2018.

[3]　王鹏. 近场电磁测距优化算法研究[D]. 北京：北京科技大学，2018.

[4]　孙继平，李晨鑫. 基于 WiFi 和计时误差抑制的 ToA 煤矿井下目标定位方法[J]. 煤炭学报，2014，39（1）：192-197.

[5]　胡青松，张申. 矿井动目标精确定位新技术[M]. 徐州：中国矿业大学出版社，2016.

[6]　耿飞. 矿井无线传感器网络定位技术研究[D]. 徐州：中国矿业大学，2015.

[7]　Ssu K，Ou C，Jiau H C. Localization with mobile anchor points in wireless sensor networks[J]. IEEE Transactions on Vehicular Technology，2005，54（3）：1187-1197.

[8]　Ou C. A localization scheme for wireless sensor networks using mobile anchors with directional antennas[J]. IEEE Sensors Journal，2011，11（7）：1607-1616.

[9]　李秀琴，王天荆，白光伟，等. 基于压缩感知的两阶段多目标定位算法[J]. 计算机科学，2019，46（5）：50-56.

[10]　Andyjee. 浅谈压缩感知（一）：背景简介[EB/OL]. https://www.cnblogs.com/AndyJee/p/4973670.html [2023-12-24].

[11]　王举，陈晓江，常俪琼，等. 基于压缩感知的被动式移动目标轨迹测绘[J]. 计算机学报，2015，38（12）：2361-2374.

[12]　雷谦. 基于无线传感器网络的无源定位与跟踪[D]. 武汉：武汉大学，2018.

[13]　Youssef M，Mah M，Agrawala A. Challenges device-free passive localization for wireless environments[D]. New York：ACM，2007.

[14] 王满意. 基于无线传感器网络的无线层析成像定位技术的研究[D]. 徐州：中国矿业大学，2015.

[15] Wilson J，Patwari N. Radio tomographic imaging with wireless networks[J]. IEEE Transactions on Mobile Computing，2010，9（5）：621-632.

[16] 常俪琼，房鼎益，陈晓江，等. 一种有效消除环境噪声的被动式目标定位方法[J]. 计算机学报，2016，39（5）：1051-1065.

[17] Del Peral-Rosado J A，Raulefs R，Lopez-Salcedo J A，et al. Survey of cellular mobile radio localization methods：From 1G to 5G[J]. IEEE Communications Surveys & Tutorials，2018，20（2）：1124-1148.

[18] NOKIA Bell Lab. The evolution of 5G new radio positioning technologies white paper [EB/OL]. https://d1p0gxnqcu0lvz.cloudfront.net/documents/Nokia_The_Evolution_of_5G_New_Radio_Positioning_Technologies_White_Paper_EN.pdf [2023-12-25].

[19] 产业研究院中移上海，华为技术有限公司. 5G 定位能力开放产业白皮书[EB/OL]. https://www-file.huawei.com/-/media/corporate/pdf/news/5g-positioning-open-api-industry-white-paper-cn.pdf？la=zh [2023-12-28].

[20] Trevisani E，Vitaletti A. Cell-ID location technique，limits and benefits：An experimental study[C]. Sixth IEEE Workshop on Mobile Computing Systems and Applications，Windermere，2004：51-60.

[21] Rohde & Schwarz. LTE location based services technology introduction white paper[EB/OL]. https://cdn.rohde-schwarz.com/pws/dl_downloads/dl_common_library/dl_brochures_and_datasheets/pdf_1/LTE_LBS_White_Paper.pdf [2023-12-28].

[22] 李鹏. AGPS 定位基本原理浅析[EB/OL]. https://www.cnblogs.com/magicboy110/archive/2010/12/12/1903927.html [2023-12-13].

[23] Mahyuddin M F M，Isa A A M，Zin M S I M，et al. Overview of positioning techniques for LTE technology[J]. Journal of Telecommunication，Electronic and Computer Engineering，2017，9（2-13）：43-50.

[24] Qualcomm. Hybrid positioning in CDMA networks[EB/OL]. https://www.cwins.wpi.edu/workshop08/pres/tech_3.pdf [2023-12-13].

[25] Ietf. Metropolitan beacon system（MBS）ICD version G1.0[EB/OL]. https://www.ietf.org/archive/id/draft-jov-metropolitan-beacon-system-icd-01.pdf [2023-12-24].

[26] Zhang H，Zhang H，Di B，et al. Towards ubiquitous positioning by leveraging reconfigurable intelligent surface[J]. IEEE Communications Letters，2021，25（1）：284-288.

[27] RISE6G. Deliverable D5.1 Control for RIS-based localisation and sensing（Intermediary Specifications）[S]. 2022.

[28] Zhang H，Zhang H，Di B，et al. MetaLocalization：Reconfigurable intelligent surface aided multi-user wireless indoor localization[J]. IEEE Transactions on Wireless Communications，2021，20（12）：7743-7757.

[29] 姜婷婷. 无线网络中的泛在协作定位技术研究[D]. 北京：北京交通大学，2016.

[30] Zorzi F，Zanella A. Opportunistic localization：Modeling and analysis[C]. 2009 IEEE Vehicular Technology Conference，Honolulu，2009：1-5.

第 5 章　目标定位的滤波处理

各种测距方法得到的测距信息通常受到多径、非视距以及其他设备信号的干扰，导致定位精度降低。此外，各种定位算法得到的定位结果可能无法满足用户需求，采用卡尔曼滤波等方式从概率统计最优的角度估计出系统误差并将之消除，能够显著提升系统定位性能。滤波理论就是在对系统可观测信号进行测量的基础上，根据一定的滤波准则，采用某种统计量最优方法，对系统的状态进行估计的理论和方法。所谓最优滤波或最优估计，指的是在最小方差意义下的最优，即要求信号或状态的最优估值应与相应的真实值的误差的方差最小。本章将介绍定位领域常见的四种滤波算法，即卡尔曼滤波、扩展卡尔曼滤波、无迹卡尔曼滤波和粒子滤波。

5.1　卡尔曼滤波

卡尔曼滤波（Kalman filter，KF）是由数学家 Kalman 所提出的一种时域方法[1]，它将状态空间的概念引入随机估计理论中，把信号过程视为白噪声作用下的一个线性系统的输出，用状态方程描述输入输出关系。估计过程中利用系统状态方程、观测方程和白噪声激励，即系统状态噪声和观测噪声等统计特性形成滤波算法。

5.1.1　卡尔曼滤波概述

信号是信息的承载方式，数学上表示为一个或多个变量的函数，自变量通常为时间，也可以是高度、深度等。如果信号可以表示为确定的时间函数，可确定其在任何时刻的量值，具有确定的频谱，则该信号为确定性信号；如果不能用确定的数学关系式描述，不能预测其未来任何瞬时值，其值的变化服从统计规律，即频谱不确定，功率谱确定，则称为随机信号。

所谓滤波，就是从混合在一起的诸多信号中提取出所需要的信号。确定性信号的滤波可采用低通、高通、带通、带阻等模拟滤波器或者计算机通过算法实现，而随机信号的滤波则根据有用信号和干扰信号的功率谱设计滤波器，如果是线性、高斯噪声，则采用卡尔曼滤波；如果是非线性、高斯噪声，则采用扩展卡尔曼滤波（extended KF，EKF）或无迹卡尔曼滤波（unscented KF，UKF）；如果是非线性、非高斯噪声，则采用最优贝叶斯滤波、粒子滤波。当然，高斯信号同样可以采样粒子滤波，因为粒子滤波对信号的概率分布类型没有限制。

1795 年，高斯为测定行星运动轨道而提出最小二乘估计法。1942 年，维纳为解决火力控制系统精确跟踪问题而提出了维纳滤波理论，利用有用信号和干扰信号的功率谱确定线性滤波器的频率特性，首次将数理统计理论与线性理论有机地联系在一起，形成了对随机信号做平滑、估计或者预测的最优估计新理论。采用频域设计法是造成维纳滤波器设计困难的根本原因。于是，人们逐渐转向寻求在时域内直接设计最优滤波器的方法，而卡尔曼滤波理论很好地解决了这个问题。

卡尔曼滤波是一个最优化自回归数据处理算法，从形式上，卡尔曼滤波是 5 条公式。对于解决很大部分的问题，它是最优、效率最高甚至是最有用的，应用领域包括机器人导航、控制，传感器数据融合甚至在军事方面的雷达系统以及导弹追踪等。近年来更被应用于计算机图像处理，如面部识别、图像分割、图像边缘检测等。

由于卡尔曼滤波是用于随机信号的滤波器，因此与概率密度函数紧密相关。下面先介绍卡尔曼滤波中经常用到的几个概率密度及其含义。

1. 状态转移概率密度

状态转移概率密度用 $p(x_k \mid x_{k-1})$ 表示，在卡尔曼滤波中经常被称为状态模型，用于从上一个时刻的值推测当前时刻的值。

2. 观测值似然概率密度

观测值似然概率密度用 $p(z_k \mid x_k)$ 表示，在卡尔曼滤波中经常被称为观测模型，表示在当前时刻使用某种观测工具（如尺子）测量当前时刻的值，其中状态量与观测量的关系如图 5-1 所示。

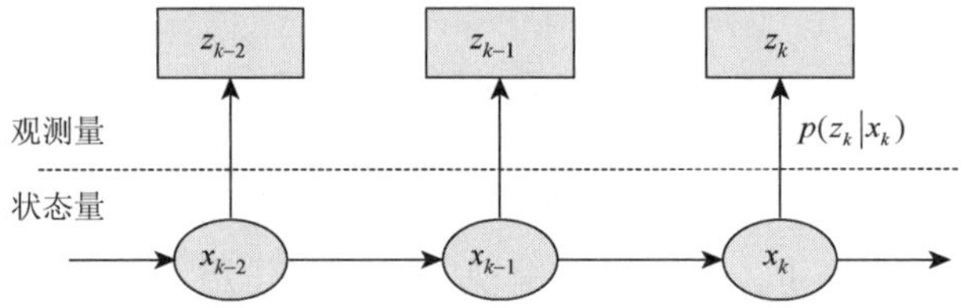

图 5-1　状态量与观测量的关系

3. 后验概率密度

后验概率密度用 $p(x_k \mid z_{1:k})$ 表示，表示已经观测得到目标从时刻 1 到时刻 k（当前时刻）的值，得到目标当前时刻的真实值。

卡尔曼滤波适用于估计一个由随机变量组成的动态系统的最优状态[2]。即便观测到的系统状态参数含有噪声，观测值不准确，卡尔曼滤波也能够完成对状态真实值的最优估计。卡尔曼滤波不但可以对平稳的一维随机过程进行估计，也可以对非平稳的、多维随机过程进行估计。重要的是，卡尔曼滤波算法是递推的，因此便于在计算机上实现。

卡尔曼滤波具有如下特点[3]：

（1）卡尔曼滤波处理的对象是随机信号；

（2）被处理的信号无有用和干扰之分，滤波的目的是要估计出所有被处理的信号，这一点区别于维纳滤波；

（3）系统的白噪声激励和测量噪声并不是需要滤除的对象，它们的统计特性是估计过程中需要利用的信息，这一点区别于最小二乘估计；

（4）算法是递推的，且使用状态空间法在时域内设计滤波器，适用于对多维随机过程的估计；

（5）被估计量既可以是平稳的，也可以是非平稳的；

（6）估计过程中，只需要考虑状态噪声和测量噪声及当前时刻系统状态的统计特性。因此，在利用计算机计算时，所占的空间较小。

卡尔曼滤波采用的是正态分布进行递推处理，因此有必要对正态分布进行充分了解。在概率论中，每一个随机变量 X 都具有一个平均值和方差，分别用 μ 和 σ^2 表示，其中平均值就是数学期望，即 $\mu=E(X)$，方差为 $D(X)=\sigma^2=E((X-E(X))^2)$，用于衡量随机变量或一组数据的离散程度。方差的平方根称为标准差或均方差。

正态分布是一个非常常见的连续概率分布[4]，又称为高斯分布，通常记为 $X\sim\mathcal{N}(\mu,\sigma^2)$，其概率密度函数为

$$f(x)=\frac{1}{\sigma\sqrt{2\pi}}\mathrm{e}^{-\frac{(x-\mu)^2}{2\sigma^2}} \tag{5-1}$$

正态分布的数学期望值被称为位置参数，决定了分布的位置；其标准差被称为尺度参数，决定了分布的幅度。正态分布的概率密度函数曲线呈钟形，因此人们又经常将其称为钟形曲线。

假设有两个正态分布函数 $X_1\sim\mathcal{N}(\mu_1,\sigma_1),X_2\sim\mathcal{N}(\mu_2,\sigma_2)$，即数学期望分别为 μ_1 和 μ_2，方差分别为 σ_1^2 和 σ_2^2。若这两个函数相乘，其结果依然为正态分布，见图 5-2。新的正态分布的数学期望和方差满足

$$\begin{cases}\mu'=\mu_1+k(\mu_2-\mu_1)\\ \sigma'^2=k\sigma_2^2=\sigma_1^2(1-k)\\ k=\dfrac{\sigma_1^2}{\sigma_1^2+\sigma_2^2}\end{cases} \tag{5-2}$$

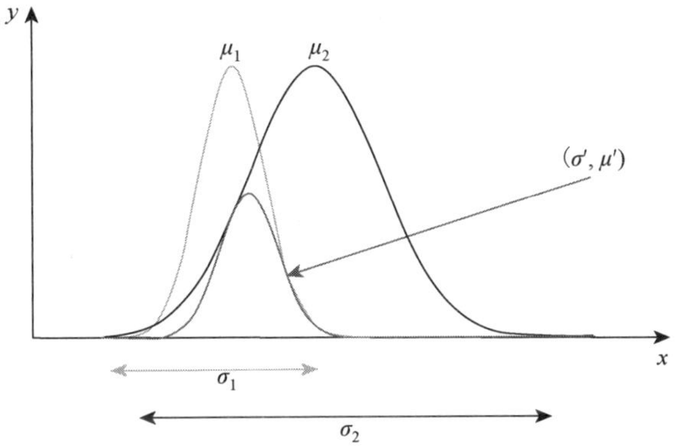

图 5-2　两个正态分布相乘的结果依然是正态分布

以上是单变量概率密度函数的计算结果，如果是多变量的情况，那么，则需要将式（5-2）换成协方差矩阵的形式，即

$$\begin{cases}\boldsymbol{\mu}'=\boldsymbol{\mu}_1+\boldsymbol{k}(\boldsymbol{\mu}_2-\boldsymbol{\mu}_1)\\ \boldsymbol{P}'=\boldsymbol{k}\boldsymbol{P}_2=\boldsymbol{P}_1(\boldsymbol{I}-\boldsymbol{k})\\ \boldsymbol{k}=\dfrac{\boldsymbol{P}_1}{\boldsymbol{P}_1+\boldsymbol{P}_2}\end{cases} \tag{5-3}$$

其中，$\boldsymbol{\mu}_1$ 和 $\boldsymbol{\mu}_2$ 分别是两个多维正态分布函数的数学期望；$\boldsymbol{P}_1$ 和 $\boldsymbol{P}_2$ 分别是这两个正态分布函数的协方差。协方差描述了两个变量的相关程度，数学表达式为

$$\mathrm{cov}(X,Y)=E(XY)-E(X)E(Y) \tag{5-4}$$

给定两个独立的正态分布函数 $X_1 \sim \mathcal{N}(\mu_1,\sigma_1), X_2 \sim \mathcal{N}(\mu_2,\sigma_2)$，则二者的和仍然是正态分布，新的正态分布的数学期望和方差满足

$$\begin{cases}\mu' = \mu_1 + \mu_2 \\ \sigma'^2 = \sigma_1^2 + \sigma_2^2\end{cases} \tag{5-5}$$

5.1.2　一个简单的卡尔曼滤波实例

考虑轨道上的一个运动小车，为了便于控制，需要知道小车的位置及速度。为此，建立一个状态向量 $\boldsymbol{x}(t)=(p,v)$，其中 p 和 v 分别表示小车的位置和速度，都为随机变量。小车在时刻 t 的状态向量 $\boldsymbol{x}(t)$ 只与前一时刻的状态 $\boldsymbol{x}(t-1)$ 相关。因此根据 $t=0$ 时刻的初值 $\boldsymbol{x}(0)$，可以估计小车在任意时刻的状态。简便起见，这里假设小车是匀速直线运动，那么本问题就简化为仅仅估计小车的位置。

然而，小车在行进过程中可能会受到各种不确定因素的影响，从而导致估计结果不能精确表示小车的实际位置。这些因素既有可能是小车的内因，如小车结构不紧密、轮子不圆等；也有可能是环境等外因，如刮风、下雨、道路不平等。此处假设每个状态分量受到的不确定因素都服从正态分布（非正态分布不能使用卡尔曼滤波）。

假设小车速度均值为 2cm/s，在 $t=k-1$ 时，位置服从正态分布，其均值和标准差分别为 21cm 和 0.3cm，即 μ=21，$\sigma=0.3$，见图 5-3。

根据位置与速度的关系可以预测出小车 $t=k$ 时刻的位置均值，为 $21+2=23$cm。假定速度并不是完全匀速，它导致的位置偏差也是一个正态分布，且标准差为 0.4cm。由于 $k-1$ 时刻估算出的最优位置的偏差是 0.3cm，因此此时小车位置预测误差为这两个值的平方和再开方，即等于 0.5cm。背后的原理即式（5-5），可称为正态分布的线性叠加定理，即位置和速度这两个独立的正态分布，其和也满足正态分布，方差是二者平方。由于 0.5＞0.3，这将导致位置分布变“胖”，见图 5-4。这很好理解，因为在递推的过程中又加了一层噪声（即预测不稳定度），从而增大了位置的不确定度。

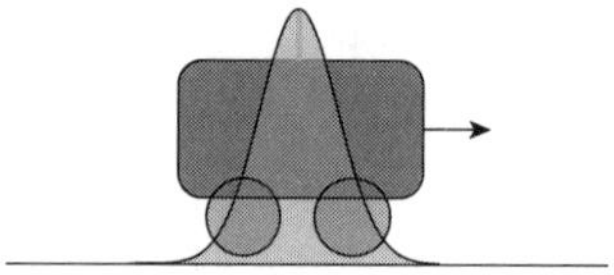

图 5-3　小车在 $t=k-1$ 时刻的位置

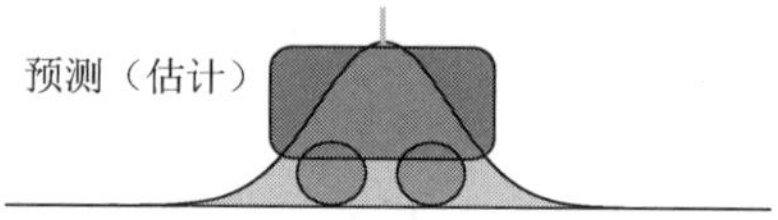

图 5-4　小车在 $t=k$ 时刻的预测位置

为了避免单纯采用位置估计带来的偏差，可以采用测量工具（如雷达）对 $t=k$ 时刻的小车位置坐标进行实际测量。当然，测量值也会受到各种因素的影响，如测量工具不精确、环境因素影响等，从而带来测量误差。假定测量结果也符合正态分布，测量得到的位置为 25cm（即均值为 25cm），误差的标准差为 0.4cm，见图 5-5。

那么，预测位置 23cm 和测量位置 25cm 选择哪一个结果好呢？实际上，预测和测量的位置结果都是概率性的，不能完全相信其中的任何一个。两个事件同时发生的可能性越大，我们越相信它。因此应该采用加权的方法，将预测结果和测量结果加权求和，从图形上看，就是将图 5-5 的两个正态分布合并，得到结果值的分布，它也是一个正态分布，见图 5-6。正态分布意味着可以把它当作初值继续往下计算，这是卡尔曼滤波能够迭代的关键。

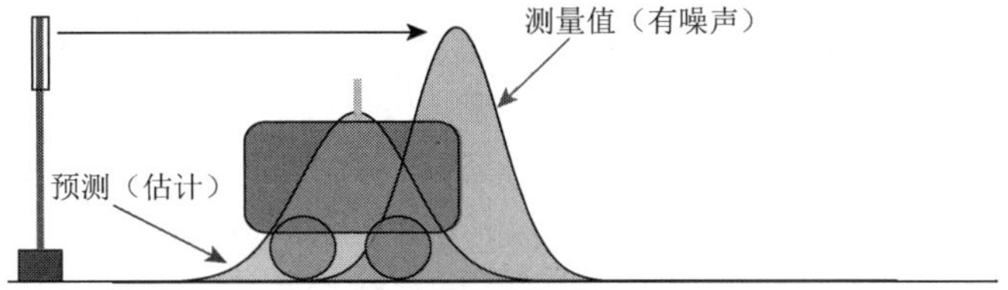

图 5-5　小车在 $t=k$ 时刻的预测位置和测量位置

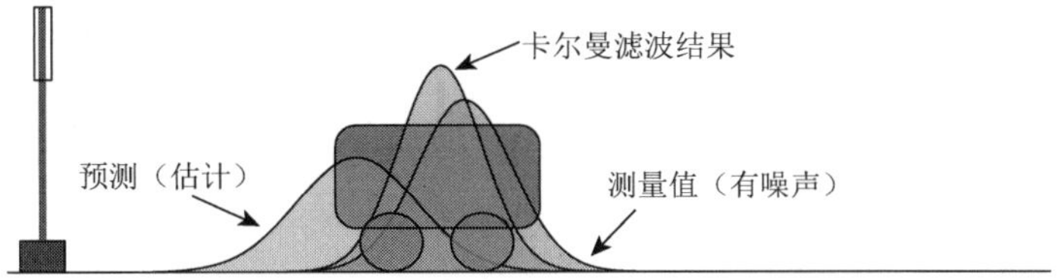

图 5-6　由预测位置和测量位置得到结果位置

下面利用卡尔曼滤波的方法来加权，即利用它们的方差 σ^2 来判断，求出最终分布的均值位置在预测均值与测量均值间的比例，即卡尔曼增益 K_k。由于需要预测和测量这两个事件同时出现，因此结果相当于两个正态分布函数的乘积，根据式（5-2）可知

$$K_k=\frac{\sigma_0^2}{\sigma_0^2+\sigma_1^2}=\frac{0.5^2}{0.5^2+0.4^2}=0.61$$

求出卡尔曼增益 K_k 后，可以根据式（5-2）求出 $t=k$ 时刻小车的实际位置，为

$$\mu'=\mu_0+K_k(\mu_1-\mu_0)=23+0.61\times(25-23)=24.22\ (\text{cm})$$

可以看出，因为测量的方差比较小，所以估算出的最优位置值偏向测量的值。

因此，卡尔曼滤波其实是一个加权平均算法[5]，见图 5-7。

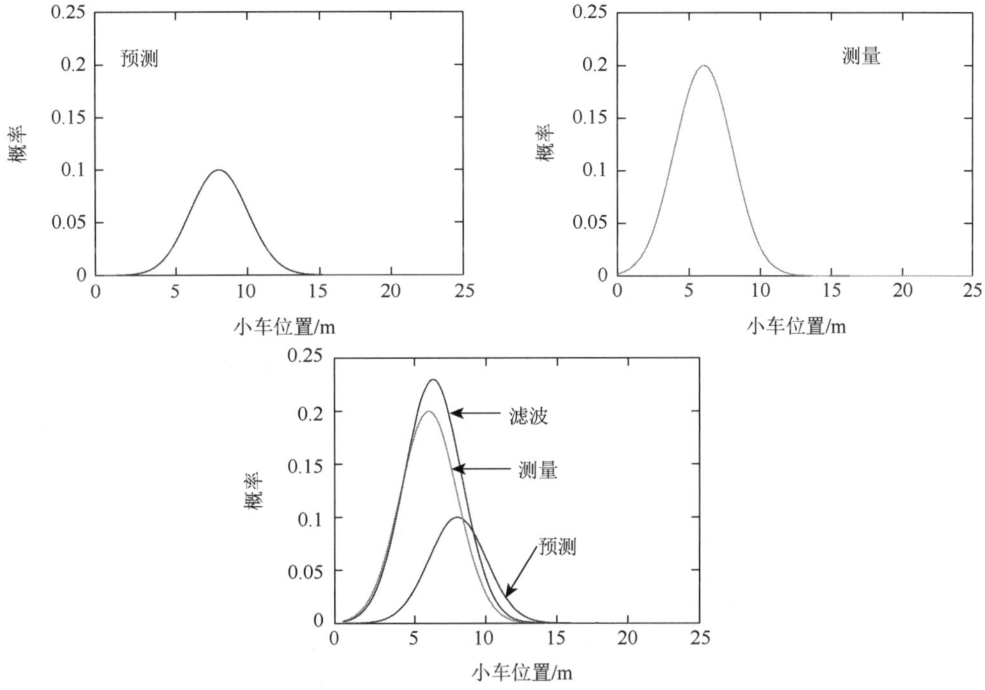

图 5-7　卡尔曼滤波是加权平均算法

通过上述步骤求得了 $t=k$ 时刻的最优位置值，接下来需要解决迭代的问题，也就是如何求解 $t=k+1$ 时刻小车的最优位置值。注意到当前时刻的状态值是从预测值（很多时候也被称为状态量）和测量值（很多时候也被称为观测量）两个正态分布得来的，反映正态分布的核心参数是两个，一个是均值，另一个是方差。与观测值相关的正态分布受观测仪器限制，通常是已知量，因此需要弄清状态量的正态分布。状态量当前时刻的均值就是卡尔曼滤波结果，即 24.22cm，因此只需要求得当前时刻的方差即可利用上述方法继续迭代下去。根据式（5-2），得 $\sigma'=\sqrt{\sigma_0^2(1-k)}=\sqrt{0.5^2(1-0.61)}=0.312\,\text{cm}$。到此，算法就可循环往复迭代下去了。

上面的例子只对小车位移这个一维量做了估计，因此卡尔曼增益是标量。如果是多维状态向量，需要将方差改变为协方差，从而引入协方差矩阵的迭代，卡尔曼增益将变成矩阵。但是，无论多少维的向量空间，卡尔曼滤波还是可以利用两个正态分布的融合仍是正态分布这一特性进行迭代。

5.1.3 卡尔曼滤波的数学描述

从 5.1.2 节可以看出，卡尔曼滤波有两个服从正态分布的随机量，一个用于从上一时刻预测当前时刻的值，另一个是观测得到的值。在卡尔曼滤波中，分别用状态方程和观测方程来表达预测量和观测量的转换过程。

对于离散过程（连续过程类似），状态方程可以表示为[6]

$$\boldsymbol{X}_k=\boldsymbol{F}_k\boldsymbol{X}_{k-1}+\boldsymbol{B}_k\boldsymbol{U}_k+\boldsymbol{W}_k \tag{5-6}$$

其中，$\boldsymbol{X}_k$ 和 $\boldsymbol{X}_{k-1}$ 分别是 k 时刻和 $k-1$ 时刻的系统状态；$\boldsymbol{F}_k$ 是作用于状态 $\boldsymbol{X}_{k-1}$ 上的变换矩阵；$\boldsymbol{U}_k$ 是 k 时刻对系统的控制量，如果没有控制量，可以将其置 0；$\boldsymbol{B}_k$ 是作用在控制量 $\boldsymbol{U}_k$ 上的控制矩阵；$\boldsymbol{W}_k$ 是状态噪声，假定它为零均值、协方差矩阵为 $\boldsymbol{Q}_k$ 的独立多元正态分布，记为 $\boldsymbol{W}_k\sim\mathcal{N}(0,\boldsymbol{Q}_k)$，$\boldsymbol{Q}_k=\operatorname{cov}(\boldsymbol{W}_k)$。

对于离散过程（连续过程类似），系统的观测方程可以描述为

$$\boldsymbol{Z}_k=\boldsymbol{H}_k\boldsymbol{X}_k+\boldsymbol{V}_k \tag{5-7}$$

其中，$\boldsymbol{Z}_k$ 是 k 时刻的观测值；$\boldsymbol{H}_k$ 是观测矩阵，用于将隐含的真实状态空间映射到观测空间；$\boldsymbol{V}_k$ 是观测噪声，假定它为零均值、协方差矩阵为 $\boldsymbol{R}_k$ 的独立多元正态分布，记为 $\boldsymbol{V}_k\sim\mathcal{N}(0,\boldsymbol{R}_k)$，$\boldsymbol{R}_k=\operatorname{cov}(\boldsymbol{V}_k)$。

设 k 时刻和 $k-1$ 时刻的真实状态分别为 $\boldsymbol{X}_k$ 和 $\boldsymbol{X}_{k-1}$，在 $k-1$ 时刻通过卡尔曼滤波得到的估计状态为 $\hat{\boldsymbol{X}}_{k-1|k-1}$，它是 $k-1$ 时刻的最终结果。在 $\hat{\boldsymbol{X}}_{k-1|k-1}$ 的基础上，利用式(5-6)可以得到 k 时刻的预测值为 $\hat{\boldsymbol{X}}_{k|k-1}$：

$$\hat{\boldsymbol{X}}_{k|k-1}=\boldsymbol{F}_k\hat{\boldsymbol{X}}_{k-1|k-1}+\boldsymbol{B}_k\boldsymbol{U}_k \tag{5-8}$$

注意式（5-8）和式（5-6）的差别，预测是理想状态，不能引入不可控的随机噪声，即预测的时候是预测不了噪声的。

利用状态方程预测得到的 $\hat{\boldsymbol{X}}_{k-1|k-1}$ 是否正确，需要用与实际测量值之间的误差来衡量，并且考虑用这个误差来补偿，该误差表示为

$$\tilde{\boldsymbol{y}}_k=\boldsymbol{Z}_k-\boldsymbol{H}_k\hat{\boldsymbol{X}}_{k|k-1} \tag{5-9}$$

请注意式（5-9）与式（5-7）的差别。

现在，预测量和观测量都有了，需要利用卡尔曼增益系数将这二者进行加权求和得到预测值，用 $\hat{\boldsymbol{X}}_{k|k}$ 表示：

$$\hat{\boldsymbol{X}}_{k|k} = \hat{\boldsymbol{X}}_{k|k-1} + \boldsymbol{K}_k \tilde{\boldsymbol{y}}_k \tag{5-10}$$

其中，$\boldsymbol{K}_k$ 为卡尔曼增益，需要将其表达式推导出来。请注意预测值、观测值和估计值的区别，估计值是利用式（5-10）得到的卡尔曼滤波结果。

为此，需要滤除干扰真实状态的噪声，即让滤波器的估计状态与真实状态最为接近，可以理解为 k 时刻的真实状态 $\boldsymbol{X}_k$ 和估计状态 $\hat{\boldsymbol{X}}_{k|k}$ 之间的误差的二范数平方和最小，等价于协方差矩阵的迹最小，表示为

$$\min_{\boldsymbol{K}_k} \sum \left\| \boldsymbol{X}_k - \hat{\boldsymbol{X}}_{k|k} \right\|_2^2 \Leftrightarrow \min_{\boldsymbol{K}_k} \operatorname{tr}(\operatorname{cov}(\boldsymbol{X}_k - \hat{\boldsymbol{X}}_{k|k})) = \min_{\boldsymbol{K}_k} \operatorname{tr}(\boldsymbol{P}_{k|k}) \tag{5-11}$$

在这种情况下求得的卡尔曼增益称为最优卡尔曼增益。因此有

$$\begin{aligned}
\boldsymbol{P}_{k|k} &= \operatorname{cov}(\boldsymbol{X}_k - \hat{\boldsymbol{X}}_{k|k}) = \operatorname{cov}(\boldsymbol{X}_k - \hat{\boldsymbol{X}}_{k|k-1} - \boldsymbol{K}_k \tilde{\boldsymbol{y}}_k) \\
&= \operatorname{cov}(\boldsymbol{X}_k - \hat{\boldsymbol{X}}_{k|k-1} - \boldsymbol{K}_k (\boldsymbol{Z}_k - \boldsymbol{H}_k \hat{\boldsymbol{X}}_{k|k-1})) \\
&= \operatorname{cov}(\boldsymbol{X}_k - \hat{\boldsymbol{X}}_{k|k-1} - \boldsymbol{K}_k (\boldsymbol{H}_k \boldsymbol{X}_k + \boldsymbol{V}_k - \boldsymbol{H}_k \hat{\boldsymbol{X}}_{k|k-1})) \\
&= \operatorname{cov}((\boldsymbol{I} - \boldsymbol{K}_k \boldsymbol{H}_k)(\boldsymbol{X}_k - \hat{\boldsymbol{X}}_{k|k-1})) + \operatorname{cov}(\boldsymbol{K}_k \boldsymbol{V}_k) \\
&= (\boldsymbol{I} - \boldsymbol{K}_k \boldsymbol{H}_k) \operatorname{cov}(\boldsymbol{X}_k - \hat{\boldsymbol{X}}_{k|k-1})(\boldsymbol{I} - \boldsymbol{K}_k \boldsymbol{H}_k)^{\mathrm{T}} + \boldsymbol{K}_k \operatorname{cov}(\boldsymbol{V}_k) \boldsymbol{K}_k^{\mathrm{T}} \\
&= (\boldsymbol{I} - \boldsymbol{K}_k \boldsymbol{H}_k) \boldsymbol{P}_{k|k-1} (\boldsymbol{I} - \boldsymbol{K}_k \boldsymbol{H}_k)^{\mathrm{T}} + \boldsymbol{K}_k \boldsymbol{R}_k \boldsymbol{K}_k^{\mathrm{T}} \\
&= \boldsymbol{P}_{k|k-1} - \boldsymbol{K}_k \boldsymbol{H}_k \boldsymbol{P}_{k|k-1} - \boldsymbol{P}_{k|k-1} \boldsymbol{H}_k^{T} \boldsymbol{K}_k^{\mathrm{T}} + \boldsymbol{K}_k (\boldsymbol{H}_k \boldsymbol{P}_{k|k-1} \boldsymbol{H}_k^{\mathrm{T}} + \boldsymbol{R}_k) \boldsymbol{K}_k^{\mathrm{T}} \\
&= \boldsymbol{P}_{k|k-1} - \boldsymbol{K}_k \boldsymbol{H}_k \boldsymbol{P}_{k|k-1} - \boldsymbol{P}_{k|k-1} \boldsymbol{H}_k^{T} \boldsymbol{K}_k^{\mathrm{T}} + \boldsymbol{K}_k \boldsymbol{S}_k \boldsymbol{K}_k^{\mathrm{T}}
\end{aligned}$$

其中，$\boldsymbol{S}_k = \boldsymbol{H}_k \boldsymbol{P}_{k|k-1} \boldsymbol{H}_k^{\mathrm{T}} + \boldsymbol{R}_k$，它其实是 $\tilde{\boldsymbol{y}}_k = \boldsymbol{Z}_k - \boldsymbol{H}_k \hat{\boldsymbol{X}}_{k|k-1}$ 的协方差矩阵，即

$$\begin{aligned}
\boldsymbol{S}_k &= \operatorname{cov}(\tilde{\boldsymbol{y}}_k) = \operatorname{cov}(\boldsymbol{Z}_k - \boldsymbol{H}_k \hat{\boldsymbol{X}}_{k|k-1}) \\
&= \operatorname{cov}(\boldsymbol{H}_k \boldsymbol{X}_k + \boldsymbol{V}_k - \boldsymbol{H}_k \hat{\boldsymbol{X}}_{k|k-1}) = \operatorname{cov}(\boldsymbol{H}_k (\boldsymbol{X}_k - \hat{\boldsymbol{X}}_{k|k-1})) + \operatorname{cov}(\boldsymbol{V}_k) \\
&= \boldsymbol{H}_k \operatorname{cov}(\boldsymbol{X}_k - \hat{\boldsymbol{X}}_{k|k-1}) \boldsymbol{H}_k^{\mathrm{T}} + \boldsymbol{R}_k = \boldsymbol{H}_k \boldsymbol{P}_{k|k-1} \boldsymbol{H}_k^{\mathrm{T}} + \boldsymbol{R}_k
\end{aligned}$$

要求当 $\operatorname{tr}(\boldsymbol{P}_{k|k})$ 最小时的卡尔曼增益 $\boldsymbol{K}_k$，只需求 $\operatorname{tr}(\boldsymbol{P}_{k|k})$ 对 $\boldsymbol{K}_k$ 的一阶导数并令其等于 0 即可。

$$\frac{\partial \operatorname{tr}(\boldsymbol{P}_{k|k})}{\partial \boldsymbol{K}_k} = \frac{\partial \operatorname{tr}(\boldsymbol{P}_{k|k-1})}{\partial \boldsymbol{K}_k} - \frac{\partial \operatorname{tr}(\boldsymbol{K}_k \boldsymbol{H}_k \boldsymbol{P}_{k|k-1})}{\partial \boldsymbol{K}_k} - \frac{\partial \operatorname{tr}(\boldsymbol{P}_{k|k-1} \boldsymbol{H}_k^{\mathrm{T}} \boldsymbol{K}_k^{\mathrm{T}})}{\partial \boldsymbol{K}_k} + \frac{\partial \operatorname{tr}(\boldsymbol{K}_k \boldsymbol{S}_k \boldsymbol{K}_k^{\mathrm{T}})}{\partial \boldsymbol{K}_k}$$

因为

$$\frac{\partial \operatorname{tr}(\boldsymbol{AXB})}{\partial \boldsymbol{X}} = \boldsymbol{A}^{\mathrm{T}} \boldsymbol{B}^{\mathrm{T}}, \quad \frac{\partial \operatorname{tr}(\boldsymbol{AX}^{\mathrm{T}})}{\partial \boldsymbol{X}} = \boldsymbol{A}, \quad \frac{\partial \operatorname{tr}(\boldsymbol{XAX}^{\mathrm{T}})}{\partial \boldsymbol{X}} = \boldsymbol{XA}^{\mathrm{T}} + \boldsymbol{XA} \tag{5-12}$$

所以

$$\frac{\partial \operatorname{tr}(\boldsymbol{P}_{k|k})}{\partial \boldsymbol{K}_k} = -2\boldsymbol{P}_{k|k-1} \boldsymbol{H}_k^{\mathrm{T}} + 2\boldsymbol{K}_k \boldsymbol{S}_k = 0 \tag{5-13}$$

于是，得到卡尔曼增益为

$$\boldsymbol{K}_k = \boldsymbol{P}_{k|k-1} \boldsymbol{H}_k^{\mathrm{T}} \boldsymbol{S}_k^{-1} \tag{5-14}$$

在式（5-14）中其实还有一个未知的 $\boldsymbol{P}_{k|k-1}$，它表示 k 时刻的真实值 $\boldsymbol{X}_k$ 与从 $k-1$ 时刻到 k 时刻的预测值 $\hat{\boldsymbol{X}}_{k|k-1}$ 差值的协方差，即

$$\boldsymbol{P}_{k|k-1} = \operatorname{cov}(\boldsymbol{X}_k - \hat{\boldsymbol{X}}_{k|k-1}) \tag{5-15}$$

对其进行进一步推导如下：

$$
\begin{aligned}
\boldsymbol{P}_{k|k-1} &= \operatorname{cov}(\boldsymbol{F}_k\boldsymbol{X}_{k-1}+\boldsymbol{B}_k\boldsymbol{U}_k+\boldsymbol{W}_k-\boldsymbol{F}_k\hat{\boldsymbol{X}}_{k-1|k-1}-\boldsymbol{B}_k\boldsymbol{U}_k) \\
&= \operatorname{cov}(\boldsymbol{F}_k(\boldsymbol{X}_{k-1}-\hat{\boldsymbol{X}}_{k-1|k-1})+\boldsymbol{W}_{k-1}) \\
&= \boldsymbol{F}_k\operatorname{cov}(\boldsymbol{X}_{k-1}-\hat{\boldsymbol{X}}_{k-1|k-1})\boldsymbol{F}_k^{\mathrm{T}}+\operatorname{cov}(\boldsymbol{W}_{k-1}) \\
&= \boldsymbol{F}_k\boldsymbol{P}_{k-1|k-1}\boldsymbol{F}_k^{\mathrm{T}}+\boldsymbol{Q}_{k-1}
\end{aligned} \tag{5-16}
$$

其中，$\boldsymbol{F}_k^{\mathrm{T}}$ 是 $\boldsymbol{F}_k$ 的转置矩阵。

将式（5-16）代入式（5-14）便可得到 k 时刻的最优卡尔曼增益估计值，再代入式（5-10）即可得到当前时刻的估计值。

为了保证卡尔曼滤波能够迭代下去，需要求解出 k 时刻真实值 $\boldsymbol{X}_k$ 与估计值 $\hat{\boldsymbol{X}}_{k|k}$ 之差的协方差矩阵，前面内容已经推导出 $\boldsymbol{P}_{k|k}=\boldsymbol{P}_{k|k-1}-\boldsymbol{K}_k\boldsymbol{H}_k\boldsymbol{P}_{k|k-1}-\boldsymbol{P}_{k|k-1}\boldsymbol{H}_k^{\mathrm{T}}\boldsymbol{K}_k^{\mathrm{T}}+\boldsymbol{K}_k\boldsymbol{S}_k\boldsymbol{K}_k^{\mathrm{T}}$，将其进一步推导，得到

$$
\begin{aligned}
\boldsymbol{P}_{k|k} &= (\boldsymbol{I}-\boldsymbol{K}_k\boldsymbol{H}_k)\boldsymbol{P}_{k|k-1}-\boldsymbol{P}_{k|k-1}\boldsymbol{H}_k^{\mathrm{T}}\boldsymbol{K}_k^{\mathrm{T}}+\boldsymbol{P}_{k|k-1}\boldsymbol{H}_k^{\mathrm{T}}\boldsymbol{K}_k^{\mathrm{T}} \\
&= (\boldsymbol{I}-\boldsymbol{K}_k\boldsymbol{H}_k)\boldsymbol{P}_{k|k-1}
\end{aligned} \tag{5-17}
$$

这样一来，卡尔曼滤波算法就可以迭代运算下去了。为了对卡尔曼滤波形成整体印象，下面将对预测过程和更新过程进行整理。

预测过程。

第一步：

$$\hat{\boldsymbol{X}}_{k|k-1}=\boldsymbol{F}_k\hat{\boldsymbol{X}}_{k-1|k-1}+\boldsymbol{B}_k\boldsymbol{U}_k \tag{5-18}$$

第二步：

$$\boldsymbol{P}_{k|k-1}=\boldsymbol{F}_k\boldsymbol{P}_{k-1|k-1}\boldsymbol{F}_k^{\mathrm{T}}+\boldsymbol{Q}_{k-1} \tag{5-19}$$

$$\tilde{\boldsymbol{y}}_k=\boldsymbol{Z}_k-\boldsymbol{H}_k\hat{\boldsymbol{X}}_{k|k-1} \tag{5-20}$$

$$\boldsymbol{S}_k=\boldsymbol{H}_k\boldsymbol{P}_{k|k-1}\boldsymbol{H}_k^{\mathrm{T}}+\boldsymbol{R}_k \tag{5-21}$$

更新过程。

第一步：

$$\hat{\boldsymbol{X}}_{k|k}=\hat{\boldsymbol{X}}_{k|k-1}+\boldsymbol{K}_k\tilde{\boldsymbol{y}}_k \tag{5-22}$$

第二步：

$$\boldsymbol{K}_k=\boldsymbol{P}_{k|k-1}\boldsymbol{H}_k^{\mathrm{T}}\boldsymbol{S}_k^{-1} \tag{5-23}$$

第三步：

$$\boldsymbol{P}_{k|k}=(\boldsymbol{I}-\boldsymbol{K}_k\boldsymbol{H}_k)\boldsymbol{P}_{k|k-1} \tag{5-24}$$

上述公式组的核心是式（5-22），从它出发进行理解，根据式（5-18）找到需要预测的量 $\hat{\boldsymbol{X}}_{k|k-1}$，根据式（5-23）求解需要的卡尔曼增益 $\boldsymbol{K}_k$，而求解卡尔曼增益必须要使用式（5-19）求解 $\boldsymbol{X}_k$ 与 $\hat{\boldsymbol{X}}_{k|k-1}$ 差值的协方差 $\boldsymbol{P}_{k|k-1}$，为了保证迭代能够进行下去，还需利用式（5-24）求解 k 时刻的 $\boldsymbol{X}_k$ 与 $\hat{\boldsymbol{X}}_{k|k}$ 差值的协方差矩阵 $\boldsymbol{P}_{k|k}$。因此，式（5-22）、式（5-18）、式（5-23）、式（5-19）和式（5-24）是卡尔曼滤波的核心，而式（5-20）和式（5-21）只是两个用于简化公式的中间量。

为了进一步加深理解，将卡尔曼滤波的基本原理绘制于图 5-8 中[6]。

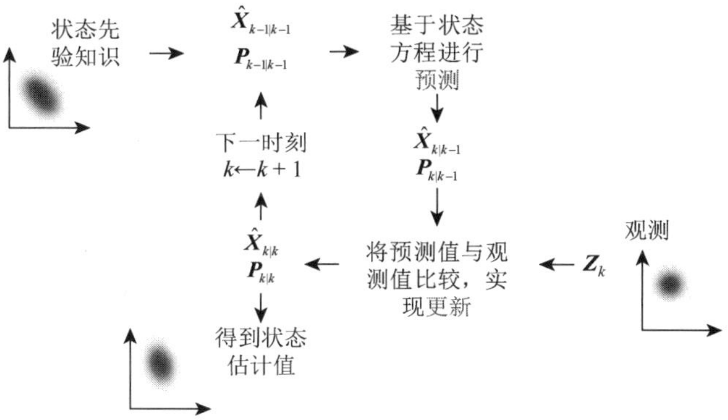

图 5-8　卡尔曼滤波的原理框图

5.1.4　卡尔曼滤波在目标跟踪中的应用

应用卡尔曼滤波的核心是构造符合要求（线性、高斯信号）的状态方程和观测方程，这里以船舶的卫星定位导航为例介绍卡尔曼滤波的应用方法，卫星定位导航的原理在第 7 章介绍。

船舶上的卫星接收机可以实时收到在轨导航卫星的信号，据此计算出船舶的位置和速度。不过，卫星定位结果受卫星噪声、传播噪声和接收机测量噪声多种因素影响，为提高定位精度，有必要对这些噪声进行抑制。这里通过卡尔曼滤波的方法完成，将卫星定位过程视为卡尔曼滤波的观测方程。简单起见，假定船舶是一维直线运动。

接下来通过牛顿力学构造状态方程。为了简化模型，假定船舶出港沿直线方向航行。以港口码头的出发处为坐标原点，假定 $k-1$ 时刻的真实位置为 x_{k-1}，用 y_k 表示在 k 时刻卫星定位的观测值，则得到观测方程为

$$y_k = x_k + n_k \tag{5-25}$$

其中，n_k 表示卫星定位误差（观测噪声），假设它是零均值、方差为 σ_n^2 的白噪声，σ_n^2 可以通过大量卫星观测试验数据进行统计获得。

假定船舶在 k 时刻的速度为 v_k，加速度为 a_k，则根据牛顿力学可以得到 k 时刻的位置和速度：

$$x_k = x_{k-1} + v_k \Delta t + 0.5(\Delta t)^2 a_{k-1} \tag{5-26}$$

$$v_k = v_{k-1} + \Delta t \cdot a_{k-1} \tag{5-27}$$

其中，Δt 表示从 $k-1$ 时刻到 k 时刻的间隔时间，即数据的采样间隔。

加速度由机动加速度 u_k 和随机加速度 w_k 两部分构成，即

$$a_k = u_k + w_k \tag{5-28}$$

其中，u_k 由船舶动力系统的控制信号引起，是人为输出的已知机动信号；w_k 由海风和海浪引起，被假设为零均值、方差为 σ_w^2 的独立于 u_k 的白噪声。

定义船舶在 k 时刻的系统状态为 $\boldsymbol{X}_k$，它包括船舶的位置和速度，即

$$\boldsymbol{X}_k = \begin{bmatrix} x_k \\ v_k \end{bmatrix} \tag{5-29}$$

于是可以得到船舶运动的状态方程为

$$\begin{bmatrix} x_k \\ v_k \end{bmatrix} = \begin{bmatrix} 1 & \Delta t \\ 0 & 1 \end{bmatrix} \begin{bmatrix} x_{k-1} \\ v_{k-1} \end{bmatrix} + \begin{bmatrix} 0.5(\Delta t)^2 \\ \Delta t \end{bmatrix} u_{k-1} + \begin{bmatrix} 0.5(\Delta t)^2 \\ \Delta t \end{bmatrix} w_{k-1} \tag{5-30}$$

式（5-25）的观测方程可改写为

$$Y_k = [1 \quad 0]\begin{bmatrix} x_k \\ v_k \end{bmatrix} + V_k \tag{5-31}$$

将状态方程和观测方程用矩阵的方式表达，得到

$$\begin{cases} X_k = AX_{k-1} + BU_k + \Gamma W_{k-1} \\ Z_k = HX_k + V_k \end{cases} \tag{5-32}$$

其中，$A = \begin{bmatrix} 1 & \Delta t \\ 0 & 1 \end{bmatrix}$；$B = \Gamma = \begin{bmatrix} 0.5(\Delta t)^2 \\ \Delta t \end{bmatrix}$；$H = [1 \quad 0]$。

将式（5-32）的状态方程和观测方程代入卡尔曼滤波方程组，即可进行卡尔曼滤波。图 5-9 和图 5-10 分别给出了卡尔曼滤波前后的船舶跟踪轨迹图和跟踪误差图。从图 5-9 可以看出，观测轨迹存在较为明显的振荡，说明测量噪声的影响非常大。通过卡尔曼滤波后，振荡幅度明显降低，且估计位置比较接近真实运动轨迹。

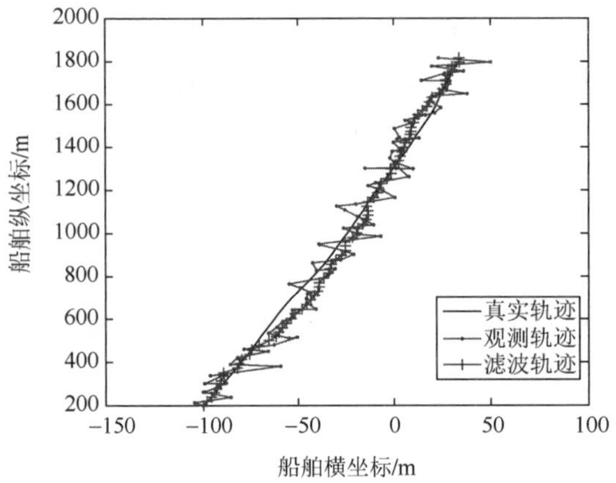

图 5-9　船舶跟踪轨迹图

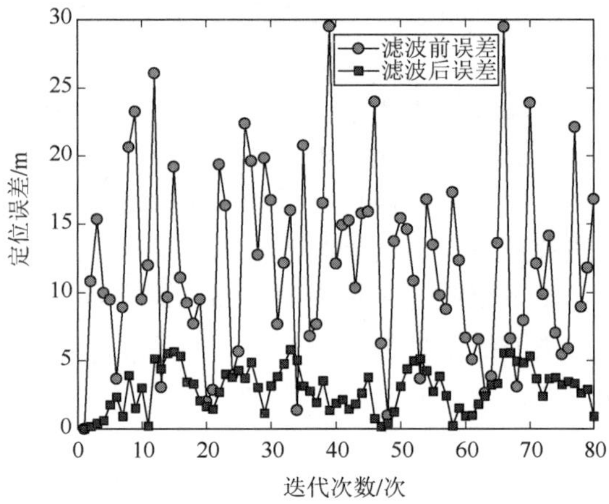

图 5-10　船舶跟踪误差图

从图 5-10 可以看出，滤波前的观测噪声最大值超过了 25m，对于长约为 1800m、宽约为 250m 的目标运动场地而言，这个噪声太大。经过卡尔曼滤波之后，位置偏差降低到 10m 以下。可见，卡尔曼滤波能够大幅降低噪声影响，进而降低定位跟踪误差。

下面给出图 5-9 和图 5-10 的完整仿真代码。

```
% Kalman 滤波在船舶 GPS 导航定位系统中的应用
function main
clc;clear;
T=1;%雷达扫描周期
N=80/T;%总的采样次数
X=zeros(4,N);%目标真实位置、速度
X(:,1)=[-100,2,200, 20];%目标初始位置、速度
Z=zeros(2,N);%传感器对位置的观测
Z(:,1)=[X(1,1), X(3,1)];%观测初始化
```

```
delta_w=1e-2; %如果增大这个参数，目标真实轨迹就是曲线
Q=delta_w*diag([0.5,1,0.5,1]);%状态噪声均值
R=100*eye(2);%观测噪声均值
F=[1,T,0,0; 0,1,0,0;0,0,1,T;0,0,0,1];%状态转移矩阵
H=[1,0,0,0; 0,0,1,0];%观测矩阵
%%%%%%%%%%%%%%%%%%%%%%%%%%%%
for t=2: N
   X(:,t)=F*X(:,t-1)+sqrtm(Q)*randn(4,1);%目标真实轨迹
   Z(:,t)=H*X(:,t)+sqrtm(R)*randn(2,1);%对目标观测
end
%卡尔曼滤波
Xkf=zeros(4,N);
Xkf(:,1)=X(:,1);%卡尔曼滤波状态初始化
P0=eye(4);%协方差阵初始化
for i=2:N
   Xn=F*Xkf(:,i-1);%预测
   P1=F*P0*F'+Q;%预测误差协方差
   K=P1*H'*inv(H*P1*H'+R);%增益
   Xkf(:,i)=Xn+K*(Z(:,i)-H*Xn);%状态更新
   P0=(eye(4)-K*H)*P1;%滤波误差协方差更新
end
%误差更新
for i=1:N
   Err_Observation(i)=RMS(X(:,i), Z(:,i));%滤波前的误差
   Err_KalmanFilter(i)=RMS(X(:,i), Xkf(:,i));%滤波后的误差
end
%画图
figure
hold on; box on;
plot(X(1,:),X(3,:),'-k');%真实轨迹
plot(Z(1,:),Z(2,:),'-b.');%观测轨迹
plot(Xkf(1,:),Xkf(3,:),'-r+');%卡尔曼滤波轨迹
legend('真实轨迹','观测轨迹','滤波轨迹')
figure
hold on; box on;
plot(Err_Observation,'-ko','MarkerFace','g')
plot(Err_KalmanFilter,'-ks','MarkerFace','r')
legend('滤波前误差','滤波后误差')
%%%%%%%%%%%%%%%%%%%%%%%%%%%%%%%%
%计算欧氏距离子函数
```

```
function dist=RMS(X1, X2);
if length(X2)<=2
   dist=sqrt((X1(1)-X2(1))^2+(X1(3)-X2(2))^2);
else
   dist=sqrt((X1(1)-X2(1))^2+(X1(3)-X2(3))^2 );
end
-------------------------------------------------------------------------
```

5.2　扩展卡尔曼滤波

卡尔曼滤波适用于状态方程和观测方程中的噪声都是线性、高斯的情况[7]。然而，很多系统（如导弹制导系统）都存在一定非线性的高斯信号，此时卡尔曼滤波不再适用。解决该问题的方案通常有两种：一是将非线性环节线性化，方法是对该非线性函数进行泰勒级数展开，只保留一阶项，此方法称为扩展卡尔曼滤波；二是用采样方法对非线性分布进行近似，无迹卡尔曼滤波采用了这种方法。本节介绍扩展卡尔曼滤波，5.3 节介绍无迹卡尔曼滤波。为示区别，将 5.1 节的方法称为普通卡尔曼滤波。

5.2.1　扩展卡尔曼滤波的原理

与普通卡尔曼滤波相同，扩展卡尔曼滤波也有状态方程和观测方程，状态方程用于从 $k-1$ 时刻的状态推测 k 时刻状态，而观测方程描述对目标的测量结果。与普通卡尔曼滤波不同的是，此处状态方程和观测方程是用可微的非线性函数来描述的[8]：

$$\begin{cases} \boldsymbol{X}_k = f(\boldsymbol{X}_{k-1}, \boldsymbol{U}_k) + \boldsymbol{W}_k \\ \boldsymbol{Z}_k = h(\boldsymbol{X}_k) + \boldsymbol{V}_k \end{cases} \tag{5-33}$$

其中，$f(\cdot)$ 是 n 维向量函数，对其自变量而言是非线性的；$h(\cdot)$ 是 m 维向量函数，对其自变量而言也是非线性的。假定状态噪声 $\boldsymbol{W}_k$ 是零均值的高斯白噪声，其协方差为 $\boldsymbol{Q}_k$；观测噪声 $\boldsymbol{V}_k$ 是加性零均值高斯白噪声，其协方差为 $\boldsymbol{R}_k$，并假定 $\boldsymbol{V}_k$ 和 $\boldsymbol{W}_k$ 彼此独立。当状态噪声 $\boldsymbol{W}_k$ 和观测噪声 $\boldsymbol{V}_k$ 恒为零时，系统模型的解为非线性模型的理论解，又称为标称轨迹或标称状态，而把其真实解称为真轨迹或真状态。

线性系统与非线性系统在以下两个方面具有显著区别[9]。

（1）齐次性。线性系统可以应用线性叠加原理，也就是满足齐次性，而描述非线性系统的数学模型为非线性微分方程，因此叠加原理不可用。故能否应用叠加原理是这两类系统的本质区别。

（2）平衡态。平衡态指的是系统在无外力作用且系统输出的各阶导数等于零时所处的状态，而此时系统的状态点即平衡点。线性系统只有一个平衡状态，其稳定性即平衡状态的稳定性，而且只取决于本系统的结构和参数，与外部作用力和初始条件无关。而非线性系统可能存在多个平衡状态，各平衡状态可能是稳定的，也可能是不稳定的，且平衡状态的稳定性不仅与系统的结构和参数有关，还与系统的初始条件有直接关系。

可以通过局部线性来解决非线性的问题，例如，在图 5-11 中，$y=x^2$ 是非线性函数，在 (x,y) 点附近的曲线段可以用其切线来近似，从而完成线性化。扩展卡尔曼滤波将曲线进行线性化的核心思想与其类似：首先围绕估计状态 $\hat{\boldsymbol{X}}_k$ 将非线性函数 $f(\cdot)$ 和 $h(\cdot)$ 展开成泰勒级数，略去二阶及以上项后，得到一个近似的线性化模型，然后利用普通卡尔曼滤波进行处理。

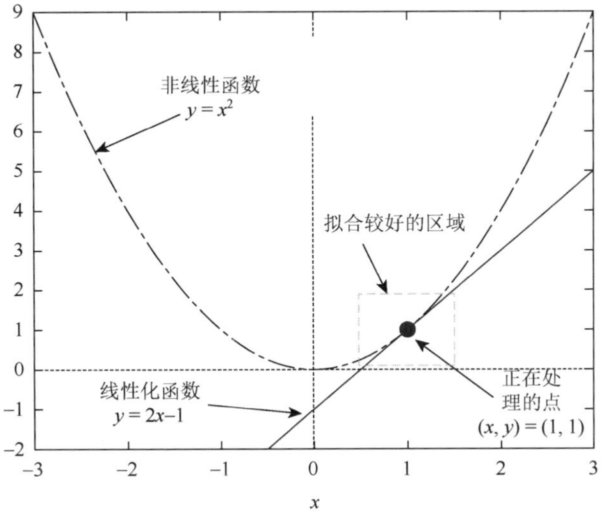

图 5-11　非线性高斯模型

泰勒级数展开是将一个在 $x=x_0$ 处具有 n 阶导数的函数 $f(x)$，利用关于 $x-x_0$ 的 n 次多项式逼近函数值的方法。若函数 $f(x)$ 在包含 x_0 的某个闭区间 $[a,b]$ 上具有 n 阶导数，且在开区间 (a,b) 上具有 $n+1$ 阶导数，则对闭区间 $[a,b]$ 上的任意一点 x 有

$$f(x)=\frac{f(x_0)}{0!}+\frac{f'(x_0)}{1!}(x-x_0)+\cdots+\frac{f^{(n)}(x_0)}{n!}(x-x_0)^n+R_n(x) \tag{5-34}$$

其中，$f^{(n)}(x_0)$ 表示函数 $f(x)$ 在 $x=x_0$ 处的 n 阶导数，等式右边称为泰勒级数展开式；$R_n(x)$ 是泰勒级数展开式的余项，是 $(x-x_0)^n$ 的高阶无穷小。

当状态量和观测量是多维向量时，一维的泰勒级数展开需要进行拓展，具体形式如下：

$$f(\boldsymbol{X})=f(\boldsymbol{X}_k)+\boldsymbol{J}_F(\boldsymbol{X}-\boldsymbol{X}_k)+o^n \tag{5-35}$$

其中，$\boldsymbol{J}_F$ 称为雅可比矩阵，它相当于给一个非线性函数做了切平面，见式（5-36）；o^n 表示高阶无穷小。雅可比矩阵类似于多元函数的导数，体现了一个可微方程与给出点的最优线性逼近。

$$\boldsymbol{J}_F=\begin{bmatrix} \dfrac{\partial y_1}{\partial x_1} & \dfrac{\partial y_1}{\partial x_2} & \cdots & \dfrac{\partial y_1}{\partial x_n} \\ \dfrac{\partial y_2}{\partial x_1} & \dfrac{\partial y_2}{\partial x_2} & \cdots & \dfrac{\partial y_2}{\partial x_n} \\ \vdots & \vdots & & \vdots \\ \dfrac{\partial y_m}{\partial x_1} & \dfrac{\partial y_m}{\partial x_2} & \cdots & \dfrac{\partial y_m}{\partial x_n} \end{bmatrix} \tag{5-36}$$

推导方便起见，这里不考虑控制量。利用泰勒级数展开式对式(5-33)中的非线性函数 $f(\cdot)$ 在上一次的估计值 $\hat{\boldsymbol{X}}_{k-1|k-1}$ 处展开，得

$$\boldsymbol{X}_k=f(\boldsymbol{X}_{k-1})+\boldsymbol{W}_k=f(\hat{\boldsymbol{X}}_{k-1|k-1})+\boldsymbol{J}_F(\boldsymbol{X}_{k-1}-\hat{\boldsymbol{X}}_{k-1|k-1})+\boldsymbol{W}_k \tag{5-37}$$

其中，$\boldsymbol{J}_F$ 表示函数 $f(x)$ 在 $\hat{\boldsymbol{X}}_{k-1|k-1}$ 处的雅可比矩阵。与普通卡尔曼滤波相比，这里多了非随机的 $\boldsymbol{W}_k$ 项。

同理，利用泰勒级数展开式将式（5-33）中的非线性函数 $h(\cdot)$ 在本轮的状态预测值 $\hat{\boldsymbol{X}}_{k|k-1}$ 处展开，得

$$\boldsymbol{Z}_k = h(\boldsymbol{X}_k)+\boldsymbol{V}_k = h(\hat{\boldsymbol{X}}_{k|k-1})+\boldsymbol{J}_H(\boldsymbol{X}_k-\hat{\boldsymbol{X}}_{k|k-1})+\boldsymbol{V}_k \tag{5-38}$$

其中，$\boldsymbol{J}_H$ 表示函数 $h(x)$ 在 $\hat{\boldsymbol{X}}_{k|k-1}$ 处的雅可比矩阵。

按照卡尔曼滤波的观点，估计值应该是预测值与观测值的加权求和，这里为

$$\hat{\boldsymbol{X}}_{k|k} = \hat{\boldsymbol{X}}_{k|k-1}+\boldsymbol{K}_k(\boldsymbol{Z}_k-\hat{\boldsymbol{Z}}_k) = \hat{\boldsymbol{X}}_{k|k-1}+\boldsymbol{K}_k(\boldsymbol{Z}_k-h(\hat{\boldsymbol{X}}_{k|k-1})) = \hat{\boldsymbol{X}}_{k|k-1}+\boldsymbol{K}_k\tilde{\boldsymbol{y}}_k \tag{5-39}$$

由式（5-37）和式（5-38）得到

$$f(\boldsymbol{X}_{k-1})-f(\hat{\boldsymbol{X}}_{k-1|k-1}) = \boldsymbol{J}_F(\boldsymbol{X}_{k-1}-\hat{\boldsymbol{X}}_{k-1|k-1}) \tag{5-40}$$

$$h(\boldsymbol{X}_k)-h(\hat{\boldsymbol{X}}_{k|k-1}) = \boldsymbol{J}_H(\boldsymbol{X}_k-\hat{\boldsymbol{X}}_{k|k-1}) \tag{5-41}$$

计算估计值与真实值之间的误差协方差矩阵 $\boldsymbol{P}_{k|k}$，并把式（5-38）、式（5-39）和式（5-41）代入，得到

$$\begin{aligned}
\boldsymbol{P}_{k|k} &= \operatorname{cov}(\boldsymbol{X}_k-\hat{\boldsymbol{X}}_{k|k}) \\
&= \operatorname{cov}(\boldsymbol{X}_k-\hat{\boldsymbol{X}}_{k|k-1}-\boldsymbol{K}_k(\boldsymbol{Z}_k-h(\hat{\boldsymbol{X}}_{k|k-1}))) \\
&= \operatorname{cov}(\boldsymbol{X}_k-\hat{\boldsymbol{X}}_{k|k-1}-\boldsymbol{K}_k(h(\boldsymbol{X}_k)-h(\hat{\boldsymbol{X}}_{k|k-1})+\boldsymbol{V}_k)) \\
&= \operatorname{cov}((\boldsymbol{I}-\boldsymbol{K}_k\boldsymbol{J}_H)(\boldsymbol{X}_k-\hat{\boldsymbol{X}}_{k|k-1})+\boldsymbol{V}_k) \\
&= (\boldsymbol{I}-\boldsymbol{K}_k\boldsymbol{J}_H)\operatorname{cov}(\boldsymbol{X}_k-\hat{\boldsymbol{X}}_{k|k-1})(\boldsymbol{I}-\boldsymbol{K}_k\boldsymbol{J}_H)^{\mathrm{T}}+\boldsymbol{R}_k \\
&= (\boldsymbol{I}-\boldsymbol{K}_k\boldsymbol{J}_H)\boldsymbol{P}_{k|k-1}(\boldsymbol{I}-\boldsymbol{K}_k\boldsymbol{J}_H)^{\mathrm{T}}+\boldsymbol{R}_k
\end{aligned}$$

其中，$\boldsymbol{P}_{k|k-1}$ 表示 k 时刻的真实值 $\boldsymbol{X}_k$ 与从 $k-1$ 时刻到 k 时刻的预测值 $\hat{\boldsymbol{X}}_{k|k-1}$ 差值的协方差。

因此

$$\boldsymbol{P}_{k|k} = \boldsymbol{P}_{k|k-1}-\boldsymbol{K}_k\boldsymbol{J}_H\boldsymbol{P}_{k|k-1}-\boldsymbol{P}_{k|k-1}\boldsymbol{K}_k^{\mathrm{T}}\boldsymbol{J}_H^{\mathrm{T}}+\boldsymbol{K}_k\left(\boldsymbol{J}_H\boldsymbol{P}_{k|k-1}\boldsymbol{J}_H^{\mathrm{T}}+\boldsymbol{R}_k\right)\boldsymbol{K}_k^{\mathrm{T}} \tag{5-42}$$

因为 $\boldsymbol{P}_{k|k}$ 的对角元素即真实值与估计值的误差的平方，矩阵的迹（用 $\operatorname{tr}(\cdot)$ 表示）即总误差的平方和，即

$$\operatorname{tr}(\boldsymbol{P}_{k|k}) = \operatorname{tr}(\boldsymbol{P}_{k|k-1})+\operatorname{tr}(\boldsymbol{K}_k(\boldsymbol{J}_H\boldsymbol{P}_{k|k-1}\boldsymbol{J}_H^{\mathrm{T}}+\boldsymbol{R}_k)\boldsymbol{K}_k^{\mathrm{T}})-2\operatorname{tr}(\boldsymbol{K}_k\boldsymbol{J}_H\boldsymbol{P}_{k|k-1}) \tag{5-43}$$

要让估计值更接近于真实值，就要使上面的迹尽可能小，因此要取得合适的卡尔曼增益 $\boldsymbol{K}_k$，使得迹达到最小，即使得迹对 $\boldsymbol{K}_k$ 的偏导为 0，即

$$\frac{\partial \operatorname{tr}(\boldsymbol{P}_{k|k})}{\partial \boldsymbol{K}_k} = 2\boldsymbol{K}_k(\boldsymbol{J}_H\boldsymbol{P}_{k|k-1}\boldsymbol{J}_H^{\mathrm{T}}+\boldsymbol{R}_k)-2(\boldsymbol{J}_H\boldsymbol{P}_{k|k-1})^{\mathrm{T}} = 0 \tag{5-44}$$

这样就能算出合适的卡尔曼增益，即

$$\boldsymbol{K}_k = \boldsymbol{P}_{k|k-1}\boldsymbol{J}_H^{\mathrm{T}}(\boldsymbol{J}_H\boldsymbol{P}_{k|k-1}\boldsymbol{J}_H^{\mathrm{T}}+\boldsymbol{R}_k)^{-1} = \boldsymbol{P}_{k|k-1}\boldsymbol{J}_H^{\mathrm{T}}\boldsymbol{S}_k^{-1} \tag{5-45}$$

其中，$\boldsymbol{S}_k = \boldsymbol{J}_H\boldsymbol{P}_{k|k-1}\boldsymbol{J}_H^{\mathrm{T}}+\boldsymbol{R}_k$。将 $\boldsymbol{K}_k$ 代回式（5-42），得到

$$\boldsymbol{P}_{k|k} = \boldsymbol{P}_{k|k-1}-\boldsymbol{P}_{k|k-1}\boldsymbol{J}_H^{\mathrm{T}}(\boldsymbol{J}_H\boldsymbol{P}_{k|k-1}\boldsymbol{J}_H^{\mathrm{T}}+\boldsymbol{R}_k)^{-1}\boldsymbol{P}_{k|k-1} = (\boldsymbol{I}-\boldsymbol{K}_k\boldsymbol{J}_H)\boldsymbol{P}_{k|k-1} \tag{5-46}$$

式（5-46）中的 $\boldsymbol{P}_{k|k-1}$ 还是未知量，它是 k 时刻的真实值 $\boldsymbol{X}_k$ 与从 $k-1$ 时刻到 k 时刻的预测值 $\hat{\boldsymbol{X}}_{k|k-1}$ 差值的协方差，即

$$\boldsymbol{P}_{k|k-1} = \mathrm{cov}(\boldsymbol{X}_k - \hat{\boldsymbol{X}}_{k|k-1}) \tag{5-47}$$

将 $\boldsymbol{X}_k = f(\boldsymbol{X}_{k-1}) + \boldsymbol{W}_{k-1}$ 和 $\hat{\boldsymbol{X}}_{k|k-1} = f(\hat{\boldsymbol{X}}_{k|k-1})$ 代入式（5-47），可以得到

$$\boldsymbol{P}_{k|k-1} = \mathrm{cov}(f(\boldsymbol{X}_{k-1}) - f(\hat{\boldsymbol{X}}_{k|k-1}) + \boldsymbol{W}_{k-1}) \tag{5-48}$$

其中，$\boldsymbol{X}_k$、$\hat{\boldsymbol{X}}_k$ 与观测噪声 $\boldsymbol{W}_k$ 独立，其期望值等于零。于是得到

$$\begin{aligned} \boldsymbol{P}_{k|k-1} &= \boldsymbol{J}_F \,\mathrm{cov}(\boldsymbol{X}_{k-1} - \hat{\boldsymbol{X}}_{k-1})\boldsymbol{J}_F^{\mathrm{T}} + \mathrm{cov}(\boldsymbol{W}_{k-1}) \\ &= \boldsymbol{J}_F \boldsymbol{P}_{k-1|k-1} \boldsymbol{J}_F^{\mathrm{T}} + \boldsymbol{Q}_{k-1} \end{aligned} \tag{5-49}$$

至此，就完成了扩展卡尔曼滤波全部公式的推导。为了对卡尔曼滤波形成整体印象，下面加入控制量，将预测过程和更新过程整理如下。

预测过程。

第一步：

$$\hat{\boldsymbol{X}}_{k|k-1} = f(\hat{\boldsymbol{X}}_{k-1|k-1}, \boldsymbol{U}_k) \tag{5-50}$$

第二步：

$$\boldsymbol{P}_{k|k-1} = \boldsymbol{J}_F \boldsymbol{P}_{k-1|k-1} \boldsymbol{J}_F^{\mathrm{T}} + \boldsymbol{Q}_{k-1} \tag{5-51}$$

$$\tilde{\boldsymbol{y}}_k = \boldsymbol{Z}_k - h(\hat{\boldsymbol{X}}_{k|k-1}) \tag{5-52}$$

$$\boldsymbol{S}_k = \boldsymbol{J}_H \boldsymbol{P}_{k|k-1} \boldsymbol{J}_H^{\mathrm{T}} + \boldsymbol{R}_k \tag{5-53}$$

更新过程。

第一步：

$$\hat{\boldsymbol{X}}_{k|k} = \hat{\boldsymbol{X}}_{k|k-1} + \boldsymbol{K}_k \tilde{\boldsymbol{y}}_k \tag{5-54}$$

第二步：

$$\boldsymbol{K}_k = \boldsymbol{P}_{k|k-1} \boldsymbol{J}_H^{\mathrm{T}} \boldsymbol{S}_k^{-1} \tag{5-55}$$

第三步：

$$\boldsymbol{P}_{k|k} = (\boldsymbol{I} - \boldsymbol{K}_k \boldsymbol{J}_H)\boldsymbol{P}_{k|k-1} \tag{5-56}$$

与普通卡尔曼滤波类似，上述公式组的核心是式（5-54），从它出发进行理解，根据式（5-50）找到需要预测的量 $\hat{\boldsymbol{X}}_{k|k-1}$，利用式（5-55）求解需要的卡尔曼增益 $\boldsymbol{K}_k$，而求解卡尔曼增益必须要使用式（5-51）求解 $\boldsymbol{X}_k$ 与 $\hat{\boldsymbol{X}}_{k|k-1}$ 差值的协方差 $\boldsymbol{P}_{k|k-1}$，为了保证迭代能够进行下去，还需利用式（5-56）求解 k 时刻的 $\boldsymbol{X}_k$ 与 $\hat{\boldsymbol{X}}_{k|k}$ 的协方差矩阵 $\boldsymbol{P}_{k|k}$。因此，式（5-54）、式（5-50）、式（5-55）、式（5-51）和式（5-56）是扩展卡尔曼滤波的核心，而式（5-52）和式（5-53）只是两个用于简化公式的中间量。

5.2.2　扩展卡尔曼滤波在机器人定位中的应用

轮式机器人结构简单，便于控制，执行效率高，受到人们的广泛研究及应用[10]。作为机器人导航的基础，其精确定位受到人们的极大关注。不过，每种传感器都存在一定缺陷，且获取的信息量有限，因此仅靠单一传感器信息不能保证定位的精确性，需要多种传感器提供同一位置的冗余和互补信息。这里假定机器人配备速度传感器、陀螺仪和北斗接收器。

与普通卡尔曼滤波一样，应用扩展卡尔曼滤波的关键也是先构造状态方程和观测方程。机器人的位置和姿态可用下面的向量表示[11]：

$$\boldsymbol{X}_k = [x_k, y_k, \theta_k, v_k] \tag{5-57}$$

其中，(x,y)为机器人的横、纵坐标；θ为用弧度表示的偏转角度；v为行驶速度。

机器人的运动模型如图 5-12 所示，$k-1$时刻位于位置$\boldsymbol{P}$，k时刻位于位置$\boldsymbol{P}'$，则状态方程为[12]

$$\begin{cases} x_k = x_{k-1} + v_{k-1}\cos(\theta_{k-1})\cdot\Delta t \\ y_k = y_{k-1} + v_{k-1}\sin(\theta_{k-1})\cdot\Delta t \\ \theta_k = \theta_{k-1} + \omega_{k-1}\cdot\Delta t \\ v_t = 0 + v_{t-1} \end{cases} \tag{5-58}$$

其中，Δt表示从k时刻到$k+1$时刻所经历的时间；ω_k表示角加速度，可由陀螺仪测得。式(5-58)是非线性的，无法使用普通卡尔曼滤波。

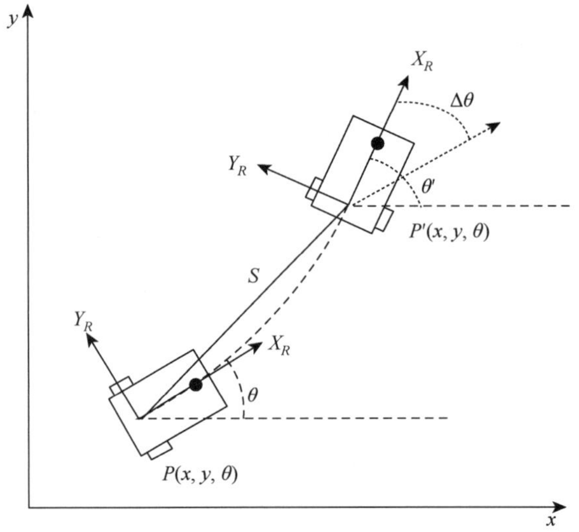

图 5-12　差动驱动机器人的运动模型

给定$\boldsymbol{X}_k = [x_k, y_k, \theta_k, v_k]^{\mathrm{T}}$和$\boldsymbol{U}_k = [v_k, \omega_k]^{\mathrm{T}}$，则机器人的状态方程可表示为

$$\boldsymbol{X}_k = \boldsymbol{F}\boldsymbol{X}_{k-1} + \boldsymbol{B}\boldsymbol{U}_k \tag{5-59}$$

其中，$\boldsymbol{F} = \begin{bmatrix} 1 & 0 & 0 & 0 \\ 0 & 1 & 0 & 0 \\ 0 & 0 & 1 & 0 \\ 0 & 0 & 0 & 0 \end{bmatrix}$；$\boldsymbol{B} = \begin{bmatrix} \cos(\theta)\cdot\Delta t & 0 \\ \sin(\theta)\cdot\Delta t & 0 \\ 0 & \Delta t \\ 1 & 0 \end{bmatrix}$。另外，雅可比矩阵为

$$\boldsymbol{J}_F = \begin{bmatrix} \frac{\mathrm{d}x}{\mathrm{d}x} & \frac{\mathrm{d}x}{\mathrm{d}y} & \frac{\mathrm{d}x}{\mathrm{d}\theta} & \frac{\mathrm{d}x}{\mathrm{d}v} \\ \frac{\mathrm{d}y}{\mathrm{d}x} & \frac{\mathrm{d}y}{\mathrm{d}y} & \frac{\mathrm{d}y}{\mathrm{d}\theta} & \frac{\mathrm{d}y}{\mathrm{d}v} \\ \frac{\mathrm{d}\theta}{\mathrm{d}x} & \frac{\mathrm{d}\theta}{\mathrm{d}y} & \frac{\mathrm{d}\theta}{\mathrm{d}\theta} & \frac{\mathrm{d}\theta}{\mathrm{d}v} \\ \frac{\mathrm{d}v}{\mathrm{d}x} & \frac{\mathrm{d}v}{\mathrm{d}y} & \frac{\mathrm{d}v}{\mathrm{d}\theta} & \frac{\mathrm{d}v}{\mathrm{d}v} \end{bmatrix} = \begin{bmatrix} 1 & 0 & -v\sin(\theta)\mathrm{d}t & \cos(\theta)\mathrm{d}t \\ 0 & 1 & v\cos(\theta)\mathrm{d}t & \sin(\theta)\mathrm{d}t \\ 0 & 0 & 1 & 0 \\ 0 & 0 & 0 & 1 \end{bmatrix} \tag{5-60}$$

接下来探讨观测模型。在行进过程中，机器人可通过卫星定位导航系统获得自身坐标，将其作为观测值。在给定 $\boldsymbol{X}_k=[x_k,y_k,\theta_k,v_k]^{\mathrm{T}}$ 和 $\boldsymbol{Z}_k=[x_k,y_k]^{\mathrm{T}}$ 的情况下，机器人的观测方程可表示为

$$\boldsymbol{Z}_k=\boldsymbol{H}\boldsymbol{X}_k \tag{5-61}$$

其中，$\boldsymbol{H}=\begin{bmatrix}1&0&0&0\\0&1&0&0\end{bmatrix}$。另外，雅可比矩阵为 $\boldsymbol{J}_H=\begin{bmatrix}\frac{\mathrm{d}x}{\mathrm{d}x}&\frac{\mathrm{d}x}{\mathrm{d}y}&\frac{\mathrm{d}x}{\mathrm{d}\theta}&\frac{\mathrm{d}x}{\mathrm{d}v}\\\frac{\mathrm{d}y}{\mathrm{d}x}&\frac{\mathrm{d}y}{\mathrm{d}y}&\frac{\mathrm{d}y}{\mathrm{d}\theta}&\frac{\mathrm{d}y}{\mathrm{d}v}\end{bmatrix}=\begin{bmatrix}1&0&0&0\\0&1&0&0\end{bmatrix}$。

给状态方程中的噪声协方差、观测方程中的协方差以及机器人的初始状态设定一个初值，并将状态方程及其雅可比矩阵、观测方程及其雅可比矩阵代入扩展卡尔曼滤波公式，即可完成滤波过程。

5.3　无迹卡尔曼滤波

扩展卡尔曼滤波在对非线性状态方程或观测方程进行泰勒级数展开的时候只保留了一阶项，这将不可避免地引入非线性化误差[8]。如果线性化假设不成立，扩展卡尔曼滤波的性能将会下降甚至造成发散。此外，扩展卡尔曼滤波需要计算雅可比矩阵，实现起来不太容易，增加了计算复杂度。无迹卡尔曼滤波可以弥补扩展卡尔曼滤波的缺陷，它是对非线性函数的概率密度分布进行近似，而不是对非线性函数进行近似，不需要对雅可比矩阵求导，没有忽略高阶项，因此具有更高的精度。

5.3.1　无迹卡尔曼滤波的原理

无迹卡尔曼滤波是基于无迹变换的一种方法。无迹变换的基本出发点是近似一种概率分布比近似任意一个非线性函数或非线性变换要容易，基本原理是，在原状态中按某一规则选择一些采样点，使这些采样点的均值和协方差等于原状态分布的均值和协方差。将这些点代入非线性函数中，得到非线性函数值点集，然后求得变换后的点集的均值和协方差。这样得到的均值和协方差精度最少具有二阶精度（泰勒级数展开），对于高斯分布甚至可达到三阶精度。图 5-13 给出了扩展卡尔曼滤波与无迹卡尔曼滤波的比较。

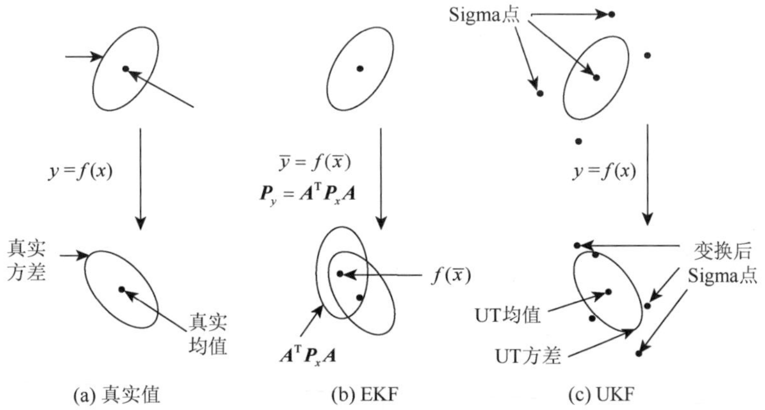

图 5-13　EKF 与 UKF 变化滤波比较

假设 n 维向量 $\boldsymbol{X}$ 经过一个非线性变换 $g(\bullet)$ 得到 $\boldsymbol{Y}$，即 $\boldsymbol{Y}=g(\boldsymbol{X})$，$\boldsymbol{X}$ 的均值为 $\bar{\boldsymbol{X}}$，协方差矩阵为 $\boldsymbol{P}$。无迹变换的步骤如下[13]所述。

步骤 1：根据均值 $\bar{\boldsymbol{X}}$ 和协方差矩阵 $\boldsymbol{P}$，采用一定的采样策略（如对称采样）得到 $2n+1$ 个采样点，组成的点集称为 Sigma 点集 $\{\boldsymbol{X}_0,\boldsymbol{X}_1,\cdots,\boldsymbol{X}_i,\cdots,\boldsymbol{X}_{2n}\}$，其中 n 为状态向量的长度（即元素个数），$\boldsymbol{X}_i$ 为第 i 列，且

$$\begin{cases}\boldsymbol{X}_0=\bar{\boldsymbol{X}},\quad i=0\\ \boldsymbol{X}_i=\bar{\boldsymbol{X}}+(\sqrt{(n+\lambda)\boldsymbol{P}})_i,\quad i=1,2,\cdots,n\\ \boldsymbol{X}_{i+n}=\bar{\boldsymbol{X}}-(\sqrt{(n+\lambda)\boldsymbol{P}})_i,\quad i=n+1,\cdots,2n\end{cases}\tag{5-62}$$

其中，$\lambda=\alpha^2(n+\kappa)-n$ 是一个缩放比例参数，用来降低总的预测误差；α 可在 10^{-4}～1 变化，控制了采样点的分布状态，α 越小，Sigma 点越紧密，因此通常取较小的值；κ 的具体取值没有限制，但应确保矩阵 $(n+\lambda)\boldsymbol{P}$ 为半正定矩阵，通常取 0。λ 越大，Sigma 点越远离状态向量的均值；λ 越小，Sigma 点越靠近状态向量的均值。式（5-62）中涉及矩阵开方运算，这可通过 Cholesky 分解完成。

步骤 2：计算这些采样点的权值：

$$\begin{cases}W_m^{(0)}=\lambda/(n+\lambda)\\ W_c^{(0)}=\lambda/(n+\lambda)+(1-\alpha^2+\beta)\\ W_m^{(i)}=W_c^{(i)}=1/2(n+\lambda),\qquad i=1,2,\cdots,2n\end{cases}\tag{5-63}$$

其中，下标 m 和 c 表示该权值分别被用于均值或协方差，上标表示第几个采样点；参数 $\beta\geqslant 0$ 是一个非负的值，用于将先验分布信息包括在内，对于高斯分布而言，$\beta=2$ 为最优。

从式（5-63）可以看出，均值和方差除了第一个 Sigma 点的权值不同，其余点都采用了相同的权值。均值的第一个点的权值为 $\lambda/(n+\lambda)$，协方差的第一个点的权值则为 $\lambda/(n+\lambda)+(1-\alpha^2+\beta)$，而其他点的期望值和协方差的权值均为 $1/2(n+\lambda)$。

步骤 3：对每个 Sigma 点进行非线性变换 $g(\bullet)$，得到变换后的 Sigma 点集 $\{\boldsymbol{Y}_i\}$。

$$\boldsymbol{Y}_i=g(\{\boldsymbol{X}_i\})\tag{5-64}$$

步骤 4：对变换后的 Sigma 点集 $\{\boldsymbol{Y}_i\}$ 进行加权求和处理，得到输出变量 $\boldsymbol{Y}$ 的均值 $\bar{\boldsymbol{Y}}$ 和协方差 $\boldsymbol{P}'$。

$$\begin{cases}\bar{\boldsymbol{Y}}=\sum_{i=0}^{2n}W_m^{(i)}\boldsymbol{Y}_i\\ \boldsymbol{P}'=\sum_{i=0}^{2n}W_c^{(i)}(\boldsymbol{Y}_i-\bar{\boldsymbol{Y}})(\boldsymbol{Y}_i-\bar{\boldsymbol{Y}})^{\mathrm{T}}\end{cases}\tag{5-65}$$

下面以一个例子来具体讲解无迹变换。假定有一个非线性变换函数为[14]

$$y=\begin{bmatrix}r\\ \theta\end{bmatrix}=g(\boldsymbol{X})=g\begin{bmatrix}x_1\\ x_2\end{bmatrix}=\begin{bmatrix}\sqrt{x_1^2+x_2^2}\\ \arctan(x_2/x_1)\end{bmatrix}\tag{5-66}$$

这实际上是将极坐标变换为笛卡儿坐标的变换公式，下面考虑如何用无迹变换进行操作，其中 $n=2$，因此 Sigma 点为 5 个。假设笛卡儿坐标的横坐标与纵坐标的测量值为 0.2 和 0.6，方差分别为 0.8 和 0.3，两个测量值之间没有耦合误差（协方差矩阵中没有非对角项），即

$$\bar{\boldsymbol{X}}=\begin{bmatrix}0.2\\ 0.6\end{bmatrix},\quad \boldsymbol{P}=\begin{bmatrix}0.8&0\\ 0&0.3\end{bmatrix}\tag{5-67}$$

此处的协方差矩阵是一个对角阵，其平方根矩阵为

$$\sqrt{\boldsymbol{P}}=\begin{bmatrix}\sqrt{0.8} & 0\\ 0 & \sqrt{0.3}\end{bmatrix} \tag{5-68}$$

假定 $\alpha=0,\beta=2,\kappa=0$，可以算出 $\lambda=0$，从而得到权值向量为

$$\begin{cases}\boldsymbol{W}_m=[0\quad 0.25\quad 0.25\quad 0.25\quad 0.25]\\ \boldsymbol{W}_c=[2\quad 0.25\quad 0.25\quad 0.25\quad 0.25]\end{cases} \tag{5-69}$$

因此采样得到的 Sigma 点可表示为

$$\begin{bmatrix}0.2 & 0.2+\sqrt{2}\sqrt{8} & 0.2+0 & 0.2-\sqrt{2}\sqrt{8} & 0.2-0\\ 0.6 & 0.6+0 & 0.6+\sqrt{2}\sqrt{0.3} & 0.6-0 & 0.6-\sqrt{2}\sqrt{0.3}\end{bmatrix} \tag{5-70}$$

剩下的步骤按照无迹变换进行就可以了，变换前后的 Sigma 点的平均值和协方差如图 5-14 所示，图（a）取样到的先验统计的 Sigma 点通过非线性函数变换后，得到图（b）的 Sigma 点。

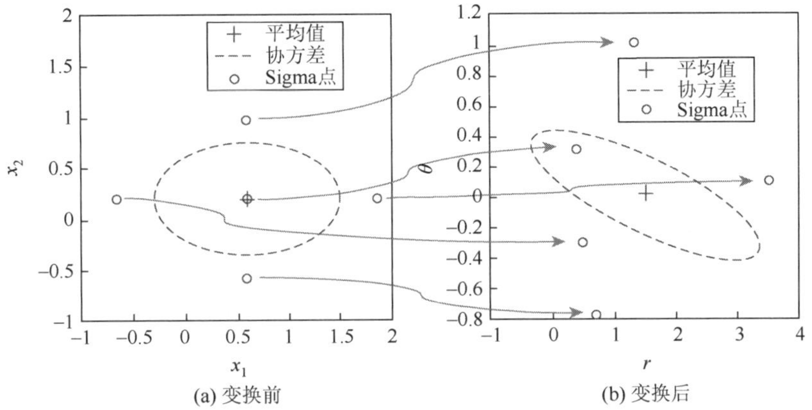

图 5-14　一个无迹变换实例

下面探讨无迹卡尔曼滤波算法。与扩展卡尔曼滤波一样，对于某个时刻 k，系统的状态方程和观测方程为

$$\begin{cases}\boldsymbol{X}_k=f(\boldsymbol{X}_{k-1},\boldsymbol{U}_k)+\boldsymbol{W}_k\\ \boldsymbol{Z}_k=h(\boldsymbol{X}_k)+\boldsymbol{V}_k\end{cases} \tag{5-71}$$

其中，$\boldsymbol{W}_k$ 和 $\boldsymbol{V}_k$ 都是高斯白噪声，它们的协方差矩阵分别为 $\boldsymbol{Q}$ 和 $\boldsymbol{R}$；$f(\cdot)$ 和 $h(\cdot)$ 分别是非线性状态方程函数和非线性观测方程函数，注意是非线性的。下述讨论不考虑控制量 $\boldsymbol{U}_k$。

随机变量 $\boldsymbol{X}$ 的无迹卡尔曼滤波算法步骤如下所述。

（1）与普通卡尔曼滤波一样，无迹卡尔曼滤波也需通过状态方程对下一时刻的状态进行预测。由于采用无迹卡尔曼滤波，需按照无迹变换的方法采样得出当前状态下的 Sigma 点集。为此，将上一状态的估计值作为均值，按照如下方法得到 Sigma 点：

$$\boldsymbol{X}_{k-1|k-1}^{(i)}=\left(\hat{\boldsymbol{X}}_{k-1|k-1},\quad \hat{\boldsymbol{X}}_{k-1|k-1}+\sqrt{(n+\lambda)P_{k-1|k-1}},\quad \hat{\boldsymbol{X}}_{k-1|k-1}-\sqrt{(n+\lambda)P_{k-1|k-1}}\right) \tag{5-72}$$

（2）将 Sigma 点集代入状态方程，得到各 Sigma 点在下一时刻的预测值，相当于通过非线性的状态方程传递到下一个时刻：

$$\boldsymbol{X}_{k-1|k-1}^{(i)}=f\left(\boldsymbol{X}_{k-1|k-1}^{(i)}\right),\quad i=1,2,\cdots,2n+1 \tag{5-73}$$

（3）将式（5-73）得到的值代入式（5-65），得到系统在下一时刻的预测均值 $\hat{\boldsymbol{X}}_{k|k-1}$ 和预测

协方差矩阵 $\boldsymbol{P}_{k|k-1}$，其中 $\boldsymbol{P}_{k|k-1}$ 由系统预测值 $\hat{\boldsymbol{X}}_{k|k-1}$ 与 Sigma 点预测值 $\boldsymbol{X}_{k|k-1}^{(i)}$ 的差值的协方差进行加权求和得到。

$$\hat{\boldsymbol{X}}_{k|k-1}=\sum_{i=0}^{2n}W^{(i)}\boldsymbol{X}_{k|k-1}^{(i)} \tag{5-74}$$

$$\boldsymbol{P}_{k|k-1}=\sum_{i=0}^{2n}W^{(i)}\left[\hat{\boldsymbol{X}}_{k|k-1}-\boldsymbol{X}^{(i)}{}_{k|k-1}\right]\left[\hat{\boldsymbol{X}}_{k|k-1}-\boldsymbol{X}^{(i)}{}_{k|k-1}\right]^{\mathrm{T}}+\boldsymbol{Q}_{k-1} \tag{5-75}$$

（4）将步骤（2）传递的 Sigma 点集代入观测方程，得到各 Sigma 点的观测估计值。

$$\boldsymbol{Z}_{k|k-1}^{(i)}=h\left(\boldsymbol{X}_{k|k-1}^{(i)}\right) \tag{5-76}$$

（5）将式（5-76）得到的值代入式（5-65），得到系统在下一时刻的观测估计均值 $\hat{\boldsymbol{Z}}_{k|k-1}$ 和观测协方差矩阵 $\boldsymbol{P}_{z_kz_k}$、$\boldsymbol{P}_{x_kz_k}$。

$$\hat{\boldsymbol{Z}}_{k|k-1}=\sum_{i=0}^{2n}W^{(i)}Z_{k|k-1}^{(i)} \tag{5-77}$$

$$\boldsymbol{P}_{z_kz_k}=\sum_{i=0}^{2n}W^{(i)}\left[\boldsymbol{Z}_{k|k-1}^{(i)}-\hat{\boldsymbol{Z}}_{k|k-1}\right]\left[\boldsymbol{Z}_{k|k-1}^{(i)}-\hat{\boldsymbol{Z}}_{k|k-1}\right]^{\mathrm{T}}+\boldsymbol{R}_k \tag{5-78}$$

$$\boldsymbol{P}_{x_kz_k}=\sum_{i=0}^{2n}W^{(i)}\left[\boldsymbol{X}_{k|k-1}^{(i)}-\hat{\boldsymbol{Z}}_{k|k-1}\right]\left[\boldsymbol{Z}_{k|k-1}^{(i)}-\hat{\boldsymbol{Z}}_{k|k-1}\right]^{\mathrm{T}} \tag{5-79}$$

（6）计算卡尔曼增益矩阵。

$$\boldsymbol{K}_k=\boldsymbol{P}_{x_kz_k}\boldsymbol{P}_{z_kz_k}^{-1} \tag{5-80}$$

（7）计算系统的状态更新和协方差更新。

$$\hat{\boldsymbol{X}}_{k|k}=\hat{\boldsymbol{X}}_{k|k-1}+\boldsymbol{K}_k\left(\boldsymbol{Z}_k-\hat{\boldsymbol{Z}}_{k|k-1}\right) \tag{5-81}$$

$$\boldsymbol{P}_{k|k}=\boldsymbol{P}_{k|k-1}-\boldsymbol{K}_k\boldsymbol{P}_{z_kz_k}\boldsymbol{K}_k^{\mathrm{T}} \tag{5-82}$$

从用于加权求和的式（5-81）出发进行理解，通过步骤（1）～（3）得到系统预测值 $\hat{\boldsymbol{X}}_{k|k-1}$，通过步骤（5）和（6）得到观测估计值 $\hat{\boldsymbol{Z}}_{k|k-1}$，$\boldsymbol{Z}_k$ 就是 k 时刻测得的值，也是已知量。将卡尔曼增益计算式代入式（5-81），即可得到无迹卡尔曼滤波的最终结果，称为估计值。式（5-82）是为了下一次迭代而求解的协方差矩阵。

值得注意的是，这里讲解的无迹卡尔曼滤波中的噪声均是加性噪声，如图 5-15（a）所示。如果是非加性噪声，要将状态方程和观测方程中的噪声加入状态变量中一起进行处理[14]，见图 5-15（b）。

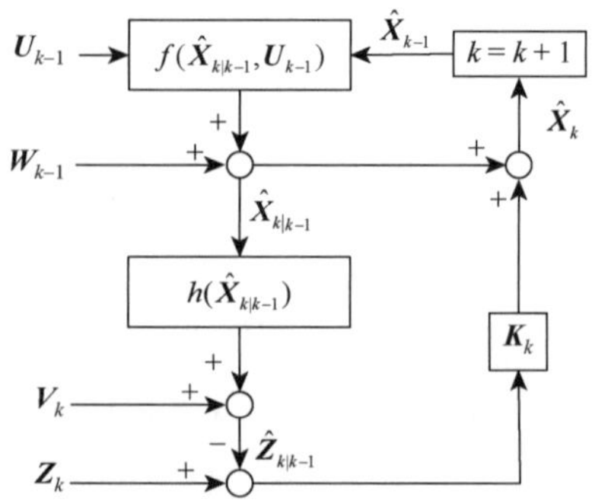

(a) 加性噪声

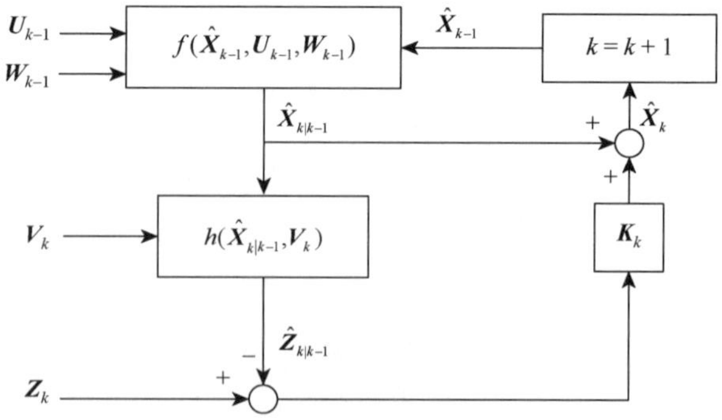

(b) 非加性噪声

图 5-15　卡尔曼滤波中的噪声

5.3.2　无迹卡尔曼滤波在机器人定位中的应用

这里继续以 5.2.2 节中的机器人定位为例，但是将扩展卡尔曼滤波改为无迹卡尔曼滤波[15]。在 5.2.2 节已经求出了机器人的状态方程和观测方程，给定初值后，将其代入无迹卡尔曼滤波方程中即可完成滤波过程，进行无迹变换的时候可以参考前面所举的例子，具体过程留给读者。

5.4　粒子滤波

粒子滤波（particle filter，PF）的思想基于蒙特卡罗方法[16]，它是利用粒子集来表示概率的，核心思想是利用一系列随机样本的加权和表示后验概率密度，通过求和来近似积分操作[17]。简单来说，粒子滤波法是指通过寻找一组在状态空间传播的随机样本对概率密度函数进行近似，以样本均值代替积分运算，从而获得状态最小方差分布的过程。这里的样本即粒子，在定位和跟踪等应用中，粒子一般指的是位置、速度等目标状态。

5.4.1　粒子滤波的原理

尽管粒子滤波算法中的概率分布只是真实分布的一种近似，但由于非参数化的特点，它摆脱了解决非线性滤波问题时随机量必须满足高斯分布的制约，能表达比高斯模型更广泛的分布，也对变量参数的非线性特性有更强的建模能力。如果所求解的问题与概率模型有一定关联，就可以使用计算机多次模拟事件的发生，以获得问题的近似解。简言之，粒子滤波就是使用大量的随机样本，采用蒙特卡罗仿真完成贝叶斯递推滤波过程。

1. 贝叶斯滤波

从贝叶斯理论的观点来看，目标跟踪等状态估计问题就是根据之前一系列的已有数据 $z_{1:k}$ 递推计算出当前状态 x_k 的可信度[18]，这个可信度就是概率公式 $p(x_k | z_{1:k})$。

与卡尔曼滤波一样，它也包括预测和更新过程。预测过程利用状态方程预测状态的先验概率密度，也就是通过已有的先验知识对未来的状态进行猜测，即 $p(x_k | x_{k-1})$。注意这里的预测与卡尔曼滤波的区别：卡尔曼滤波是对状态的预测，这里预测的是概率。更新过程则利用最新的观测值对先验概率密度进行修正，得到后验概率密度，也就是对猜测 $p(x_k | x_{k-1})$ 进行修正。可见， $p(x_k | x_{k-1})$ 是由状态方程决定的，其概率分布形状与系统的状态噪声（也就是状态方程中的噪声）是一样的，只是进行了一些平移。

一般假设系统的状态转移服从一阶马尔可夫模型，即当前时刻的状态 x_k 只与上一个时刻的状态 x_{k-1} 有关，即 $p(x_k | x_{1:k-1}, z_{1:k-1}) = p(x_k | x_{k-1})$， $p(z_k | x_{1:k}) = p(z_k | x_k)$。假设 $k-1$ 时刻的概率密度函数为 $p(x_{k-1} | z_{1:k-1})$，那么预测就是从 $p(x_{k-1} | z_{1:k-1})$ 计算 $p(x_k | z_{1:k-1})$，也就是已知从 1 到 $k-1$ 时刻的观测数据，预测状态 x_k 出现的概率。

$$
\begin{aligned}
p(x_k | z_{1:k-1}) &\underset{1}{=} \int p(x_k, x_{k-1} | z_{1:k-1}) \mathrm{d}x_{k-1} \\
&\underset{2}{=} \int p(x_k | x_{k-1}, z_{1:k-1}) p(x_{k-1} | z_{1:k-1}) \mathrm{d}x_{k-1} \\
&\underset{3}{=} \int p(x_k | x_{k-1}) p(x_{k-1} | z_{1:k-1}) \mathrm{d}x_{k-1}
\end{aligned} \tag{5-83}
$$

式（5-83）的第一行到第二行是贝叶斯公式的基本应用，第二行到第三行是由于一阶马尔可夫过程的假设，即状态 x_k 只与上一个时刻的状态 x_{k-1} 有关，即 $p(x_k \mid x_{k-1})$。既然状态 x_k 只由状态 x_{k-1} 决定，那么这里的 $p(x_k \mid z_{1:k-1})$ 有何用途呢？ $p(x_k \mid x_{k-1})$ 和 $p(x_k \mid z_{1:k-1})$ 这两个概率的含义不同，前者是纯粹根据模型进行预测，得到一个实在的 x_k；后者根据已有经验（即已有观测数据）进行预测，它只是猜测但不能决定 x_k。

再看更新过程，即从 $p(x_k \mid z_{1:k-1})$ 得到后验概率 $p(x_k \mid z_{1:k})$，即在多了 k 时刻的观测值后，对上面的预测进行修正。这里得到的概率也是下一轮预测的起点，形成迭代。

$$
\begin{aligned}
p(x_k \mid z_{1:k}) &= \frac{p(z_k \mid x_k, z_{1:k-1})p(x_k \mid z_{1:k-1})}{p(z_k \mid z_{1:k-1})} \\
&= \frac{p(z_k \mid x_k)p(x_k \mid z_{1:k-1})}{p(z_k \mid z_{1:k-1})}
\end{aligned}
\tag{5-84}
$$

其中，$p(z_k \mid z_{1:k-1}) = \int p(z_k \mid x_k)p(x_k \mid z_{1:k-1})\mathrm{d}x_k$。式（5-84）第一行到第二行是因为观测方程知道 z_k 只与 x_k 有关， $p(z_k \mid x_k)$ 也称为似然函数，由观测方程决定。

2. 蒙特卡罗方法

对于一般的非线性、非高斯系统，得到后验概率的解析解是很困难的，更遑论对其进行积分运算了，而贝叶斯滤波需要计算后验概率的积分。为此，引入蒙特卡罗仿真方法，通过与总体分布一致的采样样本（称为粒子）来估计期望值，其核心思想是用平均值代替积分。

假定连续型随机变量 X 的概率密度函数为 $p(x)$，则其数学期望为

$$
E(X) = \int x \cdot p(x)\mathrm{d}x \tag{5-85}
$$

若另一连续型随机变量 $Y = g(x)$，则其数学期望为

$$
E(Y) = \int g(x) \cdot p(x)\mathrm{d}x \tag{5-86}
$$

假设 $\{X\}$ 是从 $p(x)$ 中进行随机采样得到的样本集合，样本数量为 N，每一个样本（粒子）X_i 代表 $\{X\}$ 的一种可能状态，即 $X_i \sim p(x)$。根据辛钦大数定律，当样本数量 N 足够大时，可通过有限的样本值得到 $E(X)$ 和 $E(Y)$：

$$
\begin{cases}
E(X) \approx \dfrac{1}{N}\sum\limits_{i=1}^{N} X_i \\
E(Y) \approx \dfrac{1}{N}\sum\limits_{i=1}^{N} g(X_i)
\end{cases}
\tag{5-87}
$$

3. 序贯重要性采样

尽管蒙特卡罗方法可通过对概率密度函数进行随机采样、进而通过对样本进行加权求和来近似数学期望，但是后验概率密度是需要估计才能得到的，是未知量，因此无法对 $g(x)$ 直接采样。既然难以从目标分布中采样，那为何不从一个已知的、可以采样的分布 $q(x)$ 进行采样呢？只要能够构建这两个分布之间的关系就可以了。这个更易采样的概率密度函数 $q(x)$ 被称为建议分布，也称重要性密度或重要性函数。

例如，可以用一个高斯分布作为重要性采样函数来模拟一个目标分布[19]。假定粒子（即采样点）数为 500 个，由图 5-16（a）可知[19]，把高斯分布直接用来反映目标分布是不准确的，但是可以给不同的粒子赋予不同的权值，用以弥补重要性函数（这里为高斯分布）与目标分布之间的差异，见图 5-16（b），图中横坐标上的圆点的大小代表权值大小。

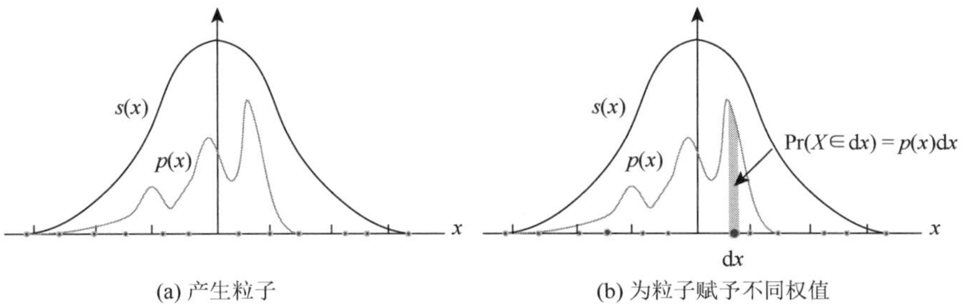

图 5-16　目标分布与重要性函数

考虑到状态量或观测量一般是多维向量，本节后续内容将 x 和 z 改写为 $\boldsymbol{X}$ 和 $\boldsymbol{Z}$ 的形式，式（5-86）可表示为

$$E(g(\boldsymbol{X}))=\int g(\boldsymbol{X})\cdot p(\boldsymbol{X})\mathrm{d}\boldsymbol{X}=\int g(\boldsymbol{X})\frac{p(\boldsymbol{X})}{q(\boldsymbol{X})}\cdot q(\boldsymbol{X})\mathrm{d}\boldsymbol{X} \tag{5-88}$$

当采样粒子的数目 N 很大时，利用蒙特卡罗方法便可得到

$$E(g(\boldsymbol{X}))\approx\frac{1}{N}\sum_{i=0}^{N-1}g(\boldsymbol{X}_i)\frac{p(\boldsymbol{X}_i)}{q(\boldsymbol{X}_i)},\quad i=1,2,\cdots,N \tag{5-89}$$

其中，$\boldsymbol{X}_i\sim q(\boldsymbol{X})$。这种采样方式被称为重要性采样，下面对其作进一步推导。

$$\begin{aligned}E(g(\boldsymbol{X}_k))&=\int g(\boldsymbol{X}_k)\frac{p(\boldsymbol{X}_k\mid\boldsymbol{Z}_{1:k})}{q(\boldsymbol{X}_k\mid\boldsymbol{Z}_{1:k})}q(\boldsymbol{X}_k\mid\boldsymbol{Z}_{1:k})\,\mathrm{d}\boldsymbol{X}_k\\&=\int g(\boldsymbol{X}_k)\frac{p(\boldsymbol{Z}_{1:k}\mid\boldsymbol{X}_k)p(\boldsymbol{X}_k)}{p(\boldsymbol{Z}_{1:k})q(\boldsymbol{X}_k\mid\boldsymbol{Z}_{1:k})}q(\boldsymbol{X}_k\mid\boldsymbol{Z}_{1:k})\,\mathrm{d}\boldsymbol{X}_k\\&=\int g(\boldsymbol{X}_k)\frac{w_k(\boldsymbol{X}_k)}{p(\boldsymbol{Z}_{1:k})}q(\boldsymbol{X}_k\mid\boldsymbol{Z}_{1:k})\,\mathrm{d}\boldsymbol{X}_k\end{aligned} \tag{5-90}$$

其中，$w_k(\boldsymbol{X}_k)=\dfrac{p(\boldsymbol{Z}_{1:k}\mid\boldsymbol{X}_k)p(\boldsymbol{X}_k)}{q(\boldsymbol{X}_k\mid\boldsymbol{Z}_{1:k})}\propto\dfrac{p(\boldsymbol{X}_k\mid\boldsymbol{Z}_{1:k})}{q(\boldsymbol{X}_k\mid\boldsymbol{Z}_{1:k})}$，符号 $\propto$ 表示正比于。根据蒙特卡罗方法，可得到

$$E(g(\boldsymbol{X}))\approx\sum_{i=1}^{N}g(\boldsymbol{X}_k^i)\frac{w_k(\boldsymbol{X}_k^i)}{p(\boldsymbol{Z}_{1:k})},\quad i=1,2,\cdots,N \tag{5-91}$$

式（5-91）将状态函数的数学期望求解变成对权值 $w_k(\boldsymbol{X}_k^i)$ 和概率密度 $p(\boldsymbol{Z}_{1:k})$ 的求取，$\boldsymbol{X}_k^i$ 表示 k 时刻的第 i 个粒子。

式（5-90）可进一步写为

$$\begin{aligned}E(g(\boldsymbol{X}))&=\frac{1}{p(\boldsymbol{Z}_{1:k})}\int g(\boldsymbol{X}_k)w_k(\boldsymbol{X}_k)q(\boldsymbol{X}_k\mid\boldsymbol{Z}_{1:k})\,\mathrm{d}\boldsymbol{X}_k\\&=\frac{\int g(\boldsymbol{X}_k)w_k(\boldsymbol{X}_k)q(\boldsymbol{X}_k\mid\boldsymbol{Z}_{1:k})\,\mathrm{d}\boldsymbol{X}_k}{\int p(\boldsymbol{Z}_{1:k}\mid\boldsymbol{X}_k)p(\boldsymbol{X}_k)\,\mathrm{d}\boldsymbol{X}_k}\\&=\frac{\int g(\boldsymbol{X}_k)w_k(\boldsymbol{X}_k)q(\boldsymbol{X}_k\mid\boldsymbol{Z}_{1:k})\,\mathrm{d}\boldsymbol{X}_k}{\int w_k(\boldsymbol{X}_k)q(\boldsymbol{X}_k\mid\boldsymbol{Z}_{1:x})\,\mathrm{d}\boldsymbol{X}_k}\end{aligned} \tag{5-92}$$

根据蒙特卡罗方法可以得到

$$E(g(\boldsymbol{X})) \approx \frac{\frac{1}{N}\sum_{i=1}^{N} g(\boldsymbol{X}_k^i) w_k(\boldsymbol{X}_k^i)}{\frac{1}{N}\sum_{i=1}^{N} w_k(\boldsymbol{X}_k^i)} = \sum_{i=1}^{N} g(\boldsymbol{X}_k^i)\tilde{w}_k(\boldsymbol{X}_k^i) \tag{5-93}$$

其中，$\tilde{w}_k(\boldsymbol{X}_k^i)$ 表示归一化权值，从而保证所有粒子的权值之和为 1，即

$$\tilde{w}_k(\boldsymbol{X}_k^i) = \frac{w_k(\boldsymbol{X}_k^i)}{\sum_{i=1}^{N} w_k(\boldsymbol{X}_k^i)} \tag{5-94}$$

在式（5-93）中，$g(\boldsymbol{X}_k^i)$ 是已知的粒子，因此求取 $E(g(\boldsymbol{X}))$ 转化为求取粒子的归一化权值。至此已经解决了无法从后验概率进行直接采样的问题。但是上面这种重要性采样在每个时刻都需对每个粒子直接计算权值，因此每个时刻都要计算 N 次，导致计算量过大，效率太低。如果能够找到一个递推关系来简化权值计算过程，则可显著降低计算量，这便是序贯重要性采样。

为此，对权值 $w_k(\boldsymbol{X}_k) = \dfrac{p(\boldsymbol{Z}_{1:k} \mid \boldsymbol{X}_k)p(\boldsymbol{X}_k)}{q(\boldsymbol{X}_k \mid \boldsymbol{Z}_{1:k})}$ 做进一步推导，得

$$\begin{aligned} w_k(\boldsymbol{X}_k) &= \frac{p(\boldsymbol{Z}_{1:k} \mid \boldsymbol{X}_k)p(\boldsymbol{X}_k)}{q(\boldsymbol{X}_k \mid \boldsymbol{Z}_{1:k})} \\ &= \frac{p(\boldsymbol{Z}_{1:k-1} \mid \boldsymbol{X}_{k-1})p(\boldsymbol{X}_{k-1})p(\boldsymbol{Z}_k \mid \boldsymbol{X}_k)p(\boldsymbol{X}_k \mid \boldsymbol{X}_{k-1})}{q(\boldsymbol{X}_{k-1} \mid \boldsymbol{Z}_{1:k})q(\boldsymbol{X}_k \mid \boldsymbol{X}_{k-1}, \boldsymbol{Z}_{1:k})} \\ &= w_{k-1}(\boldsymbol{X}_{k-1})\frac{p(z_k \mid \boldsymbol{X}_k)p(\boldsymbol{X}_k \mid \boldsymbol{X}_{k-1})}{q(\boldsymbol{X}_k \mid \boldsymbol{X}_{k-1}, \boldsymbol{Z}_{1:k})} \end{aligned} \tag{5-95}$$

注意，式（5-95）中的 $\boldsymbol{X}_k$ 应为 $\boldsymbol{X}_k^i$，表示 k 时刻的第 i 个粒子，公式中为了简洁而省略了上标 i。同理，$\boldsymbol{X}_{k-1}$ 应为 $\boldsymbol{X}_{k-1}^i$。根据式（5-95）计算出 $w_k(\boldsymbol{X}_k^i)$ 后，代入式（5-94）进行归一化，得到归一化权值 $\tilde{w}_k(\boldsymbol{X}_k^i)$，分别简记为 w_k^i 和 $\tilde{w}_k^i$。

由于重要性函数是我们自己选取的，如果将状态转移概率密度函数作为重要性函数，即 $q(\boldsymbol{X}_k \mid \boldsymbol{X}_{1:k-1}, \boldsymbol{Z}_{1:k}) = p(\boldsymbol{X}_k \mid \boldsymbol{X}_{k-1})$，则 $w_k = w_{k-1}p(\boldsymbol{Z}_k \mid \boldsymbol{X}_k)$，此时后验概率密度可被近似为 $p(\boldsymbol{X}_k \mid \boldsymbol{Z}_{1:k}) = \sum_{i=1}^{N} \tilde{w}_k^i g(\boldsymbol{X}_k^i)$，即 k 时刻的状态估计值。

4. 粒子重采样

序贯重要性采样方法存在着粒子退化现象，即经过若干次迭代后，除一些粒子的权值较大，其余的粒子只有微小的权值，可忽略不计，从而变成无效粒子，见图 5-17。随着无效采样粒子数目的增加，大量的计算被浪费在对估计后验概率分布几乎不起作用的粒子上，使得估计性能下降。

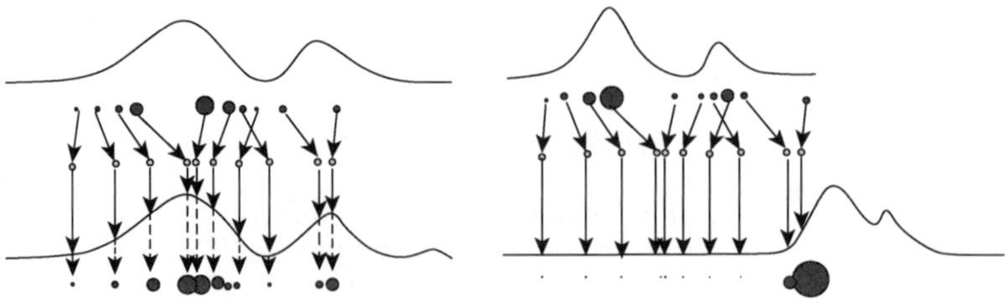

(a) 初步退化　　(b) 严重退化

图 5-17　粒子退化

有效粒子数越少，则权值的方差越大，表明权值退化越严重。为了衡量粒子的退化程度，引入有效样本容量的概念，定义为

$$N_{\text{eff}} = \frac{1}{\sum_{i=1}^{N}(w_k^i)^2} \tag{5-96}$$

如果 $N_{\text{eff}} < N_{\text{th}}$（$N_{\text{th}}$ 为预设阈值），则认为发生了严重退化，应采取措施对退化现象进行控制，再进行序贯重要性采样。最直接的方法是增加粒子数，但是会造成计算量增加，影响计算的实时性。因此，一般采用以下两种方法：第一种方法是选择合适的重要性概率密度函数，使得粒子权值的方差最小；第二种方法是在序贯重要性采样之后进行重采样，这是粒子滤波中的常用方法。

重采样的基本思路是，繁殖权值大的粒子，淘汰权值小的粒子。具体而言，权值大的粒子复制出的粒子多，权值小的粒子复制出的粒子少，丢弃掉那些权值很小的不起作用的粒子，整个过程要保持粒子数目仍然为 N 不变。可见，新粒子是从权值大的粒子复制出来的，权值越大的粒子，复制出来的新粒子也越多，这在图 5-18 中有清晰体现[20]。

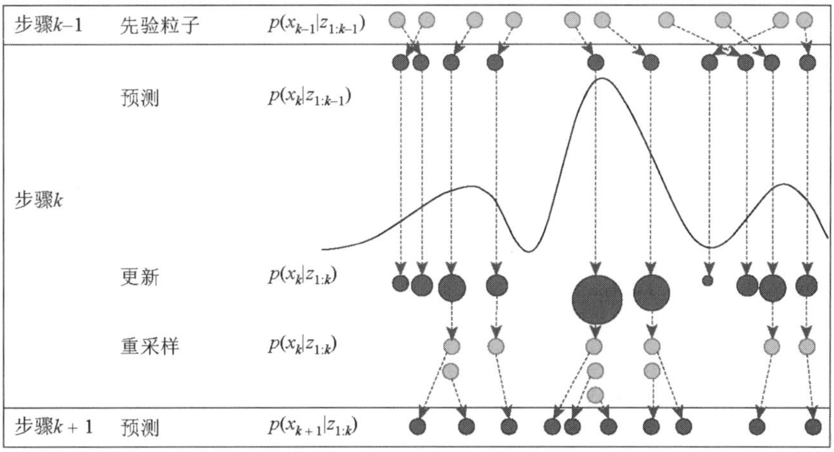

图 5-18　重采样示意图

重采样对粒子滤波有很大影响，主流的方法有系统重采样、多项式重采样、残差重采样、分层重采样、最小采样方差重采样，这里介绍多项式重采样。假设状态的后验概率密度可由 10 个粒子近似，见图 5-19。图中的数字为粒子的编号，箭头用于选择要存活的粒子。当粒子退化率高时，或者观测数据稳定或变化不大时，多项式重采样是合适的，以确保渐近状态估计。

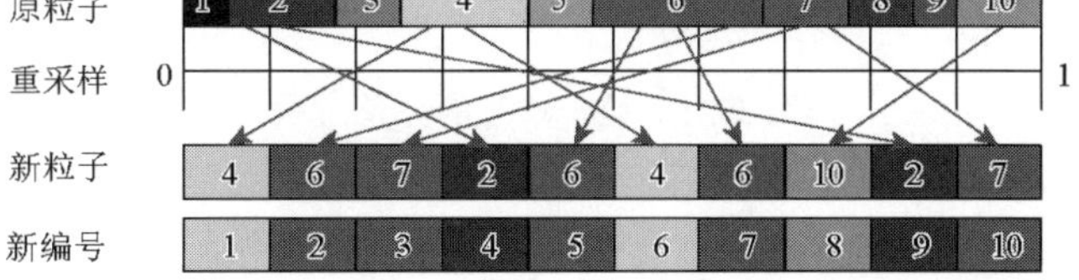

图 5-19　多项式重采样

多项式重采样是根据所有粒子的归一化累积分布函数的原粒子权值。简单起见，将粒子数简化为 4 个，归一化后的权值为[0.1, 0.2, 0.1, 0.6]，则多项式重采样数步骤如下所述。

（1）计算权值的累积概率和，MATLAB 中可用 cumsum()完成，结果为一个数组[0.1, 0.3, 0.4, 1.0]，可表示为图 5-20。

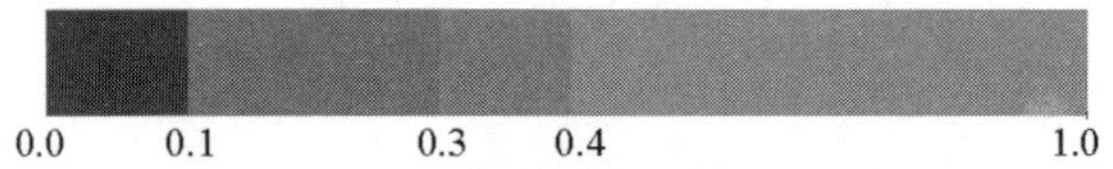

图 5-20　权值累积概率和

（2）随机生成一个数字并确定该数字所属的累积权值数组中的范围。
（3）该范围的索引将对应于应该创建的粒子。
（4）重复此操作，直到获得所需数量的样本。

5. 粒子滤波的完整过程

现以图 5-21 说明粒子滤波的完整过程[21]。

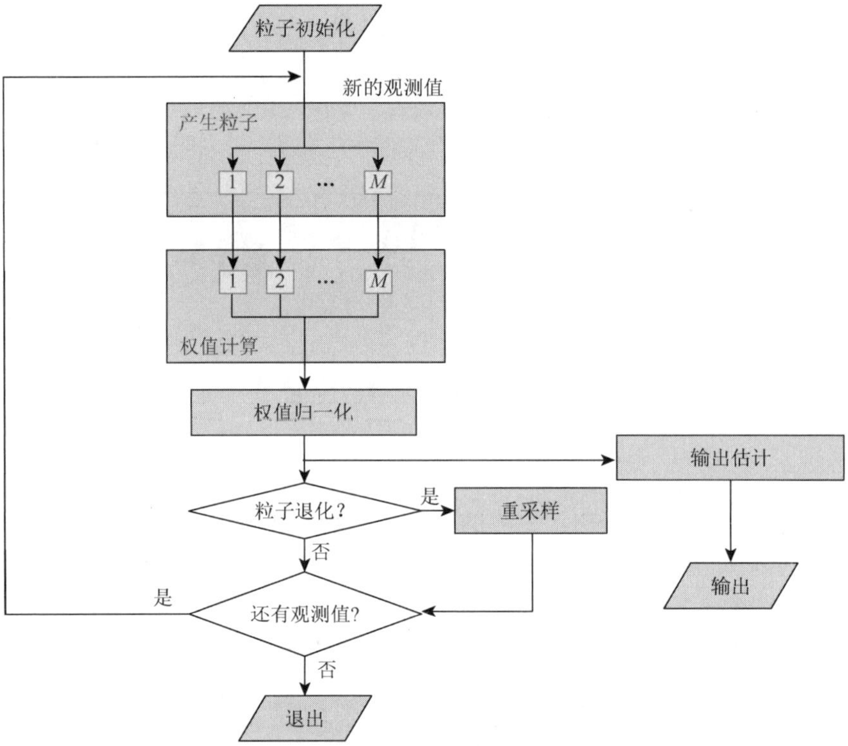

图 5-21　粒子滤波的完整过程

（1）初始化粒子。
由先验 $q(\boldsymbol{X}_0)$ 生成 N 个粒子 $\{\boldsymbol{X}_0^i, w_0^i\}, i=1,\cdots,N$ ，每个粒子的权值都初始化为 $1/N$ 。
（2）循环执行以下步骤直到没有新的观测值为止。
①状态预测。
利用状态方程 $\boldsymbol{X}_k^i = f(\boldsymbol{X}_{k-1}^i, \boldsymbol{U}_k)+\boldsymbol{W}_k$ 对粒子进行预测，得到 k 时刻的粒子 $\{\boldsymbol{X}_k^i\}$ 。注意，这里

的状态方程就是重要性函数，即 $q(\boldsymbol{X}_k \mid \boldsymbol{X}_{1:k-1}, \boldsymbol{Z}_{1:k}) = p(\boldsymbol{X}_k \mid \boldsymbol{X}_{k-1})$。

②更新粒子权值。

获得当前（k 时刻）观测值之后，利用式（5-95）重新计算每个粒子的权值。如果选用状态转移概率密度函数作为重要性函数，则利用 $w_k = w_{k-1} p(\boldsymbol{Z}_k \mid \boldsymbol{X}_k)$ 重新计算每个粒子的权值。随后利用式（5-94）进行权值归一化，得到归一化权值 $\tilde{w}_k^i$。

③重采样。

利用式（5-96）计算有效样本容量，若 $N_{\text{eff}} < N_{\text{th}}$（$N_{\text{th}}$ 为预设阈值），就执行重采样，重采样的粒子集由 $\{\boldsymbol{X}_k^i, \tilde{w}_k^i\}$ 变为 $\{\tilde{\boldsymbol{X}}_k^i, 1/N\}$，对比二者，发现粒子及其权值都发生了改变，$\tilde{\boldsymbol{X}}_k^i$ 实际是从 $\boldsymbol{X}_k^i$ 复制而来的，也就是说是它的“分身”，方便起见，新的 $\tilde{\boldsymbol{X}}_k^i$ 也用符号 $\boldsymbol{X}_k^i$ 表示。若 $N_{\text{eff}} \geqslant N_{\text{th}}$，不进行重采样。

④求得状态估计值。

$$\hat{\boldsymbol{X}}_k = \sum_{i=1}^{N} \tilde{w}_k^i \boldsymbol{X}_k^i \tag{5-97}$$

粒子滤波算法不受系统状态的线性高斯假设条件的制约，是解决非高斯分布非线性动态系统状态估计问题的有效途径。不过，粒子滤波也有其缺陷，主要表现在以下几点。

（1）重采样并没有从根本上解决权值退化问题，且重采样后的粒子之间不再是统计独立关系，给估计结果带来额外的方差。

（2）重采样破坏了序贯重要性采样算法的并行性，不利于硬件实现。

（3）重采样后的粒子集中包含了多个重复的粒子，从而可能导致粒子多样性的丧失，这种简单的重采样到最后可能都变成了只剩一种粒子的分身。解决的方法是正则粒子滤波。

（4）重要性采样中并没有加入测量值 $\boldsymbol{Z}_k$，只是凭先验知识 $p(\boldsymbol{X}_k \mid \boldsymbol{X}_{k-1})$ 进行采样，而不是使用修正了的后验概率，因此算法存在效率不高和对异常值敏感的问题。

（5）粒子滤波需要用大量的样本数量才能很好地近似系统的后验概率密度，能够有效地减少样本数量的自适应采样策略是该算法的重点。

针对这些缺陷，目前已发展出不少改进粒子滤波算法，如马尔可夫链蒙特卡罗粒子滤波、无迹粒子滤波、Rao-Blackwellised 粒子滤波等。

5.4.2　粒子滤波在机器人定位中的应用

还是以机器人定位与跟踪为例进行介绍。与 5.2.2 节稍有不同的是这里假定机器人为匀速运动[19]，因此状态方程中不再考虑速度的影响，因此状态量变为 $[x_k, y_k, \theta_k]$。其实，式（5-58）中已经有此假设，因为 $v_t = 0 + v_{t-1}$，因此这里不再考虑。于是，状态方程可表示为

$$\underset{\boldsymbol{X}_k}{\begin{bmatrix} x_k \\ y_k \\ \theta_k \end{bmatrix}} = \underset{\boldsymbol{F}_k}{\begin{bmatrix} 1 & 0 & 0 \\ 0 & 1 & 0 \\ 0 & 0 & 1 \end{bmatrix}} \underset{\boldsymbol{X}_{k-1}}{\begin{bmatrix} x_{k-1} \\ y_{k-1} \\ \theta_{k-1} \end{bmatrix}} + \underset{\boldsymbol{B}_k}{\begin{bmatrix} \cos(\theta_k) & 0 \\ \sin(\theta_k) & 0 \\ 0 & 1 \end{bmatrix}} \underset{\boldsymbol{U}_{k-1}}{\begin{bmatrix} v\Delta t \\ \omega_k \Delta t \end{bmatrix}} \tag{5-98}$$

此外，假定机器人在室内运动，因此不能再使用北斗、GPS 之类的卫星定位导航系统。这里假定机器人能够接收 Wi-Fi 信号，且在室内 4 个角落分别安装有 Wi-Fi 路由器，机器人能够和 Wi-Fi 路由器之间通过 Wi-Fi 信号测定彼此的距离，将其作为机器人的观测值。因此，观测方程可表示为

$$\boldsymbol{Z}_k = \begin{bmatrix} z_1 \\ z_2 \\ z_3 \\ z_4 \end{bmatrix}_k = \begin{bmatrix} \sqrt{(x_k - x_1)^2 + (y_k - y_1)^2} \\ \sqrt{(x_k - x_2)^2 + (y_k - y_2)^2} \\ \sqrt{(x_k - x_3)^2 + (y_k - y_3)^2} \\ \sqrt{(x_k - x_4)^2 + (y_k - y_4)^2} \end{bmatrix} \tag{5-99}$$

其中，(x_k, y_k) 为机器人在 k 时刻的坐标位置；(x_m, y_m) 为第 m 个 Wi-Fi 路由器的坐标位置，$m = 1,2,3,4$ 。

如果假定状态方程和观测方程的噪声均是高斯分布，其噪声协方差矩阵分别为 $\boldsymbol{Q}$ 和 $\boldsymbol{R}$。当然，当噪声是其他分布时粒子滤波也能处理，因为粒子滤波对信号噪声是什么分布没有限制。

按照 5.4.1 节的粒子滤波方法，不妨将状态转移概率分布 $p(\boldsymbol{X}_k | \boldsymbol{X}_{k-1})$ 作为重要性采样函数，由于这里假定它为高斯分布，因此可表示为

$$\boldsymbol{X}_k^i \sim \mathcal{N}(\boldsymbol{X}_{k-1}^i + \boldsymbol{B}_k \boldsymbol{U}_k, \boldsymbol{Q}) \tag{5-100}$$

1. 初始化粒子

假定机器人初始位置为 $\boldsymbol{X}_0 = [20, 30, \pi/180]^{\mathrm{T}}$，初始粒子 $\boldsymbol{X}_0^i (i = 1, \cdots, N)$ 为 $\boldsymbol{X}_0$ 的基础上叠加一个与 $\boldsymbol{Q}$ 相关的随机噪声，初始状态下每个粒子的权值都为 $1/N$，用 MATLAB 表示为

```
map_length=50;%房间长度
map_width=50;%房间宽度
% 随机生成初始机器人的位置
robot_pos=[20,30,pi/180]';
% 随机生成初始粒子分布的位置
for i=1:particle_num
  particle(:,i)=[robot_pos(1)+rand()*5,robot_pos(2)+rand()*5,
robot_pos(3)+rand()*pi/10]';
end
```

2. 循环执行以下步骤直到没有新的观测值为止

（1）状态预测，利用式（5-98）得到当前时刻的粒子值。

简便起见，假定 $\Delta t = 1\mathrm{s}$，$v = 1\mathrm{m/s}$，从上一时刻到本时刻的偏转角度 $\omega_k \Delta t$ 是一个随机值。先为状态噪声矩阵和观测噪声矩阵赋值，为保证每个粒子的差异，不同粒子的噪声矩阵值略有差异，可用 sqrt(Q_PF)*randn(6, 1)之类的方式赋值为一个主对角矩阵。

```
Wk = …;%运动噪声矩阵 Vk=…;%观测噪声矩阵
% Fk、Bk、Uk 分别代表房间长度式(5-98)的 Fk、Bk、Uk,Wk 为噪声矩阵
Particle(:,i) = Fk*particle(:,i)+Bk*Uk+Wk;
```

（2）更新粒子权值。

由于选用了状态转移概率密度函数 $p(\boldsymbol{X}_k | \boldsymbol{X}_{k-1})$ 作为重要性函数，因此计算权值可用 $w_k = w_{k-1} p(\boldsymbol{Z}_k | \boldsymbol{X}_k)$，其重点应该将 $p(\boldsymbol{Z}_k | \boldsymbol{X}_k^i)$ 计算出来。对于某一时刻的真实观测值 $\boldsymbol{Z}_k = [z_1, z_2, z_3, z_4]^{\mathrm{T}}$，每一个粒子也被假设进行了一次同样的观测，观测结果为 $\boldsymbol{Z}_k^i = [z_1^i, z_2^i, z_3^i, z_4^i]^{\mathrm{T}}$，则可认为这些粒子观测噪声满足高斯分布，于是得到

$$p(\boldsymbol{Z}_k \mid \boldsymbol{X}_k^i)=\frac{1}{\sigma\sqrt{2\pi}}\mathrm{e}^{-\frac{(x-\mu)^2}{2\sigma^2}} \tag{5-101}$$

distance=particle_Z-Z;%计算和真实值之间的差值，particle_Z 为观测粒子值，Z 为实际观测值

noise=zeros([1, 12])+sensor_noise*sensor_noise;%根据设定观测噪声，构建协方差

%计算权值，这里去掉了常数项 $\frac{1}{\sigma\sqrt{2\pi}}$，它对结果没有影响

```
weight*=exp(-.5*(distance)'*inv(sigma)*(distance))+1e-99;
```

随后，对粒子权值进行归一化:

```
sum_weight=sum(weight);
weight=weight./sum_weight;%归一化权值
```

（3）重采样。

重采样对粒子滤波有很大影响，是否重采样也有不同决策方法，一种方法就是根据有效样本容量计算，另一种则是无论什么条件，在每一步都重采样。假定已经确定需要重采样，则按照之前讲解的多项式重采样算法进行。

```
M=length(w);
Q=cumsum(w);%计算粒子权值累积函数 cdf
i=1;
while(i<=M)
   sampl=rand(1,1); %产生(0,1)均匀分布的随机数
   j=1;
   while(sampl>Q(j)) %确定随机数属于哪个区间
      j=j+1;
   end;
   indx(i)=j;%对粒子 i 重采样
   i=i+1;
end
```

（4）得到机器人的估计位置。

对粒子进行加权求和，得到机器人的当前位置的估计值。

```
double estimatedPosition=0.0;
   for(int i=0;i< numParticles; i++){
      estimatedPosition+=particle(:,i)* weight(i);
   }
```

参考文献

[1] 黄小平，王岩. 卡尔曼滤波原理及应用——MATLAB 仿真[M]. 北京：电子工业出版社，2015.

[2] Roger_罗杰. 我所理解的卡尔曼滤波[EB/OL]. https://www.jianshu.com/p/d3b1c3d307e0 [2023-12-22].

[3] 卡尔曼滤波分类及基本公式[EB/OL]. https://wenku.baidu.com/view/43d08ec388eb172ded630b1c59eef8c75fbf95ae.html[2023-12-23].

[4] Hhaowang. 正态分布（高斯分布）[EB/OL]. https://blog.csdn.net/hhaowang/article/details/83898881[2023-12-23].

[5] Ai 火箭营. 透彻理解扩展卡尔曼滤波[EB/OL]. http://baijiahao.baidu.com/s？id = 1617263767992390794& wfr = spider&for = pc [2023-12-23].

[6] 学海拾贝. 卡尔曼滤波器、扩展卡尔曼滤波器、无向卡尔曼滤波器的详细推导[EB/OL]. https://blog.csdn.net/u013102281/article/details/59109566 [2024-1-4].

[7] 扩展 Kalman 滤波（EKF）和无迹卡尔曼滤波（UKF）[EB/OL]. https://wenku.baidu. com/view/ 7a537b11c8d 376eeafaa3157.html [2024-1-4].

[8] 秦永元，张洪钺，汪叔华. 卡尔曼滤波与组合导航原理[M]. 3 版. 西安：西北工业大学出版社，2015.

[9] 有点小意思. 卡尔曼滤波系列（二）扩展卡尔曼滤波 [EB/OL]. https://blog.csdn.net/weixin_ 42647783/ article/ details/89054641 [2023-12-23].

[10] 李昌明，梅莉，秦东兴. 基于扩展卡尔曼滤波的轮式移动机器人定位技术[J]. 中国测试，2011，37（6）：76-79.

[11] Austin.Dawei. Extended Kalman filter localization[EB/OL]. https://linkhs.github.io/Colab/Kalmanfilter/ extended_kalman_filter_localization.html [2023-11-23].

[12] Faisal M，Alsulaiman M，Hedjar R，et al. Enhancement of mobile robot localization using extended Kalman filter[J]. Advances in Mechanical Engineering，2016，8（11）：1-11.

[13] 无损变换和无迹 Kalman 滤波算法[EB/OL]. https://wenku.baidu.com/view/ 044dc5d66e1aff00bed5b9f3f90f76c661374c3d.html?_wkts_ = 1703325080341 [2023-12-23].

[14] Rhudy M，Gu Y. Understanding nonlinear Kalman filters，Part II：An implementation guide[EB/OL]. https://yugu.faculty. wvu.edu/files/d/2cbb566f-9936-4033-bb1c-6d887c30d45a/irl_wvu_online_ukf_implementation_v1-0_06_28_2013.pdf [2024-1-8].

[15] Austin.Dawei. Unscented Kalman filter[EB/OL]. https://linkhs.github.io/Colab/Kalmanfilter/unscented_kalman_filter.html[2024-1-5].

[16] 学步园. 粒子滤波（PF：Particle Filter）[EB/OL]. https://www.xuebuyuan.com/3232663.html [2018-4-8].

[17] 百度文库. 粒子滤波理论一看就懂[EB/OL]. https://wenku.baidu.com/view/362c5868a300a6c30c229fbd.html [2019-10-7].

[18] 白巧克力亦唯心. Particle filter tutorial 粒子滤波：从推导到应用[EB/OL]. https://download. csdn. net/ download/heyijia0327/10178119 [2023-12-23].

[19] Elfring J，Torta E，van de Molengraft R. Particle filters：A hands-on tutorial[J]. Sensors，2021，21（2）：438.

[20] Kuptametee C，Aunsri N. A review of resampling techniques in particle filtering framework[J]. Measurement，2022，193：110836.

[21] 胡青松，张申. 矿井动目标精确定位新技术[M]. 徐州：中国矿业大学出版社，2016.

第 6 章　定位中的多径效应与非视距处理

除了被动定位，目标定位都需要由被定位目标携带定位标签，通过定位标签与信标节点进行信息交互完成定位工作，即通过一个节点传输定位信号给另一个节点，收到信号后通过测距、测角等方法进行位置估计。在此过程中，一个默认假设是定位信号在传输空间中直线传播，且传播路径只有一条。遗憾的是，定位信号遇到障碍物的时候会产生反射、散射等现象[1]，致使源节点发出的定位信号通过多条不同的路径传输到接收端，此即无线信号的多径传播现象，简称多径效应。在这多条路径中，如果收发节点之间的直线传播路径被障碍物阻断，那接收端就只能收到反射或衍射等信号路径的信号，此即无线信号的非视距传播。多径效应和非视距传播都会对定位造成严重的负面影响，本章将讨论如何克服其不利影响、利用其有利因素提高定位精度。

6.1　定位中的多径效应

6.1.1　多径效应的理论基础

除非将发射波束精确指向接收节点，否则信号从一个节点出发会沿着各个方向传播。如果在环境中存在设备、墙壁等物体或人员，则将产生散射或反射等现象。信号除了沿着直线路径传输给接收节点，这些散射或反射信号也有部分能够到达接收端。因此，除非将发射波束精确指向接收节点，或者传播空间除了收发节点空无一物（称为开放空间），信号将通过多条不同路径到达接收节点，这被称为多径效应。

以图 6-1 为例[2]，图 6-1（a）中的一对收发节点正在传输无线信号，发送节点的信号既可直接传输给接收节点，假定为路径 1；也可通过障碍物反射传输给接收节点，假定为路径 2。若信号发送节点为信标节点，接收节点为目标节点，则图 6-1（a）可以用图 6-1（b）建模。两条路径的信号到达接收节点的时候，其信号强度、相位和幅度都是不同的，接收节点收到的信号为两条路径信号的叠加，见图 6-1（c），该图为极坐标系。

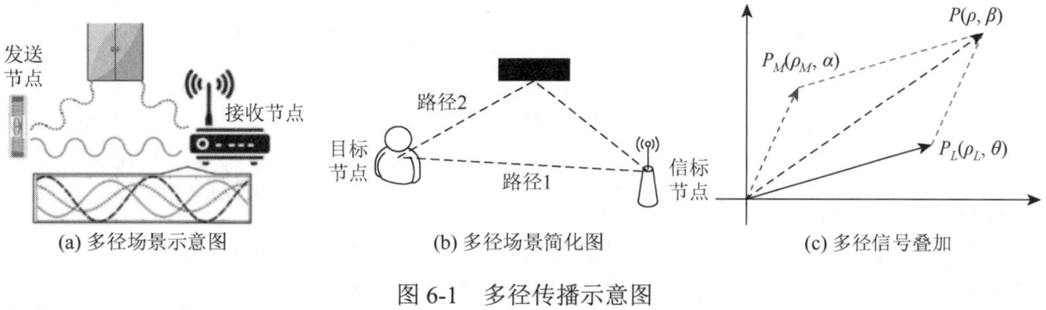

图 6-1　多径传播示意图

可用信道脉冲响应（channel impulse response，CIR）对多径信道建模，从中可以得到平均超量延迟、均方根延迟扩展、最大超量延迟、总接收功率、多径分量数、首达径功率和首达径到达时间等特征参数，后续将对这些参数进行部分介绍。

假设信道为时不变系统，则 CIR 为

$$h(\tau)=\sum_{i=1}^{N}\alpha_i \mathrm{e}^{-\mathrm{j}\theta_i}\delta(\tau-\tau_i) \tag{6-1}$$

其中，N 是多径数目；α_i、θ_i 和 τ_i 分别是第 i 径信号的幅度、相位和时延；$\delta(\tau_i)$ 是狄拉克函数。

相位的相长和相消会导致频率选择性衰落，其特征为信道频率响应（channel frequency response，CFR），表达式为

$$H(f_k)=\|H(f_k)\|\mathrm{e}^{\mathrm{j}\sin(\angle H)} \tag{6-2}$$

其中，$\|H(f_k)\|$ 是子载波 k 的幅度信息；$\angle H$ 为其相位。可见，CFR 由幅频响应和相频响应组成。

CFR 描述了信道状态信息（channel state information，CSI），它反映了无线信号在收发节点之间的传播过程，包括距离、反射、衰落等参数对信号的影响，最终体现在接收信号中的幅度和相位变化。

假定接收信号为 $r(t)$，发送信号为 $s(t)$，信道脉冲响应为 $h(t)$，则

$$r(t)=s(t)\otimes h(t) \tag{6-3}$$

那么，接收信号频谱 $R(f)$ 为发送信号频谱 $S(f)$ 和信道频率响应 $H(f)$ 的乘积：

$$R(f)=S(f)\times H(f) \tag{6-4}$$

图 6-2 给出了一个多径传播的 CIR 与 CFR 的例子。CIR 和 CFR 都描述了多径效应，它们是信号幅度的复数，其功率参数可用功率时延谱（power delay profile，PDP）和功率谱密度（power spectral density，PSD）描述。

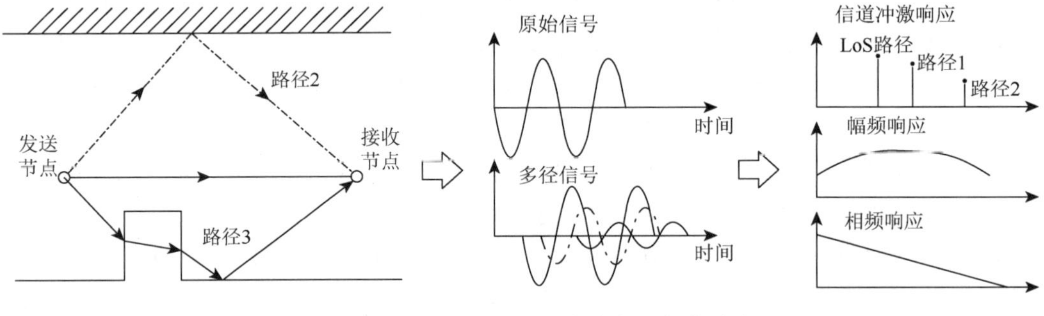

图 6-2　多径传播信道的冲激响应和频率响应

在利用信道响应进行目标定位的时候，带宽大小是其主要影响因素。具体而言，取决于直达径和其他路径的时延扩展与信号带宽倒数的大小关系，其中时延扩展是最先到达的信号和最后到达的信号时间之差。如果信道时延扩展较小，将无法把直达分量和多径分量分辨开来，此时称为窄带衰落；如果时延扩展较大，则直达分量和其他多径分量能分辨开来，称为宽带衰落。从直观上看，带宽不足将使接收到的多径分量看起来像圆顶三角形，而不是窄脉冲。如果这些圆顶三角形存在重叠交叉，则这些路径的信号是不可分辨的。

在带宽不受限的情况下，CFR 是 CIR 的傅里叶变换，CIR 则是 CFR 的傅里叶逆变换。在带宽受限的情况下，CFR 比 CIR 更有利于定位，因为 CIR 的大多数变化仅仅能在少数几个时间点看出来，见图 6-3（a）；而在频率上的差异则跨越了 CFR 的整个频率范围，见图 6-3（b），因此 CFR 更容易区分。

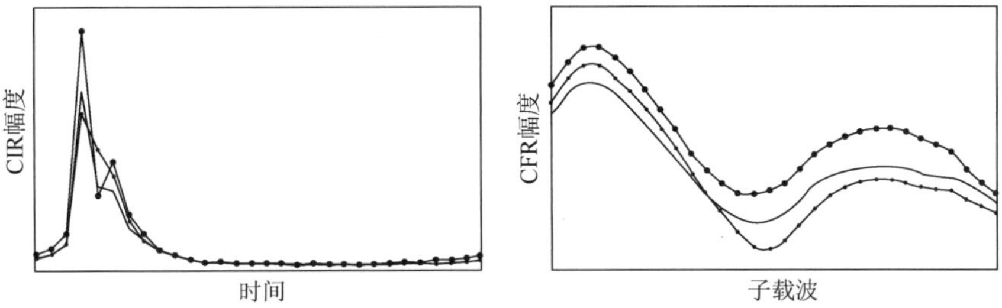

(a) CIR　　(b) CFR

图 6-3　三个不同位置的 CIR 与 CFR

6.1.2　多径效应对无线定位的影响

在第 3 章的 RSSI 测距方法中已经了解到，信号在信道中传输时幅度会随着距离增加而衰减，这被称为路径损耗。根据信号的路径衰减模型，可以根据接收到的信号强度求解出节点间的距离，这便是 RSSI 测距的基本依据。不过，多径条件下的信号传播不仅仅受传输距离的影响，也受到地形、建筑物、树木等影响而起伏变化，这被称为阴影损耗或阴影衰落，它会导致接收信号强度不稳定，从而影响定位性能。阴影损耗和路径损耗叠加，将会使信号幅度发生较大尺度内的起伏变化。如果再叠加多径损耗，则会同时引起小尺度和大尺度范围内的信号起伏，对定位造成更大的影响，见图 6-4。

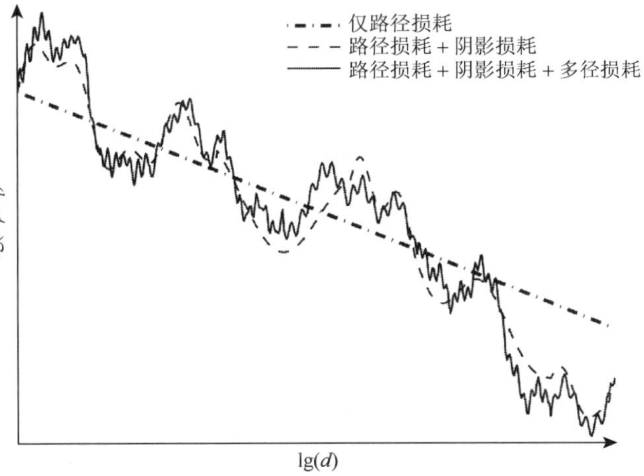

图 6-4　多径损耗、路径损耗和其他损耗

前面内容已提到，接收节点收到的信号是各个路径信号的叠加。因此，多径分量的微小变化就可能导致信号的显著相长或相消，从而导致 RSSI 的显著波动。实验表明，即使接收节点不动，RSSI 在 1min 内的变化也可能高达 5dB。图 6-5 给出了多径信号在接收端相消和相长叠加的例子：图 6-5（a）为相消叠加，导致信号幅度减弱；图 6-5（b）为相长叠加，导致信号幅度增强。

可见，无论相长或相消叠加，它们都背离了信号的本来传播规律。RSSI 测距定位利用到了距离与接收信号强度的单调递减关系，但是多径效应传播使得这种递减关系不再严格满足（见图 6-4），从而导致定位误差大幅上升。即使使用指纹定位也是如此，因为定位场景中会出现人或车之类的移动物体，它们会影响某些多径分量或带来额外的多径分量，这必然导致接收信号幅度的波动，进而导致在线阶段的位置匹配不再准确。

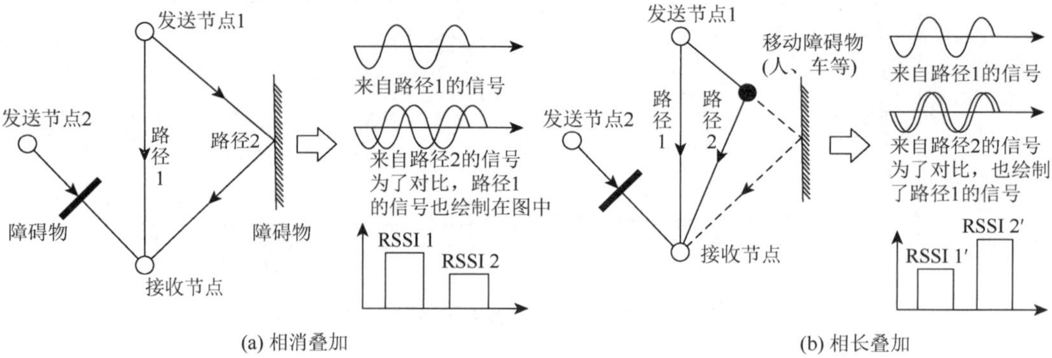

图 6-5　多径信号在接收节点的叠加效应

多径效应除了导致基于 RSSI 的定位算法误差增大，还会影响其他测距定位算法的性能。例如，由于绝大多数传播路径的长度是不同的，因此到达接收端的时间也不同[3]，从而带来 ToA 或 TDoA 误差。此外，不同路径的信号会经历不同的相位变化、角度差异等，从而给 PDoA 和 AoA 等测距带来误差。在无线定位系统中，被定位目标的位置处于不断变化状态，其所处环境也会发生变化，因此多径效应也是随时间而变化的，对定位精度的影响也处于动态变化中。

6.2　定位中的非视距传播

6.2.1　非视距传播的理论基础

前面内容已经阐述过，除非将发射波束精确指向接收节点，或者传播空间除了收发节点空无一物，否则多径效应将使得信号沿着多条不同路径到达接收节点。如果收发节点之间没有障碍物，收发节点之间将存在一条直达路径或者视距（LoS）路径，而其他多径路径则被称为非视距（NLoS）路径。如果在“收发节点一定范围内”存在障碍物，收发节点将只有 NLoS 路径，甚至连 NLoS 路径都没有，通信被完全阻断。

上述的“收发节点一定范围内”指的是第一菲涅耳区，定义为包含一些反射点的椭圆体，在这些反射点上反射波和直射波的路径差小于半个波长。视距传播要求第一菲涅耳区内没有对无线电波造成遮挡的物体[4]，否则就会产生非视距现象。

菲涅耳区在二维平面上为椭圆，其大小取决于无线电波的频率及发射节点与接收站节点的距离[5]。以图 6-6 为例，假定发射节点和接收节点分别为 A_1 和 A_2，P 为 A_1 与 A_2 连线上的任意一点，与 A_1 和 A_2 的距离分别为 l_1 和 l_2，R 为第 k 菲涅耳区的边缘与点 P 的距离，R 的计算公式为

$$R=\sqrt{\frac{kl_1l_2\lambda}{l_1+l_2}} \tag{6-5}$$

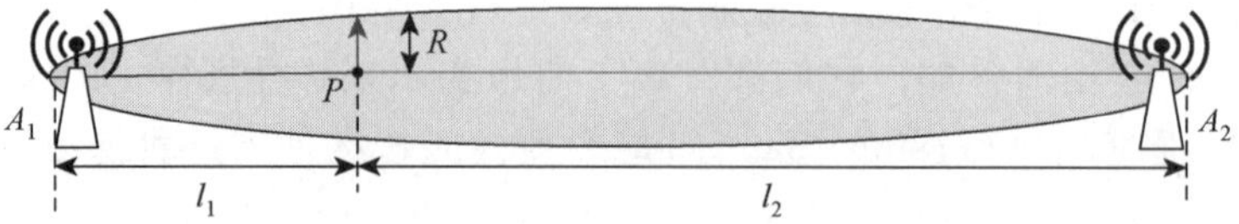

图 6-6　视距传播与第一菲涅耳区

假定 A_1 和 A_2 为信标节点，在它们所形成的菲涅耳区内有一个移动目标 T，见图 6-7。若 A_1 与 T 之间的菲涅耳区内没有障碍物，则二者之间为 LoS 传播，否则为 NLoS 传播。在没有 NLoS 的情况下，测距误差可建模为高斯随机过程。在叠加上 NLoS 误差之后，测距误差中包含了测量误差和 NLoS 误差，可建模为高斯-伽马随机过程或基于信号衰减的模型，即高斯过程与伽马过程的叠加，见图 6-8。

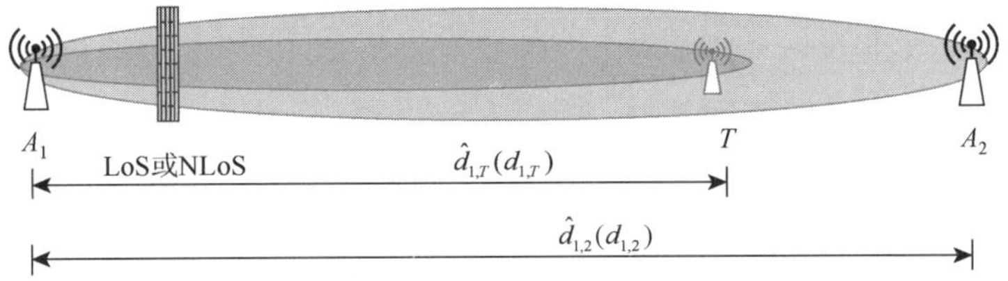

图 6-7　在有/无障碍物情况下的定位示意图

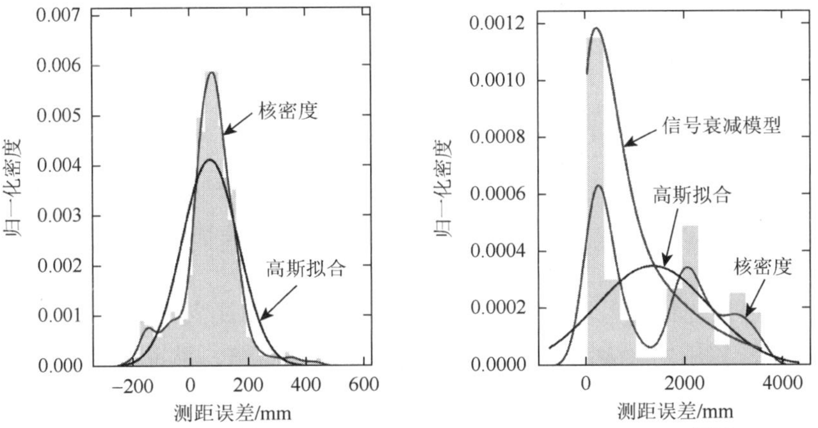

(a) LoS情况　　(b) NLoS情况

图 6-8　总测距误差

值得注意的是，目标阻挡与目标阴影导致的 NLoS 对定位的影响是不同的[6]。以人体为例，所谓人体阻挡，指的是有行人挡在了信标与目标节点之间，这种阻挡会随着行人的行走而消失，因此是暂时的。所谓人体阴影，则指的是定位标签安装在人体身上，人员就是需要定位的目标节点，如果标签正好被整个人体阻挡，则对定位的影响会很大，且会持续较长的时间。人体阴影效应决定了定位标签在人体的安装位置非常重要，通常躯干比四肢和头部的影响要大得多。

6.2.2　非视距传播对无线定位的影响

NLoS 传播对定位的影响主要体现在测距阶段。对于基于测距的目标定位方法而言，距离测量是根据直达信号进行的，即利用 LoS 信号测量距离。而 NLoS 信号是通过反射、衍射、绕射等现象到达接收端的，相对于 LoS 信号而言，NLoS 信号的强度、相位、角度等发生了一定程度的变化，从而影响距离测量精度[7]。

图 6-9 给出了 UWB 定位系统在 LoS 和 NLoS 情况下的测距误差，可以看出，NLoS 情况下的测距误差显著大于 LoS 情况。

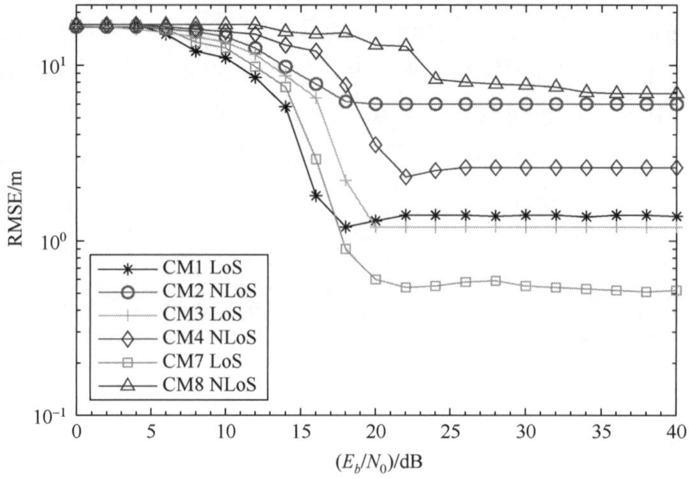

图 6-9　UWB 定位系统的 LoS 与 NLoS 测距误差

NLoS 传播对不同测距方法造成的影响不同，下面分别予以介绍。首先考虑 NLoS 对 RSSI 测距的影响，如图 6-10 所示。假定 A 和 B 为定位系统中的两个节点，路径 1、路径 2、路径 3 为两个节点之间的三条不同路径。路径 1 为没有遮挡时的路径，即 LoS 路径；路径 2 为信号穿过遮挡物的传播路径，属于 NLoS 路径，通过路径 2 从节点 A 到达节点 B 的信号比 LoS 信号更弱。路径 3 为信号通过另外一个障碍物反射到目标节点的传播路径，属于 NLoS 路径，信号强度也比 LoS 信号弱。

根据 RSSI 路径损耗模型[8]，更弱的接收信号强度会被误认为信号经历了更远的传输距离，也就是根据 RSSI 计算出的收发节点之间的距离大于实际距离，从而将目标定位在一个比实际位置更远的位置，降低定位精度。

对于 AoA 或 AoD 测距而言，角度测量越准确则定位精度越高，而非视距传播将会导致到达角或离开角发生偏差。以图 6-11 为例，信标节点 A 和信标节点 B 的位置已知，目标节点 C 的位置未知。假定信号能够穿透障碍物到达信标节点 B，由于信号在穿透障碍物时存在折射现象，信标节点 B 测得的信号到达角由 α_2 变为了 α_3，导致目标节点估计位置偏离了真实位置，使得目标节点位置估计误差增大。

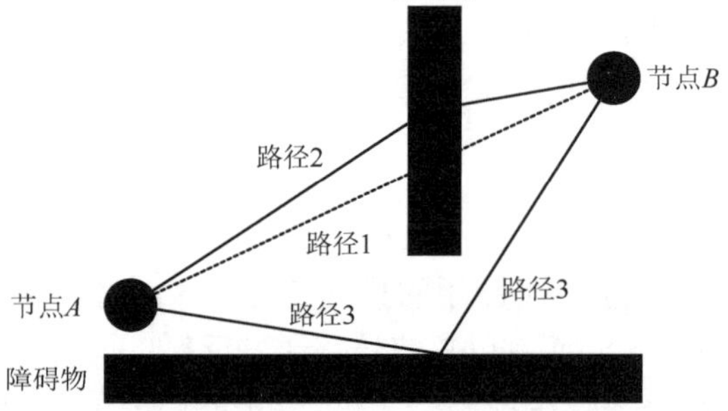

图 6-10　NLoS 对 RSSI 测距影响

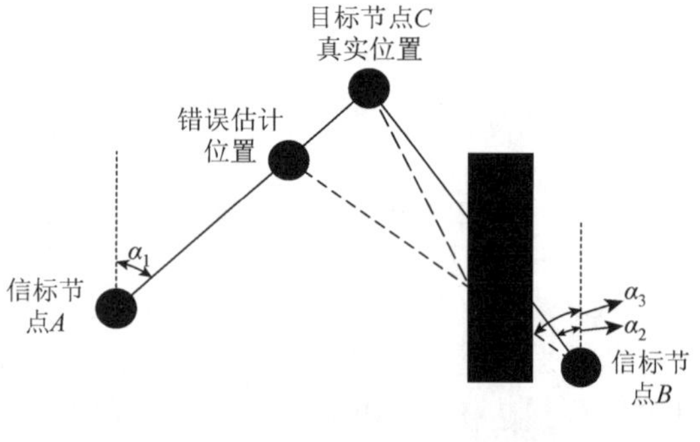

图 6-11　NLoS 对 AoA 定位影响
（信号能穿透障碍物时）

如果信号不能穿过遮挡物但是可通过另一个障碍物反射到信标节点 B，如图 6-12 所示，节点 B 的测得的角度将由 α_2 变成 α_3，此时产生的角度偏差更严重，导致位置估计偏差增大，甚至无法进行位置估计。

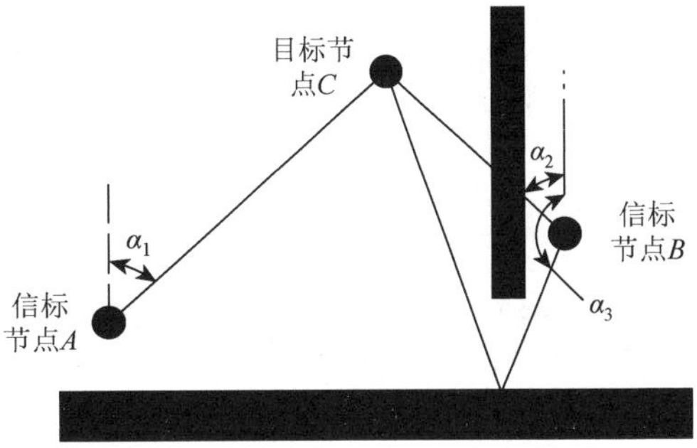

图 6-12　NLoS 对 AoA 定位影响
（信号不能穿透遮挡物时）

对于 ToA 和 TDoA 定位算法，非视距传播导致的信号传播路径变化将会产生信号传播时间误差。还是以图 6-10 为例，路径 2 和路径 3 明显长于路径 1，因此信号通过路径 2 和 3 的传播时间长于路径 1，若以这些非视距信号测得的时间结果进行目标定位，势必增大基于 ToA 或 TDoA 定位算法的定位误差。

下面以图 6-13[9]为例综合探讨多径效应和 NLoS 传播。在该图中，目标 1 与信标之间 A_3 之间存在两条传输路径，一条为 LoS 路径，另一条为通过墙壁反射的路径，它是一条 NLoS 多径路径。目标 1 与 A_2 之间仅有一条 LoS 路径，不过这仅仅是示意图，实际场景中 A_2 附近的墙壁肯定会产生反射，从而产生多径路径。其他目标与信标的数据传输可采用类似方法进行分析。

NLoS 识别方法可分为基于距离的 NLoS 识别、基于信道的 NLoS 识别和基于位置的 NLoS 识别三大类[6]。基于距离的 NLoS 识别通过第 3 章的测距方法在一段时间内多次测量距离，基于这些测得的距离计算距离方差，然后将方差与预先给定的阈值进行比较。另一种做法是通过测得的距离的概率密度函数进行判断（见图 6-8），这要求预先知道距离的概率密度分布函数。

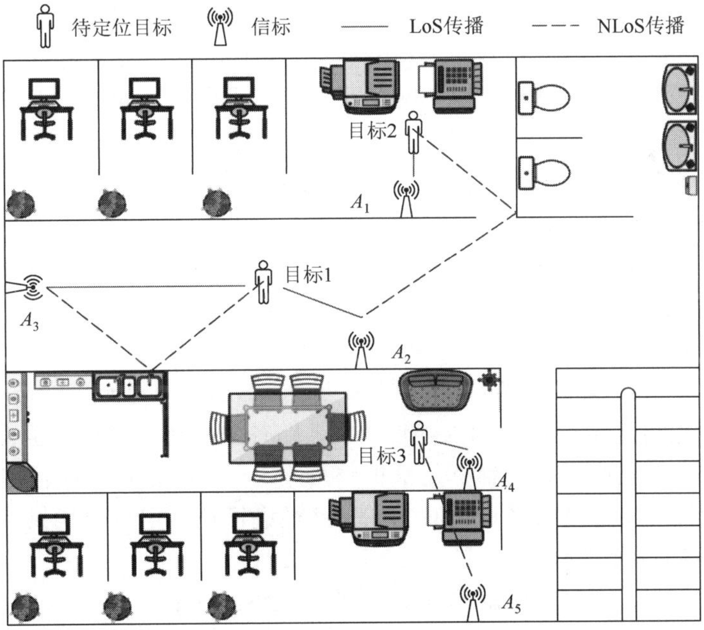

图 6-13　NLoS 与多径传播示意图

基于信道的方法依赖于从 CIR 获取的幅度或时间统计特征，典型的幅度特征有 RSSI、接收信号的最大幅度、功率差、功率比等，典型的时间特征有 ToA、均方根时延扩展、峰间延迟、上升时间、平均超量延迟和最大超量延迟等。另外，可以求得 CIR 数据的分布情况，如峰度和偏度，它们也较为常用。获得信道的统计特征后，可以通过阈值比较法、假设检验法、模糊逻辑法或机器学习法进行 NLoS 识别。但是，如何确定一个合适的阈值或分布函数是较为困难的。

基于位置的方法在定位过程中识别 NLoS。当可以进行多次距离测量时，根据这些不同距离测量值可以计算出相应的定位结果，对比这些定位结果即可确定某次测量结果是否处于 NLoS 状态。另一种常用的方法是定位结果与地图、几何形状、路径连续性等外部信息联合使用来进行 NLoS 的识别。

上述三种 NLoS 识别方法均有其缺陷。基于距离的 NLoS 识别需要许多测量数据，因此延迟很高。在基于 CIR 的方法中，特征的提取和处理也会加大延迟，并且需要大量的内存资源。此外，测距和一些基于信道的硬阈值和假设检验方法需要 LoS 和 NLoS 条件下特征参数的概率密度函数，这个条件并不一定都能满足。基于位置的方法在测量值较小或没有可用地图的场景下可能无法使用，且复杂度较高。尽管机器学习技术在训练过程中需要大量的数据，但训练好之后在识别 NLoS 方面非常稳健，且不需要参数的概率密度函数。将基于实时 CIR 特征和机器学习模型相结合有望获得较好的 NLoS 识别效果。

在识别出 NLoS 链路后，必须对这些 NLoS 链路的距离测量值进行优化处理，以便提高定位精度，这被称为 NLoS 缓解或 NLoS 抑制，常见方法有两种：①求取出测距误差并将其从距离测量值中减去，它通常使用与 NLoS 识别相同的 CIR 特征，然后利用测距误差模型或机器学习模型抑制 NLoS 误差；②通过专门设计的定位技术直接抑制 NLoS 效应，它通过调整算法中的 NLoS 测量值的权值，使得 NLoS 传播的影响最小。

在测量值数量很少的情况下，降低 NLoS 测量值的权值或将其完全舍弃的做法可能会丢失有用信息，从而影响定位性能。在测距误差模型中，需要研究影响测距误差的每个参数，并将其排除在外，这是一项极具挑战且容易出错的任务。而机器学习算法可以在不同条件下通过输入大量数据，训练出可以自动抑制 NLoS 的模式，并且不需要先验知识。尽管目前已有很多机器学习算法，但是支持向量机和决策树在 NLoS 的识别和抑制方面利用得较多。

在进行定位的时候，二维情况下通常需要 3 个或 3 个以上的信标才能对目标进行准确定位。通常，我们要求这些信标处于 LoS 状态，即该信标与目标节点之间没有障碍物（严格意义上是第一菲涅耳区内没有障碍物）。例如，在图 6-13 中，A_2 和 A_3 相对于目标 1 而言都是 LoS 信标，而 A_2 相对于目标 2 而言则是 NLoS 信标。因此，在 NLoS 场景的无线定位中，首先考虑的是识别出目标节点周围的 LoS 信标。

对于 LoS 信标，由于其多径传输路径中既包括 LoS 路径，也包括 NLoS 路径，因此可以直接采用 LoS 路径信号定位，也可加入其他 NLoS 路径信号协同定位。但是对于 NLoS 信标，由于其没有 LoS 路径，因此在定位信标足够的情况下，可以在定位的时候将其抛弃不用，但是在定位信标不够的情况下，则只能通过其 NLoS 路径进行辅助定位。如果完全没有 LoS 信标，那就只能依靠 NLoS 信标进行定位，见图 6-14。

在本章后续内容中，6.3 节讲解基于距离的 LoS/NLoS 识别方法，由于基于概率密度分布函数的识别已在图 6-8 中介绍过，该节将不再讨论；6.4 节则介绍了基于信道的 NLoS 识别、基于传统机器学习的识别和基于神经网络的 NLoS 识别；6.5 节和 6.6 节是 NLoS 的抑制和利用。

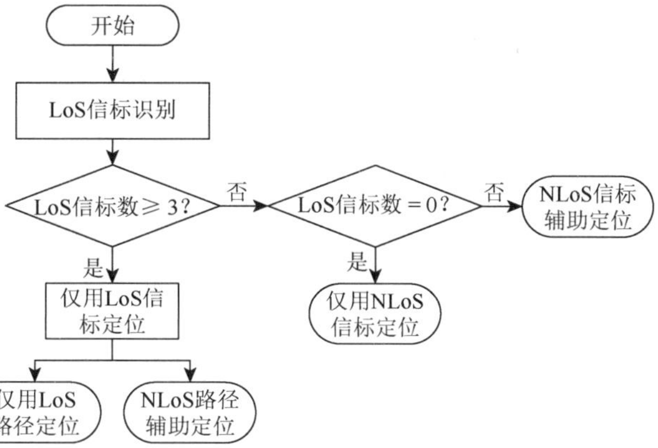

图 6-14　考虑多径与 NLoS 情况下的定位方法体系

6.3　LoS 信标识别

图 6-14 指出，应该首先识别信标是 LoS 信标还是 NLoS 信标，然后从 LoS 信标的接收信号中区分出 LoS 路径和 NLoS 路径，最后确定定位方法。本节介绍两种 LoS 信标识别方法：第一种方法只需要单个信标节点即可判断；第二种方法需要多个信标节点的协同。

6.3.1　根据距离测量进行识别

以图 6-7 为例，假定 A_1 和 A_2 为定位信标，T 为目标节点[5]。一方面，可以利用信标节点 A_1 和 A_2 的坐标直接计算出二者之间的真实距离，记为 d_{12}；另一方面，可在 A_2 位置处通过 RSSI 等方法测量出二者之间的距离，记为 $\hat{d}_{12}^i$，其中 i 表示第 i 次测量。真实距离与测量距离的差值即测距误差，在 LoS 情况下，多次测距误差为高斯随机过程：

$$e_{12}(x)=\mathcal{N}(\mu_{12},\sigma_{12}^2) \tag{6-6}$$

其中，μ_{12} 和 σ_{12} 分别是 LoS 情况下的均值和标准差，可多次测量后拟合得到。

假定 LoS 情况下目标节点第 i 次测得的 T 与 A_1 之间的距离为 $\hat{d}^i$，在 T 与 A_1 之间存在障碍物的情况下，测距误差中将会包含 NLoS 误差，可通过式（6-7）判断是否处于 LoS 状态：

$$A_1=\begin{cases}\text{LoS信标}, & e_{12}^i(x)\leqslant \mu_{12}+m\sigma_{12}\\ \text{NLoS信标}, & e_{12}^i(x)>\mu_{12}+m\sigma_{12}\end{cases} \tag{6-7}$$

注意，μ_{12} 和 σ_{12} 是在 LoS 情况下建模得到的参数，相比在 NLoS 情况下建模，LoS 情况下得到的参数更稳定、更可信，同时在采集数据和建模方面也更加方便。

由于利用测量的距离来评估信标是否处于 NLoS 状态简单便捷，因此 3GPP 将其写入了移动通信标准 TR 36.814 中。该标准定义了 4 个场景，具体如下。

（1）UMi 场景：即城区微小区场景，特点是室内与室外的用户都比较多，且基站高度小于周围建筑物，在距离 d 处为视距的概率为

$$P_{\text{LoS}}=\min(18/d,1)\cdot(1-\exp(-d/63))+\exp(-d/63) \tag{6-8}$$

（2）UMa 场景：即城区宏小区场景，特点是室内与室外的用户都比较高，且基站高度大于周围建筑物，在距离 d 处为视距的概率为

$$P_{\text{LoS}}=\min(18/d,1)\cdot(1-\exp(-d/36))+\exp(-d/36) \tag{6-9}$$

（3）InH 场景：即室内热点覆盖场景，在距离 d 处为视距的概率为

$$P_{\mathrm{LoS}}=\begin{cases}1, & d\leqslant 18\\ \exp(-(d-18)/27), & 18<d<37\\ 0.5, & d\geqslant 37\end{cases} \tag{6-10}$$

（4）RMa 场景：即大范围连续覆盖场景，支持高速移动，如郊区和农村等广袤地区，在距离 d 处为视距的概率为

$$P_{\mathrm{LoS}}=\begin{cases}1, & d\leqslant 10\\ \exp(-(d-10)/1000), & d>10\end{cases} \tag{6-11}$$

6.3.2 根据残差检验进行识别

利用误差和残差进行 NLoS 识别较为普遍。误差和残差是稍有差别的一组概念：误差是估计值与一个随机分布的均值之差（即 $e_i=X_i-\mu$），而残差是估计值与样本均值之差（即 $e_i=X_i-\bar{X}$）。请注意分布均值与样本均值的差别。

假定目标节点的坐标为 $\boldsymbol{X}(x,y)$，定位区域有 N 个信标节点 $(x_i,y_i),i=1,2,\cdots,N$。由于三个信标即可对目标节点进行定位，因此对于 N 个信标节点的定位区域，如果处于 LoS 的信标也是 N 个（$D=N$），则从中选择三个信标参与定位将会有 C_N^3 种不同的选择。当然，信标个数大于等于 3 的时候都可定位，因此共有[10]

$$S_0=\sum_{i=3}^{N}C_N^i \tag{6-12}$$

种信标组合可以对目标节点进行定位。

利用近似最大似然估计法可求得未知节点的 S_0 个解，其中第 S_0 个解是最优解，因为所有 N 个 LoS 信标节点均参与了定位，通常信标越多，定位结果越好。

可用残差反映定位结果的优劣，将其用 CRLB 归一化可得

$$\chi_x^2(k)=\frac{(\hat{x}(k)-x)^2}{B_x(k)},\quad \chi_y^2(k)=\frac{(\hat{y}(k)-y)^2}{B_y(k)},\quad k=1,\cdots,S_0-1 \tag{6-13}$$

其中，B_x 和 B_y 是 CRLB 的近似值。在计算 CRLB 的时候需要用到目标节点的真实坐标，但是真实坐标又不知道，一般用定位算法解算出的结果代替。在所有信标节点都处于 LoS 的情况下，$\chi_x^2(k)$ 和 $\chi_y^2(k)$ 均近似服从中心 χ^2 分布，否则不是。

当通过残差检验判断出 $D=3$ 时，需要从所有信标中识别出到底哪 3 个信标是 LoS 信标。三个信标不足以继续进行残差检验，需通过德尔塔检验进行判断。

因此，残差检验的完整步骤如下：

（1）测量来自 N 个定位信标的 ToA 值；

（2）利用近似最大似然估计法求得未知节点的 S_0 个解；

（3）计算克拉默-拉奥下界 B_x 和 B_y，从而计算出随机变量 χ^2，并计算 $L_0=2(S_0-1)$；

（4）统计 $\chi^2\geqslant \mathrm{TH}$ 的数量，记为 l，其中 TH 是预先设定的阈值；

（5）如果 $l\leqslant 0.1L_0$，则 $D=N$；否则从 $k=0$ 开始，令 $k=k+1$，开始下述迭代；

（6）如果满足 $N-k=3$，则 $D=3$，执行德尔塔检验；如果不满足，则从 N 个信标中选择 $N-k$ 个信标，共有 C_N^{N-k} 种选择，每种选择的结果对应一个信标集合。

对于每个集合执行如下步骤：

（1）利用近似最大似然法求得未知节点的 $S_k = \sum_{i=3}^{N-k} C_{N-k}^{i}$ 个解；

（2）计算克拉默-拉奥下界 B_x 和 B_y，从而计算出随机变量 χ^2，并计算 $L_k = 2(S_k - 1)$；

（3）统计 $\chi^2 \geqslant \text{TH}$ 的信标节点数量，记为 l；

（4）判断 $l \leqslant 0.1L_k$ 是否满足，如果满足，则 $D = N - k$，C_N^{N-k} 个信标集合中 l 值最小的那个集合将包含 D 个 LoS 定位信标；如果不满足 $l \leqslant 0.1L_k$，则令 $k = k+1$，回到第（6）步重新开始迭代。

为了进行德尔塔检验，从 N 个信标中选择 2 个信标，假定为 BS_1 和 BS_2；从剩下的 $N-2$ 个信标中任意选择一个信标，判断这三个信标是否是 LoS。对于某个 NLoS 信标 i 而言，将满足

$$\hat{d}_i = d_i + n_i + \alpha_i \tag{6-14}$$

其中，n_i 是测量误差；α_i 是 NLoS 误差，对于 LoS，将没有这一项。对式（6-14）扩展后，可得

$$\begin{bmatrix} 2x_1 & 2y_1 & 0 \\ 2x_2 & 2y_2 & 0 \\ 2x_i & 2y_i & -1 \end{bmatrix} \begin{bmatrix} x \\ y \\ \varDelta_i \end{bmatrix} = \begin{bmatrix} K_1^2 & C^2 & \hat{d}_1^2 \\ K_2^2 & C^2 & \hat{d}_2^2 \\ K_i^2 & C^2 & \hat{d}_i^2 \end{bmatrix} + \begin{bmatrix} 2d_1 n_1 + \alpha_1^2 \\ 2d_2 n_2 + \alpha_2^2 \\ 2d_i n_i + \alpha_i^2 \end{bmatrix} \tag{6-15}$$

其中，$C^2 = x^2 + y^2$；$K_i^2 = x_i^2 + y_i^2$；$\varDelta_i = 2d_i\alpha_i + 2n_i\alpha_i + \alpha_i^2$。当式（6-15）中的 3 个信标都是 LoS 时，$\varDelta_i \approx 0$；若有一个或多个信标为 NLoS，则 $\varDelta_i \neq 0$。

从 N 个信标中选择 2 个信标共有 C_N^2 种不同可选组合，从而构成 C_N^2 个信标集合。考虑 C_N^2 个信标集中的某个信标集合，从剩下的 $N-2$ 个信标中任选一个信标作为第三信标，以便满足有 3 个信标进行定位的条件，并计算这三个信标的 $\varDelta_i$；对所有 $N-2$ 个信标都按照上述方法，让它们逐一充当第三信标并计算 $\varDelta_i$，为了区分，记为 $\varDelta_{i,j}$，$j = 1,2,\cdots,N-2$。对于任意 1 个信标，它们会在这些 3 个信标组合的集合中出现三次。如果这 3 个信标是 LoS 信标，其 $|\varDelta_{i,j}|$ 较小。如果将这三次出现的 $|\varDelta|$ 值相加，其值必然是最小的，据此即可判断哪 3 个信标是 LoS 信标。

因此，上述残差检验第（6）步中的德尔塔检验的步骤如下：

（1）从 N 个信标中选择 2 个信标，共有 C_N^2 种选择，从而构建 C_N^2 个信标集合；

（2）对每个集合，从其余 $N-2$ 个信标中任选一个信标添加到该集合中，构成含有 3 个信标的新集合；

（3）计算每个新集合的 $\varDelta_{i,j}$；

（4）把三组相同信标的 $|\varDelta_{i,j}|$ 相加；

（5）将和值最小的集合包含的 3 个信标识别为 LoS 信标。

在 $D \geqslant 4$ 时，本方法位置估计的均方误差接近克拉默-拉奥下界，但是当 $D = 3$ 时，难以识别出 LoS 信标，因此会导致产生较大的误差。另外，ToA 测距存在误差并且克拉默-拉奥下界本身就是一个大约估计值[11]，使得测量数据是 χ^2 单自由度概率密度函数，并不是精确值。

6.4 LoS 信标的 NLoS 路径识别

6.4.1 多径传播的统计特征

NLoS 场景下，信号幅值的衰减比 LoS 场景下更大，致使接收到的信号能量更小。在有 LoS 路径的情况下，第一条路径（也称首达径）的信号通常是最强的。在完全没有 LoS 路径的情况

下，在最强信号路径之前通常还有来自其他路径的较弱信号分量，使得接收信号有一个相对较长的上升时间。此外，NLoS 信号的均方根时延扩展通常比 LoS 信号的要大。这些统计特征上的差别是识别 LoS 路径与 NLoS 路径的重要参数。

常用的参数有标准差、斜率、偏度、峰度、接收信号能量、最大接收信号幅度、上升时间、平均超量延迟、均方根时延扩展等。斜率和标准差的概念较为简单，不再介绍。

1. 偏度

偏度又称偏度系数，通常用于测量随机变量概率分布的不对称性，定义为

$$S = E\left(\left(\frac{X-\mu}{\sigma}\right)^3\right) = \frac{E((X-\mu)^3)}{(E((X-\mu)^2))^{3/2}} = \frac{E(X^3)-3\mu\sigma^2-\mu^3}{\sigma^3} \tag{6-16}$$

其中，μ 和 σ 分别为均值和标准差。

偏度的绝对值越大，分布形态的偏斜程度越大。偏度的含义可用图 6-15 解释：若 $S=0$，则其概率分布与正态分布的偏度一样，此时没有偏斜；若 $S>0$，则数据分布形态为正偏（右偏），即有一条长尾巴拖在右边；若 $S<0$，则数据分布形态为负偏（左偏），即有一条长尾拖在左边。图 6-15 中的均值含义比较好理解；中位数表示对所有数值进行从高到低或者从低到高排列，取处于中间的数值；众数计算方法是，计算每个数值或每个数值范围出现的次数，出现频率最高的就是众数。

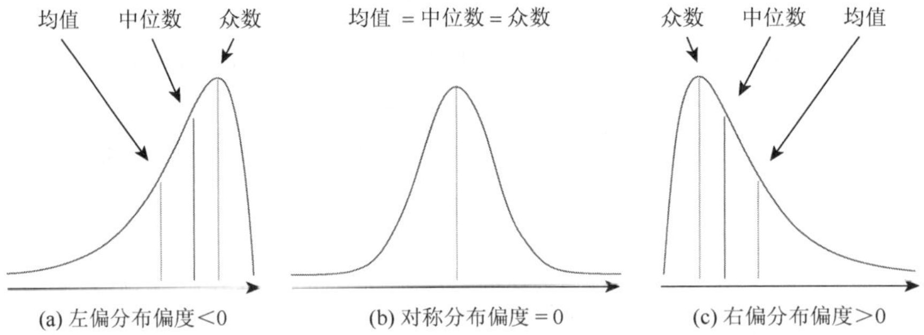

图 6-15　偏度的图形化表示

图 6-16 给出了四种典型场景下的偏度概率密度分布情况[12]，其中 CM1 和 CM2 分别为住宅场景的 LoS 和 NLoS，CM3 和 CM4 分别为办公室场景的 LoS 和 NLoS，CM5 和 CM6 分别为室外场景的 LoS 和 NLoS，CM7 和 CM8 分别为工业场景的 LoS 和 NLoS。可以看出，无论哪种场景，NLoS 与 LoS 的偏度都存在较大差别，这为识别 NLoS 奠定了基础。

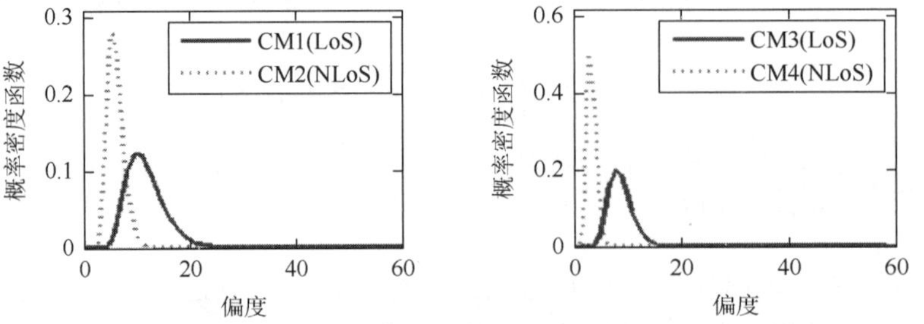

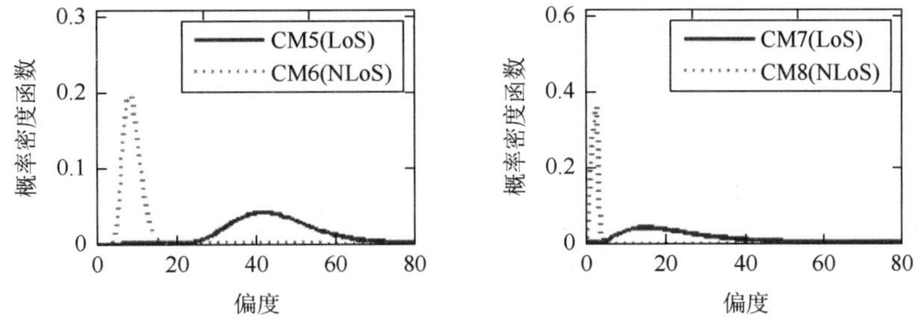

图 6-16 四种典型场景的偏度图形化表示

2. 峰度

峰度又称为峰态系数，描述了取值分布形态的陡缓程度，定义如下：

$$K=\frac{E((X-\mu)^4)}{(E((X-\mu)^2))^2}=\frac{E((X-\mu)^4)}{\sigma^4} \tag{6-17}$$

若 $K=0$，则该数据呈正态分布；若 $K>0$，则该数据分布比正态分布陡峭；若 $K<0$，则该数据分布比正态分布平坦。峰度的绝对值数值越大，数据分布的陡缓程度与正态分布差异越大，见图 6-17。

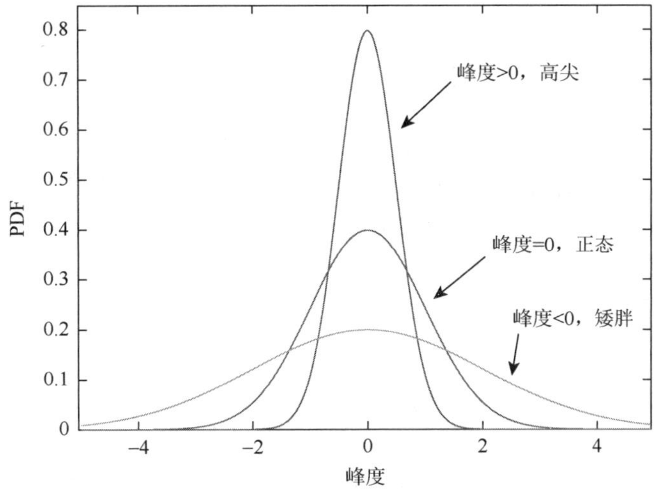

图 6-17 峰度的图形化表示

图 6-18 给出了四种典型场景下的峰度概率密度分布情况[13]，CM1～CM8 的含义与图 6-16 相同。可以看出，无论哪种场景，NLoS 与 LoS 的峰度都存在较大差别。

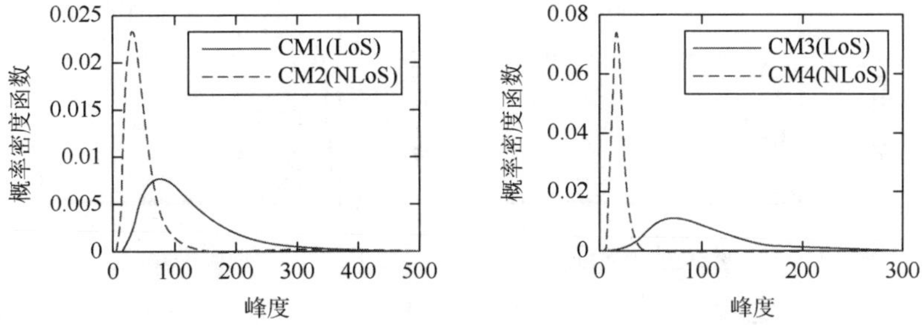

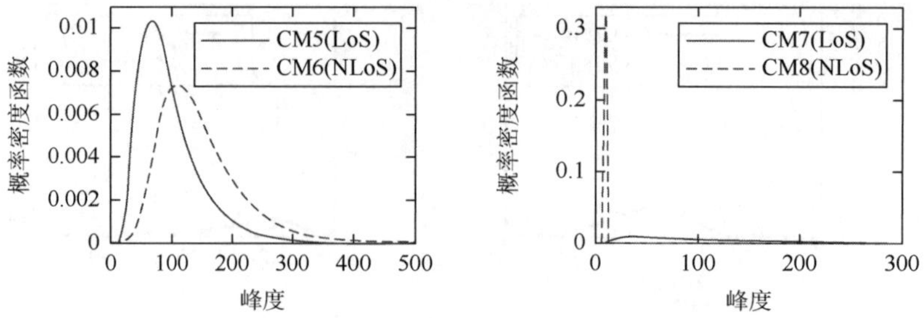

图 6-18　四种典型场景的峰度图形化表示

此外，在 LoS 识别和抑制中还经常用到如下特征参数[14]。

3. 接收信号能量

$$E_r = \int_{-\infty}^{+\infty} \left| r(t) \right|^2 \mathrm{d}t \tag{6-18}$$

4. 最大接收信号幅度

$$r_{\max} = \max_t \left| r(t) \right| \tag{6-19}$$

5. 上升时间

$$t_{\mathrm{rise}} = t_{\mathrm{H}} - t_{\mathrm{L}} \tag{6-20}$$

其中，$t_{\mathrm{H}} = \min\left\{ t : \left| r(t) \right| \geqslant \beta r_{\max} \right\}$；$t_{\mathrm{L}} = \min\left\{ t : \left| r(t) \right| \geqslant \alpha \sigma_n \right\}$；$\sigma_n$ 为噪声的标准差；常数 α 和 β 根据经验选取，需要满足 $\alpha > 0$，$0 < \beta \leqslant 1$。

6. 平均超量延迟

$$t_{\mathrm{MED}} = \frac{\int_0^{+\infty} t \left| r(t) \right|^2 \mathrm{d}t}{\int_0^{+\infty} \left| r(t) \right|^2 \mathrm{d}t} \tag{6-21}$$

图 6-19 给出了四种典型场景下的平均超量延迟的概率密度分布情况[13]，CM1～CM8 的含义与图 6-16 相同。可以看出，无论哪种场景，NLoS 与 LoS 的平均超量延迟都存在较大差别。

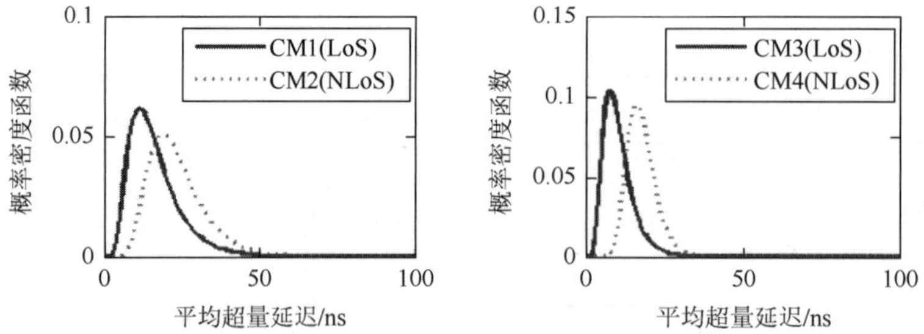

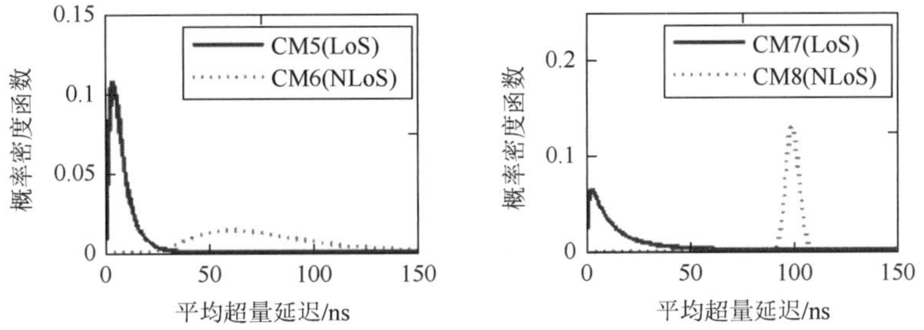

图 6-19　四种典型场景的平均超量延迟图形化表示

7. 均方根时延扩展

$$t_{\mathrm{RMS}}=\frac{\int_0^{+\infty}(t-t_{\mathrm{MED}})^2\left|r(t)\right|^2\mathrm{d}t}{\int_0^{+\infty}\left|r(t)\right|^2\mathrm{d}t} \tag{6-22}$$

图 6-20 给出了四种典型场景下的均方根时延扩展的概率密度分布情况[13]，CM1～CM8 的含义与图 6-16 相同。可以看出，无论哪种场景，NLoS 与 LoS 的均方根时延扩展都存在较大差别。

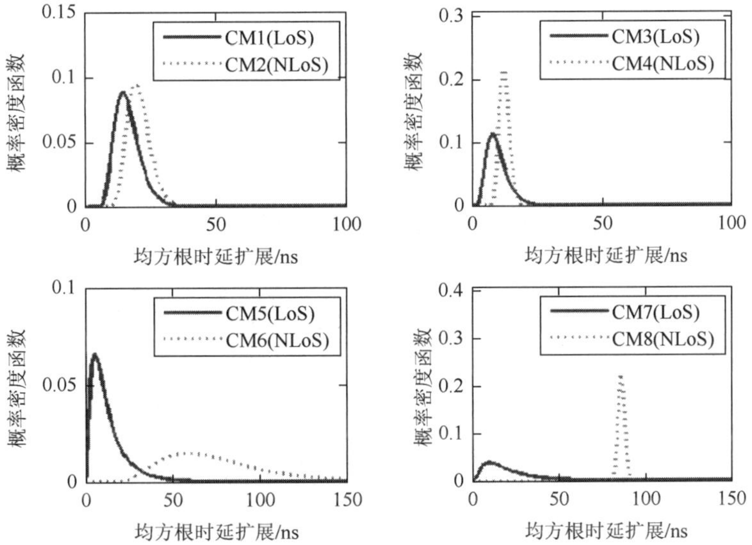

图 6-20　四种典型场景的均方根时延扩展图形化表示

6.4.2　利用统计特征识别和抑制 NLoS 路径信号

从数据样本中提取出多径传播的统计特征之后，最简单的 NLoS 识别方法是选择一个特征参数，如偏度，判断当前偏度是否大于该特征参数，若大于则为 LoS，否则为 NLoS。也可将多个特征组合起来进行识别[15]，见图 6-21。对于选定的每个特征参数都设定好阈值，然后判断该参数是否大于对应的阈值，得到一个 0 或 1 值，图中用 $\alpha_i(i=1,2,\cdots,4)$ 表示。随后对所有的 α_i 进行加权求和，求和的结果是一个属于区间 [0,1] 的数，判断该数是否大于阈值（如 0.8），决定最终结果是 LoS 还是 NLoS。

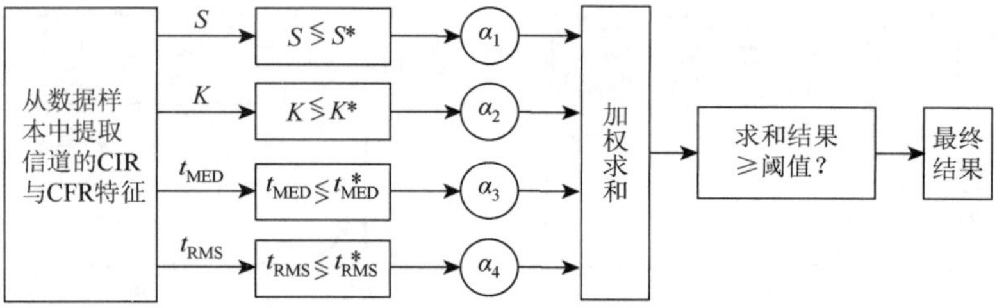

图 6-21　基于多信道特征融合的 NLoS 识别

除了将多个基本特征组合起来进行 NLoS 识别，也可利用基本特征构造出新特征进行 NLoS 识别，这里介绍一种基于信号能量统计特征的方法[16]，它适用于 ToA 的情况。能量检测不需要精确的时间同步和精确的信道估计，因为它仅仅利用了信号能量。因此，能量检测复杂度较低，并且需要的采样率不高。

能量检测一般由四部分组成：带通滤波器、平方器、积分器和判决装置。首先对接收到的信号进行平方，然后对该信号进行积分，然后将积分器输出与阈值进行比较，将第一个超过阈值的能量块视为 ToA 估计结果。

假定收到的信号为 $r(t)$，第 n 个采样通过积分器后的输出为 $z[n]$，其标准差为

$$\mathrm{SD}=\sqrt{\frac{\sum_{n=1}^{N_b}(z[n]-\mu)^2}{N_b-1}} \tag{6-23}$$

其中，N_b 为采样的总数；μ 为 z 的均值。

接收端收到的 N_b 个 $z[n]$ 可以用一个 $N_b\times 1$ 的矩阵 $\boldsymbol{U}$ 表示，从而可计算出其旋度 C，旋度的具体定义式这里不再给出，仅讲述算法思想。根据旋度和标准差构造一个新的参数：

$$Q=C\times\mathrm{SD} \tag{6-24}$$

其中，Q 是单调递减的信噪比函数，在特定 SNR 范围内（如 4～40dB）LoS 和 NLoS 环境下的值差异很大。理论上，Q 的平均值可以用来识别 NLoS 环境。令 Q 的平均值为 M，是否处于 NLoS 环境可以利用式（6-25）进行判断：

$$M\begin{cases}\begin{cases}\leqslant\alpha_M\Rightarrow\mathrm{LoS}\\>\alpha_M\Rightarrow\mathrm{NLoS}\end{cases} & (\mathrm{TX}=360°)\\ \begin{cases}\leqslant\alpha_M\Rightarrow\mathrm{NLoS}\\>\alpha_M\Rightarrow\mathrm{LoS}\end{cases} & (\mathrm{TX}<360°)\end{cases} \tag{6-25}$$

其中，α_M 是识别 LoS 和 NLoS 的阈值；TX 是测量所用天线的波束宽度。

当 $\mathrm{TX}=360°$ 时，如果 $M\leqslant\alpha_M$，则为 LoS 传播；如果 $M>\alpha_M$，则为 NLoS 传播。当 $\mathrm{TX}<360°$ 时，如果 $M\leqslant\alpha_M$，则为 NLoS 传播；如果 $M>\alpha_M$，则为 LoS 传播。NLoS 识别阈值 α_M 的选择十分重要，可通过实验或仿真的方式确定。

考虑到 Q 只在特定 SNR 范围有效，构造如下新参数，它是在 SNR 的单调递增函数。

$$J=(C/\mathrm{SD})\times 10-(Q)\times 2 \tag{6-26}$$

其中，C/SD 是旋度与标准差之比。J 的平均绝对误差（mean absolute error，MAE）随着 J 的增加而递减，MAE 的定义如下：

$$\mathrm{MAE}=\frac{1}{N_m}\sum\left|t_m-\hat{t}_m\right| \tag{6-27}$$

其中，t_m 是信标节点与目标节点的真实传播时间；$\hat{t}_m$ 是通过 ToA 算法估计出的时间；N_m 是估计的次数。

本算法在低信噪比时识别精度的优势更明显，且与积分周期和信道无关。

6.4.3　基于 CSI 信息提取识别 LoS 路径

CSI 相对于 RSSI 的重要进步是其通过频率分集解决多径的能力[17]。然而，CSI 仍然无法克服需要 LoS 路径进行精确距离或方向估计的限制。本节介绍根据 CSI 进行 LoS 识别和抑制的方法。

根据 Friis 自由空间模型，接收端收到的信号可表示为

$$P_r=\frac{P_tG_tG_r\lambda^2}{(4\pi d)^n} \tag{6-28}$$

其中，P_t 和 P_r 分别为发送功率和接收功率；G_t 和 G_r 分别为发送节点和接收节点的天线增益；λ 为信号波长；d 为收发节点之间的距离（注意是直线距离，即 LoS 距离）；n 为路径损耗因子。

由式(6-28)可知，接收功率与波长有关，因此与频率有关。当存在多径效应的时候，式(6-28)将变成如下公式：

$$P(d_i,\Gamma_i,\lambda_k)=\frac{P_tG_tG_r\Gamma_i\lambda_k^2}{(4\pi d_i)^n}\mathrm{e}^{-\mathrm{j}\frac{2\pi d_i}{\lambda_k}} \tag{6-29}$$

其中，d_i 和 Γ_i 分别表示第 i 条传输路径的传播距离和反射系数；λ_k 表示传播信号的波长。于是在特定频率 $f_k=c/\lambda_k$ 接收到的总功率为

$$P_k=\left\|\sum_{i=1}^{N}P(d_i,\Gamma_i,\lambda_k)\right\| \tag{6-30}$$

在频率 f_k 测量到的接收功率与信道的幅频响应成正比。基于上述原理，可设计 LoS 识别算法。在假定式（6-29）中 $n=2$ 的情况下，可得到如下函数：

$$P(\boldsymbol{x},\lambda)=q\lambda_k^2\left(\left(\sum_{i=1}^{N}\frac{\Gamma_i\cos\left(\dfrac{d_i}{\lambda_k}\right)}{d_i^2}\right)^2+\left(\sum_{i=1}^{N}\frac{\Gamma_i\sin\left(\dfrac{d_i}{\lambda_k}\right)}{d_i^2}\right)^2\right)^{\frac{1}{2}} \tag{6-31}$$

其中，$\boldsymbol{x}=(q,\Gamma_1,\cdots,\Gamma_N,d_1,\cdots,d_N)$；$q=\dfrac{P_tG_tG_r}{(4\pi)^2}$。

该方法将距离估计和多径抑制结合到一组非线性方程中，并同时求解所有参数。其中，$i=1$ 的时候表示 LoS 传播路径。不过，该问题存在大量未知变量，且式（6-31）是非线性的，在没有约束的情况下其理论解在数值上不稳定。

另一种方法是利用 CFR 与 CIR 的傅里叶变换关系进行求解。具体而言，在收发端通过基

于 OFDM 的 Wi-Fi 网卡进行信号收发，利用多个子载波同时发送信号，接收端的物理层就将收到采样过的 CFR 信号。将 CFR 进行傅里叶逆变换，就可得到 CIR 信号。随后，根据预先设定的阈值确定将哪些信号滤除，例如，将幅值小于第一个峰值的 50%的路径统统滤除，从而保留 LoS 或者最短 NLoS 路径信号。

在室内环境中，Wi-Fi 的信道带宽通常大于相干带宽，因此 OFDM 的所有子载波上的衰落都是频率选择性衰落。一般而言，在多个不相关的子载波上同时发生深衰落的概率远小于在单个频率的情况，因此，将多个子载波的信号加权求和有利于减轻频率选择性衰落。为此，将通过阈值处理的剩余信号通过傅里叶变换再次变换到频域。式（6-28）已经说明，接收功率是信号传输频率的函数。由于此处接收端是在多个子载波上接收信号，因此需将多个子载波频率上的剩余 CSI 信号求和，即

$$\mathrm{CSI}_F=\frac{1}{K}\sum_k \frac{f_k}{f_c}\|A\|_k \tag{6-32}$$

其中，f_c 是中心频率；K 是 OFDM 中的子载波数目；f_k 是第 k 个子载波频率；$\|A\|_k$ 是第 k 个子载波接收到的信号滤波之后变换回频域后的数值。

于是可得到 LoS 路径的距离为

$$d_{\mathrm{LoS}}=\frac{1}{4\pi}\left(\left(\frac{v}{f_c\times \mathrm{CSI}_F}\right)^2\times\sigma\right)^{\frac{1}{n}} \tag{6-33}$$

其中，v 是信号传播速度；n 是路径衰减因子；σ 是所有其他硬件的因素施加的总影响，包括发送功率、天线增益等。n 和 σ 需要在定位场景中通过预先训练得到。

6.4.4 基于传统机器学习的 NLoS 路径识别

为了使 NLoS 识别结果更可靠，可引入其他复杂一些的算法。支持向量机（SVM）是一种既可用于分类问题、又能用于回归问题的强化学习技术，与神经网络相比鲁棒性较高、参数较少、性能也较为优越。最小二乘 SVM（least square SVM，LS-SVM）比标准 SVM 的复杂度更低，在分类和回归方面都得到了成功应用。

NLoS 路径识别可看成二分类问题，即根据输入的信道特征将该传播路径归类为 NLoS 或 LoS 路径。因此，它可视为一个将 n 维空间数值映射到二值元素集合的线性函数（$\mathbf{R}^n\to\{-1,+1\}$），即

$$l(x)=\mathrm{sgn}(y(\boldsymbol{x})) \tag{6-34}$$

其中，$\mathrm{sgn}(\cdot)$ 为符号函数，其输出结果为 -1 或 $+1$；$y(\boldsymbol{x})$ 利用 SVM 式子表达：

$$y(\boldsymbol{x})=\boldsymbol{w}^{\mathrm{T}}\vartheta(\boldsymbol{x})+b \tag{6-35}$$

其中，$\vartheta(\cdot)$ 是一个预先确定的函数；$\boldsymbol{w}$ 和 b 是未知参数，由训练集 $\{\boldsymbol{x}_k,l_k\}_{k=1}^N$ 训练得到，其中 $\boldsymbol{x}_k\in\mathbf{R}^n$ 为输入，这里采用统计特征数据，$l_k\in\{-1,+1\}$ 为对应标签。

分类问题可以简化为如下优化问题：

$$\begin{cases}\underset{w,b,e}{\arg\min} & \dfrac{1}{2}\|\boldsymbol{w}\|^2+\gamma\dfrac{1}{2}\displaystyle\sum_{k=1}^N e_k^2\\ \text{s.t.} & l_k y(\boldsymbol{x}_k)=1-e_k,\forall k\end{cases} \tag{6-36}$$

其中，参数 γ 用于对训练误差与模型复杂度进行取舍平衡。

利用拉格朗日乘子法求解式（6-36），即可得到分类结果：

$$l(\boldsymbol{x}) = \operatorname{sgn}\left(\sum_{k=1}^{N} \alpha_k l_k K(\boldsymbol{x}, \boldsymbol{x}_k) + b\right) \tag{6-37}$$

其中，α_k 为拉格朗日乘子；b 从拉格朗日对偶解求得；$K(\boldsymbol{x}, \boldsymbol{x}_k) = \vartheta(\boldsymbol{x}_k)^{\mathrm{T}} \vartheta(\boldsymbol{x}_k)$ 为核函数。

在利用 LS-SVM 进行 LoS 和 NLoS 识别之前，需要先进行模型训练。为此，先从采集到的信道状态数据提取出偏度、峰度、平均超量延迟、均方根时延扩展等特征参数，然后选择一个特征参数或多个特征参数的组合作为输入量 $\boldsymbol{x}_k$，并将该输入量的标签 l_k 一起输入。l_k 是根据采集参数的场景和得到的特征参数对应情况确定的，当处于 LoS 时，$l_k = +1$，反之，$l_k = -1$。利用输入 LS-SVM 分类器的输入量和标签将该模型训练好之后，就可将该模型用于实践当中识别 LoS 或 NLoS 传播。

也可利用类似的方法进行 NLoS 抑制，它可视为一个将 n 维空间映射到 2 维空间的线性函数（$\mathbf{R}^n \to \mathbf{R}$）：

$$y(\boldsymbol{x}) = \boldsymbol{w}^{\mathrm{T}} \vartheta(\boldsymbol{x}) + b \tag{6-38}$$

其中，$\vartheta(\cdot)$、$\boldsymbol{w}$ 和 b 的含义与式（6-35）类似。

回归问题可以简化为如下优化问题：

$$\begin{cases} \underset{\boldsymbol{w},b,\boldsymbol{e}}{\arg\min} & \dfrac{1}{2}\|\boldsymbol{w}\|^2 + \gamma \dfrac{1}{2}\|\boldsymbol{e}\|^2 \\ \text{s.t.} & y_k = y(\boldsymbol{x}_k) + e_k, \forall k \end{cases} \tag{6-39}$$

其中，参数 γ 也是用于在训练误差与模型复杂度之间进行取舍平衡。

利用拉格朗日乘子法求解式（6-39），即可得到回归结果：

$$y(\boldsymbol{x}) = \sum_{k=1}^{N} \alpha_k K(\boldsymbol{x}, \boldsymbol{x}_k) + b \tag{6-40}$$

在利用 LS-SVM 进行 NLoS 抑制之前，需要先进行模型训练。为此，从特征参数和所估计到距离组成的集合中选择一个子集作为输入量 $\boldsymbol{x}_k$，并将该输入量对应的输出值 y_k 一起输入。在模型训练好之后，就可将该模型用于实践当中进行 NLoS 的抑制。

无论利用 LS-SVM 进行 NLoS 识别还是 NLoS 抑制，性能的优劣都与使用的数据集大小以及选择哪些特征参数训练模型有关。

除了 SVM 之外，K-最近邻（K-nearest neighbor，KNN）法、分类回归树（classification and regression tree，CART）、随机森林（random forest classification，RFC）、高斯朴素贝叶斯（naive Bayes，NB）等也都是比较常用的机器学习方法[6]。在直接将特征数据与阈值比较中，我们可以采用单个特征，也可以将多个特征联合起来。同理，在基于机器学习的方法中，既可以训练基于单个特征的模型，也可以训练基于多个特征的模型。不过，实践证明，并不是特征数量越多越好，见图 6-22，其中 CV（cross-validation）表示交叉验证，Test_set 表示测试集。可以看出，增加特征数量对 NB 并没有好处，而 KNN、CART、RFC、SVM 在特征数小于 4 之前，增加特征数对于提高 F1 分数很有好处。而 SVM 的 F1 分数在特征数大于 7 之后会快速下降到 0，其他随着特征数的增加没有太大影响。其原因在于特征数增大时，这些特征极有可能是互相关联的，而使用彼此关联的特征会影响模型的性能。

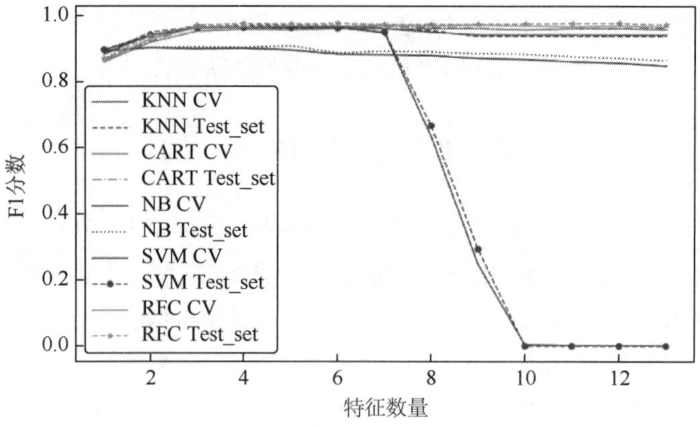

图 6-22　各种机器学习方法在不同特征数量情况下的 NLoS 识别效果对比

前面的 F1 分数反映了模型的好坏，它综合了精确率与召回率的优势。F1 分数越大，说明模型质量越高。F1 的计算公式为

$$F_1 = 2(p+r)/(p+r) \tag{6-41}$$

其中，$p = \mathrm{TP}/(\mathrm{TP}+\mathrm{FP})$ 为精确率；$r = \mathrm{TP}/(\mathrm{TP}+\mathrm{FN})$ 为召回率，TP、FP 和 FN 分别为分类为正的正例、分类为正的负例、分类为负的正例，可以分别简称为真正、假正、假负。

除了 6.4.1 节讲述到的特征以及 6.4.3 节提到的使用 Wi-Fi 的 OFDM 采集 CSI 信息之外，一些 UWB 芯片也具有采集多个信道特征的能力，如 DW1000 UWB 芯片，能够直接读取到的特征包括第一条路径的第一、第二、第三点的信号幅度，噪声的标准差，CIR 功率的最大值，接收到的前导码数目，噪声最大值，第一条路径的标识号。此外，还可根据这些量计算出一些特征：距离，接收信号强度，第一条路径的接收信号强度，最大噪声与第一条路径功率的比值，接收信号功率与第一条路径功率的差值，第一条路径的接收功率与接收信号功率的比值。图 6-22 的实验就采用了 DW1000 UWB 芯片采集到的特征数据。

6.4.5　基于神经网络的 NLoS 路径识别

本方法的基本思路是利用神经网络提取信道特征，包括离线训练和在线部署两个阶段[18]，其工作流程如图 6-23 所示。在离线训练阶段，利用 3D-MIMO 信道和探测参考信号（sounding reference signal，SRS）序列去模拟接收信号，然后采用离散傅里叶逆变换进行特征提取，并利用这些特征训练卷积神经网络（convolutional neural network，CNN）模型。在线部署阶段将接收到的信号利用离散傅里叶逆变换进行特征提取，然后利用训练好的 CNN 模型识别是 LoS 还是 NLoS。

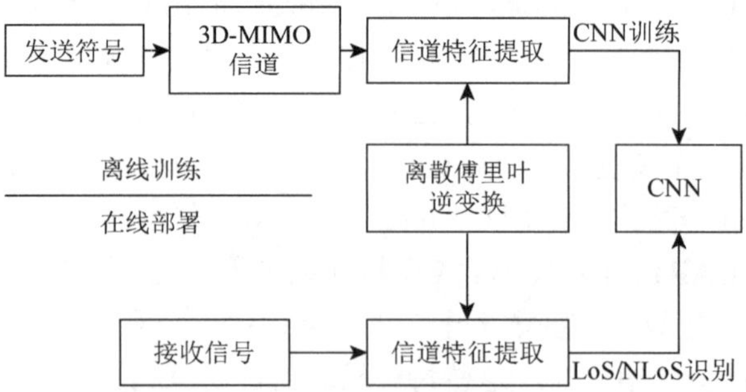

图 6-23　CNN 识别 NLoS 流程

该方法的第一个关键技术是 3D-MIMO，也被称为全维度 MIMO。MIMO 即多入多出，这个“入”和“出”是相对信道而言的，多入需要发射端具有多根天线，多出则要求接收端具有多根天线，即要求收发节点具有天线阵列。MIMO 通过波束成形技术，可将传输波形准确指向接收节点。而 MU-MIMO 更进一步，可以同时产生多个有指向性的波束指向多个用户，因此可以给多个用户同时传输信息，即可以使得收发双方进行同时、同频的传输。3D-MIMO 采用大规模阵列天线，相比上述传统 MIMO（可称为 2D-MIMO）仅能在水平维度区分用户，3D-MIMO 还可在垂直维度区分用户（如位于不同楼层的用户），且波形更加精细，从而能够服务更多用户，大幅提升了系统容量，并降低了不同通信小区的干扰。2D-MIMO 与 3D-MIMO 的对比如图 6-24 所示。

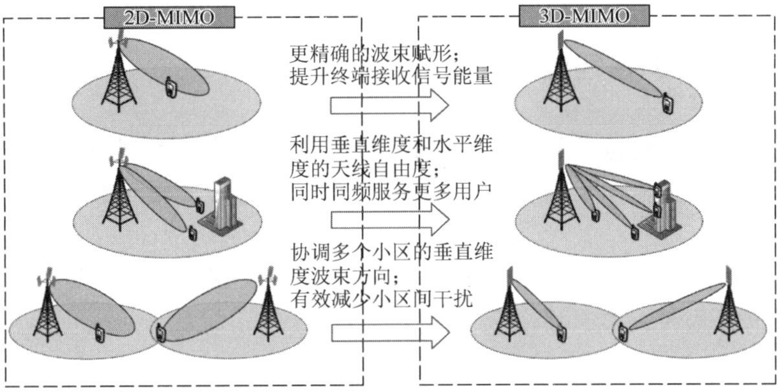

图 6-24　2D-MIMO 与 3D-MIMO 的对比

从发射节点发出的探测参考信号经过 3D-MIMO 传输后，利用离散傅里叶逆变换（IDFT）计算出每个天线上的信号抽头的能量分布，对其进行加窗运算并归一化，从而构造协调抽头能量矩阵，该矩阵包含了 LoS/NLoS 特征。其原因是，对于 LoS 用户来说，直接路径的能量占主导地位的可能性很高，并且直接路径的存在也减少了间接路径之间的能量差。由于基于 IDFT 的信道估计可以在时域中很好地恢复 CIR 的特性，因此我们可以利用协调抽头能量矩阵识别 LoS/NLoS 路径。

CNN 的结构包括卷积层、池化层和全连接层。卷积层是 CNN 的核心，它用输入矩阵与卷积核进行卷积运算实现局部感知和参数共享，达到特征提取的目的。池化层也称为下采样层，作用是对卷积层中提取的特征进行挑选，可以降低数据维度。全连接层的作用类似于一个分类器，从而输出分类结果。图 6-25 给出了用于识别 LoS 和 NLoS 的 CNN 结构图。

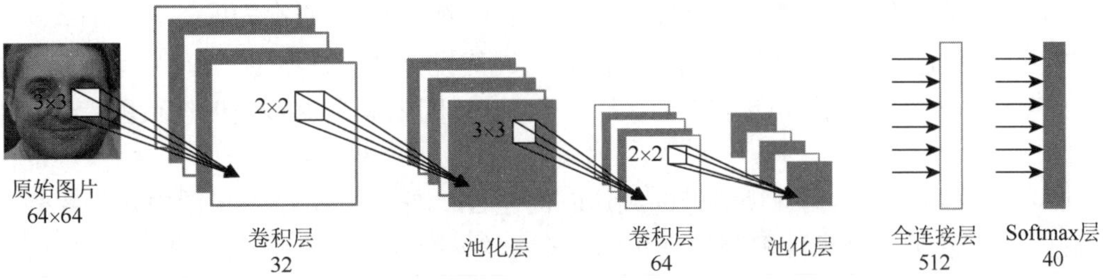

图 6-25　用于识别 LoS 和 NLoS 的 CNN 结构

CNN 有三个有利于进行底层特征提取的优点，即局部连接、共享权值和池化。首先，由于特征提取矩阵是线性的，如果从分类开始就采用完全连接的深度学习技术，将会大幅增加算法运算量，使用局部连接能够降低时间复杂度。其次，由于空间相邻天线的能量分布具有相似的特性，使用相同的模式共享权值可以较好地提取特征并降低空间复杂度。最后，池化可以减小输入特征映射的维数，具有失真不变性，提高了鲁棒性，减少了处理时间。

首先，本算法的识别错误率低，增加抽头数可降低在低信噪比时的错误率；其次，系统的天线数目越多，算法性能越好；然后，用户数量对精度影响不大；最后，减小天线间距对精度的影响较小。

6.5　多径和 NLoS 辅助的目标定位

6.5.1　利用 LoS 信标的多径信号辅助定位

这里介绍的多径三角定位[19]法利用了多径反射信号来进行辅助测角，而不是将多径信号抛弃。该方法只需要一个安装有天线阵列的信号接收节点，无须任何其他设备的帮助，也不带来额外开销。

图 6-26 给出了多径三角定位法的基本原理图，其中接收端为信标节点，发送端为目标节点。多径三角定位法共有 4 个步骤。

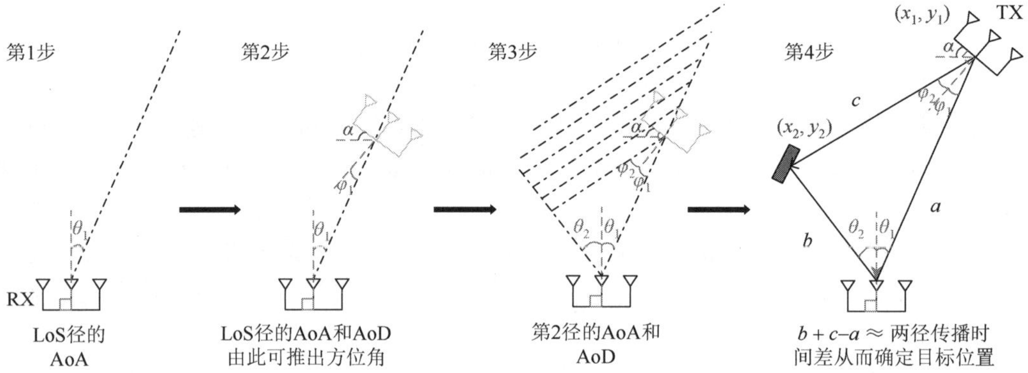

图 6-26　多径三角定位法的基本原理

第 1 步，测出 LoS 信号的到达角 AoA，假定为 θ_1。

第 2 步，测出 LoS 信号的离开角 AoD，即 LoS 信号在发射节点处相对于接收节点的角度，假定为 φ_1。根据到达角和离开角，可以推算出发射节点的方位角，假定为 α。显然，有 $\alpha=\varphi_1+\theta_1$。

第 3 步，测出第 2 径信号的到达角和离开角，假设分别为 θ_2 和 φ_2。收发节点之间的 LoS 径和第 2 径构成一个三角形，但是三角形大小不确定，因为满足这些角度约束的三角形有无数多个。

第 4 步，计算 LoS 径与第 2 径信号的到达时间差 ΔT，它实际上反映了图中 $b+c-a=\Delta T\times v$ 的长度限制，而满足这种长度限制的三角形只有一个，从而可以确定目标节点的坐标。其中，a 是 LoS 径的长度，$b+c$ 是第 2 径的长度，v 是传播速度。

前面三步可以利用已有方法完成，这里介绍如何在第 4 步中求解出目标位置。收发节点以及 LoS 径、第 2 径、障碍物等可构成 4 个三角形，见图 6-27。根据这 4 个三角形可以得到如下方程组：

$$\begin{cases} \dfrac{x_1}{y_1} = \tan(\theta_1) \\ \dfrac{x_2}{y_2} = \tan(\theta_2) \\ \dfrac{x_1 - x_2}{y_1 - y_2} = \tan(\alpha - \varphi_2) \\ b + c - a = \Delta T \times v \end{cases} \tag{6-42}$$

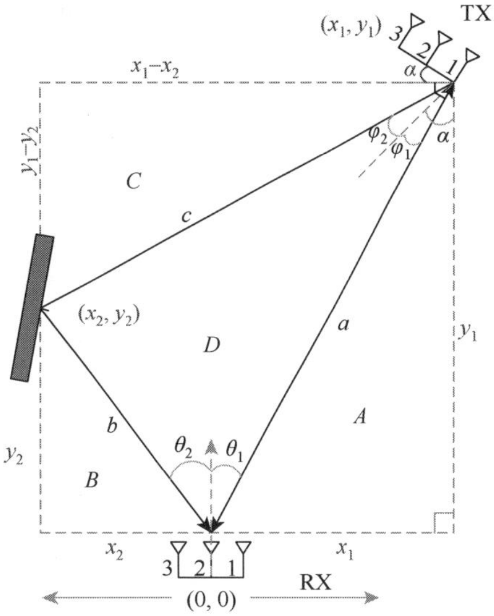

图 6-27　多径三角定位法位置求解示意图

直接求解式（6-42）较为困难，为此将其转化为如下优化问题，求解得出目标和障碍物的坐标估计值 $S = [\hat{x}_1, \hat{x}_2, \hat{y}_1, \hat{y}_2]$：

$$\begin{aligned} \hat{S} = \arg\min_{S} & \left(\tan(\theta_1) - \frac{x_1}{y_1} \right)^2 + \left(\tan(\theta_2) - \frac{x_2}{y_2} \right)^2 \\ & + \left(\tan(\alpha - \varphi_2) - \frac{x_1 - x_2}{y_1 - y_2} \right)^2 + ((\Delta T \times v) - (b + c - a))^2 \end{aligned} \tag{6-43}$$

不过，直接求解式（6-43）也较为困难，可通过搜索目标和反射物的所有可能位置找到目标位置。为此，将整个定位区域划分网格空间（如 20cm×20cm 大小的网格），然后针对各个网格求解计算式（6-43）的值，然后在三个最小 $\hat{S}$ 值的位置点使用非线性约束优化（如 MATLAB 中的 fmincon）解算出最优解。

6.5.2　利用 NLoS 信标的测距结果进行定位

人们通常倾向于使用 LoS 信标进行定位，而认为 NLoS 信标是有害的，特别是在 LoS 信标足够的情况下人们更喜欢将 NLoS 信标排除在定位过程之外。不过，实验表明 NLoS 信标能够为定位带来正面效应，见图 6-28[20]，其中 m_L 和 m_N 分别为与目标节点之间测距时处于 LoS 和 NLoS 状态的信标节点数目。可以看出，在图 6-28（a）和（b）两种情况下，包含了 NLoS 的测距结果之后的定位误差都有所下降，特别是在 LoS 信标分布不佳（近乎在一条直线上）的时候，见图 6-28（b）。

因此，识别出哪个信标节点处于 NLoS 状态之后，尽管可以舍弃掉该信标的测距结果，但是将该测距结果优化之后用于定位有可能提高定位精度，现在介绍一种 NLoS 测距结果优化处理方法。该方法要求至少有两个 LoS 信标，并构造称为拓扑单元的结构[21]，见图 6-29。该图中有 3 个信标节点 $\text{AN}_i (i = 1,2,3)$ 和一个目标节点 T，假定已经通过 NLoS 识别算法识别出 AN_1 与 T 之间为 NLoS 状态（即 AN_1 为 NLoS 信标），图中用虚线段表示其传播距离。假定 AN_1 与 T 的真实距离为 l_1，测量得到的距离为 $\hat{l}_1$，一般而言 $\hat{l}_1 > l_1$。

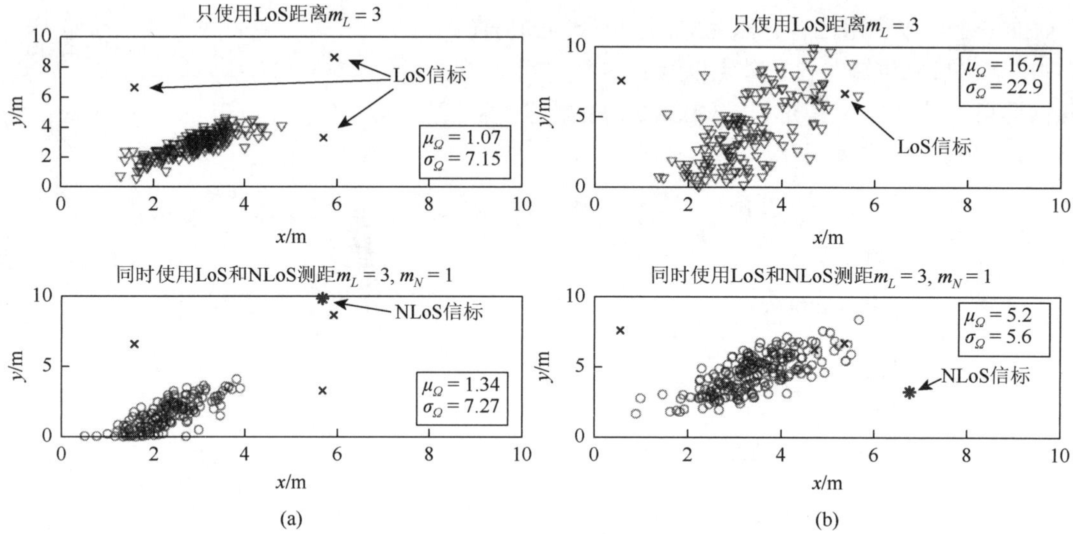

图 6-28　使用与不使用 NLoS 测距进行定位的性能对比

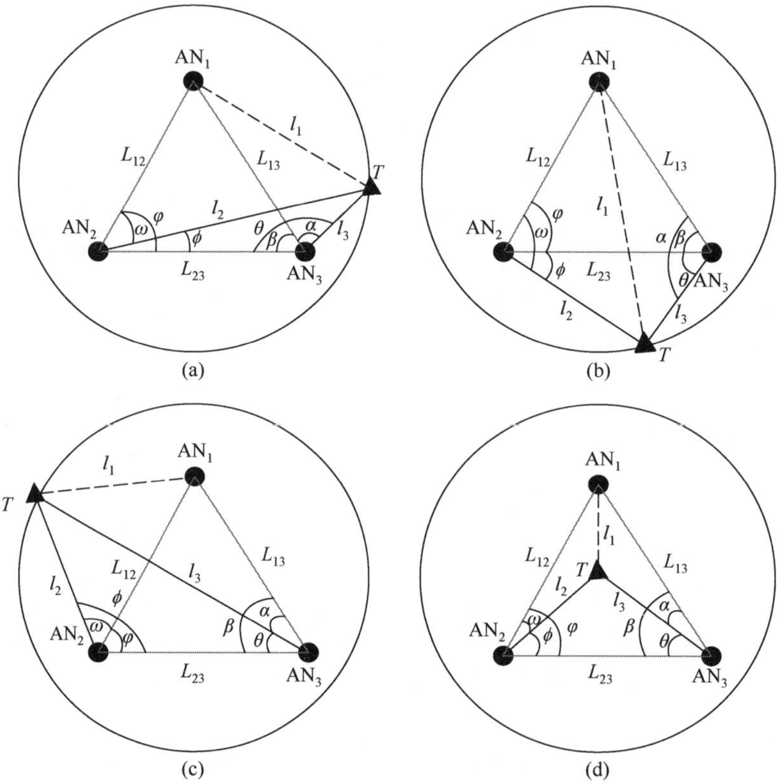

图 6-29　一个目标与三个信标构成的四种拓扑单元

现在讨论如何优化$\hat{l}_1$，使其更接近真实距离l_1。从图 6-29 中的三角关系可得

$$l_1 = \sqrt{L_{13}^2 + l_3^2 - 2L_{13}l_3\cos(\alpha)} = \sqrt{L_{12}^2 + l_2^2 - 2L_{12}l_2\cos(\omega)} \tag{6-44}$$

根据三角关系，可以得到图中的各个角度：

$$
\begin{cases}
\beta = \arccos\left(\dfrac{L_{13}^2 + L_{23}^2 - L_{12}^2}{2L_{13}L_{23}}\right) \\
\theta = \arccos\left(\dfrac{l_3^2 + L_{23}^2 - l_2^2}{2l_3 L_{23}}\right) \\
\phi = \arccos\left(\dfrac{l_2^2 + L_{23}^2 - l_3^2}{2l_2 L_{23}}\right) \\
\varphi = \arccos\left(\dfrac{L_{12}^2 + L_{23}^2 - L_{13}^2}{2L_{12}L_{23}}\right)
\end{cases} \tag{6-45}
$$

根据图 6-29 中的距离测量值 $\hat{l}_1$ 以及其他已知量可以计算得到 α 角，用 $\hat{\alpha}$ 表示以便与 α 区分开。其计算方法如下：

$$
\hat{\alpha} = \arccos\left(\frac{l_3^2 + L_{13}^2 - \hat{l}_1^2}{2l_3 L_{13}}\right) \tag{6-46}
$$

同理，可以得到 ω 对应的估计值 $\hat{\omega}$：

$$
\hat{\omega} = \arccos\left(\frac{l_2^2 + L_{12}^2 - \hat{l}_1^2}{2l_2 L_{12}}\right) \tag{6-47}
$$

目标节点 T 与三个信标构成的三角形的相对空间关系有四种可能：在线段 AN_1AN_3 外侧、在线段 AN_2AN_3 外侧、在线段 AN_1AN_2 外侧、在三角形内部，分别对应于图 6-29（a）～（d）。在这四种情况下，α 与 θ 和 β 的关系分别为:（a）$\alpha=\theta-\beta$，$\omega=\varphi-\phi$；（b）$\alpha=\theta+\beta$，$\omega=\phi+\varphi$；（c）$\alpha=\beta-\theta$，$\omega=\phi-\varphi$；（d）$\alpha=\beta-\theta$，$\omega=\varphi-\phi$。

因此，为了确定 α 与 θ 和 β 的对应关系，应该先判别属于哪种拓扑单元。为此，先构造如下量：

$$
\begin{aligned}
l_a &= \sqrt{L_{12}^2 + l_2^2 - 2L_{12}l_2\cos(\phi+\varphi)} \\
l_b &= \sqrt{L_{13}^2 + l_3^2 - 2L_{13}l_3\cos(\theta+\beta)}
\end{aligned} \tag{6-48}
$$

于是可以得到判断拓扑单元类型的方法如下：

如果 $\max(l_a, l_b) > \hat{l}_1$

　　如果 $\varphi > \phi$ 且 $\theta > \beta$，则 $\alpha=\theta-\beta$，$\omega=\varphi-\phi$（情况（a））

　　如果 $\varphi < \phi$ 且 $\theta < \beta$，则 $\alpha=\beta-\theta$，$\omega=\phi-\varphi$（情况（c））

　　如果 $\varphi > \phi$ 且 $\theta < \beta$，则 $\alpha=\beta-\theta$，$\omega=\varphi-\phi$（情况（d））

否则

　　$\alpha=\hat{\alpha}$，$\omega=\hat{\omega}$（无法用拓扑单元）

求得 α 和 ω 之后，就可以利用式（6-44）计算出新的 $\hat{l}_1$，用它取代之前测量得到的 $\hat{l}_1$ 值。用这个优化后的 $\hat{l}_1$ 值进行位置求解，可以得到更为精确的定位结果。

6.5.3　仅使用 NLoS 信标进行定位

在某些情况下，定位场景中只有 NLoS 信标。图 6-30 给出了 L 形巷道例子，这样的空间

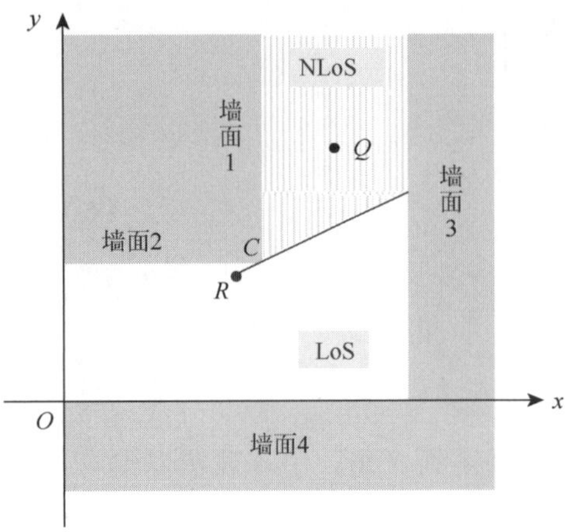

图 6-30　L 形拐角巷道 NLoS 场景示意图

布局在实际中非常多。在该图中，Q 是需要定位的目标节点，R 是一个单通道 UWB 雷达。显然，Q 处于 R 的 NLoS 传输范围，前面的方法均无法完成对 Q 的定位。

这里介绍一种基于单通道 UWB 雷达成像的定位方法解决上述问题。其基本原理是[22]，首先，通过 XFDTD 软件（一种全波三维电磁场仿真软件）得出电磁波的传播特性，并根据镜面反射定律构造虚拟雷达阵列；其次，基于传播模型和虚拟雷达阵列，将雷达回波映射到不同传播路径的多个图像；最后，对多个图像进行非相干相加以获得目标位置。

图 6-31 给出了电磁波在如图 6-30 所示的 L 形巷道中传播时不同时刻的能量分布情况，仿真时间持续 0.04μs。在给定的 L 形巷道中，R 发射的信号主要在三个方向上传播：拐角 C、墙面 3 和墙面 4，并且假定是镜面反射。当 R 的电磁波传播到拐角 C 时发生衍射（图 6-31（a）），然后衍射波传播到目标 Q；当 R 的电磁波在墙面 4 上反射（图 6-31（b））时，该反射波也将向目标 Q 传播（图 6-31（c））；R 的电磁波到达墙面 3 时也会发生发射（图 6-31（d）），并向目标 Q 传播（图 6-31（e）和（f））。考虑到反射两次或两次以上的电磁波能量已严重衰减，很难用来感测目标，因此不再考虑多阶回波对成像的影响。

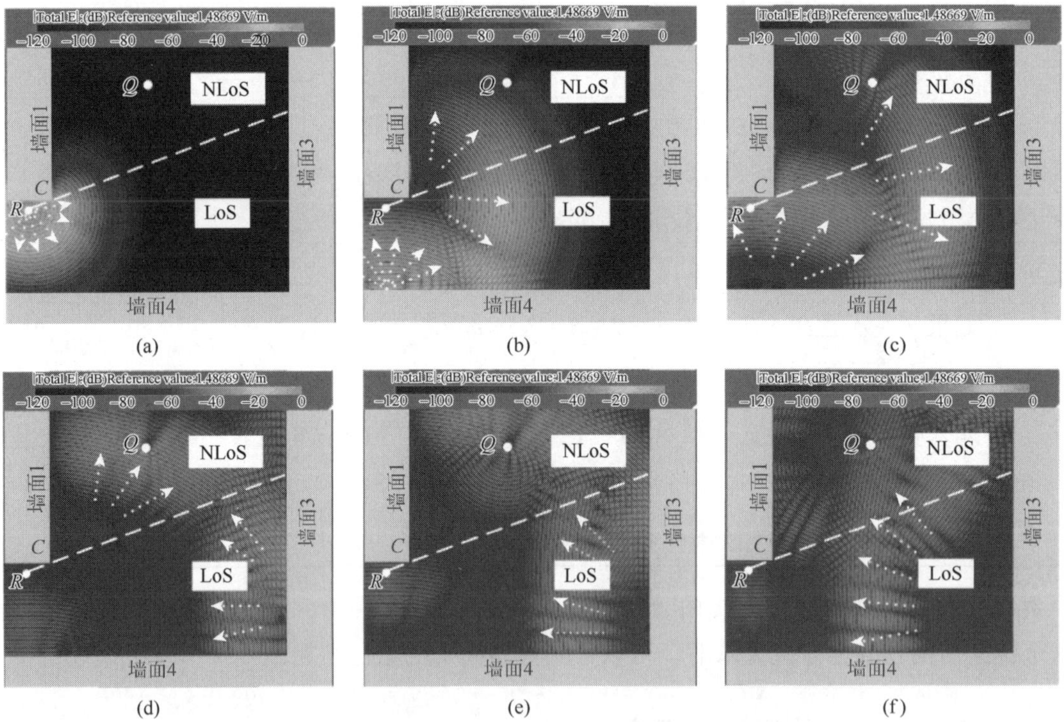

图 6-31　不同时刻的电磁波在 L 形拐角的传播能量分布

基于上述电磁仿真结果，可抽象出 6 条传播路径，如图 6-32 所示，其中 S_{f4} 和 S_{f3} 分别表示墙面 4 和墙面 3。方便起见，将这 6 条路径分别称为 P_1～P_6，分别对应图 6-32（a）～（f）。

P_1：$R \to C \to Q \to C \to R$

P_2：$R \to C \to Q \to S_{f4} \to R$

P_3：$R \to C \to Q \to S_{f3} \to R$

P_4：$R \to S_{f4} \to Q \to S_{f4} \to R$

P_5：$R \to S_{f3} \to Q \to S_{f4} \to R$

P_6：$R \to S_{f3} \to Q \to S_{f3} \to R$

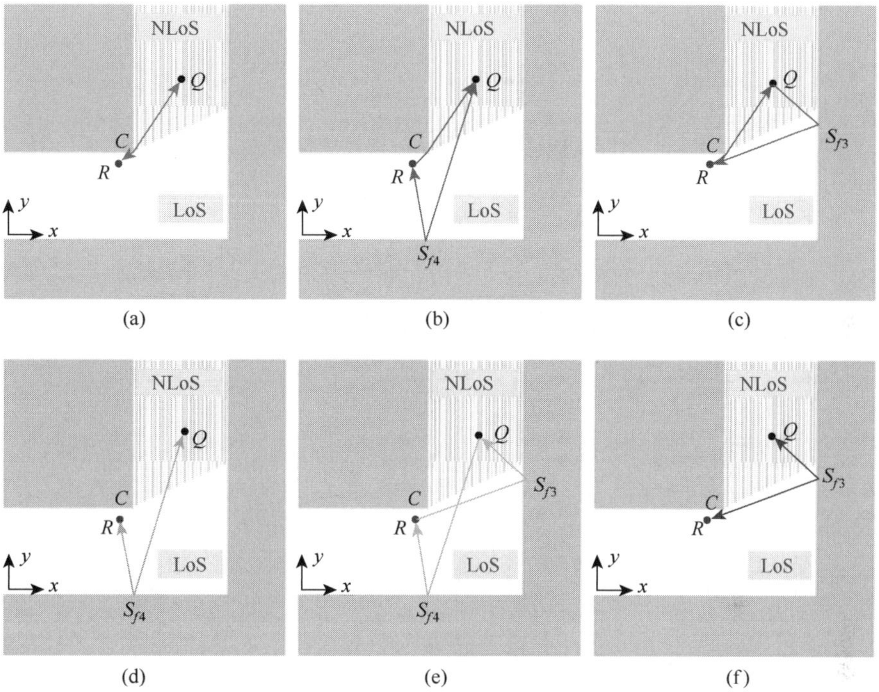

图 6-32　L 形拐角电磁波传播的 6 条往返路径

基于 UWB 多径成像的目标定位方法的核心是多径成像，其成像过程可分成三步：首先计算像素到雷达的单路径传播距离，其次将该距离转换为雷达回波的采样点，最后将雷达回波的幅度值分配给每个像素。

为方便讨论，将拐角 C 看成一个虚拟雷达 R_1，UWB 雷达相对于墙面 4 和墙面 3 的对称点为虚拟雷达 R_2 和 R_3，如图 6-33 所示。对于 P_1、P_4 和 P_6，信号从 R 发出，到达 Q 之后又原路返回到 R，因此称为单纯路径；对于 P_2、P_3 和 P_5，信号从 R 发出，到达 Q 之后沿着不同的路径返回到 R，因此称为混合路径。

对于单纯路径，雷达回波将被映射到一个圆上。对于 P_1、P_4 和 P_6，其圆心和半径分别为 $R_j, \|R_jQ\|, j \in \{1,2,3\}$，见图 6-34。对于混合路径，雷达回波将被映射到一个椭圆上。对于 P_2、P_3 和 P_5，其焦点分别为 (R_1, R_2)、(R_1, R_3) 和 (R_2, R_3)。

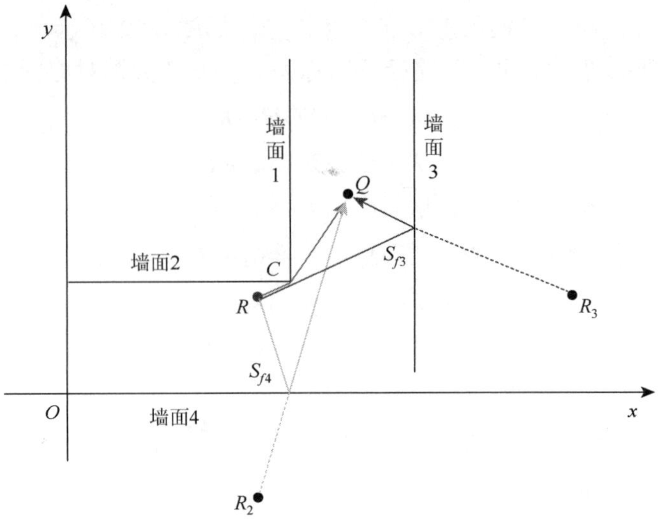

图 6-33　基于镜面反射构建虚拟雷达

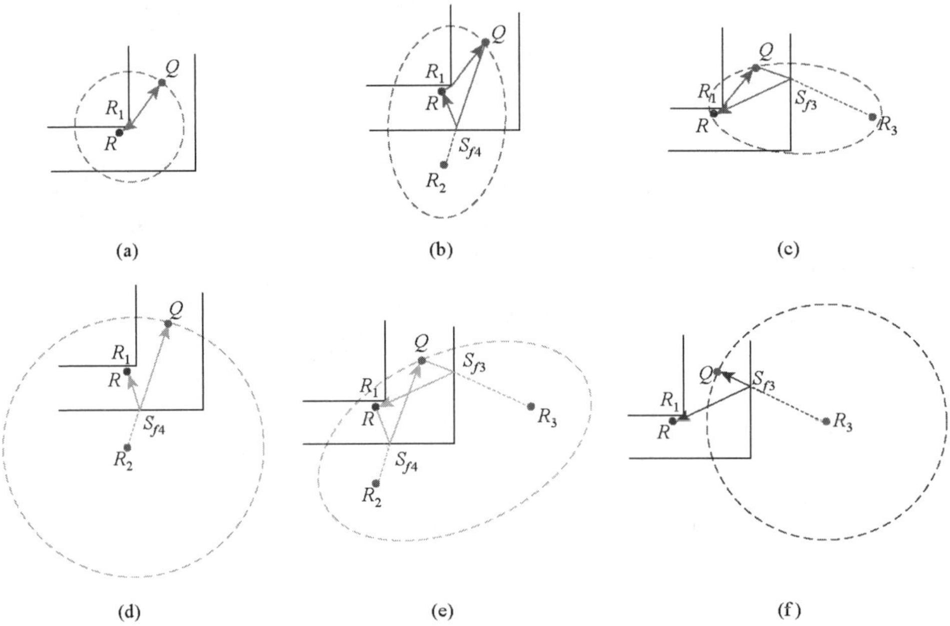

图 6-34　根据 6 种不同路径分别进行成像

当雷达回波基于单纯路径进行映射时，雷达回波被映射到一组同心圆；当雷达回波基于混合路径进行映射时，形成了一组共焦椭圆，见图 6-35。

当对单纯路径的雷达回波进行多径成像时，目标必将位于各成像圆的直径或椭圆的主轴上，见图 6-36（a）。根据椭圆交点理论，目标位置与上述六条轨迹的交点有关。因此，通过对 6 条反射路径所成图像进行非相干相加，其振幅焦点就是目标位置，见图 6-36（b）。值得注意的是，虽然前面内容讲解了 6 条路径成像，但是本方法并不需要将各条路径识别和分解出来，而是将 UWB 雷达回波一次性成像，该回波中已包含了上述 6 种路径。

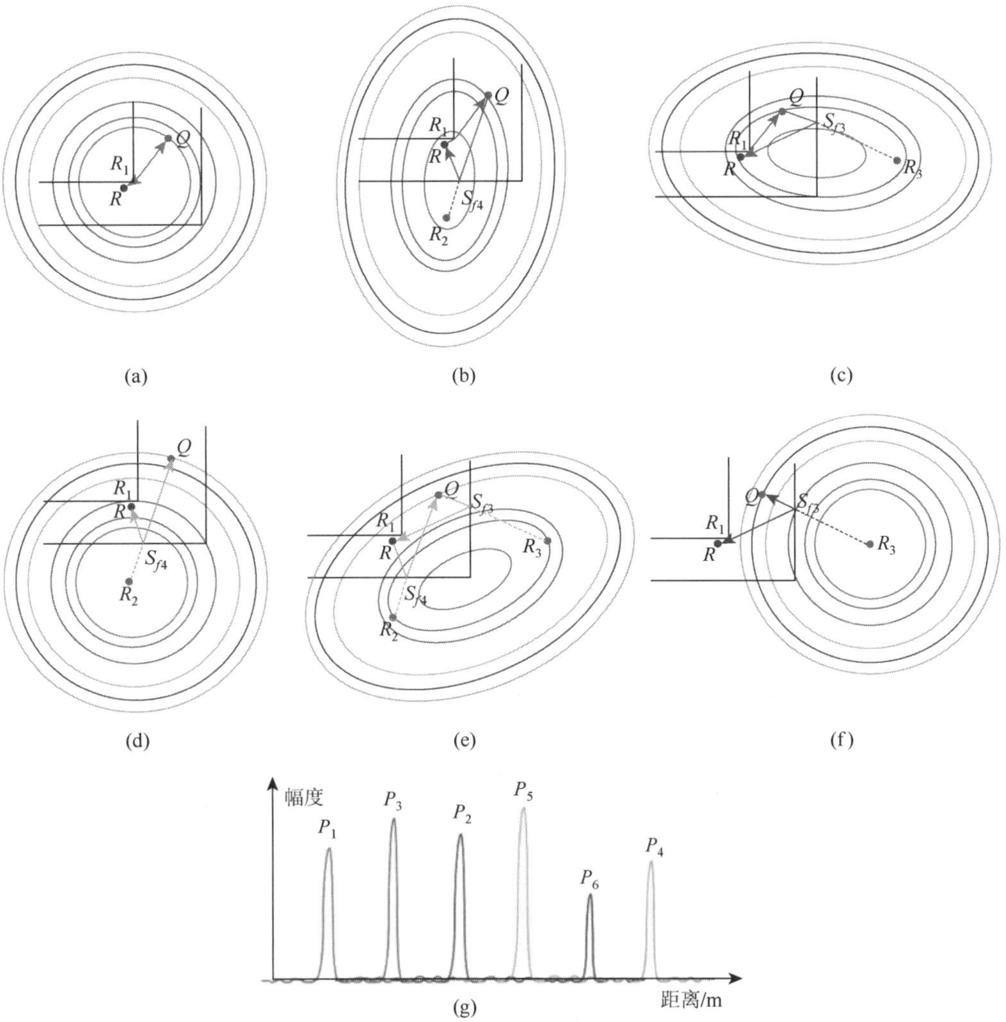

图 6-35　根据 6 种不同路径进行多径成像（其中（g）为雷达回波示意图）

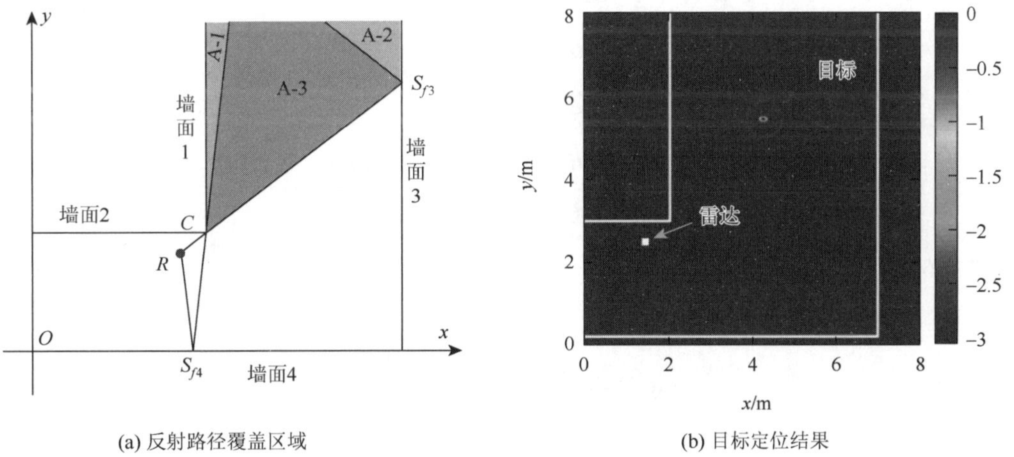

图 6-36　UWB 雷达成像

6.6 多径与 NLoS 场景下的盲定位

这类方法虽然在定位过程中充分考虑了 LoS/NLoS 信标以及 LoS 信标中的 LoS 路径与 NLoS 路径，但是并不显性地去识别 LoS 信标和 LoS 路径，而是通过直接提取相位或 RSSI 等测距信息，或者利用插值、滤波等手段对 NLoS 信标以及 LoS 信标中的 NLoS 路径的影响加以抑制。指纹定位在此时也是适用的，基本原理并未改变，这里不再介绍。

6.6.1 直接提取相位和 RSSI 信息

本方法旨在从接收到的多径信号中提取干净的测量信息[2]，包括相位和 RSSI 值。将收到的信号分解为来自 LoS 信号的贡献和来自反射信号的贡献，但是并不实际去提取 LoS 信号，而是推导 LoS 与反射信号的数学关系。此外，这里的反射信号是来自其他所有 NLoS 路径的信号叠加，而不是某一条特定的 NLoS 路径。

以图 6-37 为例，该图为极坐标，其中的矢量表示无线信号，角度表示相位。在图 6-37（a）中，$\overrightarrow{OC}$ 为 LoS 信号，其相位角为 θ；$\overrightarrow{OA}$ 为所有 NLoS 多径信号的叠加，其相位角为 α；$\overrightarrow{OB}$ 为接收节点收到的总信号，是 LoS 与 NLoS 多径信号的叠加。

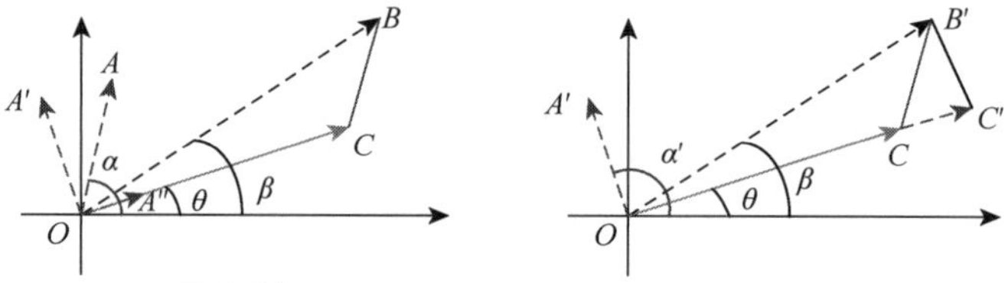

图 6-37　总接收相位与 LoS 相位的关系

将不包括 LoS 信号的多径分量 $\overrightarrow{OA}$ 分解成两个分量：一个正交于 LoS 信号的 $\overrightarrow{OA'}$，另一个平行于 LoS 信号的 $\overrightarrow{OA''}$。令 $\overrightarrow{OC'}=\overrightarrow{OC}+\overrightarrow{OA''}$，见图 6-37（b），可得

$$\alpha' = \left(\theta + \frac{\pi}{2} + k_0\pi\right) \bmod 2\pi \tag{6-49}$$

其中，k_0 是一个非负整数。此外，还可得到

$$\tan\beta = \frac{\left|\overrightarrow{OC'}\right| \cdot \sin\theta + \left|\overrightarrow{OA'}\right| \cdot \sin\alpha'}{\left|\overrightarrow{OC'}\right| \cdot \cos\theta + \left|\overrightarrow{OA'}\right| \cdot \cos\alpha'} \tag{6-50}$$

将式（6-49）代入式（6-50），得到

$$\tan\beta = \frac{\tan\theta + (-1)^{k_0} \dfrac{\left|\overrightarrow{OC'}\right|}{\left|\overrightarrow{OA'}\right|}}{1 + (-1)^{k_0+1} \tan\theta \cdot \dfrac{\left|\overrightarrow{OC'}\right|}{\left|\overrightarrow{OA'}\right|}} \tag{6-51}$$

可以看出，θ 和 α' 与 β 不是线性关系，给处理带来不便。为此，定义两个新的标量 $\hat{\theta}$ 和 $\hat{\alpha}$，

且满足 $\beta=\hat{\theta}+\hat{\alpha}$，称 $\hat{\theta}$ 为 θ 的镜像相位，$\hat{\alpha}$ 为多径变量。这样变换的意义在于将接收相位 β 从两个未知的相位叠加变成了两个简单的标量相位之和。

根据式（6-51）以及 $\beta=\hat{\theta}+\hat{\alpha}$ 的三角关系，可得

$$\begin{cases}\hat{\theta}=(\theta+\hat{k}\cdot\pi)\bmod 2\pi, & \hat{k}\in\mathbf{Z}\\ \hat{\alpha}=\arctan(-1)^{k_0}\cdot\dfrac{\left|\overrightarrow{OC'}\right|}{\left|\overrightarrow{OA'}\right|}\end{cases}\tag{6-52}$$

一个定位系统中的标签与信标通信通常有多个信道，如 RFID 读卡器。假定有 N 个信道，在信道 n 上接收到的相位 β_n 满足

$$\beta_n=\hat{\alpha}_n+\hat{\theta}+(n-1)\cdot\Delta\theta\tag{6-53}$$

N 个信道上的相位方程将组成一个矩阵方程 $\boldsymbol{Ax}=\boldsymbol{b}$，其中

$$\begin{cases}\boldsymbol{A}_{N\times(N+2)}=\begin{bmatrix}1&0&\cdots&0&1&0\\0&1&\cdots&0&1&1\\\vdots&\vdots&&\vdots&\vdots&\vdots\\0&0&\cdots&1&1&N-1\end{bmatrix}\\ \boldsymbol{x}_{N+2\times1}=[\hat{\alpha}_1,\hat{\alpha}_2,\cdots,\hat{\alpha}_N,\hat{\theta},\Delta\hat{\theta}]\\ \boldsymbol{b}=[\beta_1,\beta_2,\cdots,\beta_N]\end{cases}\tag{6-54}$$

在式（6-54）中，$\boldsymbol{x}$ 中的每个元素都是未知量，共有 $N+2$ 个未知量，但是该矩阵方程中的方程数目只有 N 个。为了求解出这些未知量，需要构建另外两个或两个以上方程。为此，将测得的各个相位 β_n 拟合到一条直线 $y_n=k\cdot n+d$ 上，拟合的时候需要使得式（6-55）最小：

$$\varphi=\sum_{n=1}^{N}\omega_n(y_n-\beta_n)^2\tag{6-55}$$

其中，ω_n 是信道 n 的权值，定义为

$$\omega_n=\frac{N\cdot p_n}{\sum p_n},\quad n=1,2,\cdots,N\tag{6-56}$$

$p_n=\mathrm{e}^{\left(\sum_{n=1}^{N}\sigma_n-N\cdot\sigma_n\right)}$，反映了信道 n 在所有信道中的离散等级；p_n 中的 σ_n 为信道 n 的接收相位样本平均差，用以反映样本的离散程度，计算方法为 $\sigma_n=\left(\sum\left|\beta_n^0-\bar{\beta}_n\right|\right)/m$，其中 β_n^0 为从信道 n 测得的相位，$\bar{\beta}_n$ 为 m 个相位样本的平均值。

多径信号一般由两类障碍物引起：一类是墙壁、天花板、家具等固定设施，它引起的多径效应相对稳定，一般满足正态分布，称为静态多径；另一类是运动中的人员或车辆等移动目标，它引起的多径效应不可控、难以预测，因此对定位的危害更大，称为动态多径。在定位中，应该尽量降低动态多径信号的影响，设法准确估计静态多径信号的影响。

将式（6-55）中的 φ 分别对 k、d 求偏导，并令偏导结果为零，可以得到

$$\begin{cases}k=\Delta\hat{\theta}+e_1\\ d=\hat{\theta}-\Delta\hat{\theta}+e_2\end{cases}\tag{6-57}$$

其中，k 和 d 分别为相位 β_n 的拟合直线的斜率和截距，这两个量可以拟合得到，是已知的；e_1

和 e_2 为误差，是 $\hat{\alpha}_n$ 的函数，可以求得，可视为已知量。

图 6-38 给出了一个具有 16 个信道的 RFID 读卡器测得的相位值及其拟合情况的例子，可以看出，无论开放场景还是多径场景，测得的相位与信道之间基本满足线性关系，因此采用直线进行拟合是合理的。但是从图 6-38(b) 可以看出，第 n 个信道的拟合相位 y_n 与测得的相位 β_n 之间是有误差的，在此将其误差 $S_n = y_n - \beta_n$ 称为相位残差，它可以转化为

$$S_n = n \cdot e_1 + e_2 - \hat{\alpha}_n \tag{6-58}$$

注意 S_n 可以由 $y_n - \beta_n$ 求得，是已知量。借助式（6-57）、式（6-58）和 $\boldsymbol{Ax} = \boldsymbol{b}$，即可求得 $\boldsymbol{x}$ 中 N+2 个未知量。

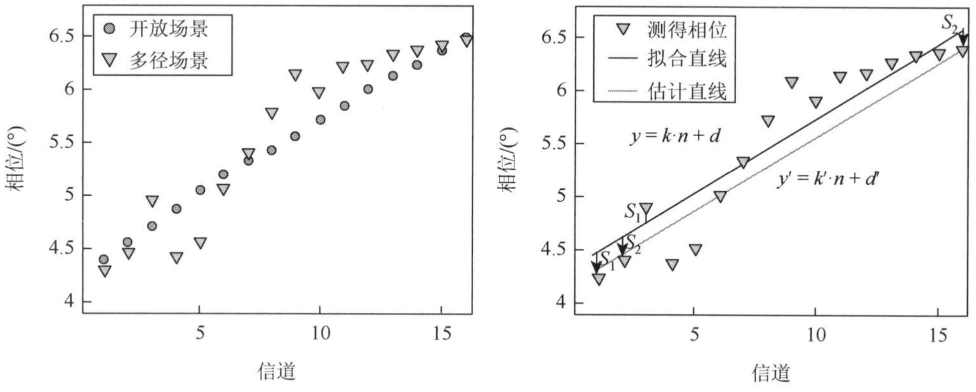

(a) 测得的相位　　(b) 拟合的直线

图 6-38　测得的相位值及其拟合情况

下面探讨如何准确获取 RSSI 值。在多径场景中，人员或其他运动物体的运动将会带来多径传播的变化，从而干扰 RSSI 值。图 6-39（a）给出了人体挥动胳膊的例子，利用 Kinect 可以对其成像，称为深度图；图 6-39（b）为记录的运动路径；图 6-39（c）的最上面部分为真实相位，最下面部分为接收到的原始 RSSI 信号，可以看出与实际情况具有较大出入。

在人员挥动胳膊时，相当于产生了新的多径信号，见图 6-39（d）中的 $\overrightarrow{OD}$。在新的多径信号干扰下，原本的接收信号 $\overrightarrow{OB}$ 变成了 $\overrightarrow{OB'}$。为了准确提取出 RSSI，需要提取出各个时刻的 $\overrightarrow{OD}$ 大小。实际上，RFID 读卡器可以直接得到的信号由 $\overrightarrow{OB}$ 变成了 $\overrightarrow{OB'}$，从而得到矢量 $\overrightarrow{BB'}$，其大小和方向与 $\overrightarrow{OD}$ 相同。估计出 $\overrightarrow{OD}$ 之后，即可得到精确的 RSSI 值，见图 6-39（c）中间子图。

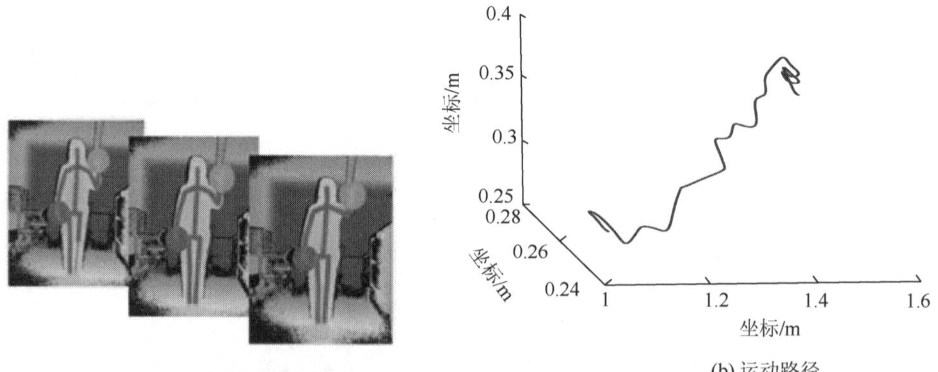

(a) 人体深度图　　(b) 运动路径

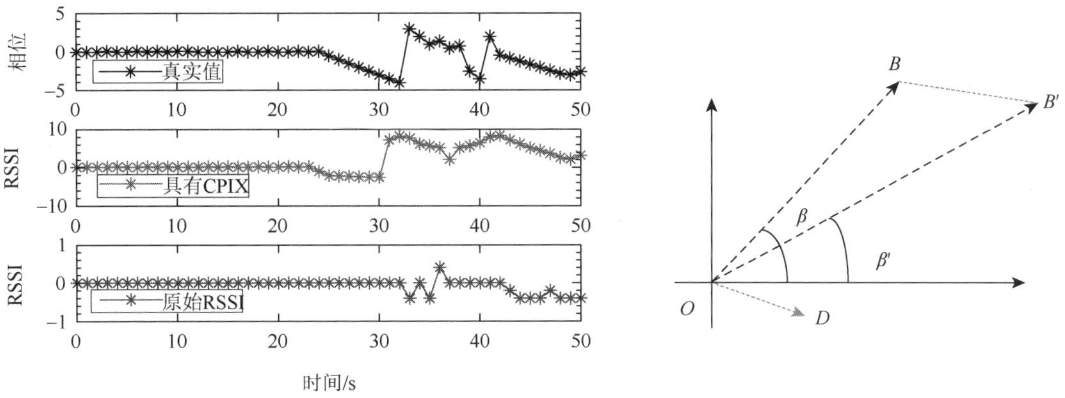

(c) 相位和RSSI值　　(d) RSSI求解模型

图 6-39　相位与 RSSI 求解示例图

6.6.2　基于插值构建 NLoS 数据库

本方法的基本出发点是通过空间插值法构建 NLoS 误差数据库，从而降低对信标数量的要求[23]，它基于 NLoS 误差具有空间相关性的特点，利用插值技术生成 NLoS 误差校正图。对样本点范围内的空间（采样点的最大外接矩形内部）进行插值称为内插，或直接称为插值；反之则称为外推或预测。根据所依据的数学计算原理的差异，可将空间插值法分为确定性和非确定性两种。其中，确定性插值方法基于各信息点间的相似程度或整个曲面的平滑程度，用以构建出连续平滑的拟合曲面。确定性插值方法又可进一步分为整体插值法和局部插值法。非确定性插值方法则是基于各信息点的统计学规律，以变异函数理论与结构分析为基础实现空间自相关性的定量化，从而创建出连续插值曲面。

下面结合图 6-40 说明数据库方法的步骤。

（1）在定位区域选定一些参考点，测量这些参考点的 NLoS 误差。

（2）通过泛克里金法将 NLoS 误差内插或外推到感兴趣的其他位置，从而生成整个定位于区域的 NLoS 误差校正图。

（3）将带有 NLoS 误差的 TDoA 测量值使用步骤（2）生成的校正图进行校正。

（4）通过校正图校正 NLoS 误差后的数据计算出目标节点位置。

在上述步骤中，步骤（1）和步骤（2）类似于指纹定位中的离线阶段，而步骤（3）和步骤（4）则类似于指纹定位的在线阶段，其核心是利用克里金插值法进行 NLoS 校正图的生成。

克里金插值法由拉格朗日插值法发展而来，由空间上全部已知点的数据加权求和来估计未知点的值。它将函数由一个变为多个，从而使得插值更加准确。其基本步骤是，首先确定插值节点，指定每个节点处的函数值，对于定位而言，这些节点通常就是信标节点；其次计算插值多项式的系数；最后对函数的值进行插值，求得函数在任意位置的函数值。

假设在 $\boldsymbol{x}(x,y)$ 位置处的观测值为 $z(\boldsymbol{x})$，此处的观测值为 NLoS 误差。根据克里金法，基于一组参考位置 $\boldsymbol{x}_1,\boldsymbol{x}_2,\cdots,\boldsymbol{x}_n$ 的观测值，可以求得需要插值的地方 $\boldsymbol{x}_0$ 的 NLoS 误差为

$$\hat{z}(\boldsymbol{x}_0)=\sum_{i=1}^{n}\lambda_i z(\boldsymbol{x}_i) \tag{6-59}$$

其中，λ_i 为权值系数。

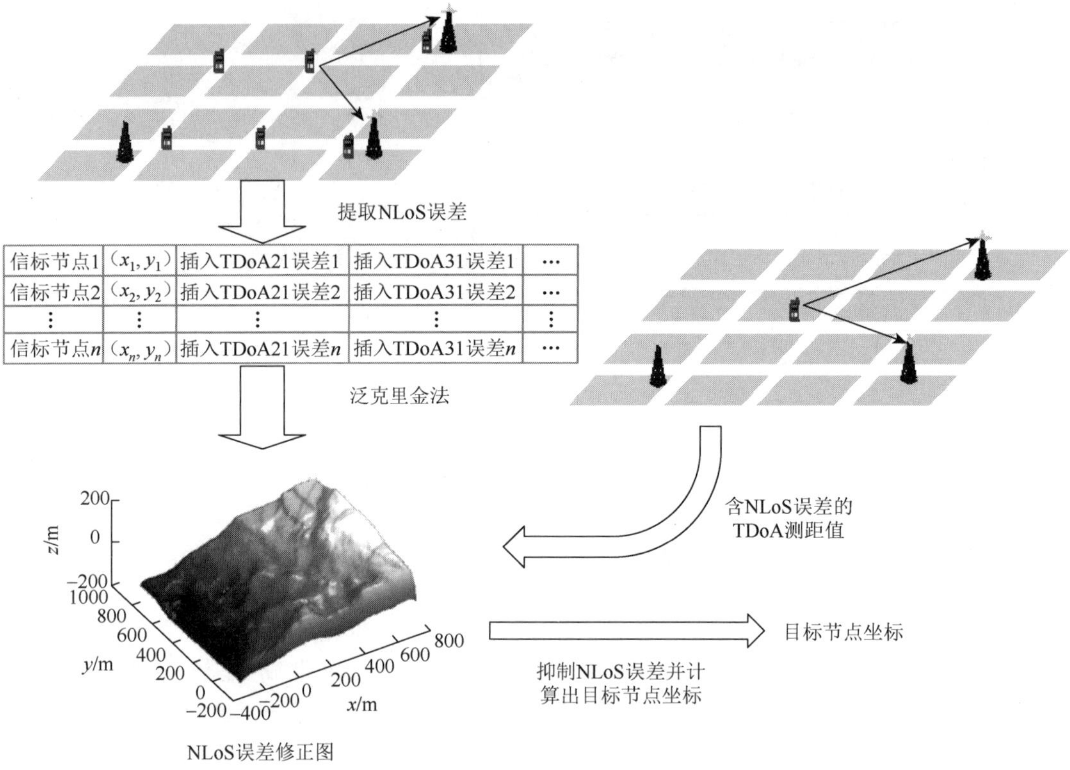

图 6-40　数据库修正 NLoS 误差步骤

克里金法已发展成一个插值系列，不同的克里金法的主要区别是假设条件不同，普通克里金法是使得估计值为无偏估计和方差最小，即

$$\text{无偏准则：}\quad E(z(\boldsymbol{x}_0)-\hat{z}(\boldsymbol{x}_0))=0 \tag{6-60}$$

$$\text{方差最小准则：}\quad D(z(\boldsymbol{x}_0)-\hat{z}(\boldsymbol{x}_0))=\min \tag{6-61}$$

通过对无偏准则和方差最小准则这两个方程进一步推导，可以得到

$$\begin{cases}\gamma(\boldsymbol{x}_0-\boldsymbol{x}_j)-\displaystyle\sum_{i=1}^{n}\gamma(\boldsymbol{x}_i-\boldsymbol{x}_j)\lambda_i+\mu=0\\ \displaystyle\sum_{i=1}^{n}\lambda_i=1\end{cases} \tag{6-62}$$

其中，μ 为拉格朗日乘子。

通过式（6-62）中的第一个式子可以求得权值系数 λ_i，如果写成矩阵的形式将更加直观：

$$\begin{bmatrix}\gamma(\boldsymbol{x}_1-\boldsymbol{x}_1) & \cdots & \gamma(\boldsymbol{x}_1-\boldsymbol{x}_n) & 1\\ \vdots & & \vdots & \vdots\\ \gamma(\boldsymbol{x}_n-\boldsymbol{x}_1) & \cdots & \gamma(\boldsymbol{x}_n-\boldsymbol{x}_n) & 1\\ 1 & \cdots & 1 & 0\end{bmatrix}\begin{bmatrix}\lambda_1\\ \vdots\\ \lambda_n\\ -\mu\end{bmatrix}=\begin{bmatrix}\gamma(\boldsymbol{x}_0-\boldsymbol{x}_1)\\ \vdots\\ \gamma(\boldsymbol{x}_0-\boldsymbol{x}_n)\\ 1\end{bmatrix} \tag{6-63}$$

因此，式（6-62）中唯一未知的是 $\gamma(\cdot)$，它被称为变异函数，它既能描述区域化变量的空间结构性变化，又能描述其随机性变化。$\gamma(\cdot)$ 定义为两点的观测值的方差的一半，即 $\gamma_{ij}=\gamma(\boldsymbol{x}_i,\boldsymbol{x}_j)=\dfrac{1}{2}\mathrm{var}(z(\boldsymbol{x}_i)-z(\boldsymbol{x}_j))$。根据式（6-60）对其进行化简，可得

$$\gamma_{ij} = \gamma(\boldsymbol{x}_i, \boldsymbol{x}_j) = \frac{1}{2} E(z(\boldsymbol{x}_i) - z(\boldsymbol{x}_j))^2 = \sigma^2 + C_{ij} \tag{6-64}$$

其中，$\sigma^2 = \mathrm{var}(z_i)$；$C_{ij} = \mathrm{cov}(z_i, z_j)$。

空间上相近的点，其 NLoS 观测值具有相似性，这种相似性通常与点之间的距离有关。为此，计算任意两个点 $\boldsymbol{x}_i, \boldsymbol{x}_j$ 之间的距离 d_{ij}，变异函数值 $\sigma^2 + C_{ij}$。假设已有 n 个参考数据点，则可得到 n^2 个 (d_{ij}, γ_{ij}) 数据对。将这些数据对绘制成散点图，构造一个能最优拟合所有 d_{ij} 和 γ_{ij} 关系的拟合曲线 $\gamma = \gamma(d)$。如此一来，任意两个点之间的变异函数值即可通过节点之间的距离作为输入求得。常用的拟合变异函数有球状模型、指数模型、高斯模型、幂函数模型、空洞效应模型等。

综上所述，在利用克里金法进行插值的时候，先要根据已有的参考点观测值计算不同点之间的距离 d_{ij} 和变异函数值 γ_{ij}，接下来找到能够拟合距离与变异函数值的函数曲线。有了该函数曲线，如果要对某个点进行插值，则先求解该点到所有参考点的距离，将其作为输入得到对应的变异函数值，将其代入式（6-63）计算出权值系数，最后将这些系数值代入式（6-59）得到插值点的值。

数据库法的缺陷在于尽管测量了一定数量的信标节点，但是并不能覆盖所有区域。另外，为了使数据收集和数据库维护更容易，在收集阶段应尽量减少数据。此外，该算法建立数据库的过程复杂，数据库容量与抑制效果需要权衡，且存在降噪和基准点检测的问题。

6.6.3 基于粒子滤波的 NLoS 定位

本方法综合了 UWB 和 IMU 数据，UWB 标签安装在安全帽上，IMU 模块绑定在鞋上，通过粒子滤波实现非视距环境下的行人定位。它将 IMU 的计算结果作为粒子滤波器的先验信息，并使用 UWB 观测值作为粒子的观测值。之所以不采用卡尔曼滤波或扩展卡尔曼滤波，主要原因是 UWB 观测模型是高度非线性的。此外，当使用高斯分布来近似 UWB 观测误差概率分布时，存在很大的误差，而通过粒子滤波可以很好地逼近系统状态。

具体的算法流程如图 6-41 所示[24]。如果接收到 UWB 数据，则使用“采样”模块将 UWB 数据作为观测值，“评估”模块根据观测模型和观测值更新各个粒子权值，“重采样”用于抑制粒

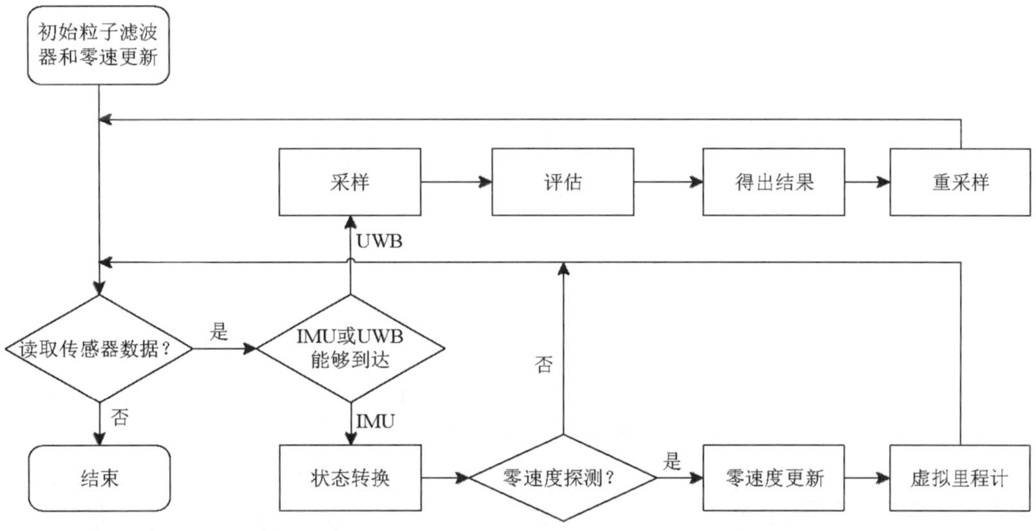

图 6-41 基于粒子滤波的 IMU/UWB 融合算法流程

子退化（见第 5 章）。如果接收到 IMU 数据，则使用状态转换模型更新当前系统状态，即预测当前时刻所处位置。预测的方法是判断行人是否处于零速度状态，如果速度为零，则认为行走了一步。

UWB 的数据可以直接读取，这里探讨对 IMU 数据的处理，然后通过粒子滤波进行融合。IMU 数据处理基于行人航迹推算（pedestrian dead reckoning，PDR），方法是通过步长和步频相乘并考虑行走方向（航向角），见图 6-42，因此 PDR 的核心是步频、步长和行走方向的估计[25]。步频通过加速度计检测行走零速度完成，步长估算可以使用常数/伪常数、线性、非线性、人工智能、单摆等方法，也可以利用身高或肌电信号等求解，航向角则通过陀螺仪、磁感应器等器件完成。

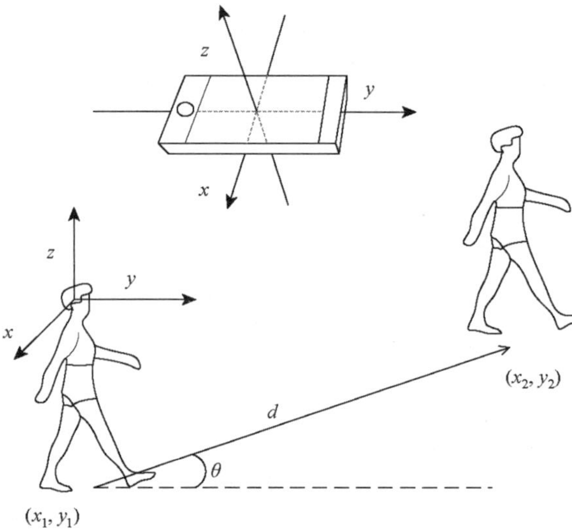

图 6-42　PDR 原理示意图

人体运动时，会经历启动、加速、停止等状态，即运动过程中会周期性地出现速度为 0 的情况。图 6-43 给出了人体运动时的步态变化，其中 t_0、t_1、t_2 分别为脚步启动、停止和再次启动的时刻，t_1 就是速度为 0 的时刻。

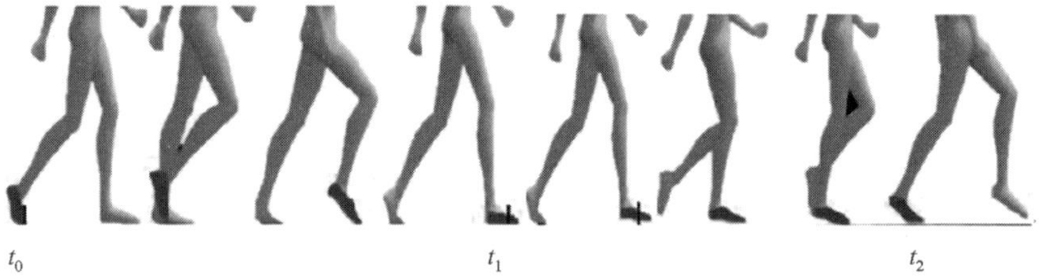

图 6-43　人体运动时的步态变化

IMU 不同零速度时刻之间的状态转换可视为线性方程：

$$\boldsymbol{Y}_k=\boldsymbol{H}_k\boldsymbol{X}_k+\boldsymbol{W}_k \tag{6-65}$$

该式的各种参数在卡尔曼滤波中已经学习过。通过这种零速检测的方式，可以预测出人员行走的距离，因此称为虚拟里程计。假定虚拟里程计在 t 时刻测得的速度为 v_t^b，测得的角度为 θ_t^b，行人在 t 时刻的位置为 $\left(x_t^b,y_t^b\right)$，则将粒子滤波中的粒子表示为 $\boldsymbol{s}_t=[x_t^b,y_t^b,v_t^b,\theta_t^b]$。由于存在系统扰动，若将扰动因子 δ 考虑在内，则速度扰动量为 δv_t^b。同理，IMU 航向角扰动量为 $\delta\theta_t^b$。$\left(x_t^b, y_t^b\right)$ 是 UWB 系统给粒子滤波器的输入，$\boldsymbol{u}_t = [\delta v_t^b, \delta\theta_t^b]$ 则是虚拟里程计给粒子滤波器的输入。

根据状态方程，则在 t 时刻的第 i 个粒子的状态可以更新如下：

$$\begin{cases} v_t^{b(i)} = v_{t-1}^{b(i)} + \delta v_{t-1}^{b(i)} \\ \theta_t^{b(i)} = \theta_{t-1}^{b(i)} + \delta\theta_{t-1}^{b(i)} \\ x_t^{b(i)} = x_{t-1}^{b(i)} + v_{t-1}^{b(i)} \times \cos\left(\theta_{t-1}^{b(i)}\right) \times \Delta t \\ y_t^{b(i)} = y_{t-1}^{b(i)} + v_{t-1}^{b(i)} \times \sin\left(\theta_{t-1}^{b(i)}\right) \times \Delta t \end{cases} \tag{6-66}$$

于是，可以得到状态的先验概率分布 $p\left(\boldsymbol{s}_t^{(i)}, \boldsymbol{s}_{t-1}^{(i)}, \boldsymbol{u}_t\right)$ 为高斯分布，即

$$p\left(\boldsymbol{s}_t^{(i)}, \boldsymbol{s}_{t-1}^{(i)}, \boldsymbol{u}_t\right) \sim \mathcal{N}\left(\boldsymbol{s}_t^{(i)} \mid f\left(\boldsymbol{s}_{t-1}^{(i)}, \boldsymbol{u}_t\right), \boldsymbol{W}_k\right) \tag{6-67}$$

其中，$\boldsymbol{W}_k$ 仍是二阶对角矩阵，若假定 δv_t^b 和 $\delta\theta_t^b$ 为独立同分布，则 $\boldsymbol{W}_k = \begin{bmatrix} \sigma_{\delta v}^2 & 0 \\ 0 & \sigma_{\delta\theta}^2 \end{bmatrix}$，其中 $\sigma_{\delta v}^2$ 和 $\sigma_{\delta\theta}^2$ 分别为速度和角度的方差。

通过上述公式，可以得到 t 时刻的先验分布的近似。随后需要根据 UWB 观测结果更新粒子权值，以获得粒子的后验分布，权值的更新是通过将先验概率乘以似然概率得到的：

$$\boldsymbol{w}_t^{(i)} \leftarrow \boldsymbol{w}_{t-1}^{(i)} \times p\left(\boldsymbol{z} \mid \boldsymbol{s}_t^{(i)}\right) \tag{6-68}$$

其中，$\boldsymbol{z}_t = [d_{t1}, d_{t2}, \cdots, d_{tj}]$ 是与各 UWB 基站（信标节点）的距离构成的距离矢量。假定 UWB 基站的序号用 j 表示，则似然概率可以用标量形式表示为

$$p\left(\boldsymbol{z} \mid \boldsymbol{s}_t^{(i)}\right) = \prod_{j=1}^{N} p\left(\boldsymbol{z}_{tj} \mid \boldsymbol{s}_t^{(i)}\right) \tag{6-69}$$

$p\left(\boldsymbol{z}_{tj} \mid \boldsymbol{s}_t^{(i)}\right)$ 可以根据 UWB 观测模型表示如下：

$$p\left(\boldsymbol{z}_{tj} \mid \boldsymbol{s}_t^{(i)}\right) \sim \mathcal{N}\left(\boldsymbol{z}_{tj} \mid g\left(\text{dis}\left(\boldsymbol{s}_t^{(i)}, j\right)\right), \sigma_d\right) \tag{6-70}$$

其中，σ_d 是 UWB 估计值的标准差；g 是 UWB 信号的误差模型；$\text{dis}\left(\boldsymbol{s}_t^{(i)}, j\right)$ 是第 i 个粒子与第 j 个 UWB 基站之间的距离。注意，UWB 定位标签的输出频率通常在 2～4Hz，而 IMU 的输出频率则在 100～1000Hz。在对它们进行融合之前，需要对频率范围差异进行处理。

本方法直接使用 IMU 数据进行 PDR 计算，将计算结果作为虚拟里程计，用以获得整个运动的先验估计。最后，使用 UWB 数据作为观测值来约束预测结果，并获得整体运动状态的后验估计，以避免两个数据源的输出频率之间的巨大差异。

参 考 文 献

[1] 胡青松，张申，吴立新，等. 矿井动目标定位：挑战、现状与趋势[J]. 煤炭学报，2016，41（5）：1059-1068.

[2] Wang G，Qian C，Cui K Y，et al. A universal method to combat multipaths for RFID sensing[C]. IEEE Infocom 2020，Toronto，2020：1-10.

[3] 巧克威龙. 多径效应[EB/OL]. https://zhuanlan.zhihu.com/p/104626138[2023-8-14].

[4] 邹高翔，童创明，王童，等. 空间与地面菲涅尔区的特性研究[J]. 弹箭与制导学报，2017，37（1）：129-134.

[5] Dong M. A low-cost NLOS identification and mitigation method for UWB ranging in static and dynamic environments[J]. IEEE Communications Letters，2021，25（7）：2420-2424.

[6] Ferreira A G，Fernandes D，Branco S，et al. Feature selection for real-time NLOS identification and mitigation for body-mounted

UWB transceivers[J]. IEEE Transactions on Instrumentation and Measurement，2021，70：1-10.

[7] 毛科技，邬锦彬，金洪波，等. 面向非视距环境的室内定位算法[J]. 电子学报，2016，44（5）：1174-1179.

[8] Zhang R，Guo J，Chu F，et al. Environmental-adaptive indoor radio path loss model for wireless sensor networks localization[J]. AEU-International Journal of Electronics and Communications，2011，65（12）：1023-1031.

[9] Liu Q，Yin Z，Zhao Y，et al. UWB LOS/NLOS identification in multiple indoor environments using deep learning methods[J]. Physical Communication，2022，52：101695.

[10] Chan Y T，Tsui W Y，So H C，et al. Time-of-arrival based localization under NLOS conditions[J]. IEEE Transactions on Vehicular Technology，2006，55（1）：17-24.

[11] Athanasios P，Unnikrishna P S. Proability，Random Variables，and Stochastic Processes[M]. 4th ed. New York：McGraw-Hill，2002.

[12] Landolsi M A，Almutairi A F，Kourah M A. LOS/NLOS channel identification for improved localization in wireless ultra-wideband networks[J]. Telecommunication Systems，2019，72（3）：441-456.

[13] Guvenc I，Chong C，Watanabe F. NLOS identification and mitigation for UWB localization systems[C]. 2007 IEEE Wireless Communications and Networking Conference，Hong Kong，2007：1571-1576.

[14] Marano S，Gifford W，Wymeersch H，et al. NLOS identification and mitigation for localization based on UWB experimental data[J]. IEEE Journal on Selected Areas in Communications，2010，28（7）：1026-1035.

[15] Carpi F，Martalò M，Davoli L，et al. Experimental analysis of RSSI-based localization algorithms with NLOS pre-mitigation for IoT applications[J]. Computer Networks，2023，225：109663.

[16] Liang X，Jin Y，Zhang H，et al. NLOS identification and machine learning methods for predicting the outcome of 60GHz ranging system[J]. Chinese Journal of Electronics，2018，27（1）：175-182.

[17] Yang Z，Zhou Z，Liu Y. From RSSI to CSI：Indoor localization via channel response[J]. ACM Computing Surveys，2013，46（2）：1-32.

[18] Zeng T，Chang Y，Zhang Q，et al. CNN-based LOS/NLOS identification in 3-D massive MIMO systems[J]. IEEE Communications Letters，2018，22（12）：2491-2494.

[19] Soltanaghaei E，Kalyanaraman A，Whitehouse K. Multipath triangulation：Decimeter-level WiFi localization and orientation with a single unaided receiver[C]. The 16th Annual International Conference on Mobile Systems，Applications，and Services，Munich，2018：376-388.

[20] Venkatesh S，Buehrer R M. NLOS mitigation using linear programming in ultrawideband location-aware networks[J]. IEEE Transactions on Vehicular Technology，2007，56（5）：3182-3198.

[21] Zhang H，Qi X，Wei Q，et al. TOA NLOS mitigation cooperative localisation algorithm based on topological unit[J]. IET Signal Processing，2020，14（10）：765-773.

[22] Tang Q，Li J，Wang L，et al. Multipath imaging for NLOS targets behind an L-shaped corner with single-channel UWB radar[J]. IEEE Sensors Journal，2022，22（2）：1531-1540.

[23] Li B H，Dempster A G，Rizos C，et al. A database method to mitigate the NLOS error in mobile phone positioning[C]. IEEE-ION Position Location and Navigation Symposium，New York，2006：173-178.

[24] Wang Y，Li X. The IMU/UWB fusion positioning algorithm based on a particle filter[J]. ISPRS International Journal of Geo-Information，2017，6（8）：235.

[25] 原璟，程承旗，童晓冲，等. 基于 PDR 和地理网格的室内外一体化定位方法[J]. 地理与地理信息科学，2016，32（6）：32-36.

第 7 章　卫星定位技术

苏联于 1957 年 10 月成功发射第一颗人造地球卫星，美国霍普金斯大学应用物理实验室于 1958 年 12 月就开始在美国海军的资助下研制“美国海军卫星导航系统”，目前卫星定位导航技术已经非常成熟。所谓卫星定位和导航，是接收机接收导航卫星发送的导航定位信号，并以导航卫星作为信标节点，实时地测定运动载体的位置和速度[1]。卫星定位导航技术不仅带来了无线电导航的技术革命，而且为大地测量学、地球动力学、地球物理学、天体力学、载人航天学、全球海洋学、全球气象学等提供了一种高精度和全天候的测量新技术，是名副其实的跨学科、跨行业、广用途、高效益的综合性高新技术。本章将学习卫星定位导航的基本概念和基本原理。

7.1　卫星导航定位系统概述

现在的卫星导航定位系统通常指全球导航卫星系统（global navigation satellite system，GNSS）[2]，它既包括全球的导航系统，如美国的全球定位系统（GPS）、俄罗斯的格洛纳斯（GLONASS）、欧盟的伽利略（Galileo）和中国的北斗（BDS），以及区域性的导航系统，如印度区域导航卫星系统（Indian regional navigation satellite system，IRNSS）和日本准天顶卫星系统（quasi-zenith satellite system，QZSS）；也包括相关的增强系统，如美国的广域增强系统（wide area augmentation system，WAAS）、欧洲的欧洲静地导航重叠系统（European geostationary navigation overlay service，EGNOS）、日本的多功能卫星增强系统（multi-functional satellite augmentation system，MSAS）、印度的 GPS 辅助 GEO 增强导航（GPS aided GEO augmented navigation，GAGAN）系统、俄罗斯的差分校正与监视系统（system for differential corrections and monitoring，SDCM）等；中国北斗也建设有增强系统，由地基增强系统和星基增强系统组成。此外，GNSS 还涵盖在建和以后要建设的其他卫星导航系统。因此，国际 GNSS 系统是多系统、多层面、多模式的复杂组合系统，本节对 GPS、GLONASS、Galileo 和 BDS 进行简要介绍。

7.1.1　GPS 卫星导航系统

1973 年 12 月，美国国防部批准研制 GPS，它是美国国防部的第二代卫星导航系统，第一代是 1960 年开始研制、1964 年交付使用的子午线定位系统。GPS 的研发过程分为方案论证、工程研制和生产作业 3 个阶段。工程研制阶段主要是发射 GPS 试验性卫星，检验 GPS 系统的基本性能。1978 年 2 月 22 日，第一颗 GPS 试验卫星成功发射，标志着工程研制阶段的开始。1989 年 2 月 14 日，第一个 GPS 工作卫星发射成功，宣告 GPS 系统进入了生产作业阶段。1994 年 3 月，建成了信号覆盖率达 98%的 GPS 工作星座，开始运营并提供服务[3]。

GPS 由三大部分组成——空间段（GPS 卫星星座）、控制段（地面控制系统）和用户部分（GPS 信号接收机），三者的关系如图 7-1 所示。空间段的目标是保证有 24 颗卫星能够工作，从而确保

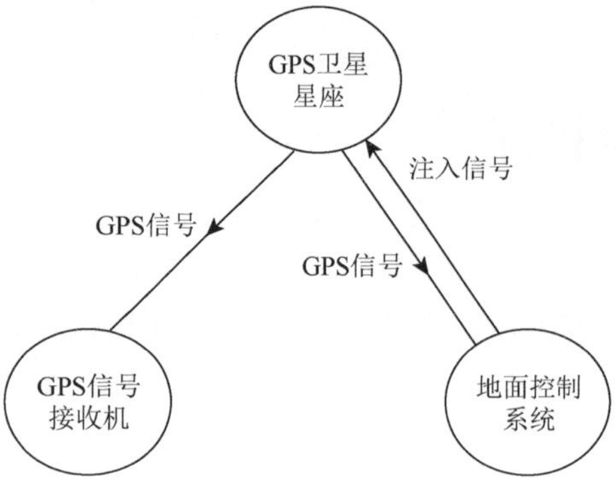

图 7-1　GPS 的三大组成部分及其关系

用户可从地球上几乎任何一点接收到至少四颗卫星的信号[4]。2011 年 7 月完成卫星星座扩展，对 3 颗卫星重新定位、对 3 颗卫星位置调整，从而实现 24 + 3 的理想卫星星座构型。截至 2024 年 1 月 27 日，GPS 有 31 颗可用卫星。GPS 卫星运行在中圆地球轨道[5]，高度约为 20200km，每颗卫星每天绕地球两周。

GPS 卫星星座由新旧卫星共同组成，表 7-1 总结了历史、当前和未来几代 GPS 卫星的特点，包括 Block-IIA（第二代，“高级”）、Block IIR（“补充”）、Block IIR-M（“现代化”）、Block-IIF（“后续”）、GPS-III 和 GPS-IIIF（“继续”）。

表 7-1　不同 GPS 卫星的参数

卫星型号	发射时间	信号种类	设计寿命/年	增加特性
Block-II A	1990～1997 年 （2019 年最后一颗已退役）	C/A 码（L1） P（Y）码（L1&L2）	7.5	—
Block IIR	1997～2004 年	C/A 码（L1） P（Y）码（L1&L2）	7.5	板卡监测功能
Block IIR-M	2005～2009 年	Block IIR 的所有类型 第二代民用信号 L2C 新军用 M 码	7.5	M 码抗干扰
Block-IIF	2010～2016 年	Block IIR-M 的所有类型 第三代民用信号 L5	12.0	高级原子钟，增强准确度、 信号强度和质量
GPS-III/IIIF	2018 年开始	Block-IIF 的所有类型 第四代民用信号 L1C	15.0	无 SA，增强信号可靠性、 完备性、准确性 IIIF 还提供激光反射、搜索和救援负载功能

空间段的主要作用是[6]：

（1）接收和存储由地面监控站发来的导航电文，接收并执行监控站的控制指令；

（2）利用卫星上的微处理机，对部分必要的数据进行处理；

（3）通过星载原子钟提供精密的时间标准；

（4）向用户发送定位信息；

（5）在地面监控站的指令下，通过推进器调整卫星姿态和启用备用卫星。

GPS 地面控制系统包括 1 个主控站、1 个备用主控站、11 个地面天线和 16 个监测站。主控站位于哥伦比亚施里弗空军基地，备用主控站位于范登堡基地；地面天线包括 4 个 GPS 地面天线和 7 个空军卫星控制网（air force satellite control network，AFSCN）远程追踪站；监测站包括 6 个空军监测站和 10 个美国国家地理空间情报局（National Geospatial-Intelligence Agency，NGA）监测站。

GPS 地面控制系统负责监控全球定位系统的工作，主要功能包括：

（1）监测卫星是否正常工作，是否沿预定的轨道运行；

（2）跟踪计算卫星的轨道参数并发送给卫星，由卫星通过导航电文发送给用户；

（3）保持各颗卫星的时间同步；

（4）必要时对卫星进行调度。

用户部分的核心设备是 GPS 信号接收机[7]。它是一种特制的无线电接收机，用来接收导航卫星发射的信号，并以此计算出定位数据。根据不同性质的用户和要求的功能，要配置不同的 GPS 信号接收机，其结构、尺寸、形状和价格也大相径庭。例如，航海和航空用的信号接收机，要具有从存储卡进行导航图等资料存储与读取的能力；测地用的信号接收机要求具有很高的精度，并能快速采集数据；军用信号接收机要有加密码模块，并要求能高精度定位。GPS 信号接收机的结构和功能将在 7.4 节详细介绍。

7.1.2　GLONASS 卫星导航系统

苏联的第一颗 GLONASS 卫星在 1982 年 10 月 12 日发射升空。由于多次发射失败和卫星工作寿命较短，所以一直到 1995 年发射到第 70 多颗卫星时，GLONASS 卫星星座才达到额定工作所需的 24 颗，宣布正式投入完全服务。遗憾的是，由于种种原因，GLONASS 星座的卫星数量至 2002 年最低降到 7 颗卫星，维持正常工作的卫星仅有 7 颗。

从 2003 年开始，GLONASS 系统又进入复苏阶段，以每年发射 6 颗卫星的速度回归，加上卫星寿命有所增加，到 2011 年 12 月 8 日，GLONASS 星座又恢复到 24 颗卫星的完全工作状态，目前的卫星数目为 26 颗。GLONASS 的全球定位精度约为 5m，而俄罗斯境内在增强系统的辅助下精度可优于 0.5m。

与 GPS 类似，GLONASS 也由三部分组成：空间部分、地面部分和用户部分。空间部分由卫星组成，轨道排列在三个平面上。GLONASS 的星座结构采用了如下两条设计原则[8]：在系统工作的所有时间和所有可使用范围内，用户的最大定位误差值最小；系统中轨道平面数最少。GLONASS 的卫星参数见表 7-2。

表 7-2　GLONASS 卫星的主要参数

卫星型号	发射时间	信号种类	设计寿命/年
GLONASS	1982～2005 年（已全部退役）	L1OF、L1SF、L2SF	3.5
GLONASS-M	2003～2016 年	GLONASS 的全部信号、L2OF、L3OC	7.0
GLONASS-K	2011～2018 年	GLONASS-M 的全部信号、L2OC、L2SC	10.0
GLONASS-K2	2017 年开始	GLONASS-K 的全部信号、L1OC、L1SC	10.0

后面内容要用到卫星星历和历书的概念，这里予以简单介绍。所谓卫星星历，指的是用于描述太空卫星位置和速度的表达式，是卫星运行过程中随时间而变的精确位置或轨迹表，由其确定的卫星位置精度高，可用于定位计算，有效期为 4 个小时。星历又有广播星历和精密星历之分，广播星历指的是地面的主控站利用跟踪站收集到的观测数据推算出的未来两周的星历并注入卫星，精密星历则是通过在全球或局部范围内部署跟踪站来收集观测数据，注入卫星后得到精度更高的星历。星历是卫星的详细轨道参数，而历书则是简略的卫星轨道参数，只能大概估算位置而不能用于定位，有效期为半年，通常只能用于帮助接收机搜索和捕获卫星信号。接收机接收到数据的时刻称为历元。

GLONASS 的每颗卫星都由以下 7 个部分组成。

（1）星载导航设备：它是卫星的核心，包括导航信息构造单元、星上同步器、寄存器、接收机和导航发射机。星载导航设备的主要作用是，记录从地面站发送来的卫星星历和系统历书；产生时间信号，重新产生导航信息帧发往系统用户；完成星上导航设备工作状态的例行诊断。

（2）星上控制设备：包括测距子系统、星上控制单元和遥测遥控系统，用于记录导航信息、发送遥测数据、控制和调整星上功率的分配。必要时由测距子系统直接给出卫星距离测量信息。

（3）姿态控制系统：用于完成卫星的初始定向，调整卫星纵轴使天线指向地球，并在整个卫星寿命期内维持正常姿态。

（4）机动系统：用于将卫星置于指定的轨道面位置，维持卫星的升交距角，并控制卫星的推进系统。推进系统包括 20 个定向推进器和两个位置推进器。这里的升交距角指的是卫星在其轨道上任一位置与升交点的角距离，也被称为纬度角。其中，升交点指的是卫星沿轨道从南向北运动时与参考平面的交点，常用的参考平面有赤道面、黄道面。

（5）温控系统：卫星使用温控系统调整星内温度，发散各器件的热量。

（6）电源系统：包括太阳能电池、蓄电池、控制继电器和稳压器，为星载导航设备提供电源。有太阳直射时，由太阳能电池板对电池充电；当卫星处于地球阴影时，由蓄电池供电。

（7）星载时钟：它是卫星最关键的部件之一，是导航、授时等核心功能的保障。

GLONASS 地面部分即地面指挥控制系统（图 7-2）[9]，其中最重要的是位于莫斯科的系统控制中心，此外还包括地面指挥设施、中心同步器、卫星信号监控设施、时间刻度监控设施、遥测跟踪和控制设施、激光测距设施。系统控制中心是 GLONASS 卫星星座的中央控制节点，负责轨道星座的连续指挥和控制，主要功能包括：①卫星的常规任务控制；②卫星信号性能的管理，具体信号种类见表 7-2；③导航信息数据生成和上传操作；④对卫星星座、命令与控制子系统的故障进行及时检测并做出响应。

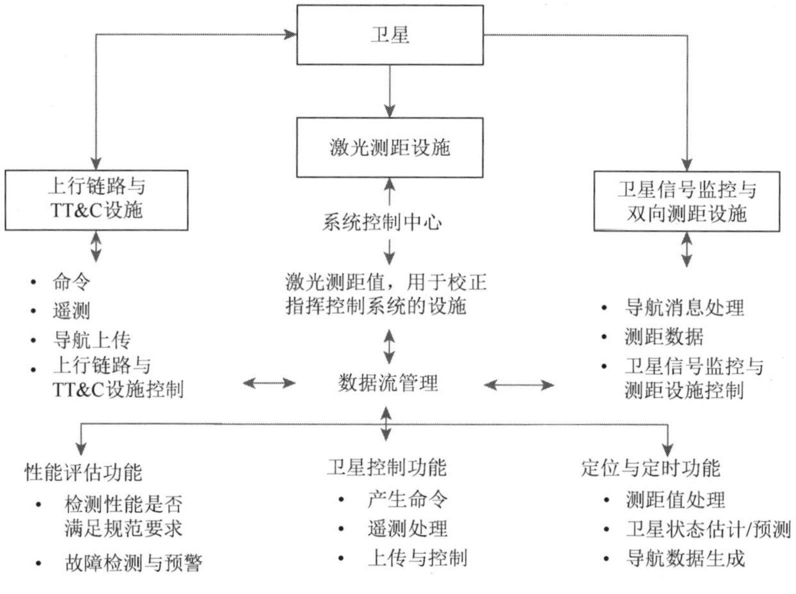

图 7-2　GLONASS 地面指挥控制系统概览

TT&C 表示 telemetry，tracking and command，即遥控、跟踪和指挥

指挥控制中心使用遥测跟踪与控制设施和上行链路设施为卫星提供跟踪、遥测和控制，即每个卫星和系统控制中心之间的测控接口。遥测跟踪和控制设施还使用双向测距的方式进行距离测量，用于确定卫星的轨道和时钟参数。同时，指挥控制中心使用分布式卫星信号监控设施监控监测站网络。

7.1.3　Galileo 卫星导航系统

Galileo 卫星导航系统由欧洲空间局和欧盟发起并提供主要资金支持，采用完全非军方的控制与管理模式，旨在建立一个高效、经济的民用导航及定位服务系统。该系统于 2003 年开始实施，2005 年 12 月 28 日，首颗 Galileo 实验卫星发射成功，标志着 Galileo 全球卫星导航系统正式进入轨道验证阶段。2007 年，Galileo 计划办公室发布了针对实验卫星信号说明的接口控制文档，以便于信号的广泛测试。2013 年 3 月 12 日，Galileo 首次实现了用户定位，成为 Galileo 建设的里程碑；2014 年 2 月完成了在轨验证任务。截至 2024 年 1 月，在轨的 Galileo 卫星共有 26 颗，这些卫星分布在 3 个轨道平面内，轨道高度约为 23616km。

Galileo 系统主要由四部分组成，即全球性系统组成部分、区域性系统组成部分、当地系统组成部分和用户终端，见图 7-3。全球性系统组成部分是 Galileo 系统的核心，分为空间段和地面段，为整个系统的各项服务提供支持。空间段由在轨卫星组成，地面段主要由地面控制段和地面任务段两部分组成，地面任务段位于意大利，地面控制段位于德国。未来，意大利和德国这两个中心将拥有同等的设施，彼此实现实时数据同步，互为热备。如果一个中心出现故障，能够无缝切换到另一个中心。

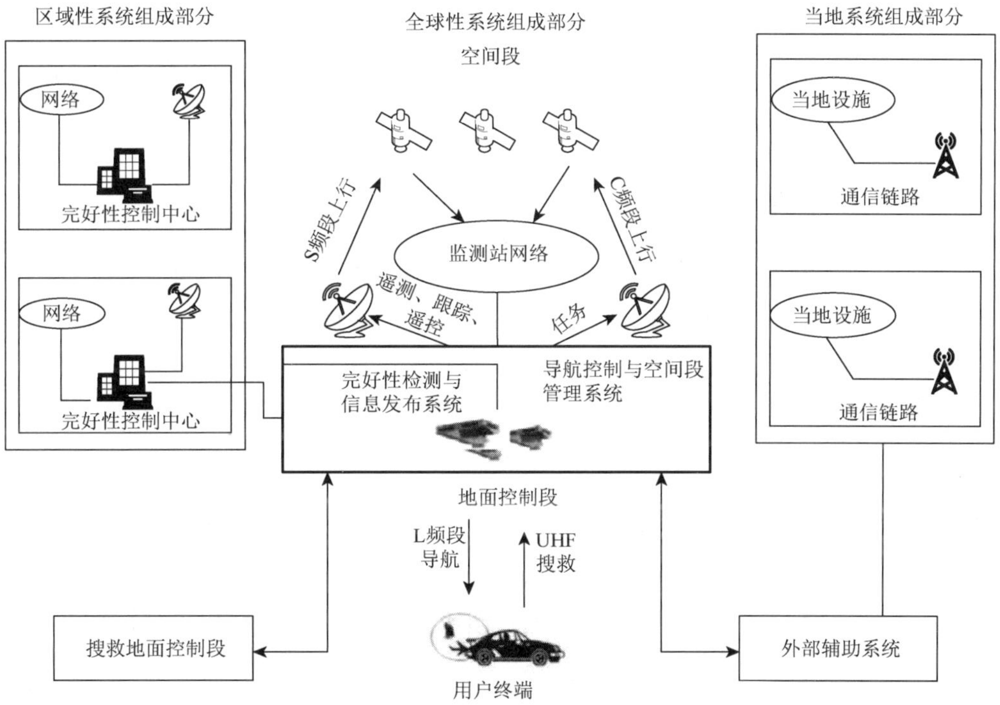

图 7-3　Galileo 系统总体结构

地面段的结构组成如图 7-4 所示，主要包括以下几点。

（1）控制中心：它是地面段的核心，包括整个系统的控制和处理机构，由卫星控制系统、任务控制系统、信息生成系统、定轨与时间同步处理系统、完好性信息处理系统、精密授时系统、产品服务设施和地面控制设施组成，负责卫星控制、卫星时间同步、全球卫星数据完好性监测与分发，以及其他相关的各项系统服务。

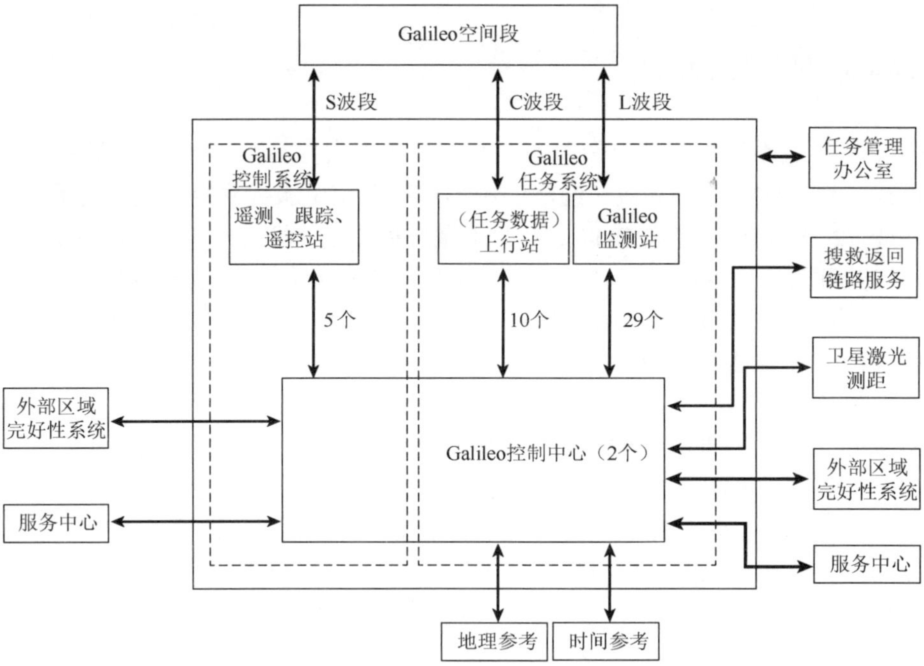

图 7-4　Galileo 地面段的结构组成

（2）遥测、跟踪、遥控站：负责卫星及星座控制，并能在紧急情况下探测到轨道上的每颗卫星。

（3）C 波段任务上行站：负责向 C 波段上行链路注入已更新的导航数据信息、完好性信息、搜救信息以及其他与导航有关的信息。

（4）检测站：负责对包含四种服务（公共服务、商业服务、公共特许服务和生命安全服务）的 L 波段信号进行接收和处理，可同时接收完好性信息和导航相关的信息。

（5）全球局域网络：由星基和地基专用线路或租用线路组成，实现控制中心与全世界范围内遥测、跟踪、遥控站、任务上行站、监测站以及相关设施之间的通信。

区域性系统由一个完备性监控网络和一个完备性控制中心组成，其中完备性监控网络包括最多 8 个外部区域完好性系统，完备性控制中心确定有限区域的有效完备性信息，并将其上传到 Galileo 卫星。区域部分补充了 Galileo 系统的完备性概念，并能满足紧急情况下的完备性要求。

当地系统部分旨在提供 Galileo 局域辅助服务，以增强局域的导航性能。因为对于机场、港口和市区等特殊的定位和导航用户，应用环境的恶化和导航性能需求需要生成局部增强信号，以便在定位精度、可用性、连续性和完好性方面提供更高的性能。

7.1.4　北斗卫星导航系统

北斗卫星导航系统（简称北斗系统或北斗）是中国着眼于国家安全和经济社会发展需要，自主建设、独立运行的卫星导航系统，是为全球用户提供全天候、全天时、高精度的定位、导航和授时服务的重要空间基础设施[10]。

北斗卫星导航系统的发展历程可分为三步[11]。

第一步，建设北斗一号系统。1994 年，启动北斗一号系统工程建设；2000 年，发射 2 颗地球静止轨道卫星，建成系统并投入使用，采用有源定位体制，为中国用户提供定位、授时、广域差分和短报文通信服务；2003 年，发射第 3 颗地球静止轨道卫星，进一步增强系统性能。

第二步，建设北斗二号系统。2004 年，启动北斗二号系统工程建设；2012 年年底，完成 14 颗卫星发射组网，包括 5 颗地球静止轨道卫星、5 颗倾斜地球同步轨道卫星和 4 颗中圆地球轨道卫星。北斗二号系统在兼容北斗一号系统技术体制的基础上，增加无源定位体制，为亚太地区用户提供定位、测速、授时和短报文通信服务。

第三步，建设北斗三号系统。2009 年，启动北斗三号系统建设；2018 年年底，完成 19 颗卫星发射组网，完成基本系统建设，向全球提供服务；2020 年年底前，完成 30 颗卫星发射组网，全面建成北斗三号系统。北斗三号系统继承北斗有源服务和无源服务两种技术体制，能够为全球用户提供基本导航（定位、测速、授时）、全球短报文通信、国际搜救服务，中国及周边地区用户还可享有区域短报文通信、星基增强、精密单点定位等服务。

北斗系统也由空间段、地面段和用户段三部分组成。

空间段：由若干地球静止轨道卫星、倾斜地球同步轨道卫星和中圆地球轨道卫星组成。2019 年年底，完成 24 颗中圆地球轨道北斗三号卫星发射，标志着北斗三号系统全球服务核心星座部署完成。卫星的基本功能如下：接收地面段发射的导航信息，执行地面段发射的控制指令，进行部分必要的数据处理，向地面发送导航信息，通过推进器调整自身的运行姿态。

地面段：包括主控站、时间同步/注入站和监测站等若干地面站，以及星间链路运行管理设施。其中主控站负责收集各个监测站的观测数据，进行数据处理，生成卫星导航电文、广域差分信息和完好性信息，完成任务规划与调度，实现系统运行控制与管理等；注入站在主控站的统一调度下，完成卫星导航电文、广域差分信息和完好性信息的注入以及有效载荷的控制管理；监测站负责对导航卫星进行连续跟踪监测、接收导航信号，并将数据发送给主控站，它为卫星轨道确定和时间同步提供观测数据。

用户段：包括北斗及兼容其他卫星导航系统的芯片、模块、天线等基础产品，以及终端设备、应用系统与应用服务等。

相比其他卫星导航系统，北斗系统具有以下特点：一是空间段是采用三种轨道卫星组成的混合星座，与其他卫星导航系统相比高轨卫星更多，抗遮挡能力强，尤其低纬度地区性能特点更为明显；二是北斗系统提供多个频点的导航信号，能够通过多频信号组合使用等方式提高服务精度；三是北斗系统创新融合了导航与通信能力，具有导航授时、星基增强、地基增强、精密单点定位、短报文通信和国际搜救等多种服务能力。

（1）基本导航服务。为全球用户提供服务，空间信号精度优于 0.5m；全球定位精度优于 10m，测速精度优于 0.2m/s，授时精度优于 20ns；亚太地区定位精度优于 5m，测速精度优于 0.1m/s，授时精度优于 10ns，整体性能大幅提升。

（2）短报文通信服务。中国及周边地区短报文通信服务：服务容量提高 10 倍，用户机发射功率降低到原来的 1/10，单次通信能力 1000 汉字（14000bit）；全球短报文通信服务：单次通信能力 40 汉字（560bit）。

（3）星基增强服务。按照国际民航组织标准，服务中国及周边地区用户，支持单频及双频多星座两种增强服务模式，满足国际民航组织相关性能要求。

（4）地基增强服务。利用移动通信网络或互联网络，向北斗基准站网覆盖区内的用户提供米级、分米级、厘米级、毫米级高精度定位服务。

（5）精密单点定位服务。服务中国及周边地区用户，具备动态分米级、静态厘米级的精密定位服务能力。目前，已在中国范围内建设 155 个框架网基准站和 2200 余个区域网基准站。

（6）国际搜救服务。按照国际海事组织及国际搜索和救援卫星系统标准，服务全球用户。与其他卫星导航系统共同组成全球中轨搜救系统，同时提供反向链路，极大地提升了搜救效率和能力。

目前，北斗系统已在交通运输、农林渔业、水文监测、气象测报、通信授时、电力调度、救灾减灾、公共安全等领域得到广泛应用，为全球经济和社会发展注入了新的活力。例如，高德和百度地图基于北斗为驾驶员提供车道级的导航服务，华为、荣耀、小米等公司的部分手机型号基于北斗提供卫星通话服务。据《2024 中国卫星导航与位置服务产业发展白皮书》统计，2023 年我国卫星导航与位置服务产业总产值已达 5362 亿元。

7.2　卫星定位的基本方法

卫星接收机接收到的信号中包含伪随机码、导航电文、载波频率等信息，可以利用伪随机码的传播时间、载波相位以及卫星与接收机之间的相对运动导致的多普勒频移获取卫星与接收机之间的距离，进而实现目标定位。通过传播时间实现定位的方法称为测码伪距法定位，通过载波相位实现定位的方法称为测相伪距法定位（又称载波相位法定位）。如果上述观测信息中带有误差改正数（通常由专门的测站发送），则称为差分定位。

7.2.1　测码伪距法定位

测码伪距法通过测量信号的传播时间获得卫星与接收机之间的距离[12]。由于卫星在不断运动，地球也存在自转，因此测量出的距离为信号发射时刻的卫星位置至信号接收时刻接收机位置之间的几何距离。

卫星和接收机上均安置了计时钟，理论上，两者均采用 GNSS 时间这一相同的时间系统，两个时钟的时间读数在同一时刻是一致的。假定 t^s 和 t_r 分别为信号的发射与接收时刻，那么传播时间为 $\Delta t = t_r - t^s$ 。另外令 c 为电磁波传播速度，则测码伪距值为

$$d = c\Delta t \tag{7-1}$$

卫星在卫星钟的控制下产生测距码信号，同时接收机在接收机钟的控制下产生相同的测距信号，称为本地码或复制码。在不考虑卫星钟差和接收机钟差的情况下，卫星上产生的测距码与接收机产生的复制码在同一时刻的码元是完全相同的。遗憾的是，卫星钟和接收机钟都存在误差，导致卫星与接收机产生的测距码并非完全同步，因此卫星钟和接收机钟的读数之差并非准确的传播时间，从而导致测码伪距值不是卫星与接收机的真实距离，因此称为伪距。为此，将 $\Delta t = t_r - t^s$ 改为

$$\Delta t' = \left(t_r + \mathrm{d}t_r\right) - \left(t^s + \mathrm{d}t^s\right) = \Delta t + \mathrm{d}t_r - \mathrm{d}t^s \tag{7-2}$$

其中，$\Delta t'$ 为卫星钟读数与接收机钟读数之差；Δt 为真实传播时间；$\mathrm{d}t^s$ 和 $\mathrm{d}t_r$ 分别为卫星和接收机钟差。

卫星产生的测距码经过空间传播到达接收机，由于受到传播时间的影响，相比于接收机产生的本地码，到达接收机的测距码已存在滞后平移。将卫星测距码与接收机的本地码比对，利用时间延迟器调整本地码，通过平移本地码使之与来自卫星的测距码之间的相关性达到最高。延迟器记录的平移量就对应于卫星信号传播的延迟时间 Δt ，如图 7-5 所示。

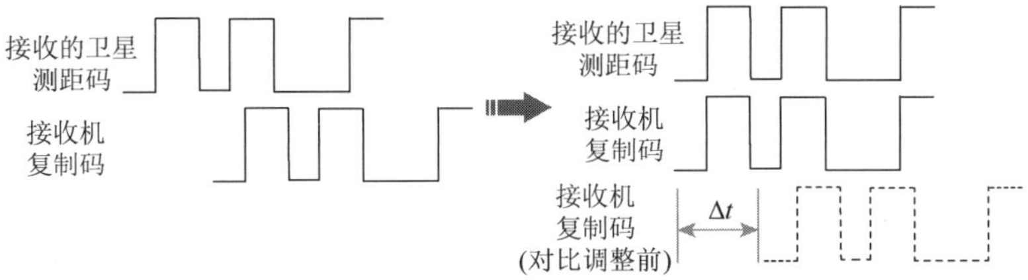

图 7-5　伪随机码相位测量

测码伪距的精度与码元宽度（即测距码的波长）有关，约为码元宽度的 1%。C/A 码的码元宽度约为 293m，P(Y)码的码元宽度约为 29.3m，采用 C/A 码得到的测码伪距精度约为 2.93m，而采用 P(Y)码得到的测码伪距精度约为 0.29m。但是近来的研究表明测距码的精度有所提高，可以达到码元宽度的 0.1%。

测码伪距观测值可单独用于卫星导航、标准单点定位或相对定位工作；或者与载波相位观测值结合，形成相位平滑伪距观测值进行导航定位；也可作为高精度定位（主要采用载波相位观测值）的辅助观测值，参与周跳探测、模糊度固定等。

注意，实际测距过程中还受到星历误差、对流层延迟、电离层延迟、硬件延迟、接收机噪声等因素影响，上述求解过程中未加考虑。

基于测码伪距结果可以对地面接收机进行单点定位，它是以卫星和用户接收机天线之间的距离观测量为基础，并根据已知的卫星瞬时坐标，确定用户接收天线所对应观测点的位置坐标，因定位速度快、不存在整周模糊度、接收机价格低等优势，被广泛用于各种车辆、舰船的导航和监控以及野外勘测等领域。

卫星单点定位原理如图 7-6 所示[9]，它通过观测 4 颗以上的卫星，根据星历数据计算出卫星的位置，再由卫星及特定点的空间几何关系构造方程求解接收机的位置。令 (x_i, y_i, z_i) 为第 i 颗卫星的坐标，(x, y, z) 为待求的接收机坐标，则

$$\hat{d}_i = d_i + c\Delta\tau = \sqrt{(x_i - x)^2 + (y_i - y)^2 + (z_i - z)^2} + c\Delta\tau \tag{7-3}$$

其中，$\hat{d}_i$ 为测码伪距观测值；d_i 为接收机至卫星的真实距离；$\Delta\tau$ 为其他因素引起的时间测量误差。

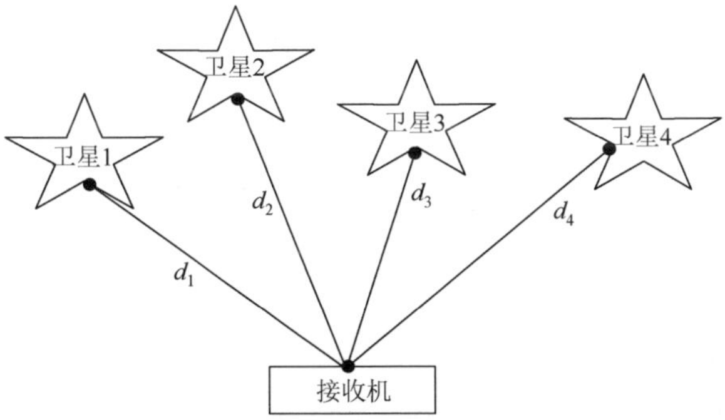

图 7-6　测码伪距单点定位

方程（7-3）是非线性方程，无法直接求解，所以取 $(x, y, z, c\Delta\tau)$ 的初始值为 (x_0, y_0, z_0, b_0)，将其按照泰勒级数展开保留一次项进行线性化，并写成误差方程形式为

$$y = m_i\,\Delta x + n_i\,\Delta y + k_i\,\Delta z - c\,\Delta\tau + L_i \tag{7-4}$$

其中

$$m_i = \frac{x_i - x_0}{d_{i0}}, \quad n_i = \frac{y_i - y_0}{d_{i0}}, \quad k_i = \frac{z_i - z_0}{d_{i0}} \tag{7-5}$$

$$d_{i0} = \sqrt{(x_i - x_0)^2 + (y_i - y_0)^2 + (z_i - z_0)^2} \tag{7-6}$$

$$L_i = \hat{d}_i - d_{i0} \tag{7-7}$$

按照最小二乘原理得

$$\boldsymbol{\delta}_X = -[\boldsymbol{A}^{\mathrm{T}}\boldsymbol{A}]^{-1}[\boldsymbol{A}^{\mathrm{T}}\boldsymbol{L}] \tag{7-8}$$

其中

$$\boldsymbol{\delta}_X = \begin{bmatrix} \Delta x \\ \Delta y \\ \Delta z \\ c\Delta\tau \end{bmatrix}, \quad \boldsymbol{A} = \begin{bmatrix} m_1 & n_1 & k_1 & -1 \\ m_2 & n_2 & k_2 & -1 \\ \vdots & \vdots & \vdots & \vdots \\ m_n & n_n & k_n & -1 \end{bmatrix}, \quad \boldsymbol{L} = \begin{bmatrix} L_1 \\ L_2 \\ \vdots \\ L_R \end{bmatrix} \tag{7-9}$$

求出 4 个估计量Δx、Δy、Δz、$c\Delta\tau$，再令$x_0 \Leftarrow x_0 + \Delta x$，$y_0 \Leftarrow y_0 + \Delta y$，$z_0 \Leftarrow z_0 + \Delta z$，$b_0 \Leftarrow b_0 + c\Delta\tau$，重复上述过程进行迭代，直到$\Delta x$、$\Delta y$、$\Delta z$、$c\Delta\tau$足够小，即满足

$$|\Delta x| + |\Delta y| + |\Delta z| + |c\Delta\tau| < e \tag{7-10}$$

设定一个阈值e，当式（7-10）满足时，此时解出来(x, y, z)的值即所求位置。这种通过泰勒级数展开的方式将非线性转化为线性的最小二乘定位法其实第 3 章就已经学习过。

7.2.2　测相伪距法定位

导航卫星发送的是高频调制正弦波信号，信号发送和接收时载波相位的变化同样包含距离变化，因此也可以利用载波相位的变化实现距离测量，这在第 3 章的 PDoA 测距中已经学习到。以下讨论中，载波相位均以周为单位，2π 为一周，这是后续公式中与第 3 章的 PDoA 相比没有 2π 项的原因所在。

如图 7-7 所示，需要测定 A 和 B 之间的距离。假设在信号传播过程中，载波频率 f 始终保持不变，载波于t_A时刻到达 A 点，此时相位为$\varphi(t_A)$；信号于t_B时刻到达 B 点，相位为$\varphi(t_B)$，那么有如下关系式成立：

$$\varphi(t_B) = \varphi(t_A) + f \times (t_B - t_A) \tag{7-11}$$

则信号从 A 至 B 的传播延迟为

$$\tau_{AB} = t_B - t_A = \frac{\varphi(t_B) - \varphi(t_A)}{f} \tag{7-12}$$

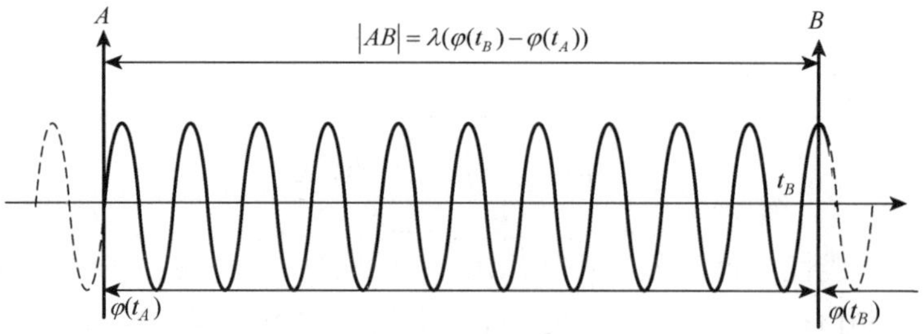

图 7-7　载波相位测距

于是可得 A、B 之间的距离为

$$|AB| = c\tau_{AB} = \lambda(\varphi(t_B) - \varphi(t_A)) = \lambda(N + \Delta\varphi) \tag{7-13}$$

其中，c 为电磁波传播速度；λ 为载波波长；N 为$|AB|$包含的载波整周数；$\Delta\varphi$ 为不足一周的相位。

接收机能够产生一个与接收信号几乎完全同步的载波信号，因此可以通过测量两者之间的相位差来实现距离测量。一旦得到接收载波与本地载波之间的相位差，就可获得不足一周的相位 $\Delta\varphi$ 。不过，由于卫星载波是一个周期性信号，在这个不足一周的 $\Delta\varphi$ 基础上相差整数个周期 N ，其产生的结果是一样的，该整数个周期 N 被称为整周模糊度。

假设在 t_i 时刻，接收机 k 测得与卫星 j 之间的距离为（图 7-8）

$$d_i = \lambda(N_k^j(t_i) + \Delta\varphi_k^j(t_i)) \tag{7-14}$$

其中，$\Delta\varphi_k^j(t_i)$ 为 t_i 时刻接收机测得的不足一周的相位；$N_k^j(t_i)$ 为初始整周模糊度。

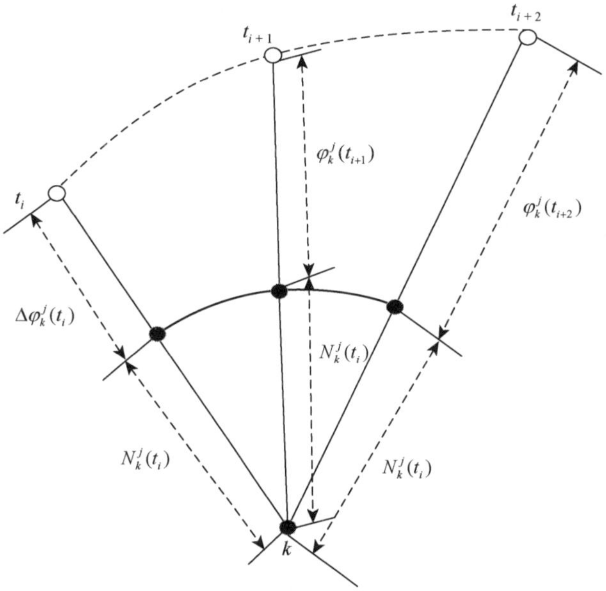

图 7-8　连续载波相位测量

如果接收机从 t_i 时刻开始，连续跟踪卫星信号，并进行载波的整周计数，在下一时刻 t_{i+1} 时，整周计数值为 $\Delta N_k^j(t_{i+1})$ ，则卫星至接收机的距离可表示为

$$d_{i+1} = \lambda(N_k^j(t_i) + \Delta N_k^j(t_{i+1}) + \Delta\varphi_k^j(t_{i+1})) \tag{7-15}$$

显然，式（7-15）中包含了第一次测量的初始整周模糊度 $N_k^j(t_i)$ ，而 t_{i+1} 时刻由接收机直接测量得到的载波整周数部分和不足一周的小数部分分别为 $\Delta N_k^j(t_{i+1})$ 和 $\Delta\varphi_k^j(t_{i+1})$ ，它们是可以测得的，是已知量，可记为

$$\varphi_k^j(t_{i+1}) = \Delta N_k^j(t_{i+1}) + \Delta\varphi_k^j(t_{i+1}) \tag{7-16}$$

将式（7-16）作为 t_{i+1} 时刻载波相位观测值，当接收机执行 n 次载波相位测量后，得到的卫星至接收机的伪距可表示为

$$d_{i+r} = \lambda(N_k^j(t_i) + \varphi_k^j(t_{i+r})) \tag{7-17}$$

从式（7-17）可以发现，接收机在执行首次观测以后，整周模糊度 $N_k^j(t_i)$ 包含在随后的连续相位测量中，如果接收机在测量过程中不发生整周计数的丢失（即周跳）情况，则后续的所有载波相位伪距观测中均包含了首次测量时的 $N_k^j(t_i)$ 。对接收机来说，N_k^j 是未知量，其具体

确定方法将在后续内容介绍。PDoA 中实际上也包括与此类似的整数项，其解决办法是通过两个载波频率求解。

载波相位观测值的精度与波长有关，用于距离测量的载波信号频率的范围是 1～5GHz，其波长相对于伪随机码来说非常短，如 GPS 的 L1 载波，其波长仅为 19cm。而接收机载波相位的对准误差可达波长的 1/100，因而其测量精度要远高于 C/A 码，能够实现高精度定位。

利用载波相位观测值来进行导航定位，不仅要处理载波相位观测值中存在的各种误差，而且还要解决整周模糊度和整周跳变问题，数据处理复杂程度要远大于测码伪距观测值。但由于其精度要高于测码伪距观测值，因此是高精度定位中主要采用的载波相位观测值。

7.2.3　差分定位

卫星导航中的差分定位技术又称相对定位，它利用卫星导航系统的误差随时间变化缓慢，而且与距离和路径强相关的特性，通过求差的方法消除公共误差（如卫星钟误差、星历误差、电离层误差、对流层误差等）和绝大部分传播延迟误差，从而显著提高定位精度。根据差分基准站发送的信息类型，差分定位有位置差分、伪距差分和载波相位差分三类[10]。这三类差分方式的工作原理类似，都是基准站向用户发送改正数，用户站利用改正数对自己的测量结果进行改正，以提高定位结果的精度。不同的是，各类差分方式发送的改正信息的具体内容不同，各种差分方式的技术难度、定位精度也不同。位置差分要求基准站与用户站观测同一组卫星，具有很大的局限性。伪距差分只要求基准站与用户站同时观测到的卫星数大于或等于 4 颗就可以完成，求解简单，定位精度比位置差分法高，但不如载波相位差分精度高。载波相位差分精度很高，但计算复杂，求解麻烦。

1. 位置差分

位置差分定位首先要求在地面部署一个基准站，其部署位置是精确已知的，简称精确坐标。除此以外，基准站还可像普通卫星接收机那样接收卫星信号从而计算出自身坐标，简称解算坐标。由于存在轨道误差、时钟误差、大气影响、多径效应和其他误差，使得基准站的解算坐标与精确坐标存在差异。将精确坐标与解算坐标相减，差值称为坐标修正值或改正数，发送给基准站周围那些需要定位的其他卫星接收机（称为用户站）。用户站通过接收卫星信号后计算出含有误差的坐标，减去基准站发过来的坐标修正值，即可得到精确坐标。上述方法就称为位置差分法，见图 7-9。

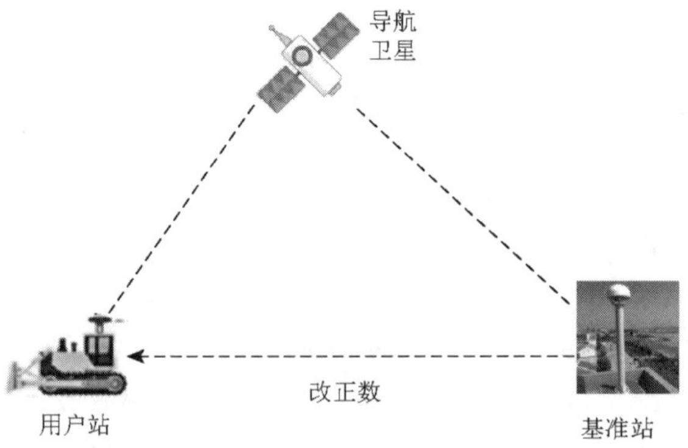

图 7-9　位置差分法

假定 $\hat{X}_b$ 为基准站解算坐标，X_b 为基准站精确坐标，于是可求出坐标改正数 ΔX 为

$$\Delta X = \hat{X}_b - X_b \tag{7-18}$$

基准站将此改正数发送给用户站。假定用户站解算出的用户站坐标位置为 $\hat{X}_u$，它存在误差。将该解算位置减去改正数即可得到用户站的精确位置 X_u 为

$$X_u = \hat{X}_u - \Delta X \tag{7-19}$$

改正后的用户坐标消去了基准站和用户站的公共误差，如卫星星历误差、大气层延迟影响等，从而提高了定位精度。不过，卫星和地面接收站之间的传输环境是动态变化的，因此坐标改正数实际也应该动态变化。如果将坐标改正数的变化考虑进去，则式（7-19）应为

$$X_u = \hat{X}_u - \left(\Delta X + \frac{\mathrm{d}\Delta X}{\mathrm{d}t}(t - t_0)\right) \tag{7-20}$$

其中，t_0 为基准站计算位置改正数的时刻。

位置差分计算简单，适用范围较广，但是要求用户站和基准站同时观测同一组卫星才能保证坐标改正数适用于用户站，这就要求用户站和基准站之间的距离不能太远。如果距离较远，用户站和基准站的观测条件可能不一致，难以保证二者观测的是相同的卫星。此外，基准站上配备的接收机通常通道数较多，能同时跟踪视场中所有导航卫星，而用户站的通道数较少。当视场中的导航卫星较多时，基准站所采用的卫星组合的卫星数通常多于用户的卫星组合的卫星数，这将影响定位改正的精度。

2. *伪距差分*

与位置差分法不同，在伪距差分法中，基准站发出的是基准站至各颗卫星的伪距改正数。一方面，基准站可以利用自己的精确坐标和卫星坐标计算出卫星与接收机间的精确距离；另一方面，基准站可以像普通接收机那样通过测码伪距法等方法测得卫星与接收机之间的含噪声距离。将这两个距离相减，即可得到距离修正值（或称改正数），然后将其传输给周围的用户站（其他接收机），用户站利用这些距离修正值来改正测量的伪距，就可消去公共误差，提高测距精度。

首先，假定卫星 i 的坐标位置为 X^i，基准站的精确坐标为 X_b，则可求出卫星 i 到基准站的真实距离：

$$d_b^i = \left| X^i - X_b \right| \tag{7-21}$$

此外，基准站可通过自身接收机测量出卫星 i 到基准站的伪距，假定为 $\hat{d}_b^i$，它包含各种因素引起的距离误差。那么，真实距离与伪距之间的距离改正数为

$$\Delta d_b^i = \hat{d}_b^i - d_b^i \tag{7-22}$$

基准站将此改正数发送给用户站。假定用户站解算出的自己与卫星 i 的伪距为 $\hat{d}_u^i$，则可将该伪距减去改正数得到用户站的精确距离 d_u^i 为

$$d_u^i = \hat{d}_u^i - \Delta d_b^i \tag{7-23}$$

与位置差分类似，改正后的用户站伪距消去了基准站和用户站的公共误差。不过，卫星和地面接收站之间的传输环境是动态变化的，因此伪距改正数实际上也应该动态变化。如果将伪距改正数的变化考虑进去，则式（7-23）应改为

$$\hat{d}_u^i = d_u^i - \left(\Delta d_b^i + \frac{\mathrm{d}\Delta d_b^i}{\mathrm{d}t}(t - t_0)\right) \tag{7-24}$$

伪距差分有以下优点。

（1）由于基准站的伪距改正数及其变化率是直接在地心地固坐标系上计算得出的，用户站伪距在使用时不必进行坐标转换，因此避免了坐标转换引起的误差，提高了定位精度。

（2）基准站能同时提供伪距改正数及其变化率，用户站即使在未得到改正数的空隙内也能继续精密定位。当然，位置差分也能提供改正数及其变化率。

（3）基准站能同时提供所有可见卫星的改正数及其变化率，允许用户站使用其中的任意 4 颗以上的卫星信号进行定位，而不要求必须与基准站观测完全相同的卫星，因而放宽了使用限制，使伪距差分法得到广泛的应用。

与位置差分相似，伪距差分也能将基准站和用户站的公共误差抵消，同时基准站和用户站的距离也不能太远。随着用户站和基准站之间距离的增加将引入新的系统误差，这种误差很难消除。

3. 载波相位差分

载波相位差分法的基本原理是，基准站实时地将载波相位信息和基准站精确坐标传输给用户站，用户站接收来自导航卫星和基准站的信息，建立载波相位差分观测模型，并实时给出厘米级的定位结果。这种定位模式被称为实时动态载波相位差分（real time kinematic，RTK）技术。

根据基准站所发送信息的不同，用户站可采用逼近法或求差法实现载波相位差分定位。

1）逼近法

这种方法也被称为准 RTK 技术。与伪距差分相似，基准站利用式（7-22）同样的方法计算出伪距改正数，只不过这里在解算伪距 $\hat{d}_u^i$ 的时候采用的是测相伪距法，即 $\hat{d}_b^i = \lambda(N_b^i + \varphi_b^i)$，其中 φ_b^i 为载波相位观测值，λ 为载波波长。

基准站将载波相位修正值和精确位置坐标发送给用户站，以改正用户站的载波相位观测值，然后求解用户站的坐标。用 Δd_b^i 对用户站解算出的伪距 $\hat{d}_u^i$ 进行修正：

$$\begin{aligned} d_u^i &= \hat{d}_u^i - \Delta d_b^i \\ &= \lambda(N_u^i + \varphi_u^i) - (d_b^i - \lambda(N_b^i + \varphi_b^i)) \end{aligned} \tag{7-25}$$

其中，N_u^i 和 N_b^i 分别为用户站和基准站观测第 i 颗卫星的整周模糊度；φ_u^i 为用户站对卫星 i 的载波相位观测值。求解式（7-25）的最关键问题是如何求解相位整周模糊度，7.5 节将专门介绍。

2）求差法

求差法是指基准站将载波相位观测值和精确坐标信息（而不是改正数）发送给用户站，用户站经差分处理消除或削弱绝大多数误差，获得精密定位结果。载波相位差分可以在卫星间求差、接收机间求差或不同历元之间求差，求差的结果与先后次序无关，见图 7-10。

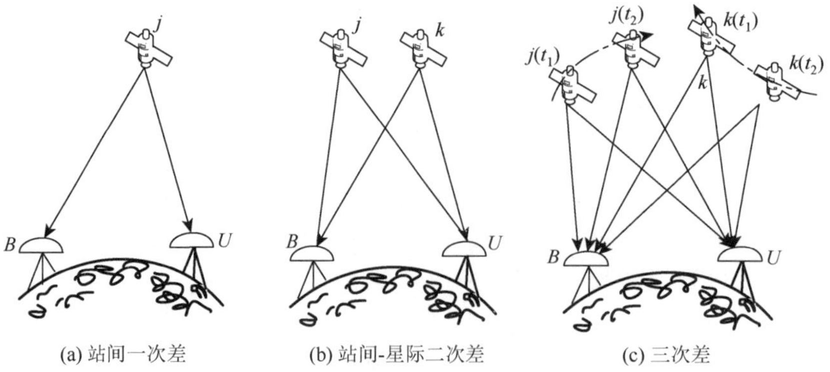

图 7-10　载波相位差分定位

将观测值直接相减称为一次差，即单差，包括在卫星间求一次差，在接收机间求一次差，在不同历元间求一次差三种求差法。在一次差的基础上继续求差，便可以得到二次差，也称双差。常见的二次求差也有三种：在接收机和卫星间求二次差，在接收机和历元间求二次差，在卫星和历元间求二次差。二次差仍可以继续求差，称为三次差，求法只有一种，即在卫星、接收机和历元间求三次差。下面通过例子分别讲解一次差、二次差和三次差的求法。

假定有两台接收机 B 和 U 对卫星 j 和 k 进行同步观测，在 t_i 时刻的载波相位观测量为 $\{\phi_B^j(t_i)、\phi_U^j(t_i)、\phi_B^k(t_i)、\phi_U^k(t_i), i=1,2\}$。在接收机间求一次差，可以消除卫星钟差，减少（但并不能消除）接收机钟差参数数量，并减弱卫星星历误差、电离层误差、对流层延迟引起的误差。接收机之间的一次差表达式为

$$\Delta\phi^j(t)=\phi_B^j(t_i)-\phi_U^j(t_i) \tag{7-26}$$

将同步观测的两颗卫星 j 和 k 的站间单差再求差，可以得到接收机和卫星间的二次差，它使得卫星钟差和接收机相对钟差都被消除，每个历元中比单差少一个观测方程，且参数较少，从而降低计算量。表达式为

$$\Delta\nabla\phi^{jk}(t)=\Delta\phi^k(t)-\Delta\phi^j(t) \tag{7-27}$$

如果将二次差的结果在不同历元（即不同接收的观测时刻）再求差，可以得到三次差，它在二次差的基础上进一步消去了整周模糊度参数，表达式为

$$\delta\Delta\nabla\phi^{jk}(t)=\Delta\nabla\phi^{jk}(t_2)-\Delta\nabla\phi^{jk}(t_1) \tag{7-28}$$

4. *局域差分与广域差分*

上述所讲解的位置差分、伪距差分和载波相位差分均是单基站差分，即仅仅需要单个基准站来确定差分改正数的差分定位。单基站差分数将所有误差源的影响合并为一个值播发给用户。单基准站差分要求知道基准站的精确三维坐标，接收机能跟踪视场中所有卫星，位于地质条件良好和点位稳定的地方，视野开阔、周围无高度角超过 10°的障碍物，周围无较强的信号反射物（如大面积水域、大型建筑物等），可方便地播发或传送差分改正信号，配备计算差分改正数并将改正数进行编码的硬件和软件资源。此外，单基准站差分对软硬件要求不高，维护费用较低，结构和算法简单，技术较为成熟，特别适用于小范围的差分定位工作。

不过，单基准差分通常要求用户站和基准站的距离不大于 15km，当基准站与用户站距离增大时，基准站和流动站之间的误差相关性将减弱，除对流层误差在地形类似情况下相差不大外，卫星星历误差和电离层对两者的影响明显不同，从而使定位精度迅速下降。另外，当基准站或信号发射出现故障时，整个系统就将无法运行，因而系统可靠性较差。

实际上，在定位服务区域内也可布设多个基准站，从而扩大差分定位的服务范围，这被称为局域差分定位。各基准站独立进行观测，分别计算差分改正数并向外播发，但对改正数的类型、信号的内容、结构、格式及各站的标识符等作统一规定。用户接收卫星信号和多个基准站发送的差分改正数信息，按照加权平均法、偏导数法、最小方差法等算法求得综合的差分改正数。相比单基准站差分，区域差分定位系统的可靠性有了较大提高，当个别基准站出现故障时，整个系统仍能继续运行。此外，系统的作用距离大幅扩大，可至 600km。尽管如此，局域差分也不能随意扩大作用范围，因为它是将各种误差源的影响合并在一起考虑的，随着空间距离的增大，部分误差因素的相关性会逐步减弱。

如果想进一步扩大差分定位的作用范围，应采用广域差分技术，不过不是通过随意增加基准站来实现的。相反，广域差分试图通过在大区域内尽可能少地布设基准站，达到采用区域差

分需在同一区域布设大量基准站才能达到的米级精度。由于基准站数量少，要求基准站发布的改正数的有效作用距离更远，因此基准站必须采用不同的数据处理策略，采用更优的改正方式或改正数。为此，广域差分将误差分为若干类，估计每一类误差在整个区域的变化情况。每个基准站都安置一个或多个接收机，接收所有可视卫星的观测值。这些观测值传输给中心处理站（可有多个），中心处理站对这些数据进行处理，计算卫星精密星历和精密钟差，以及服务区域内对流层模型和电离层模型等。

在广域差分的基础上可建设广域增强系统，它通过将差分改正信号经由地球同步卫星转发给用户，很好地解决了广域差分的数据通信问题，提高了广域差分技术的可用性和精度。此外，广域增强系统在广域差分的基础上增加了可观测卫星，当个别卫星工作不正常而导致可观测卫星数少于 4 颗时，加上增强的卫星仍然可以完成定位导航。

7.3　卫星的导航定位信号

导航卫星向用户发送的导航定位信号是一种已调波[11]。它有别于常用的无线电广播电台发送的调频调幅信号，而是利用伪随机噪声码传送导航电文的调相信号，因此是导航电文和伪随机噪声码的组合码。本节主要对 GPS 导航卫星信号进行简单介绍，包括载波、测距码（重点介绍 C/A 码，P 码）、数据码（即导航电文）。

7.3.1　卫星导航定位信号概述

GPS 卫星信号包含 3 种信号分量，即载波、测距码和数据码。

1. 载波

GPS 卫星使用 L 波段两种频率的电磁波作为载频：

L1 载波：$f_{L1}=154\times f_0=1575.42\text{MHz}$，波长 $\lambda_{L1}=19.03\text{cm}$。

L2 载波：$f_{L2}=120\times f_0=1227.60\text{MHz}$，波长 $\lambda_{L2}=24.42\text{cm}$。

其中，$f_0=10.23\text{MHz}$ 为 GPS 信号的基准时钟频率。

图 7-11 给出了 L1 载波、L2 载波以及 C/A 码和 P 码的频率。可以看出，L1 载波频率为基准频率的 154 倍，而 L2 载波频率为基准频率的 120 倍。之所以选择这两个载波，是为了利用双频法测量出由电离层效应而引起的延迟误差，以便对定位结果加以修正，提高定位精度。C/A 码只调制在 L1 载波频率上，而 P 码则调制在 L1 和 L2 两个频率上，见图 7-12。

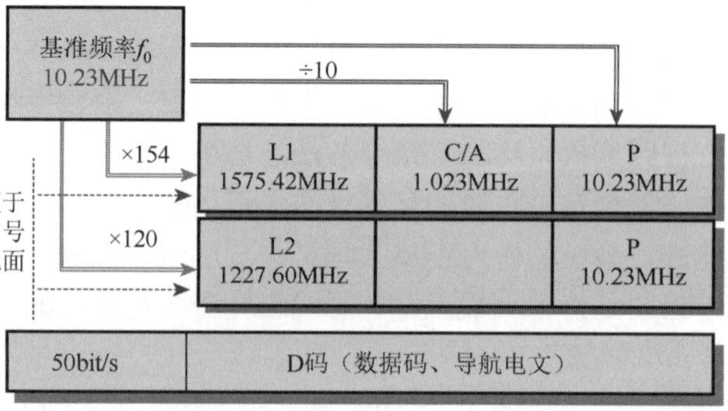

图 7-11　两种载波与两种测距码的频率

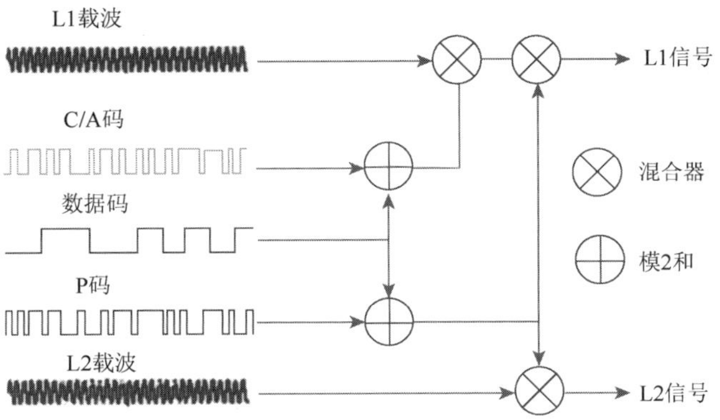

图 7-12 C/A 码与 P 码的调制

2. 测距码

主要的测距码包括如下。C/A 码：粗捕获码；P(Y)码：简称 P 码，又称精码；M 码：军用码；L1C 码：L1 上的民用码；L2C 码：L2 上的民用码；L5C 码：L5 上的民用码。其中，L1、L2 和 L5 都是载频。C/A 码定义了标准定位服务（standard positioning system，SPS），P 码则定义了精确定位服务（precision positioning system，PPS）。

所有 GPS 卫星都在相同的载波频率上传输信号，为了区分各个卫星的信号，彼此之间通过码分多址（CDMA）的方式分离和检测卫星信号[13]。每颗卫星都被分配了唯一的伪随机噪声（pseudo-random noise，PRN）码，简称伪码。因此尽管 24 颗卫星采用同一种载频信号，但可以按不同的伪随机码加以识别。

3. 数据码

数据码用于传输导航电文，又称 D 码，它是利用 GPS 进行导航和定位的基础，包含了有关卫星的星历、卫星工作状态、时间系统、卫星钟运行状态、轨道摄动改正参数、大气折射改正参数和由 C/A 码捕获 P 码等的导航信息。数据码的内容就是导航电文。

7.3.2 测距码

伪码采用二进制数“0”和“1”来表示和传递信息[14]，其中一位二进制数称为一个码片或者码元，一个码片的持续时间称为码宽，单位时间内所包含的码片数目称为码率。显然，码率为码宽的倒数，单位为码片/s 或 Hz。二进制数随机序列中每个值是随机的，出现 0 和 1 的概率均为 0.5。

前面已经提到 GPS 采用了码分多址的方式共享相同载波频率。码分多址系统需要具有良好自相关特性的二进制数序列作为码，要求此码与其左移和右移后的码具有正交特性。码一般选用随机码，以便减少噪声和其他码对该码的自相关运算的干扰。虽然二进制数随机序列能满足这一个条件，但是它不能复制而很难在实际中加以利用，因此一般采用 PRN 码。

PRN 码具有接近于二进制数随机序列的良好自相关特性，而且是预知的、有周期性的二进制数序列。这种周期性的伪随机码即 m 序列，可由一个多级反馈移位寄存器产生，能够满足码分多址系统需要。

1. C/A 码的特点及产生方法

C/A 码是 GPS 中的粗测距码[10]，是结构公开的明码，且每颗卫星的 C/A 码都不相同。C/A 码是序列长度为 1023 位的 Gold 码。一个周期内“1”码元数比“0”码元数仅多一个的时候，称为平衡的 Gold 序列。平衡的 Gold 序列进行平衡调制时有较高的载波抑制度。

假定有两个周期为 $P=2^n-1$ 的 m 序列 $\{a_n\}$ 和 $\{b_n\}$，$\{b_n\}$ 后移 τ 位后为 $\{b_{n+\tau}\}$，则 $\{a_n\}$ 与 $\{b_{n+\tau}\}$ 逐位模 2 加所得的序列 $\{a_n b_{n+\tau}\}$ 也是 Gold 序列。周期 $P=2^n-1$ 的序列 m 优选对生成的 Gold 序列，由于其中一个 m 序列不同的移位都产生新的 Gold 序列，共有 2^n-1 个不同的相对移位，加上原来两个 m 序列本身，总共有 2^n+1 个 Gold 序列。随着 n 的增加，Gold 序列数以 2 的 n 次幂增长，因此 Gold 序列数比 m 序列数多得多，并且它们具有优良的自相关和互相关特性，完全可以满足实际工程的需要。

图 7-13 给出了利用 L1 载波对 C/A 码进行调制的流程。基带信号（包含导航和历书数据）用 PRN 码进行调制，使得基带信号的频谱变得非常宽。随后，使用二进制相移键控（binary phase shift keying，BPSK）调制方法对扩频信号进行调制。最后，用 1575.42MHz 的 L1 载波信号发送 BPSK 宽频谱信号。

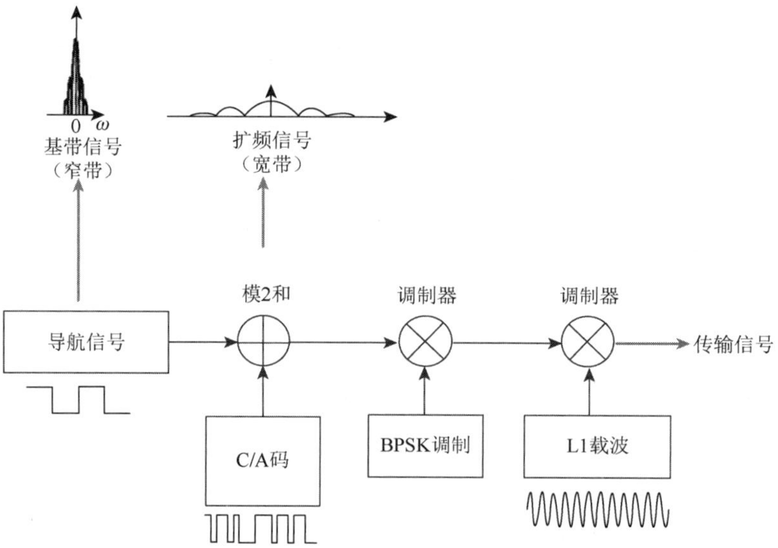

图 7-13　利用 L1 载波对 C/A 码进行调制的流程

C/A 码由两个 10 位长的反馈移位寄存器 G_1 和 G_2 生成，见图 7-14。由于 G_1 和 G_2 不能进入全零状态，因此它们生成长度为 1023 位的码。G_2 序列延迟一段时间与 G_1 序列进行异或运算，得到 C/A 码，可以表示为

$$G(t)=G_1(t)\oplus G_2(t+N_i\tau_0) \tag{7-29}$$

其中，τ_0 为码元对应的时间 1/1023ms；N_i 为 G_1 和 G_2 间相位偏置的码元数。

通常用码生成多项式来描述线性代码生成器的设计，其中 X^i 表示移位寄存器的第 i 个单元被用作模 2 加法器的输入（异或），1 表示加法器的输出被馈送到第一个单元。C/A 码的 G_1 和 G_2 的生成多项式及初始状态见表 7-3。如图 7-14 所示的 G_1 的生成多项式 $1+X^3+X^{10}$，其对应的第 3 位和第 10 位皆为异或的输入，然后将异或结果输入到第 1 位。

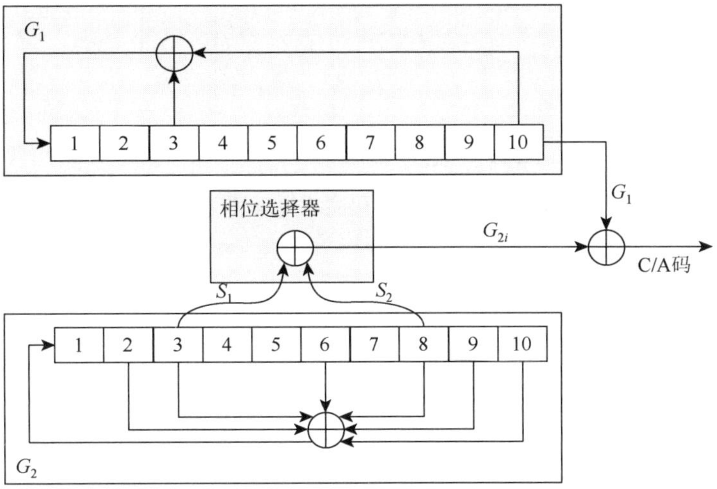

图 7-14　C/A 码产生原理图

表 7-3　C/A 码与 P 码的生成多项式及初始状态

寄存器	生成多项式	初始状态
C/A 码 G_1	$1+X^3+X^{10}$	1111111111
C/A 码 G_2	$1+X^2+X^3+X^6+X^8+X^9+X^{10}$	1111111111
P 码 X1A	$1+X^6+X^8+X^{11}+X^{12}$	001001001000
P 码 X1B	$1+X^1+X^2+X^5+X^6+X^8+X^9+X^{10}$	010101010100
P 码 X2A	$1+X^1+X^2+X^5+X^6+X^8+X^9+X^{10}$	100100100101
P 码 X2B	$1+X^2+X^3+X^4+X^8+X^9+X^{12}$	010101010100

G_2 的延迟是通过 G_2 的两个抽头的异或得到的，即图 7-14 的相位选择器中的部分，它实现了将 G_2 码相位相对于 G_1 中的码相位移位，而不需要额外的移位寄存器来执行延迟。相位选择使得能够为每个 GPS 卫星产生唯一的 C/A 码。G_1 和 G_2 的生成多项式的初始状态为全 1，每当过去 1023 个周期，G_1 和 G_2 都被重置为 1。

C/A 码的频率为 1.023MHz，周期为 1ms，码长为 1023bit。C/A 码周期短，速率低，易被接收机捕获，但是测量误差较大，因此 C/A 码被称为粗捕获码。

2. P 码的特点及产生方法

P 码是复杂的伪随机噪声序列，其频率为 10.23MHz，每个基码码片宽度为 97.7ns，是 C/A 码的码片宽度的 1/10，码宽等效距离为 29.3m。由于 P 码有利于保密，精度比 C/A 码高，所以常用作精密测距、抗干扰以及保密的军用码。

P 码由 4 个 12 位长的反馈移位寄存器 X1A、X1B、X2A 和 X2B 产生，其原理结构相当复杂，图 7-15 仅给出了其逻辑结构。X1A 的输出与 X1B 的输出异或，得到 X_1 码的生成器；X2A 的输出与 X2B 的输出异或，得到 X_2 码的生成器。X_2 的输出延迟后与 X_1 的输出异或，生成 P 码。

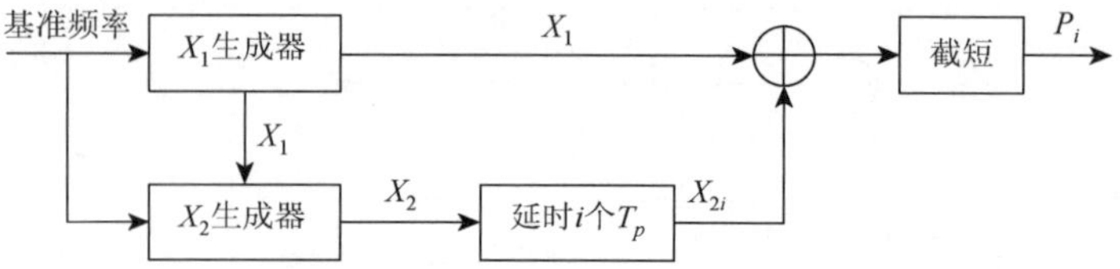

图 7-15　P 码生成原理图

由于生成 P 码的寄存器长度为 12 位，因此生成的 m 序列的码元总数为$2^{12}-1=4095$。但是 X1A 和 X2A 在 4092 个码元后都被复位，消除了 4095 个码元序列中的最后三个码片。同理，X1B 和 X2B 消除了 4095 个码元序列中的最后两个码片，因此为 4093 个码元。这就使得 X1B 序列相对于每个 X1A 寄存器周期的序列滞后一个码片。因此，X1A 和 X1B 寄存器之间存在相对的相位进动。在 X2A 和 X2B 之间出现了类似的相位进动。起初，所有移位寄存器都被同时设置为初始状态，如表 7-3 所示。当四个移位寄存器各自的周期结束时，每个寄存器都会被复位为初始状态。

因为 C/A 码周期比 P 码周期短很多，所以接收机一般都是先搜索捕获 C/A 码，然后从 C/A 码信号中获取当前时间，并以此估算出 P 码的相位，从而再较快地捕获 P 码。

C/A 码与 P 码的特征对比见表 7-4。

表 7-4　C/A 码与 P 码的特征对比

特征指标	C/A 码	P 码
产生物理单元	10 级反馈移位寄存器	12 级反馈移位寄存器
码长	1023bit	2.35×10^{14}bit
频率	1.023MHz	10.23MHz
码宽	0.97752μs	0.097752μs
周期	1ms	267d
码宽等效距离	293.1m	29.3m
测距误差	2.9～29.3m	0.29～2.93m
特征	粗码、开放、二值	精码、保密、二值

7.3.3　导航电文

导航电文是用户利用卫星进行导航定位的数据基础，电文中包括卫星星历、时钟改正参数、电离层延迟改正参数、遥测码，以及由 C/A 码确定 P 码信号时的转换码等参数。导航电文以二进制的形式发送，码率为 50bit/s，每个二进制码的持续时间为 20ms。

导航电文组成帧的结构传送。每一帧包括 5 个子帧，每个子帧包括 10 个字码，每个字码又有 30bit 电文，一子帧电文的持续播发时间为 6s。第 1、2、3 子帧每 30s 重复一次，内容每小时更新一次。第 4、5 子帧共 25 页，750s 重复一次，卫星注入新的导航数据后才更新内容。第 1、2、3 子帧与第 4、5 子帧的每一页构成一帧电文。5 个子帧从子帧 1 的顺序开始发送，发送到子帧 4 和子帧 5 的时候发送各自的第 1 页，下次发送 5 个子帧时发送第 2 页，以此类推，因此每 25 帧导航电文组成一个主帧。

图 7-16 给出一帧数据的结构；图 7-17 给出导航电文的内容。

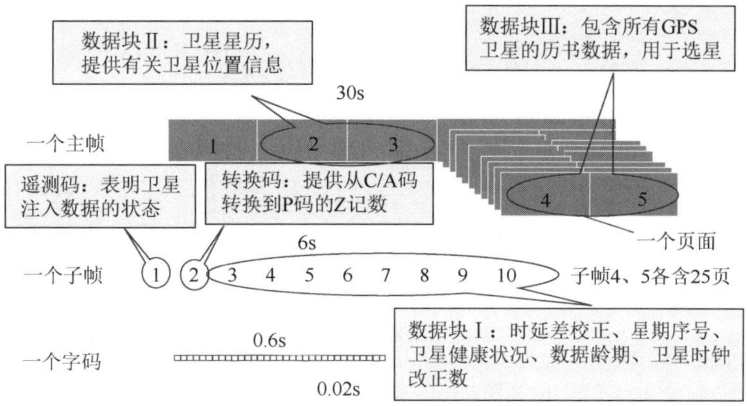

图 7-16　一帧数据的结构

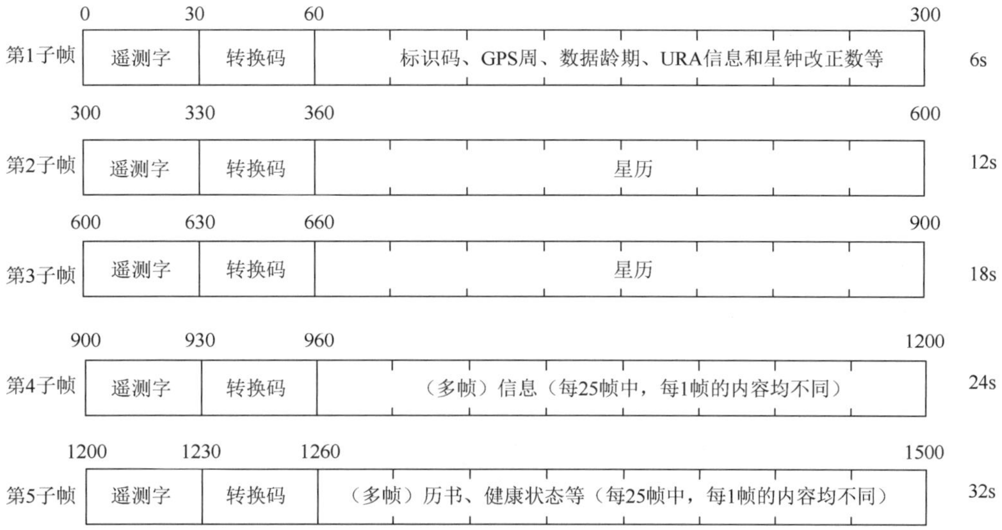

图 7-17　导航电文的内容

现结合图 7-16 和图 7-17 对导航电文各个内容分别予以介绍。

（1）遥测码：每一个子帧的第 1 个字码都是遥测码，作为捕获导航电文的前导。其中所含的同步信号为各子帧提供了一个同步起点，便于用户解释电文数据。

（2）转换码：每一个子帧的第 2 个字码都是转换码，它的主要作用是帮助用户从已捕获的 C/A 码转换到 P 码。

（3）数据块Ⅰ：子帧 1 的第 3～10 个字码为数据块Ⅰ，它的主要内容是，标志码（指明载波 L1 的调制波类型、星期序号、卫星的健康状况）、数据龄期、卫星时钟改正数。

（4）数据块Ⅱ：数据块Ⅱ含在子帧 2 和子帧 3 内，它载有卫星的星历，用于描述卫星运行轨道的信息。这是 GPS 定位中最常用的数据。

（5）数据块Ⅲ：数据块Ⅲ含在子帧 4、5 内，它提供 GPS 卫星的历书数据。当接收机捕获到某颗卫星后，利用数据块Ⅲ的信息可以得到其他卫星的概略星历、时钟改正数、码分地址和卫星状态等数据。

当采用 GPS 进行定位解算时，可通过上述导航电文获取 GPS 卫星的各种轨道参数，在此基础上准确计算卫星的瞬时位置，进而通过 7.2 节的方法对用户接收机进行定位。

7.4　卫星信号接收机

GNSS 信号接收机是导航卫星的用户设备，是实现卫星导航定位的终端仪器，主要功能是捕获和跟踪卫星信号，对收到的信号具有变换、放大和处理的功能，测量出信号从卫星到接收天线的传播时间，解译出卫星所发送的导航电文，实时地计算出接收机的当前位置、速度和时间。本节将介绍接收机的基本结构及其工作原理。

7.4.1　接收机的基本结构

图 7-18 给出了 GNSS 接收机的结构框图，包括一个或多个天线单元，一个或多个前端，多个数字接收机通道（包括搜索引擎），微处理器，存储器，以及其他基本功能，如参考振荡器、频率合成器、直流稳压电源、用户接口，以及可能的控制接口，以便导航设备能够将接收机集成进来，并对其进行控制。此外，通常会内置一块可充电的电池，在接收机工作于待机模式甚至关机时提供备用电源，以维持参考振荡器频率和计时功能。主电源可以是内置的可更换或可充电的电池，或由外部交流或直流电源提供。

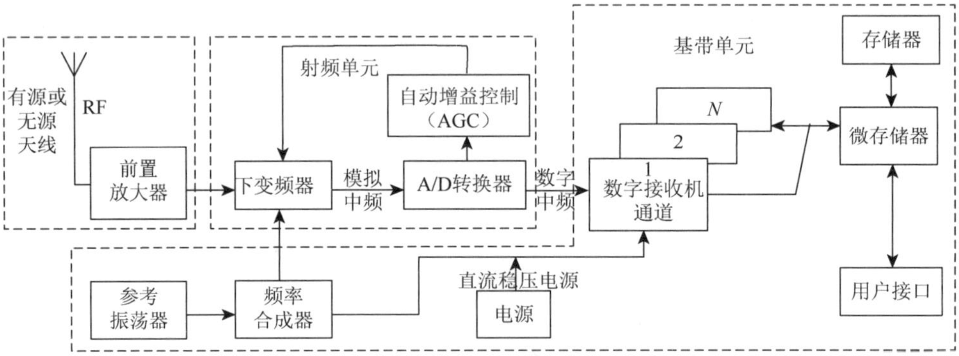

图 7-18　GNSS 接收机的结构框图

图 7-18 未列出但在许多接收机中包含的增强特征，例如，提供速度辅助的惯性测量单元。这种增强在接收机速度测量维度上通常称为飞轮效应，可以显著改善接收机的动态应力性能。另一种可选且有益的增强是原子钟，它能维持精密的时间。利用机会信号如手机基站等测距，即使是在室内工作，也能增强接收机的鲁棒性。

通过天线接收可见卫星的信号，经过前置滤波器及前置放大器的滤波放大后，再与本机振荡器产生的正弦波本振信号进行混频，进而下变频为中频信号，最后经过 A/D 转换器转换为离散的数字中频信号，交由基带数字信号处理模块进行处理。基带数字信号处理模块产生与接收到的卫星信号相同的本地载波和本地码信号，从而实现对信号的捕获与跟踪，从中获得伪距和载波相位等测量值，并解调出导航电文。

接下来对各主要组成部分进行简单介绍。

1. 天线单元与前端

天线单元从空间电磁场接收卫星信号，并将其转换成电压并予以放大[12]。现代民用接收机通常是涉及单个宽带或多个窄带天线单元的多频带天线。接收天线可分成分体式和一体式，其中一体式天线将天线单元和接收单元装配成一个整机，多用于手持式接收机；分体式天线将天线单元和接收单元分别装配成两大部件，用电缆将它们连接在一起，这种类型的天线需提供低噪放大器，用于补偿连接同轴电缆的损耗。带有低噪放大器的天线称为有源天线，否则称为无源天线。

卫星信号接收天线必须具有下列特性。

（1）具有大于 70°的天线方向图。天线的辐射电磁场在固定距离上随角坐标分布的图形称为方向图，用辐射场强表示的称为场强方向图，用功率密度表示的称为功率方向图，用相位表示的称为相位方向图。

（2）电波右旋圆极化。极化的判断方法是，伸出右手，四指同大拇指垂直，四指从相位超前的分量旋转至相位落后的分量，如果电磁波的传播方向为右手拇指的指向，那么就是右旋圆极化波；反之，则为左旋圆极化波。

（3）精确定义和稳定的相位中心。天线所辐射出的电磁波在离开天线一定的距离后，其等相位面会近似为一个球面，该球面的球心即该天线的等效相位中心。在理论上认为天线辐射的信号是以这个点为圆心向外辐射。

（4）较强的多径效应抑制能力，多径效应及其影响之前已经反复讨论过。

（5）能够接收多个载波频率的 GNSS 信号，因为 GNSS 信号有多个载波频率。

（6）高度稳定的机械性能，从而增强设备的可靠性。

前端提供信号调理功能，包括模拟带通滤波、放大、抗混叠滤波、下变频到公共中频或下变频到同相和正交基带信号，然后进行 A/D 转换。一般情况下只为相同载波频率上的所有信号提供一个前端。

2. 信号通道

GNSS 卫星接收机可同时接收多颗卫星信号，因此需要信号通道来跟踪、处理和测量不同卫星的信号。信号通道是接收单元的核心部件，它不是一种简单的信号通道，而是一种软硬件相结合的有机体，因此很多地方也称为波道。信号通道的主要功能是搜索卫星，解调导航电文，并对信号进行伪距测量、载波相位测量和多普勒频移测量。按照捕获伪噪声码的不同方式，信号通道被分成相关型、平方律型和码相位型三种。

相关型通道采用伪噪声码互相关电路实现对扩频信号的解扩，解释出卫星导航电文，如图 7-19 所示。

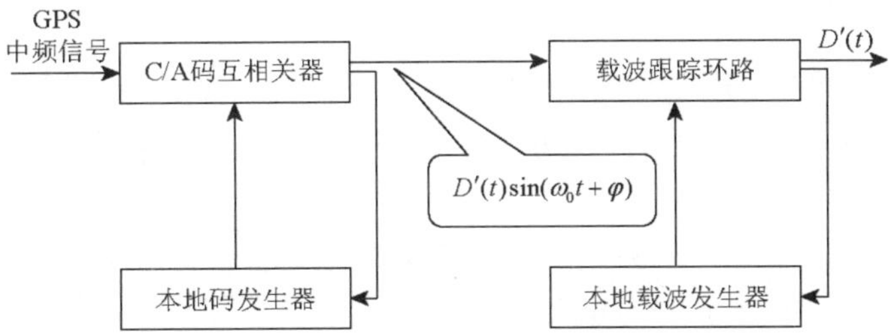

图 7-19　相关型通道释义

平方律型通道采用信号自乘电路，仅能获得二倍于原载频的重建载波，抑制了数据码，无法获取卫星导航电文。

码相位型通道采用信号时延电路和自乘电路相结合的方法，获取 P 码或 C/A 码的码率正弦波，仅能测量码相位，无法获取卫星导航电文。

按跟踪 GNSS 信号的方式不同，信号通道可分为平行跟踪式、序贯跟踪式和多重跟踪式，见图 7-20。

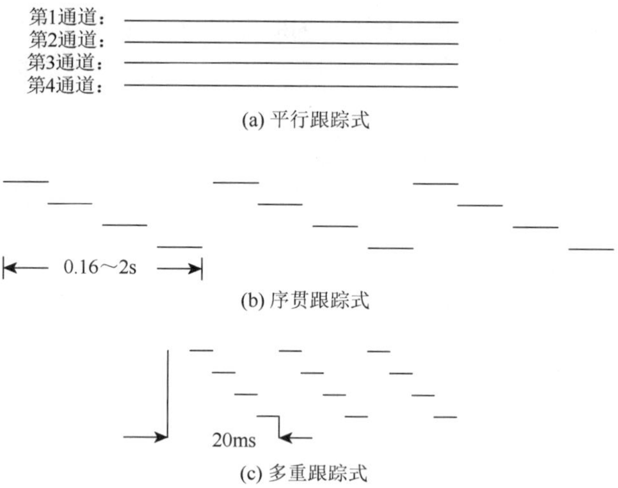

图 7-20　信号通道的跟踪模式

平行跟踪式通道采用多个通道同时捕获、跟踪和测量来自各个卫星的信号，每一个通道连续而固定地跟踪一颗特定的卫星，因此可以并行进行。平行跟踪式通道已成为应用的主流，特别是中高动态环境下的 GNSS 信号接收机几乎均采用平行跟踪式通道。

序贯跟踪式通道采用一个或多个通道捕获、跟踪和测量来自不同卫星的 GNSS 信号，但是通道数少于需要跟踪的卫星数，各个通道定时转换跟踪卫星。当跟踪和测量某颗卫星时，其他能见卫星到达接收单元的 GNSS 信号均被拒之于通道之外。只有这颗卫星被测量完毕后，通道才自动转换到另一颗 GNSS 卫星进行闭锁测量。某颗卫星处于通道内的持续时间，称为闭锁时间。换言之，序贯通道对 GNSS 卫星的跟踪和测量是开关式的，其闭锁测量时间一般为 0.16～2s。

多重跟踪式通道是一种快速转换型通道，它类似于序贯跟踪式通道，依次转换而逐一测量所有能见的 GNSS 卫星。但是，多重式通道的闭锁测量时间比较短促，仅为 20ms。

3. 存储器

接收机一般都有存储器，用于存储采集的伪距、伪距变化率、载波相位测量值、人工测量的数据以及所解释的 GNSS 卫星星历，或者通过外接微型计算机直接存储在磁盘上，如图 7-21 所示。

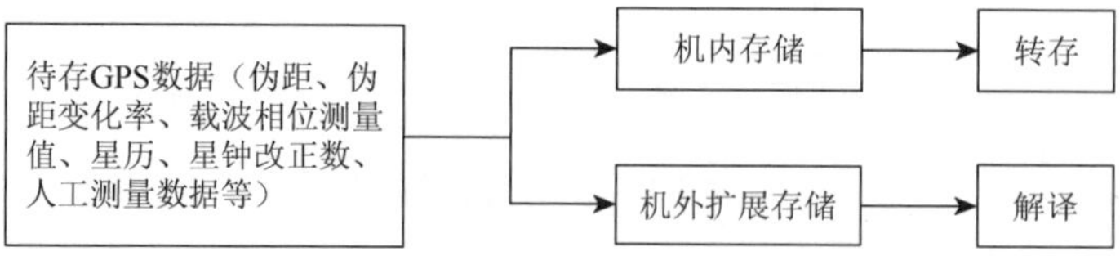

图 7-21　接收机的数据存储形式

4. 计算与显控

显控器通常包括一个显示屏和一个控制键盘，它们均安设在接收单元的面板上。现在不少接收机使用触摸屏，将显示和控制界面合二为一。在作业过程中，使用者通过键盘按键的控制，从显示屏上读取所要求的数据和信息，这些数据和信息是由微处理机及其相应软件提供的。接收机内的处理软件是实现 GNSS 导航定位数据采集、通道自校检测的重要部分，主要用作信号捕获、环路跟踪和位置计算。

在机内软件的协同下，微处理机主要完成下述计算和处理。

（1）当接收机接通电源后，各个通道开始自检，并在显示屏内显示自检结果，并测得、校正和储存各个通道的时延值。

（2）根据跟踪环路所输出的数据码，解释出 GNSS 卫星星历，连同所测得的 GNSS 信号到达接收天线的传播时间及其变化率，计算出接收机的三维位置和速度，并按照预置的位置数据更新率，不断更新位置坐标和速度。

（3）用已测得的位置坐标和 GNSS 卫星星历，计算所有在轨卫星的升落时间和方位，并为作业员提供可视卫星数量及其工作状态（正常与否），以便用户选用状态健康的、分布适宜的定位星座，达到提高定位精度的目的。

5. 频率合成器

频率合成器的基本结构见图 7-22，它用一个独立的基准频率源，在压控振荡器的支撑下实现信号的分频和倍频功能，即用一个频率合成器可以获得多个高稳定的输出信号。频率合成器对于信号的捕获与跟踪是必不可少的。

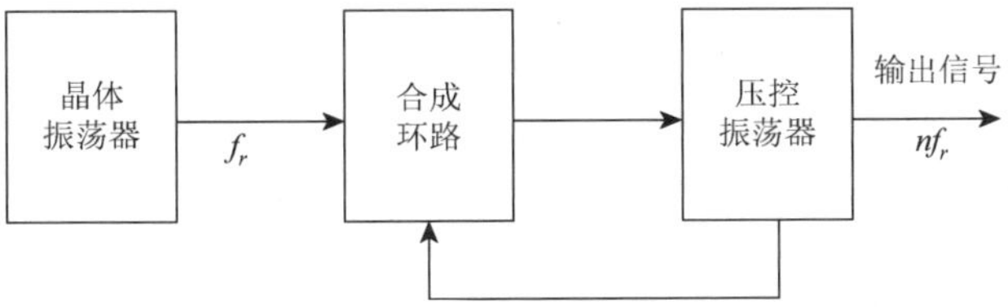

图 7-22　频率合成器的基本结构

7.4.2　接收机的工作原理

在导航定位测量时，GNSS 信号接收机一般需要完成下述任务[13]：检校接收机的自身性能，捕获和跟踪可视待测卫星，校正接收机时钟，采集和记录导航定位数据，不断选用适宜的定位星座，实时算得点位坐标和行驶速度。在这些工作任务中，卫星信号的捕获和跟踪最为重要，其中捕获过程实现初同步，为跟踪过程提供初始值，跟踪过程实现伪码和载波相位的精同步。

1. 捕获 C/A 码识别 GNSS 信号

为了从接收到的卫星信号中解调出导航电文数据码，基带数字信号处理模块通过混频的方法将载波从数字中频信号中彻底剥离，进而通过 C/A 码相关运算再彻底地剥离信号中的 C/A 码，剩下的信号便是经 BPSK 调制的导航电文数据码。

由于 GNSS 卫星在高速运动，与接收机之间会产生多普勒频移。为完成对某一颗卫星导航数据的解调，必须搜索到卫星所产生的多普勒频移数值。因此，C/A 码捕获不仅与码相位相关而且与多普勒频移有关，即这是一个时域、频域共同进行搜索的二维搜索过程。这里讲述时域的滑动相关捕获算法，又称为顺序搜索法，其原理是[15]，当本地码生成器同发射码生成器的时钟速率有一定的误差时，两个码序列看起来是在相对滑动；当两个码相符的时候，滑动结束，此时捕获过程也随之结束，即将进入跟踪阶段。

在搜索状态下，接收机有下述两种 C/A 码：一种是来自 GNSS 卫星的 C/A 码，称为接收码；另一种是接收机 C/A 码生成器所产生的 C/A 码，称为本地码。与此相对应，还存在接收载波和本地载波。由于 GNSS 卫星运行所导致的多普勒效应，接收载波的频率是随时间而不断变化的。因此，搜索 C/A 码的目的，既要迫使本地码基本上对准接收码，又要迫使本地载波频率锁定在接收载波频率上。

为此，接收机一方面利用载波跟踪环路不断调整所生成的本地载波，使本地载波的频率与中频信号中的频率保持一致，实现本地载波与接收载波的对齐，然后经下变频混频实现载波剥离；另一方面，接收机通过码跟踪环路不断调整本地码，使本地码的相位与数字中频信号中的 C/A 码相位保持一致，即实现本地码与接收码的对齐，随后经过码相关运算实现 C/A 码剥离。

图 7-23 给出了一个二维区间内搜索 C/A 码的示意图，其中的列距是一个 C/A 码元宽度，而行距是中频滤波器的频带宽度。C/A 码的搜索采用逐个搜索单元（方格）的方式，一行行、一列列地逐步迫使本地码和本地载波去分别“对准”接收码和接收载波。具体而言，从第一行第一个单元开始搜索，若没有信号输入到搜索/跟踪控制电路，则将本地码横向移动一个码元，开始搜索第二个方格。如果搜索到本行的最后一个方格仍然没有信号输入，则转入到第二行的第一个搜索单元，继续进行逐元搜索，以此类推，直到有信号输入到搜索跟踪控制电路为止。如果搜索到有信号输入，则表示本地码和本地载波已基本“对准了”接收码和接收载波。

C/A 码的上述搜索找到了 C/A 码的起点，后续过程还需依靠码跟踪环路和载波跟踪环路完成，从而保持对码和载波的锁定，码跟踪环路用来跟踪 C/A 码，载波跟踪环路用来跟踪载波频率，它们必须一起使用。因此跟踪环路的主要目的是通过调整本地信号发生器，使其与收到的信号匹配。

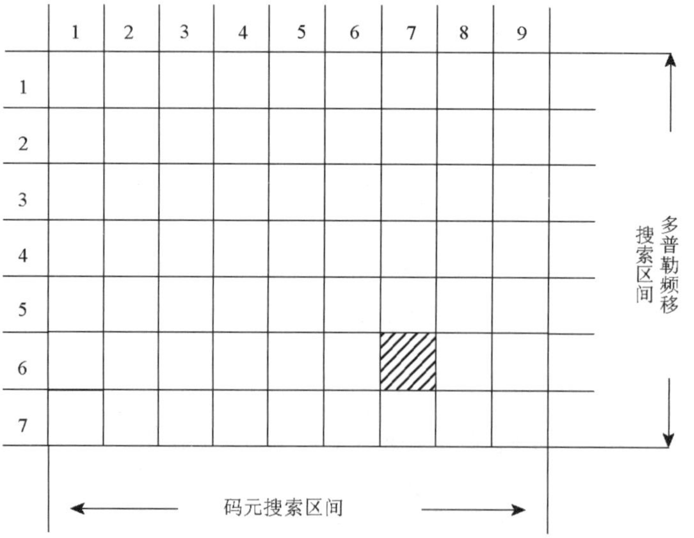

图 7-23　C/A 码的搜索空间

为此，将来自前端的中频信号作为码跟踪环的输入信号，见图 7-24[16]。通过与本地载波生成器生成的本地载波做相关运算进行解扩，将接收信号中的载波剥离开来，得到相差 90°的 I（同相分量）和 Q（正交分量）。随后，I 分量和 Q 分量分别与接收机生成的即时码（P）、超前码（E）、滞后码（L）做相关运算。通常，即时码这一路的分支的相关运算结果被用于载波跟踪，用于确定接收信号相对于即时信号同相分量的载波角（即相位 $\delta\phi$）。超前码与滞后码这两路的相关运算结果被用于码跟踪（也有同时使用三个本地码的码跟踪算法），用于估计接收码相对于本地码的延迟 $\delta\tau$ 。

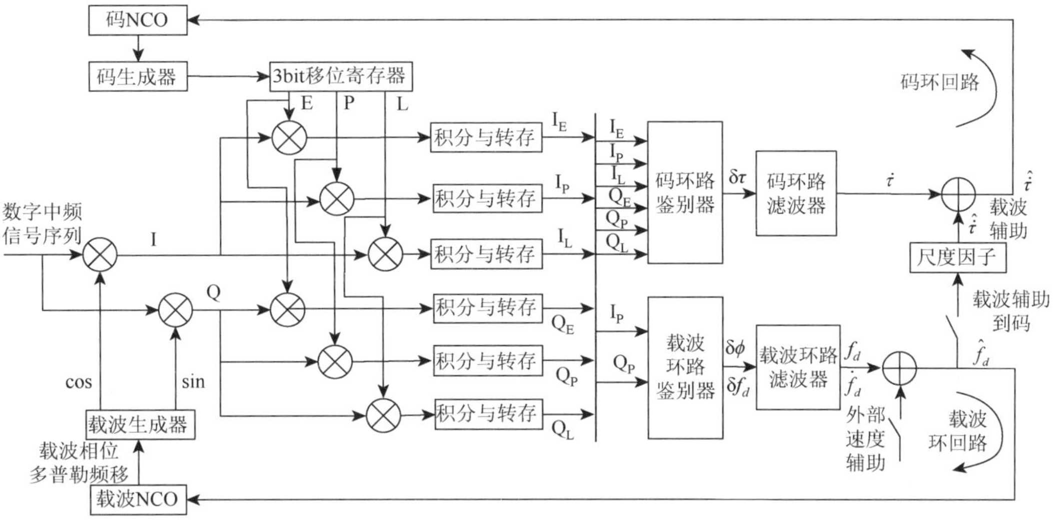

图 7-24　GNSS 信号的跟踪

载波跟踪和码跟踪中都用到了跟踪环，其输入为时域内的连续波形信号 $r[t;\theta(t)]$，它是参数 θ 的非线性函数，其输出就是估计到的信号 $\hat{r}[t;\hat{\theta}(t)]$。如果使用的是频率锁定环 FLL，则估计参数 θ 为多普勒频移 f_d；对于延迟锁定环 DLL，则估计参数 θ 为码相位 τ；对于相位锁定环 PLL，则估计参数 θ 为载波相位 ϕ。鉴别器的输出为 $\delta\theta$，方法是比较接收信号与本地信号。$\delta\theta$ 含有噪声，因此利用环路滤波器进行滤波，其输出是参数 θ 的变化率 $\dot{\theta}$。在数字控制振荡器（NCO）中将该变化率进行积分运算，得到参数的预测值 $\hat{\theta}$。随后，将该预测值 $\hat{\theta}$ 用于产生本地码或本地载波，用于控制接收机的载波生成器或码生成器产生本地载波和本地码。

2. 基于 Z 计数的 P 码捕获和跟踪

P 码是一个具有 2.35×10^{14} 个码元的长码，即使截短成了周期为 7 天的截短 P 码，其仍有（$7\times24\times3600\times10230$）$\times10^3$ 个（6.187×10^{12} 个）码元，根本不能用逐元搜索的方法去捕获它，而是依据 C/A 码解译出的导航电文中的 Z 计数（参见图 7-16 中的转换码，又称 HOW 电文），实现对 P 码的捕获和跟踪。Z 计数由 17 比特组成，本质上是一个时间计数，给出了下一个子帧开始瞬间的 GNSS 时刻。

Z 计数是从一个星期开始起算的 1.5s 的数目，P 码的子码的时间周期也为 1.5s，且因导航电文（D 码）、P 码、C/A 码和载波均源于同一个稳定度为 1×10^{-13} 的振荡器，因此，Z 计数就是 P 码子码 X1 的时间周期的数目，它们的相互关系如图 7-25 所示，图中的 HOW 表示转换码。只要知道了 Z 计数，P 码子码 X1 在任一个周期内的时元就被确定了，依此可激发本地 P 码发生器产生相应的 P 码，这就相当于完成了 P 码搜索。

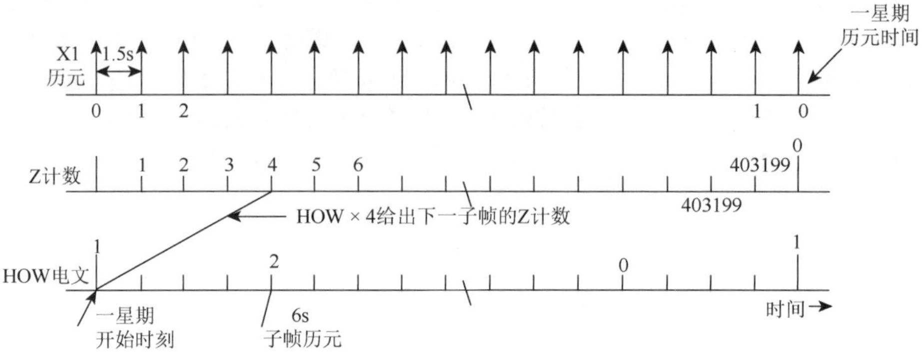

图 7-25　P 码子码与 Z 计数的相互关系

7.5　整周模糊度

在学习测相伪距定位法的时候已经知道，接收机只能确定相位差的非整数周部分，总是包含了一个未知的初始相位整数周 N。这个未知数为初始观测历元时刻卫星和观测站间距离相对于载波波长的整数，且不随时间变化，所以称为相位整周模糊度[14]，本节主要讨论其解算问题，重点介绍双频伪距/载波组合法以及 Lambda 方法，前者是一种观测值域内方法，后者是一种模糊度域内的方法。

7.5.1　整周模糊度概述

整周模糊度可以用公式表示为

$$\varphi_i^j = N_i^j(t_0) + N_i^j(t-t_0) + \delta\varphi_i^j(t) \tag{7-30}$$

其中，φ_i^j 表示测站（基准站、用户站等）i 和卫星 j 之间载波相位的变化；t_0 表示载波相位被锁定的时刻，即初始观测历元；$N_i^j(t_0)$ 表示初始时刻 t_0 的整周模糊度；$N_i^j(t-t_0)$ 表示由相位被锁定时刻 t_0 算起至某时刻 t 相位变化的整周计数；$\delta\varphi_i^j(t)$ 表示相位观测值中非整数周的小数部分。整周模糊度示意图如图 7-26 所示。

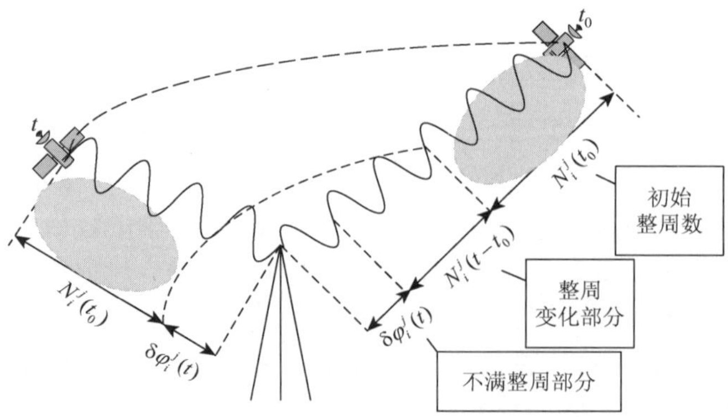

图 7-26　整周模糊度示意图

当卫星于 t_0 时刻被捕获并跟踪后，$N_i^j(t-t_0)$ 可由接收机自动连续计数，为已知量；另外，$\delta\varphi_i^j(t)$ 也是已知量。因此，式（7-30）中只有 $N_i^j(t_0)$ 这个整周模糊度是未知量，它与接收机、卫星和起始观测历元有关，具有整数性质。一旦正确固定模糊度，则能得到毫米级的伪距观测值。错误的整周模糊度将产生极大的误差，L1 载波上一周大小的整周模糊度偏差对其他参数可能会造成最大 19cm 的误差。

整周模糊度解算效率和可靠性受两方面的影响较大：一是同步观测卫星的颗数及其几何分布；二是观测时间的长短。总体而言，同步观测卫星的颗数越多，卫星的几何分布越分散，整周模糊度解算效率越高；观测时间越长，整周模糊度的解算可靠性越高。此外，多径效应也是影响解算整周模糊度的一个重要因素，多径效应是非空间相关误差，即使是短基线，也不能通过差分消除或削弱，同时难以建立准确的函数模型予以消除。目前较好的多径效应解决办法一是使用抑制多径效应的天线，二是延长观测时间。

整周模糊度解算技术可划分为三类，即观测值域内的模糊度解算技术、坐标域内的模糊度搜索技术和模糊度域内的模糊度搜索技术。

（1）观测值域内的模糊度解算技术。

此类方法通过载波相位-码伪距组合来确定模糊度。随着宽巷、超宽巷技术的出现，该方法的使用得到巨大发展。宽巷、超宽巷观测值的波长分别达到 86cm 和 5.86m，通过短时平滑后取整就可得到正确模糊度。不过这类方法需要多频观测数据，硬件成本较高。

（2）坐标域内的模糊度搜索技术。

此类方法在模糊度为整数的前提下，在一个坐标搜索空间中确定最优的坐标估值。典型方法是模糊度函数法，它利用余弦函数对 2 的整数倍不敏感的特性，将模糊度域内的搜索转化为坐标域内的搜索，但计算量通常较大。

（3）模糊度域内的模糊度搜索技术。

目前，大部分模糊度解算技术都倾向于此类方法，典型的算法有 FARA 法、LSAST 法、FASF 法及 Lambda 方法。这类模糊度解算方法以整数最小二乘法为基础，主要包括以下三个步骤：求解浮点解、整周模糊度估计与求解固定解。

7.5.2　观测值域内方法

整周模糊度的解算首先需要确定解算组合，即观测量之间的线性组合，用以建立相应的观测方程组。目前，GPS 中包含的原始观测量有 L1、L2、L5、P1、P2、L1C/A、L2C 等，利用这些原始观测量可组成各种线性组合观测值。

一般按照如下原则来选取合适的线性组合观测值：

（1）具有比 L1、L2 更长的波长，且模糊度具有整数特性，有利于解算整周模糊度；

（2）能够消除或削弱某个因素的影响，如电离层、几何距离等；

（3）具有较小的测量噪声。

常用的线性组合方法有宽巷组合、窄巷组合、无电离层组合、M-W 组合（双频伪距和相位组合）、与几何距离无关的线性组合等。

设 m_1、m_2、m_3、m_4 为组合系数，伪距观测值组合表示如下：

$$d_{m1,m2}=m_1d_1+m_2d_2 \tag{7-31}$$

载波相位观测值组合表示为

$$\phi_{n1,n2} = n_1\phi_1 + n_2\phi_2 \tag{7-32}$$

因此载波相位观测值组合的长度表达式为

$$L_{n1,n2} = \lambda_{n1,n2}\left(n_1\frac{L_1}{\lambda_1} + n_2\frac{L_2}{\lambda_2}\right) \tag{7-33}$$

其中，$\lambda_{n1,n2}$ 为载波相位组合观测值的波长。

相对于原始观测值，线性组合观测值的波长、频率、噪声以及载波相位的整周模糊度都将发生变化。以下将对线性组合观测值与原始观测值之间的关系进行介绍。

载波相位可表示为载波频率与时间的乘积，因此有

$$f_{n1,n2}t = n_1 f_1 t + n_2 f_2 t \tag{7-34}$$

从而得到频率变换关系式：

$$f_{n1,n2} = n_1 f_1 + n_2 f_2 \tag{7-35}$$

观测值组合的波长关系式为

$$\lambda_{n1,n2} = c/f_{n1,n2} \tag{7-36}$$

观测值组合的整周模糊度关系式为

$$N = n_1 N_1 + n_2 N_2 \tag{7-37}$$

观测值组合的噪声关系式为

$$\sigma_{n1,n2} = \sqrt{(n_1\sigma_1)^2 + (n_2\sigma_2)^2} \tag{7-38}$$

如果取 $n_1 = 1, n_2 = -1$，得到的结果就是宽巷组合，其中

$$\begin{cases} \phi_w = \phi_{\mathrm{L1}} - \phi_{\mathrm{L2}} \\ f_w = f_1 - f_2 \\ \lambda_w = \dfrac{c}{f_w} = \dfrac{C}{f_1 - f_2} \\ L_w = \dfrac{f_1 L_1 - f_2 L_2}{f_1 - f_2} \end{cases} \tag{7-39}$$

之所以称为宽巷组合，是因为该组合的模糊度保持了整数特性，且波长较长，达 86.2cm，约为原始观测值波长的 4 倍，有利于确定整周模糊度。但是，宽巷组合的测量噪声也较大，约为原始观测测量噪声的 6 倍。宽巷模糊度可通过伪距和载波相位观测值计算如下：

$$N_w = \phi_w - \frac{f_1 d_1 + f_2 d_2}{(f_1 + f_2)\lambda_w} \tag{7-40}$$

同理可得到窄巷组合，它是 $n_1 = 1, n_2 = 1$ 时的情况，相应参数为

$$\begin{cases} \phi_n = \phi_{\mathrm{L1}} + \phi_{\mathrm{L2}} \\ f_n = f_1 + f_2 \\ \lambda_n = \dfrac{c}{f_n} = \dfrac{c}{f_1 + f_2} \\ L_n = \dfrac{f_1 L_1 + f_2 L_2}{f_1 + f_2} \end{cases} \tag{7-41}$$

窄巷组合的模糊度同样保持了整数特性，但波长较短，因而不利于整周模糊度的确定。但其噪声是所有双频组合观测值中噪声最小的，可以得到较精确的结果，主要用于短基线。

7.5.3　Lambda 方法

Lambda 方法由 Teunissen 于 1993 年提出，经过多年的发展和完善，已成为快速静态定位中最成功的一种模糊度搜索方法之一。Lambda 方法对原始模糊度参数进行整数变换，以便降低模糊度参数之间的相关性，从而达到缩小搜索范围、加快搜索过程的目的。

1. 整数变换

在 Lambda 方法中，并不直接对整数模糊度参数进行搜索，而是先对模糊度的初始解中的实数模糊度参数 $\hat{\boldsymbol{N}}=(\hat{N}_1,\hat{N}_2,\cdots,\hat{N}_n)$ 及其协因数阵 $\boldsymbol{Q}_{\hat{N}}$ 进行整数变换[15]：

$$\boldsymbol{z}=\boldsymbol{Z}\cdot\boldsymbol{N},\quad \hat{\boldsymbol{z}}=\boldsymbol{Z}\cdot\hat{\boldsymbol{N}} \tag{7-42}$$

$$\boldsymbol{Q}_{\hat{z}}=\boldsymbol{Z}^{\mathrm{T}}\cdot\boldsymbol{Q}_{\hat{N}}\cdot\boldsymbol{Z} \tag{7-43}$$

其中，$\boldsymbol{Z}$ 为整数变换矩阵。

整数变换指的是具有上述特性的一种数学变换方法，但并非只能对整数进行变换。整数变换具有以下特点。

（1）当 N 为整数时，变换后的参数 z 也为整数；反之，当 z 为整数时，经逆变换后所得的 N 也为整数。

（2）整数变换并不是唯一的。

（3）变换的目的是使得变换后的新参数 $\hat{\boldsymbol{z}}=\left(\hat{z}_1,\hat{z}_2,\cdots,\hat{z}_n\right)$ 之间的相关性显著减小，其协因数阵 $\boldsymbol{Q}_{\hat{z}}$ 中的非对角线元素 $\leqslant 0.5$，模糊度参数的方差也大幅度减小。

2. 搜索算法

通过整数变换将模糊度去相关后，需要找到新参数 $\hat{\boldsymbol{z}}$ 的整数最小二乘解，实际上就是要搜索能满足式（7-44）的整数组合 $\boldsymbol{z}=(z_1,z_2,\cdots,z_n)$：

$$(\hat{\boldsymbol{z}}-\boldsymbol{z})^{\mathrm{T}}\boldsymbol{Q}_{\hat{z}}^{-1}(\hat{\boldsymbol{z}}-\boldsymbol{z})=\min \tag{7-44}$$

由于式（7-44）无法直接求解，故一般都采用搜索算法从备选组中将满足式（7-44）的整数组合 $\boldsymbol{z}$ 挑选出来。由于变换后的新参数的方差及参数间的互相关性均显著减小，故搜索工作将更为简便、迅速。

求得最优的整数组合 $\boldsymbol{z}$ 后再进行逆变换：

$$\boldsymbol{N}=(\boldsymbol{Z}^{\mathrm{T}})^{-1}\cdot\boldsymbol{z} \tag{7-45}$$

变换后的参数 $\boldsymbol{N}$ 满足下列公式：

$$(\hat{\boldsymbol{N}}-\boldsymbol{N})^{\mathrm{T}}\boldsymbol{Q}_{\hat{N}}^{-1}(\hat{\boldsymbol{N}}-\boldsymbol{N})=\min \tag{7-46}$$

逆变换后求得的参数 $\boldsymbol{N}$ 就是最初要寻找的最佳的整数模糊度的向量。

最后对 Lambda 方法解算整周模糊度的步骤总结如下：

（1）利用标准最小二乘法平差产生基线分量和模糊度浮点解；

（2）采用整数变换对模糊度搜索空间进行重新参数化，对浮点解去相关；

（3）对整数模糊度进行估计，通过整数逆变换将模糊度重新变回原来的模糊度空间（给出基线向量的空间）；

（4）将整周模糊度作为整数固定，确定最终的基线向量。

7.6 GNSS 定位中的误差与抑制

GNSS 系统通过导航电文求解目标位置，其中会受到各种因素的影响而产生误差。为提高定位精度，需对这些误差进行消除或抑制，在一定条件下求得误差影响最小的、最优的测量结果。

7.6.1 GNSS 的主要误差类型

GNSS 的误差按其性质可以分为系统误差和随机误差两大类[16]，其中系统误差无论从误差的大小还是对定位结果的危害来说都比随机误差大得多，并且也有规律可循，可以采取一定的方法和措施来加以消除。根据 GNSS 测量中出现的误差来源可将系统误差分为三类：与卫星有关的误差、与信号传播有关的误差、与接收机有关的误差。

1. 与卫星有关的误差

1）卫星星历误差

卫星星历误差指的是由卫星星历计算得到的卫星空间位置与卫星实际位置的差值。卫星星历提供 GNSS 卫星的位置信息，是导航定位所必需的数据信息，不准确的星历将对导航定位产生负面影响。当卫星在空中运行时，其运行轨迹会受到各种摄动力的干扰，地面监控站对这些摄动力的测量难以达到精确的程度，因此测得的卫星轨道会有误差[14]。此外，用户得到的卫星星历并非实时的，而是采用广播星历参数推算出的卫星位置，与卫星实际位置会有误差。摄动力干扰和非实时的卫星星历是卫星星历误差的主要来源，它对单点定位的影响可达数米、数十米甚至上百米，必须予以充分重视。

为了消除星历误差，可以采用如下方法。

（1）采用精密星历。

广播星历由地面监控部分观测计算得到，是一种预报星历，精度较低，可采用第三方机构提供的精密星历代替广播星历。对于 GPS 而言，目前存在两种精密星历，第一种是 IGS 提供的精密星历，第二种是 NASA 发布的全球差分 GPS 系统提供实时差分改正，这两种产品都可以从网上获取。

（2）采用相对定位模式。

例如，同步观测求差法就是一种效果较好的方法，它利用两个以上的观测站对同一颗卫星进行同步观测，然后对观测量进行求差处理。由于同一颗卫星的位置误差对于不同观测站的影响具有相关性，所以求差法可消除站间的公共误差。当两站之间距离比较近时，该方法消除误差的效果更加明显。

（3）建立区域性卫星测轨网。

它能实现对卫星的独立定轨，为长距离的相对定位提供精密星历服务。

2）卫星钟差

由于卫星的位置是时间的函数，因此，GNSS 的观测量均以精密的测时为依据。在 GNSS 定位中，无论测码伪距观测还是载波相位观测，均要求卫星钟与接收机钟保持严格的同步。如果卫星钟偏差达到 1ms，由此产生的等效距离误差可达 300km。卫星上虽然使用了高精度的原子钟，但是这些钟与理论的 GNSS 时间之间仍然会有偏差，卫星钟差指的就是钟面时间和标准 GNSS 时间之间的差异，包括钟差、频偏、频漂和钟的随机误差。

卫星钟差的改正方法有广播星历改正、采用精密的卫星钟差、接收机间求差消除、作为参数估计等。

（1）采用广播星历改正。

这是广播星历所提供的一种改正方法。在导航电文中包含有描述卫星钟差的二阶多项式系数，表达式为

$$\Delta t^{s}=a_0+a_1(t-t_0)+a_2(t-t_0)^2 \tag{7-47}$$

其中，a_0 为卫星钟在参考历元的钟差；a_1 为卫星钟的钟速；a_2 为卫星钟的钟速变化率。这些数值由 GNSS 主控站测定，并通过卫星的导航电文发送给用户。卫星钟经过以上钟差模型改正后，各卫星钟间的同步差可保持在 20ns 内。

经过广播星历修正后的卫星时间为 $t=t-\Delta t^{s}$。不过，经过修正后的卫星钟差仍存在残余误差，称为数学同步误差，其大小为 2～5ns，导致距离误差为 0.6～1.5m，具体数值与卫星类型以及所用星历数据外推间隔有关，其中，外推是第 6 章讲解的一种插值方法。

采用广播星历对卫星钟差进行改正的优点是可以实时获取。用户直接根据接收到的导航电文计算，使用较为方便。其缺点是精度不高，主要用于精度要求不高的场合。

（2）采用精密卫星钟差。

精密卫星钟差是指在一定时间间隔直接给出不同历元每颗卫星的卫星钟差值。目前，IGS 的综合星历钟给出的卫星钟差的精度可达 0.1ns，其产品的时间间隔一般为 15min。采用精密卫星钟差产品进行改正时，通常采用内插方法来获取指定时刻的卫星钟差。

采用精密钟差产品进行改正获得的精度较高，但实时性较差，因此主要用于精密定位中。

（3）接收机间求差消除。

作为卫星端的误差，卫星钟差对于同步观测的两个地面接收机来说是相同的，因而在接收机端对观测值进行求差可以消除卫星钟差的影响。接收机间求差对误差消除较为充分，但两个接收机的距离较远时会受到一定的影响，并且不适用于绝对定位。

3）卫星硬件延迟

卫星信号在传输到空间之前会在卫星内部传输一定的时间（如电路传输），其传输速度并不等于真空中的光速，从而产生信号延迟，使观测值产生误差，这被称为卫星硬件延迟。类似于卫星，卫星信号到达接收机后在接收机内部也存在一段传输过程，其传输速度同样不等于光速，因此也会产生接收机硬件延迟，后面不再对其单独介绍。GNSS 的硬件延迟误差最大可达 13ns，因而是一项不可忽略的误差。

测距码间硬件延迟差的改正方法主要有利用导航电文提供信息改正、采用 CODE 中心提供的高精度码间偏差值等。差分码偏差表示卫星和接收机的测距码硬件延迟差，同时包含了卫星硬件延迟和接收机硬件延迟。目前，IGS 的 CODE、NRCan、ESA 及 JPL 等机构均提供差分码偏差产品，可直接从相关网站下载产品后用于卫星硬件延迟改正。

2. 与信号传播有关的误差

1）电离层延迟

电离层误差是指受电离层影响，卫星至接收机之间的距离测量值与真实距离之间的差值。

在太阳紫外线、X 射线、γ 射线和高能粒子的作用下，电离层内的气体分子和原子将产生电离，带电粒子的存在将使卫星信号的传播速度发生变化、传播路径产生弯曲，导致传播时间与光速的乘积不等于卫星至接收机的几何距离，从而产生电离层延迟。

电离层延迟取决于信号传播路径上的总电子含量（total electron content，TEC）和信号的频率 f，而 TEC 又与时间、地点、太阳黑子数等多种因素有关。研究表明，对于 C/A 码和 L1 载波，单位 TEC 引起的等效距离延迟为 0.16m。对于 L2 载波，单位 TEC 引起的延迟为 0.267m。测码伪距观测值和载波相位观测值所受到的电离层延迟大小相同，但符号相反。

电离层延迟误差的改正方法主要有双频改正法、双差法、模型改正法。

（1）双频改正法。

采用两种频率的信号可以消除电离层延迟的影响，这是消除电离层延迟最为有效的方法，也是 GNSS 卫星采用（至少）两种载波频率信号的主要原因。采用载波相位观测值时，误差一般不会超过几厘米。

（2）双差法。

当两测站相距不太远时，卫星至两测站的信号传播路径上的大气状况将会十分相似，电离层的空间相关性强，因此电离层的系统影响便可通过同步观测量的差分而减弱。对于短基线，双差观测值将消除大部分电离层的影响。随着基线长度的增加，其精度将明显降低，因此该方法对远距离高精度的相对定位并不适用。这里的基线可简单理解为测站之间的距离。

（3）模型改正法。

针对单频用户，可建立测站上空电离层电子含量空间分布模型，根据信号传播路径直接计算电离层延迟。电离层模型包括经验模型和实测模型，根据这些电离层模型，用户输入相应的参数（如卫星高度角、地理位置等）即可计算得到信号路径的电离层延迟量。

2）对流层延迟

对流层误差主要是由水汽、空气等传输介质引起的，它会引起传播速度减慢，并且会发生折射。测码伪距和测相伪距在对流层中的传播速度是相同的，因此两者产生的对流层误差也是一致的。

对流层延迟误差消除方法包括利用水汽辐射计测量值改正法、模型改正法、双差法、参数估计法等。

（1）利用水汽辐射计测量值改正法。

对流层延迟可分为干分量和湿分量两部分，其中干分量与干气体总量有关，取决于大气的温度及压力；湿分量主要与水汽含量有关，取决于信号传播路径上的大气湿度和密度。水汽辐射计可以准确测定电磁波传播路径上的水汽积累量，从而能精确地计算大气湿分量的改正项。

（2）模型改正法。

本方法通过测量传播路径上的气压、气温等气象数据建立近地大气模型，以便用计算的办法改正对流层延迟，常用的有 Hopfield 模型、Saastamoinen 模型等。不过，由于水汽的变化量较大，难以模型化，因而采用模型改正的精度并不高。

（3）双差法。

当基线较短时，在稳定的大气条件下，由于基线两端的水汽含量、大气压及温度均相似，故通过基线两端同步观测量的差分技术，可以有效地减弱大气折射的影响。

（4）参数估计法。

在高精度长基线相对定位以及精密单点定位中，由于定位结果精度较高，采用模型计算得到的对流层延迟精度无法满足要求，长基线两端的对流层相关性也显著减弱。此时通常将湿延迟或总延迟作为参数估计，采用这一方法通常能够获得较好的精度。

3）多径误差

多径效应对伪距和载波都将产生很大影响。具体地，GNSS 接收机可以接收来自各个方位的 GNSS 信号，包括经过地面等物体反射的 GNSS 信号。非直达信号比直达信号的路程更长，两者进入接收机后将产生叠加干涉，导致观测值产生偏差，这就是 GNSS 多径误差。多径误差的大小取决于测站周围的环境、接收机的性能以及观测时间的长短，它对测码伪距观测值的影响要比对载波相位观测值的影响大得多。

3. 与接收机有关的误差

1）接收机钟差

与卫星钟一样，接收机钟也有误差，即接收机钟面时间与标准 GNSS 时间之间的差值。数据处理时需要根据信号接收时间来反推发射时间，以便计算卫星位置。接收机钟差将使接收时刻不准确，从而影响所反推出的发射时刻的准确性。接收机通常采用石英钟，其性能远低于卫星所使用的原子钟，因而其钟误差比卫星钟更为显著。

接收机钟差改正方法包括采用多项式拟合、作为参数估计、外接原子钟授时系统、卫星间求差消除等。

（1）采用多项式拟合。

接收机钟差可像卫星钟差那样用多项式来拟合，数据处理时仅解算接收机钟差多项式的系数。采用这种方法的改正效果将取决于接收机钟差的特性。

（2）作为参数估计。

在绝大多数情况下，处理接收机钟差的方法是直接将其当作一个参数进行估计。在标准单点定位中，通常将接收机钟差与测站坐标一起作为参数一并求解。

（3）采用外接原子钟。

将接收机与外部精度较高的原子钟连接，由外接原子钟来控制接收机的时间，从而显著提高接收机时钟精度。

（4）卫星间求差。

同一时刻，不同卫星至同一接收机产生的接收机钟差是相同的，因而可采用卫星间求差的方法消除接收机钟差的影响。

2）接收机天线偏差

接收机天线偏差指的是接收机天线相位中心与接收机天线参考点之间的偏差，可分为水平偏差和垂直偏差。由于接收机天线相位中心并不是 GNSS 用户能实际确定的物理标志点，并且接收机天线相位中心并非一成不变，其随着卫星信号的高度角、方位角、强度的变化而变化，不同频率信号对应的天线相位中心也有所不同。因此，通常会选取一个 GNSS 接收机可实际测量的位置点，称为天线参考点，将参考点与实际待测量点位对中，然后通过一定的处理方法将天线相位中心转换至天线参考点，实现测量定位。因此，确定了接收机天线偏差，才能进行准确定位。为此，可采用接收机相对/绝对天线相位中心改正。

为减弱或消除接收机天线偏差，可采用同一类型的天线并对观测值求差；如果进行高精度观测，各测站的天线须按方位标志进行定向布置。

3）接收机的测量噪声

接收机的测量噪声指的是用接收机进行测量时，由于仪器设备及外界环境影响而引起的随机测量误差，其值取决于仪器性能及作业环境情况。一般而言，测量噪声的值远小于上述各种偏差值。观测足够长的时间后，测量噪声的影响通常可以忽略不计。

7.6.2 减少或消除误差的措施

7.6.1 节已经讲述了各种误差的常见应对措施，下面再对减少或消除误差的通用措施进行总结性描述。

1. 改进测站部署

（1）选择合适的地形：测站不宜选择部署在山坡、山谷和盆地内，应远离大面积平静水面，其附近不应有高层建筑物、广告牌等。测站应选择反射能力较差的粗糙地面，以减小多路径误差。另外，延长观测时间、选择配有抑径板的接收天线也可减少多径误差。

（2）选择适当的截止高度角：既可延迟和限制电离层、对流层的影响，又能尽量多接收几颗卫星的信号，以增加卫星观测数，改善几何图形。

（3）在测段间重新整平对中仪器：以减少接收机的整平对中误差，同时还要求天线方向标志指北（偏差在±5°内），便于对接收机相位中心偏差进行改正。

2. 改进测量方法

（1）用载波相位测量法代替伪距测量法：由于载波波长很短，因此，载波相位测量比伪距测量精度高 2～3 个数量级，用双频改正还能减少或消除电离层延迟误差.

（2）用相对定位代替绝对定位：站间距＜100km 的两点或两点以上的同步相对定位（前面的单基站差分定位）与单点的绝对定位相比，可减小卫星星历误差、卫星钟差、大气延迟误差。

（3）采用区域差分技术或广域差分技术：不但能减小基准站和用户站共同的误差，而且可使站间距从 100km 增加到 2000km。

3. 改进数据处理

（1）用精密星历代替或部分代替广播星历：从因特网下载精密星历，并将其提供给解算软件，从而减小与星历有关的误差影响。

（2）采用适当的起算数据：如果与国家 GNSS 网 A、B 级控制点或其他高级 GNSS 网控制点联测，精度可达米级；若将原有国家级已知点的坐标转换到 WGS-84 坐标系中，精度在米级；如果没有条件与其他控制点联测，也可用不少于观测 30min 的单点定位结果作为起算数据，其精度为 10～15m。

（3）在载波相位测量中采用适当的线性组合：如分别在接收机、卫星、历元间求一次差，可分别消除卫星钟误差、接收机钟误差和整周模糊度；在接收机、卫星间求二次差可同时消除卫星钟误差和接收机钟误差；在三者间求三次差可得到只有坐标差未知数的方程。

参 考 文 献

[1] 刘基余. GPS 卫星导航定位原理与方法[M]. 2 版. 北京：科学出版社，2008.

[2] bit_kaki. GNSS 原理及技术（一）——GNSS 现状与发展[EB/OL]. https://blog.csdn.net/bit_ kaki/article/details/81129418[2023-12-22].
[3] 刘艳亮，张海平，徐彦田，等. 全球卫星导航系统的现状与进展[J]. 导航定位学报，2019，7（1）：18-21.
[4] NOAA. GPS 官方网站[EB/OL]. https://www.gps.gov/[2024-1-5].
[5] U. S. Force Air. GPS overview [EB/OL]. https://www.gps.gov/systems/gps/[2024-12-24].
[6] 梁久祯. 无线定位系统[M]. 北京：电子工业出版社，2013.
[7] weixin_34174105. GPS 用户部分[EB/OL]. https://blog.csdn.net/weixin_34174105/article/details/86379384 [2022-12-22].
[8] 赵琳，丁继成，马雪飞. 卫星导航原理及应用[M]. 西安：西北工业大学出版社，2010.
[9] Korolev. GLONASS OS PS edition2.2 [EB/OL]. https://glonass-iac.ru/upload/docs/stehos/stehos_en.pdf [2024-1-6].
[10] 北斗网. 北斗卫星导航系统介绍[EB/OL]. http://www.beidou.gov.cn/xt/xtjs/201710/t20171011_280.html[2024-1-5].
[11] 中国卫星导航系统管理办公室. 北斗卫星导航系统发展报告（4.0 版）[Z]. 2019.
[12] 黄丁发，张勤，张小红，等. 卫星导航定位原理[M]. 武汉：武汉大学出版社，2015.
[13] Kaplan D D，Hegarty C J. GPS/GNSS 原理与应用[M]. 3 版. 北京：电子工业出版社，2021.
[14] 董大南，陈俊平，王解先. GNSS 高精度定位原理[M]. 北京：科学出版社，2018.
[15] 孙婷. GPS 信号的捕获与跟踪技术研究[D]. 西安：西安电子科技大学，2013.
[16] Teunissen P J G，Montenbruck O. Springer Handbook of Global Navigation Satellite Systems[M]. Berlin：Springer，2017.

第 8 章　特殊场景的无线定位

在一些特殊场景中，无线定位面临的挑战与普通场景可能存在较大差别，无线定位系统必须处理这些特殊难题方能精确定位。不过，这些场景内可能存在一些对定位有用的空间约束、拓扑约束或人员行进规律，可帮助人们设计出针对性的定位方法。本章主要介绍矿井场景、水下环境和救灾场景的无线定位技术。

8.1　矿井场景的无线定位

煤矿是一个涵盖采煤、掘进、机电、运输、通风、排水等多个流程的复杂巨系统，对矿井中的设备和人员进行精确定位是煤矿安全高效生产的重要保障[1]。只有知道了目标的位置信息，才能弄清在什么位置发生了什么事件，帮助煤矿企业合理调配资源，并在发生矿难之时帮助救灾人员确定受困矿工的具体位置，快速制定营救方案。在煤矿智能化建设中，精确定位还可以辅助确定支架一次移架的距离、支撑的强度、人员的距离、割煤的高度和深度，助力实现智能采掘、无人采掘。

8.1.1　矿井场景无线定位的特点

早期煤矿中并没有部署人员定位系统的强制要求，但随着国家对煤矿行业安全的重视以及煤矿智能化建设的推进，矿井人员定位系统经历了从无到有、定位结果从粗糙到精确的发展过程。

2007 年 7 月，国家安全生产监督管理总局发布了安全生产行业标准《煤矿井下作业人员管理系统通用技术条件》（AQ 6210—2007），要求定位信标与定位标签之间的传输距离不小于 10m，并发识别数不小于 80 个，最大移动速度不小于 5m/s。在 2009 年 12 月发布的煤炭行业标准《井下移动目标标识卡及读卡器》（MT/T 1103—2009）中，对人员定位系统的标识卡（即定位标签）进行了规定。

2010 年，国家安全生产监督管理总局、国家煤矿安全监察局研究制定煤矿井下安全避险“六大系统”的建设规范，人员定位系统成为必须建设的“六大系统”之一，人员定位系统在煤矿生产中从可选项变成强制项。

2019 年 11 月，山东煤矿安全监察局发布了《山东煤矿人员精确定位系统技术要求（试行）》，对井下人员定位系统的定位精度、实时性、覆盖范围提出了更为严格的要求。

2021 年 6 月，国家能源局和国家矿山安全监察局印发了《煤矿智能化建设指南（2021 年版）》，要求采用精确定位技术，实现井下人、车等目标的精确定位、人员状态分析、考勤、调度管理，满足井下复杂巷道的全覆盖需求，并具备轨迹数据展示及分析功能。

2021 年 8 月，安标国家矿用产品安全标志中心发布了《煤矿井下人员定位系统安全标志管理方案（试行）》《煤矿井下人员定位系统安全技术要求（试行）》《煤矿井下人员定位系统安全标志检验方案（试行）》，进一步规范了相关产品安全标志的管理工作。

2023 年 4 月，国家矿山安全监察局发布了煤炭行业标准《煤矿井下人员位置监测系统使用与管理规范》（MT/T 1198—2023），要求煤矿井下作业人员管理系统应能满足超员监测报警、人员超时作业监测报警、特种作业人员管理、干部下井管理、入井考勤、持证上岗管理、人员进入限制区域监测报警、准入区域人员监测报警等要求。与此同时，还发布了《煤矿感知数据联网接入规范 第 3 部分：井下人员位置》（MT/T 1201.3—2023），对煤矿井下人员位置监测系统感知数据联网采集的内容、格式、数据接入流程等方面做出了规范性要求。

2023 年 2 月，应急管理部批准发布了安全生产行业标准《煤矿井下人员定位系统通用技术条件》（AQ 1119—2023），要求监测井下人员位置及时刻、出/入井时刻、出/入重点区域时刻、出/入限制区域时刻、出/入准入区域时刻、超层越界起/止时刻、临近危险区域起/止时刻、工作时间/滞留时间、井下和重点区域人员数量、井下人员活动路线等信息，要求静态定位误差小于 0.3m。2024 年 4 月，应急管理部发布《矿山救援规程》，要求积极采用手机定位、车辆探测、3D 建模等技术分析被困人员位置。

在“煤炭行业基本准绳”《煤矿安全规程》中，也要求“下井人员必须携带标识卡，各个人员出入井口、重点区域出入口、限制区域等地点应当设置读卡分站”，同时“人员位置监测系统应当具备检测标识卡是否正常和唯一的功能”。这里的标识卡即标签节点，读卡分站即信标节点。

可见，井下的人员和目标定位系统无论从技术发展还是从生产实际均有非常重要的地位。矿井定位系统一般采用如图 8-1 所示的系统结构[2]，它与图 1-7 类似，区别在于矿井定位系统中的信标节点、目标节点位于煤矿井下，而定位服务器、工作站等设备位于地面。首先，通过某种测距方法测得待定位目标与信标节点之间的距离（基于测距的方法）或获得网络拓扑（非基于测距的方法）等信息。其次，根据三角定位法、三边定位法等方法计算目标位置。求得目标位置后，还可通过最优化理论等方法对估计到的位置作进一步优化，提高定位精度。

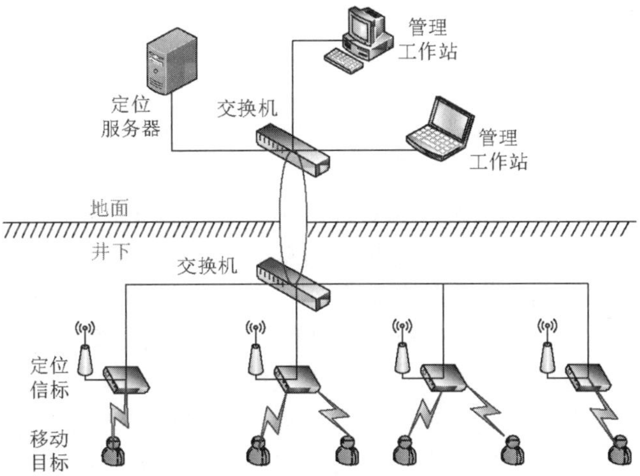

图 8-1　矿井定位系统的组成结构

矿井巷道包括直接进行掘进和开采作业的工作面区域[3]，见图 8-2（a）；以及进行运输、联络、通风的其他巷道，见图 8-2（b）。按照巷道的倾斜程度，又可将巷道分为垂直巷道、水平巷道、倾斜巷道等。图 8-2（c）为一个典型的煤矿巷道横截面，由下部矩形和上部半圆组成，当然也有其他形状的巷道；图 8-2（d）为煤矿井下巷道的分布图，可以看出巷道之间彼此相连，每一条巷道都是类似于公路隧道的长条形空间。

(a) 普通巷道

(b) 采煤工作面

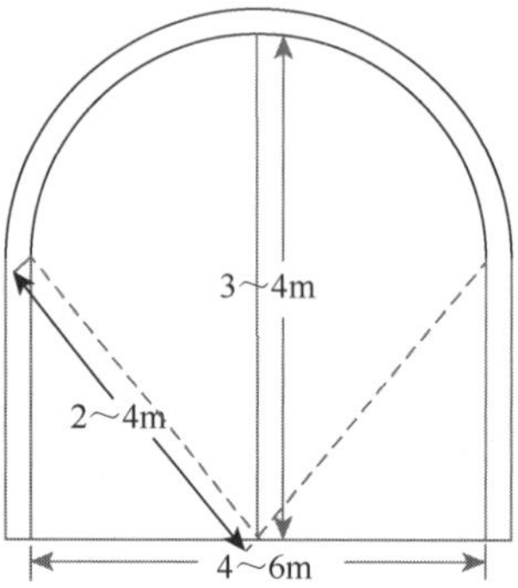

(c) 大巷截面示意图

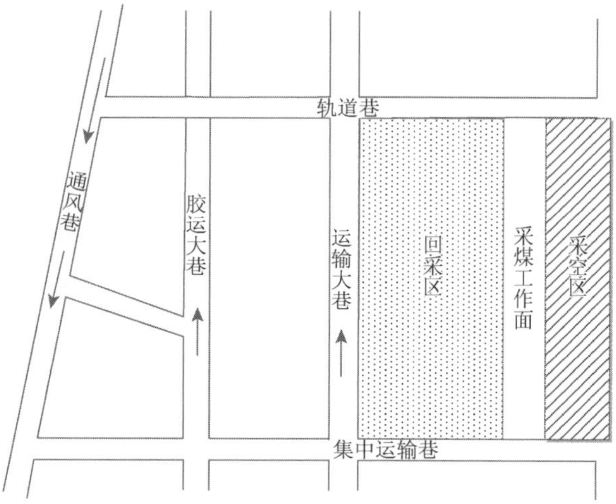

(d) 巷道分布图

图 8-2　巷道结构图

煤矿巷道中的横截面形状与尺寸、设备、人员、粉尘和瓦斯等因素都会导致无线信道模型的改变，造成信号的非可靠传输或中断，要求用于定位的无线通信技术必须能够适应高粉尘、多分支、有限空间的环境。虽然卫星定位技术非常成熟并已被广泛用于交通、航海、军事等领域，但它只能用在有卫星覆盖的区域，对煤矿井下的目标定位无能为力。

矿井中多径效应强烈，这将引起信号高度相关和相干，导致信号在时间、频率和空间三个域的扩展。在自由空间中，目前已有一些用于解决多径问题的解相干算法，如空间平滑法、空间差分法、基于信号子空间的方法、基于数据空间样本的矩阵束方法等。不过，自由空间解决多径问题的技术远远不能满足煤矿巷道这类非自由空间的要求，需要寻找更适用于非自由空间的技术方案，如智能天线的方法。同时，多径传播中的路径损耗因子估计也很重要，这些都是矿井定位中有待研究的问题。

另外，在井下目标定位系统中，不同移动目标间还会存在多址干扰。如果多个目标同时进入某个定位节点的覆盖范围，那么该定位节点将同时收到多个目标的信号，从而导致信号的冲突。特别地，坐在人车（类似于迷你小火车）内的数十人同时通过某个位置时，由于铁皮车厢的屏蔽作用与多址效应的叠加，定位系统极易漏读部分人员的信号。解决多址干扰的最简单方法是采用时分多路的方法，让不同目标在不同时隙发送数据。这种方法虽然容易实现，但是没有冲突监测以及冲突后的恢复机制。为了保证对矿井中的众多移动目标进行高精度的实时定位，必须在设计定位算法的时候加以充分考虑。

最后，目标的运动会造成定位误差的增大。考虑到跟踪的能量消耗、精度、鲁棒性和反应时间等性能因素，可以在子空间分解更新技术基础上，采用基于前后向空间平滑的自适应 AoA 跟踪算法，对子空间区域内的信号实时更新以便对目标进行追踪锁定。当目标节点远离当前信标节点进入另一个信标节点的覆盖范围时，就进行节点间的信息协作交换，以便对目标进行协作跟踪，解决该问题的关键在于如何选择合适的信标节点参与下一时刻的定位跟踪活动，以及在信标节点间交换跟踪信息的方法。

综上，地面定位系统虽然已经比较成熟，但多数无法直接用于煤矿井下，因为矿井环境空间狭长、分支多、高粉尘，设备、煤壁、其他移动目标等会产生强干扰，同时由于缺少校正手段，很容易造成误差累积。虽然已有数十种用于煤矿人员和机车等移动目标的定位系统，但是在定位精度、环境适应性方面还有很大提升空间。特别地，工作面中的目标定位需要顾及通信空间的动态推进特性，因为频繁变化的工作面空间使得通信信道处于时变状态，许多假定物理通信空间不变的定位算法性能不佳甚至失效。此外，智能掘进、智能开采和智能驾驶对定位精度带来了更高的要求。同时，考虑到定位系统已在煤矿中广泛使用，从节省成本的角度看，新方法和新系统应尽量避免替换或少替换现有定位设备。

8.1.2　矿井定位系统的节点部署

矿井定位系统中的信标节点部署策略对目标定位性能有较大影响。图 8-3 给出了一个部署示例，它考虑到井下巷道狭长的特点，采用三角形结构进行部署，这样有利于目标节点能够被三个信标节点覆盖，从而增强定位性能。从图 8-3 可以看出，煤矿巷道中的多径和非视距现象是很强烈的，特别是在区域 2 这种 T 形巷道区域。

相对于运输巷、联络巷等巷道，综采工作面区域要复杂得多。综采工作面是煤矿井下环境最恶劣同时也是最危险的场所，是许多煤矿事故发生的源头[4]。为了完成采煤工作，工作面部署了采煤机、刮板输送机、液压支架、转载机、破碎机等大型设备，它们在人员的控制下协同工作，完成采煤机割煤、液压支架支护、移刮板输送机运煤等生产流程。

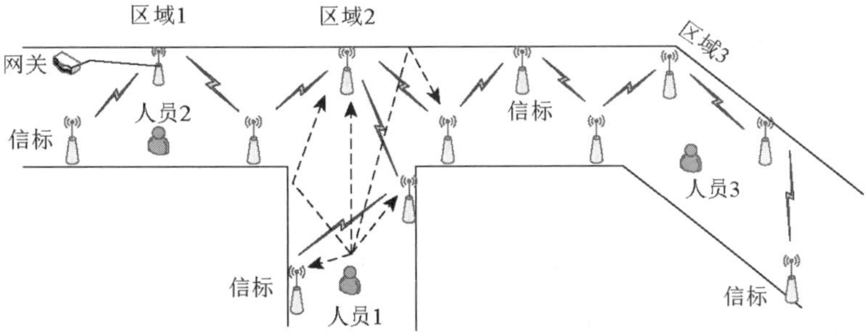

图 8-3　煤矿巷道定位信标部署示例

液压支架是综采工作面的必备装备。假定采用的是支撑掩护式支架，它有用于支撑的前立柱和后立柱，分别简称为前柱和后柱。工作面的无线通信空间被前柱分成了两个部分，分别称为第一通信空间和第二通信空间，见图 8-4。如果采用支撑式支架，通信空间与图 8-4 所示的完全相同。如果使用的是掩护式支架，则只有第一通信空间，可以看成图 8-4 的特例。

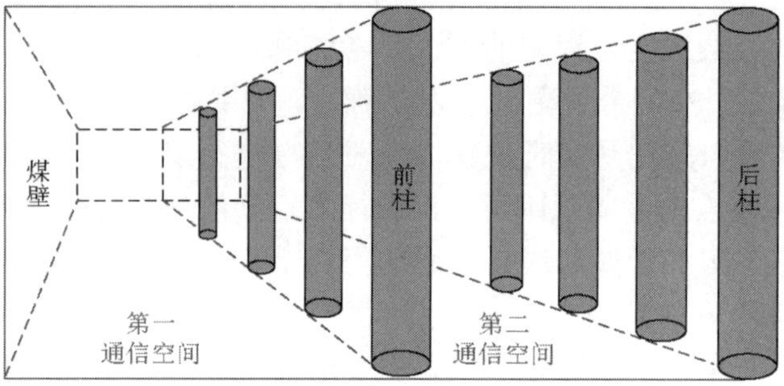

图 8-4　煤矿工作面的无线通信空间

工作面不同于巷道的主要地方在于其随着采煤过程不断推进的动态空间特性。这种特性使得定位信标无法固定安装在工作面的顶板或煤壁上，而更适合安装在液压支架等设备上，让节点随着设备一起移动，以便能够始终为工作面提供信号覆盖和目标定位服务。为此，分别在液压支架的前柱、后柱和采煤机上安装定位节点，让这些节点随着设备的移动而移动，它们之间自组织形成 Ad-Hoc 网络，作为服务于工作面的定位网络。在上顺槽布置无线节点，它的坐标已知，充当定位系统中的校准节点。这些校准节点接收定位网络传递来的定位结果，并将结果通过有线方式传输给井下骨干网，进而传输到位于地面的定位服务器，见图 8-5。

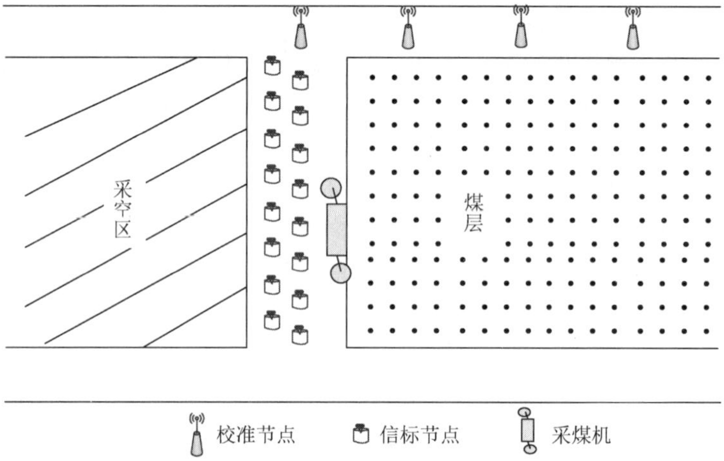

图 8-5　综采工作面定位节点与校准节点的部署

不过，这种部署方式带来了新的挑战：信标节点的坐标会随着设备的移动而变化，因此传统的假定信标节点坐标不变的定位技术将会失效；另外，频繁变化的物理空间使得许多假定物理通信空间不变的定位算法效果不佳。

为了更清晰地反映工作面中信标节点与工作面设备的相对空间关系，将信标节点与液压支架、采煤机等一同画出，见图 8-6（与图 8-5 的方向相比旋转了 90°）。矿工佩戴具有定位标签的矿灯或其他具有无线收发功能的终端设备（如矿用手机），需要定位的移动设备则直接将定位标签安装在设备上面，它们是需要定位的目标节点。

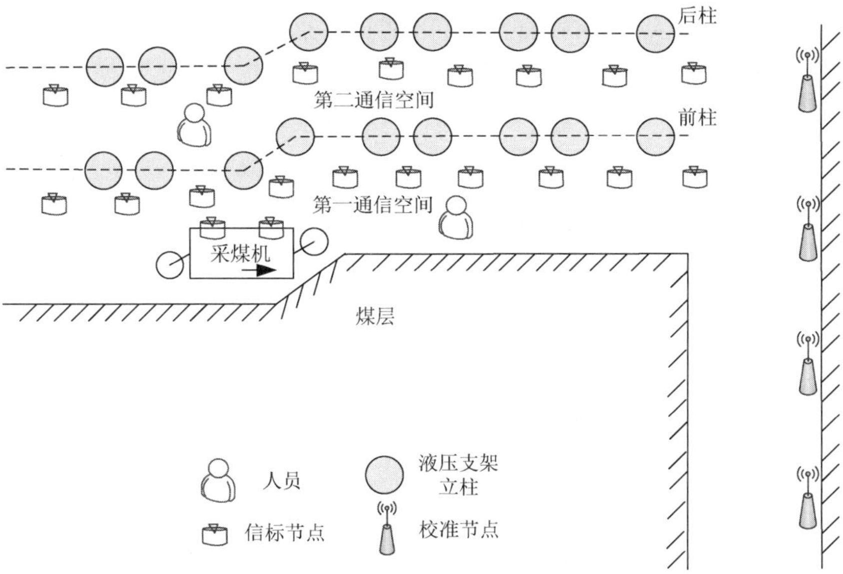

图 8-6　综采工作面定位节点及其与设备的空间关系

尽管综采工作面中的目标定位具有不同于其他场景的特殊挑战，但是其特殊的空间结构为设计针对性定位算法提供了可能，图 8-7 给出了一种参考思路。液压支架在推进的时候，改变的是纵向坐标，横向位置并不改变，而信标节点是挂在它上面的，因此也满足同样规律。离校准节点较近的信标节点如果能够和两个校准节点通信，则利用 AoA 的方法先算出自己的坐标，完成校准，称为节点自定位；如果只能与一个校准节点通信，则用 AoA + ToA 的方式进行自定位。定位网络中的其他信标节点以该节点为基准进行自定位。如果校准节点采用定向天线并且发射距离足够远，所有的信标节点都可以直接利用校准节点进行自定位，以提高精度。如果没有任何信标节点能够收到校准节点的信号，就使用上一次的坐标值，直到能够进行校准时再更新。

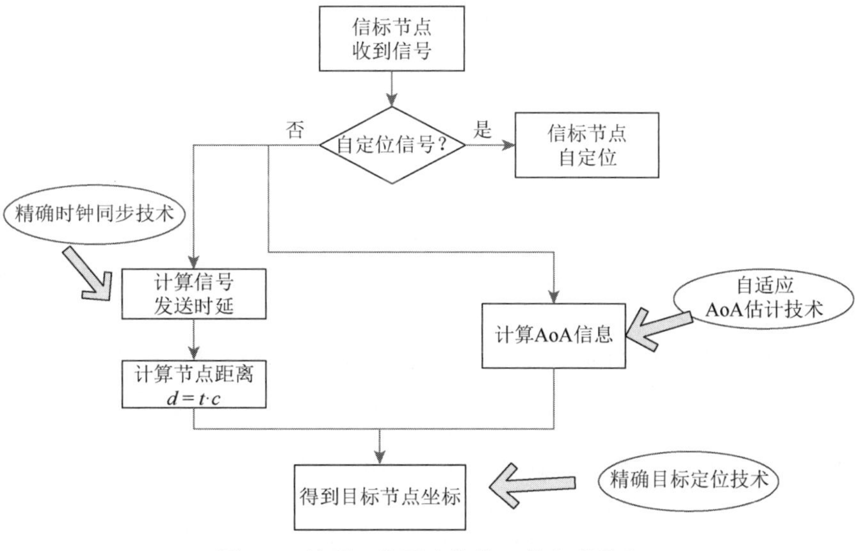

图 8-7　综采工作面定位的一种参考思路

这些完成自定位的信标节点，可为处于工作面中的工作人员和采煤机等移动设备提供定位服务，如利用 AoA（或 AoA + ToA）的方式给出目标节点的坐标。其实，对于工作面的目标定位而言，一般关心的是目标处于运动方向的哪一个点上，只需要知道其横坐标即可。这时，可以无须与校准节点通信，即取消液压支架上的信标节点自定位过程，只需求出人员、采煤机等动目标在工作面中的横向位置即可。

8.1.3 移动信标辅助的矿井定位测距方法

由于基于测距的定位方法的精确度高得多，因此在矿井中采用的是基于测距的定位方法。在第 3 章已经学习过 RSSI、ToA 等基本测距方法，第 4 章也学过两种改进测距方法和移动信标辅助的定位方法，这里讲解一种移动信标辅助的矿井定位测距方法[5]。

矿井中无法接收卫星信号，因此不能利用携带卫星接收机的设备或人员充当移动信标，但可配备惯导设备达到类似目的。尽管惯导设备等移动信标会在运动过程中形成误差累积，但是当它经过位置已知的设备的时候可以得到校准。例如，当移动信标经过 RFID 定位系统的读卡器、WSN 定位系统的信标节点或 Wi-Fi 定位系统的 AP 时，就可以利用这些固定节点的位置对自身坐标进行校准。在矿山物联网架构下，移动信标与其他设备和系统具有广泛的“物-物相连”关系，通过与其他“物体”的信息交互进行坐标校准是完全可行的。

不失一般性地，假定现有矿井定位系统采用 UWB 技术，使用 Wi-Fi 等其他技术完全不影响算法过程。另外假定其信标节点沿巷道顶板中线部署，如图 8-8 所示。瓦检员和部分矿车安装惯导设备或/和激光定位装置，它们充当移动信标，可在初始位置获得精确的位置信息，并可通过激光定位装置对累积误差进行周期性校正。移动信标在运动过程中以周期 T 向外广播自己的位置信息，目标节点接收该信息并将移动信标的瞬时位置视为一个虚拟信标。

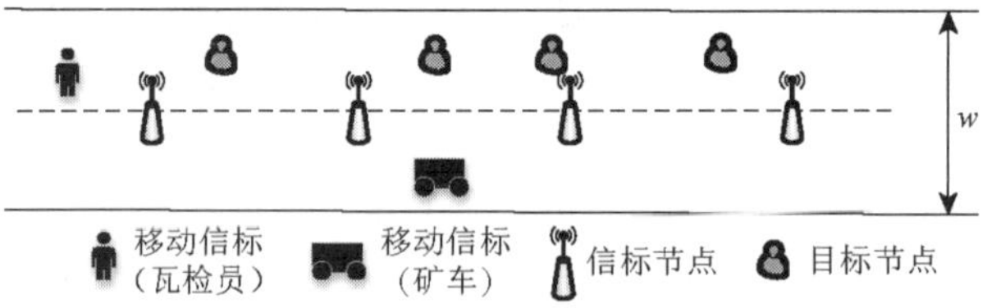

图 8-8 移动节点辅助的矿井定位系统示意图

以一个移动信标为例介绍算法原理，多个移动信标的情况分析方法类似。假定巷道宽度为 w，移动信标的通信距离为 r，在巷道内做速度为 v 的匀速直线运动，见图 8-9。目标节点必须处于移动信标的覆盖范围内方可接收到广播消息，显然，虚拟信标的覆盖圆直径必须大于 w 才能实现对巷道的全覆盖，即 $w < 2r$。

为了保证虚拟信标对巷道的全覆盖，移动信标的位置信息广播周期 T 也必须要满足一定条件。考虑图 8-9 中的直角三角形ΔB_1OQ，其中 Q 为相邻虚拟信标的覆盖圆的交点，O 为 Q 在移动信标运动轨迹上的投影。为了实现全覆盖，必须满足 $\sqrt{r^2-\left(\frac{vT}{2}\right)^2}\geqslant\frac{w}{2}$，即

$$T \leqslant \sqrt{4r^2-w^2}\Big/v \tag{8-1}$$

由于 $w < 2r$，因此式（8-1）右边的开方条件能够满足。

矿井巷道较窄，目标节点在宽度维（图 8-10 中的纵坐标）上的意义不大，本书只探讨长

度维（图 8-10 中的横坐标）上的位置变化，因此目标节点必须具有 2 个或 2 个以上的虚拟信标信息，方可实现定位，这里假定目标节点 N_u 处于 N 个虚拟信标的范围内，即可以收到 N 个虚拟信标的信号。

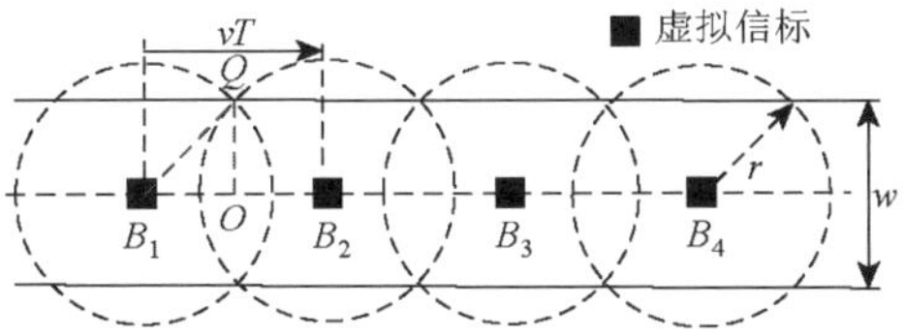

图 8-9　移动信标形成的虚拟信标

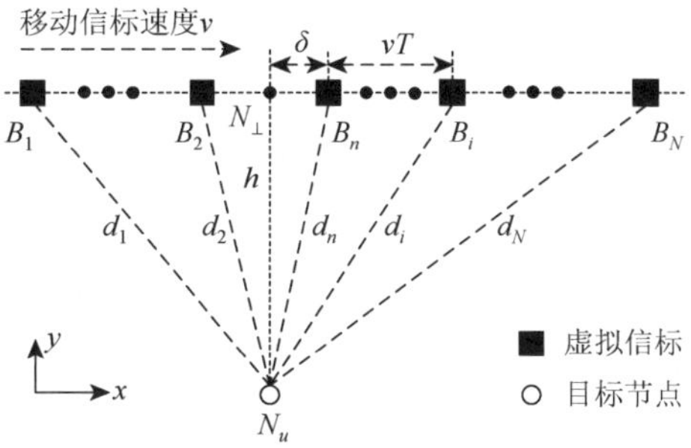

图 8-10　基于虚拟信标的静止目标距离估计模型

令目标节点到 N 个虚拟信标之间的测量距离的平方为 $\boldsymbol{r}=[r_1^2,r_2^2,\cdots,r_N^2]^{\mathrm{T}}$，真实距离的平方为 $\boldsymbol{d}=[d_1^2,d_2^2\cdots,d_N^2]^{\mathrm{T}}$，距离估计就是在已知 $\boldsymbol{r}$ 的情况下求解真实距离的估计值 $\boldsymbol{d}$。

先考虑静止目标节点的距离估计，见图 8-10，其中 $N_{\perp}$ 是目标节点 N_u 到移动信标运动轨迹上的垂足，它们之间的距离为 $|N_uN_{\perp}|=h$；对于 $N_{\perp}$ 右方的虚拟信标（即 $n<i\leqslant N$，左方的计算方法类似），距离 $N_{\perp}$ 最近的虚拟信标 B_n 与 $N_{\perp}$ 的距离为 δ。显然，虚拟信标 B_i 与垂足 $N_{\perp}$ 的距离为 $z_i=\left|vT(i-n)+\delta\right|$，因此有

$$d_i^2=h^2+\left(vT(i-n)+\delta\right)^2=\rho_0+\rho_1 i+\rho_2 i^2 \tag{8-2}$$

其中

$$\rho_0=h^2+(\delta-nvT)^2,\quad \rho_1=2vT(\delta-nvT),\quad \rho_2=v^2T^2 \tag{8-3}$$

式（8-2）的矩阵形式为

$$\boldsymbol{d}=\boldsymbol{C}\boldsymbol{v} \tag{8-4}$$

其中，$\boldsymbol{C}=\begin{bmatrix}1 & 1 & 1^2\\ 1 & 2 & 2^2\\ \vdots & \vdots & \vdots\\ 1 & N & N^2\end{bmatrix}$；$\boldsymbol{v}=[\rho_0,\rho_1,\rho_2]^{\mathrm{T}}$。

无论哪种测距方法，或多或少都会存在测距误差。因此，测量距离可表示为 $r_i=d_i+\varepsilon_i$，ε_i 为目标节点到虚拟信标 B_i 之间的测距误差，服从均值为 0、方差为 σ_i^2 的正态分布。于是，距离测量矩阵可改写为

$$\boldsymbol{d}=\boldsymbol{C}\boldsymbol{v}+\boldsymbol{\varepsilon} \tag{8-5}$$

当 ε_i 较小的时候，$r_i^2-d_i^2=2d_i\varepsilon_i+{\varepsilon_i}^2\approx 2d_i\varepsilon_i$，因此将误差矩阵定义为

$$\boldsymbol{\varepsilon}=[2d_1\varepsilon_1,2d_2\varepsilon_2,\cdots,2d_N\varepsilon_N]^{\mathrm{T}} \tag{8-6}$$

用加权最小二乘法估计出 $\boldsymbol{v}$（注意不是距离 v）的值，为

$$\begin{aligned}\hat{\boldsymbol{v}}&=\arg\min((\boldsymbol{C}\hat{\boldsymbol{v}}-\boldsymbol{d})^{\mathrm{T}}\boldsymbol{\varPsi}^{-1}(\boldsymbol{C}\hat{\boldsymbol{v}}-\boldsymbol{d}))\\ &=(\boldsymbol{C}^{\mathrm{T}}\boldsymbol{\varPsi}^{-1}\boldsymbol{C})^{-1}\boldsymbol{C}^{\mathrm{T}}\boldsymbol{\varPsi}^{-1}\boldsymbol{d}\end{aligned} \tag{8-7}$$

其中，$\boldsymbol{\varPsi}$ 定义为

$$\boldsymbol{\varPsi}=E(\boldsymbol{\varepsilon}\boldsymbol{\varepsilon}^{\mathrm{T}})=\mathrm{diag}((2d_1\sigma_1)^2,(2d_2\sigma_2)^2,\cdots,(2d_N\sigma_N)^2) \tag{8-8}$$

于是，可得估计距离为

$$\boldsymbol{d}=\left[d_1^2,d_2^2,\cdots,d_N^2\right]=(\boldsymbol{C}\hat{\boldsymbol{v}})^{1/2} \tag{8-9}$$

注意，由于d_i值是未知的，在实际计算过程中用r_i代替。

接下来考虑运动目标定位的距离测量方法。假定目标节点从位置P_1开始，以速度v'沿x正向做匀速直线运动，第$(i-1)T$时刻运动到P_i，见图 8-11。前面内容已经假设移动信标的运动速度为v，这里进一步假定移动信标与目标节点的运动方向相同，运动方向相反的情况分析方法类似，不再赘述。

在图 8-11 中，虚拟信标B_i与目标节点位置P_i的距离为d_{ii}。由于只有处于B_i范围内的目标节点才能收到移动信标的位置广播信息，而P_1可能位于B_i覆盖范围之外，因此图 8-11 中的d_{11}、d_{21}可以直接测量，而d_{i1}可能无法获得，这是此处需要解决的问题。估计出d_{i1}后，相当于让目标节点重新进入了B_i的覆盖范围，从而增加了目标节点所能获得的虚拟信标个数，这对提高定位精度是有利的。

直观起见，将虚拟信标B_1、B_i与未知节点位置P_1、P_i之间的几何关系单独绘制在图 8-12 中，以排除其他节点和线条的视觉干扰。在图 8-12 中，过点P_1作一条平行于B_iP_i的辅助线，与移动信标轨迹（即直线B_1B_i）相交于点 M，因此有$d_{i1}=d_{ii}$。由于$|B_1B_i|=vT\times(i-1)$，$|B_1M|=|v-v'|T\times(i-1)$，在$\Delta MP_1B_1$以及$\Delta B_iP_1B_1$中分别利用余弦定理可得

$$\cos\beta=\frac{(vT\times(i-1))^2+d_{11}^2-d_{i1}^2}{2vT\times(i-1)d_{11}}=\frac{(|v-v'|T\times(i-1))^2+d_{11}^2-d_{ii}^2}{2|v-v'|T\times(i-1)d_{11}} \tag{8-10}$$

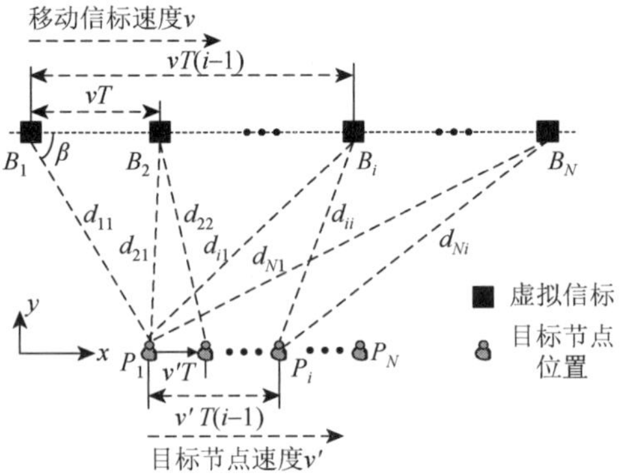

图 8-11　基于虚拟信标的运动目标距离估计模型

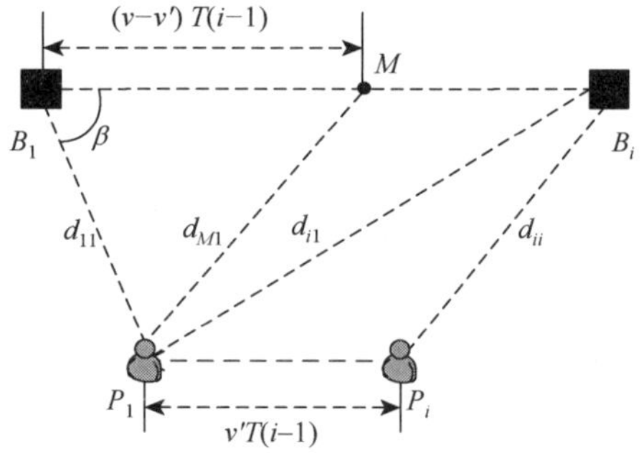

图 8-12　运动目标距离估计简化模型

据此可以计算出目标节点初始位置P_1与虚拟信标B_i之间的距离：

$$d_{i1}=\sqrt{\left(v^2-v|v-v'|\right)T^2\times(i-1)^2+d_{11}^2+\frac{v\left(d_{ii}^2-d_{11}^2\right)}{|v-v'|}} \tag{8-11}$$

其中，v、v'、T、i、d_{11}、d_{ii}均是已知量。若目标节点保持静止（$v'=0$），P_1将与P_i重叠，直线段B_iP_i和B_iP_1退化成同一条线段，因此有$d_{i1}=d_{ii}$。将$v'=0$代入式（8-11），也有$d_{i1}=d_{ii}$。因此，本方法能够将静止目标和运动目标统一到同一个框架下。

利用式（8-11）估计出的距离d_{i1}与真实距离之间的误差为ε_i，即$d_{i1}=d_{i1}+\varepsilon_i$，其中$\varepsilon_i$服从均值为 0、方差为$\sigma_i^2$的高斯分布。当$\varepsilon_i$较小的时候，有

$$d_{i1}^2=d_{i1}^2+2d_{i1}\varepsilon_i+\varepsilon_i^2\approx d_{i1}^2+2d_{i1}\varepsilon_i \tag{8-12}$$

前面内容已令虚拟信标与目标节点初始位置 P_1 的真实距离的平方为 $\boldsymbol{d}_1=[d_{11}^2,d_{21}^2,\cdots,d_{i1}^2]^{\mathrm{T}}$，估计距离的平方为 $\boldsymbol{d}_1=\left[d_{11}^2,d_{21}^2,\cdots,d_{i1}^2\right]^{\mathrm{T}}$，于是可将式（8-12）写成

$$\boldsymbol{d}_1=\boldsymbol{C}\boldsymbol{v}+\boldsymbol{\varepsilon} \tag{8-13}$$

其中

$$\boldsymbol{C}=\begin{bmatrix}1 & 1 & 1^2\\ 1 & 2 & 2^2\\ \vdots & \vdots & \vdots\\ 1 & N & N^2\end{bmatrix},\quad \boldsymbol{v}=[\rho_0,\rho_1,\rho_2]^{\mathrm{T}},\quad \boldsymbol{\varepsilon}=[2d_{11}\varepsilon_1,2d_{21}\varepsilon_2,\cdots,2d_{N1}\varepsilon_N\}^{\mathrm{T}} \tag{8-14}$$

利用加权最小二乘法可以求得矩阵 $\boldsymbol{v}$ 的估计值为

$$\hat{\boldsymbol{v}}=(\boldsymbol{C}^{\mathrm{T}}\boldsymbol{\varPsi}^{-1}\boldsymbol{C})^{-1}\boldsymbol{C}^{\mathrm{T}}\boldsymbol{\varPsi}^{-1}\hat{\boldsymbol{d}}_1 \tag{8-15}$$

此时 $\boldsymbol{\varPsi}$ 为

$$\boldsymbol{\varPsi}=E\left(\boldsymbol{\varepsilon}\boldsymbol{\varepsilon}^{\mathrm{T}}\right)=\mathrm{diag}((2d_{11}\sigma_1)^2,(2d_{21}\sigma_2)^2\cdots(2d_{N1}\sigma_N)^2) \tag{8-16}$$

在实际计算过程中，由于 d_{i1} 值是未知的，用 r_{i1} 代替。因此，估计到的距离为

$$\hat{\boldsymbol{d}}_1=[\hat{d}_{11}^2,\hat{d}_{21}^2,\cdots,\hat{d}_{i1}^2]^{\mathrm{T}}=(\boldsymbol{C}\hat{\boldsymbol{v}})^{1/2} \tag{8-17}$$

8.1.4　基于双标签节点的矿井目标定位

矿井运动目标可根据其外形分成两类[6]：一类是与巷道平行的长条状对象，如矿车、采煤机，此处称为第一类矿井运动目标；另一类是与巷道垂直的长条状对象，如人员、猴车，此处称为第二类矿井运动目标。这些装备和人员完全可以安装两个甚至多个定位标签，利用多个标签之间的空间约束提高定位精度。这些标签还可以自组成网，借用体域网的最新成果规划标签之间的数据路由和共享策略。此处采用双标签的方法进行矿井运动目标定位。

先研究第一类矿井运动目标。以矿车为例，在矿车的车头和车尾各安装一个定位标签 U_1 和 U_2（见图 8-13），它们之间的距离是已知的，用 L 表示。由于矿车是刚性物体，因此只要定位出任何一个标签，即可知道矿车在巷道中的位置。每个标签都能同时与两个安装于巷道顶板中线的信标节点 B_1 和 B_2 通信，U_1 和 U_2 到直线 B_1B_2 的垂足分别为 P_1 和 P_2，$|U_1P_1|=|U_2P_2|=H$ 为标签到顶板中心的高度，为已知条件。由于目标在巷道中宽度维上的意义不大，因此可以建模为一维定位，这里不妨以直线 U_1U_2 为横轴，令 U_1 的横坐标为 x，则 U_2 的横坐标为 $x+L$；纵轴为与巷道纵向中分平面向上的方向。只要求解出 x 在满足一定优化条件下的 x_{opt} 值，就实现了矿车的定位。

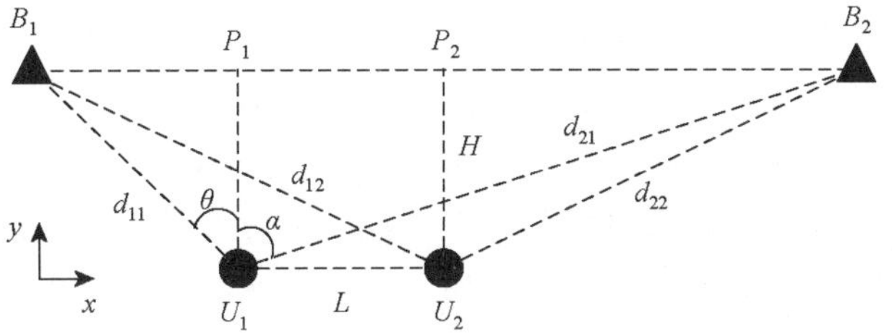

图 8-13　第一类矿井运动目标双标签定位

信标节点的坐标(x_B,H)和(x_B+L_B,H)、信标之间的距离$|B_1B_2|=L_B$是已知的。设U_1和U_2的坐标分别为$(x,0)$和$(x+L,0)$。显然，$x_B \leqslant x \leqslant x_B+L_B$。设$B_1$与标签$U_1$和$U_2$的距离分别为$d_{11}$和$d_{12}$，$B_2$与标签$U_1$和$U_2$的距离分别为$d_{21}$和$d_{22}$，$\angle B_1U_1P_1=\theta$，$\angle P_1U_1B_2=\alpha$。

构造优化函数$f(x)$：

$$f(x)=\sum_{i=1}^{2}\sum_{j=1}^{2}\left(\left(x_{U_i}-x_{B_j}\right)^2+\left(y_{U_i}-y_{B_j}\right)^2-d_{ij}^2\right)^2 \tag{8-18}$$

式（8-18）右边平方的目的是保证每一项都为正，以免求和的时候正负抵消。其中，(x_{U_i},y_{U_i})为标签U_i $(i=1,2)$的坐标，且$x_{U_1}=x, x_{U_2}=x_{U_1}+L, y_{U_1}=y_{U_2}=0$；$(x_{B_j},y_{B_j})$为信标节点$B_j$ $(j=1,2)$的坐标，且$x_{B_1}=x_B, x_{B_2}=x_{B_1}+L_B, y_{B_1}=y_{B_2}=H$。这些量中，$(x_{U_i},y_{U_i})$是已知条件，$d_{ij}$可通过式（3-4）得到，因此式（8-18）中只有$(x_{U_i},y_{U_i})$中的$x$是未知量。

将U_1、U_2、B_1、B_2和d_{ij}代入式（8-18），得

$$\begin{aligned} f(x)=&((x-x_B)^2+H^2-d_{11}^2)^2+((x-x_B-L_B)^2+H^2-d_{21}^2)^2 \\ &+((x+L-x_B)^2+H^2-d_{12}^2)^2+((x+L-x_B-L_B)^2+H^2-d_{22}^2)^2 \end{aligned} \tag{8-19}$$

如果定位结果是无偏估计，则$|U_iB_j|=d_{ij}$，从而使得$f(x)=0$；如果是有偏估计，应取能够使得$f(x)$最小的x，即矿车位置x_{opt}可以通过求解使得$f(x)$最小的x值获得：

$$x_{\text{opt}}=\min f(x) \tag{8-20}$$

可以通过将$f(x)$对x求一阶导数$f'(x)$，并令$f'(x)=0$求解式（8-20）的最小值，不过非常烦琐。这里提出一种简便的迭代式求解方法。迭代法需要一个迭代初值x_0，这可以通过常见的单标签矿井目标定位方法获得。由于$\sin\theta=(x-x_B)/d_{11}$，$\cos\theta=H/d_{11}$，$\sin\alpha=(x_B+L_B-x)/d_{21}$，$\cos\alpha=H/d_{21}$，因此有

$$\begin{aligned} \cos(\angle B_1U_1B_2)&=\cos(\theta+\alpha)=\cos\theta\cos\alpha-\sin\theta\sin\alpha \\ &=(H/d_{11})(H/d_{21})-((x-x_B)/d_{11})((x_B+L_B-x)/d_{21}) \\ &=(x^2-(2x_B+L_B)x+L_Bx_B+x_B^2+H^2)/(d_{11}d_{21}) \end{aligned}$$

针对$\Delta B_1U_1B_2$，根据余弦定理，有

$$\begin{aligned} L_B^2&=d_{11}^2+d_{21}^2-2d_{11}d_{21}\cos(\theta+\alpha) \\ &=d_{11}^2+d_{21}^2-2(x^2-(2x_B+L_B)x+L_Bx_B+x_B^2+H^2) \end{aligned} \tag{8-21}$$

利用一元二次方程求根公式解方程（8-21），并令其为迭代初值x_0，得

$$x_0=\frac{-b\pm\sqrt{b^2-4ac}}{2a}=\frac{1}{2}\cdot\left(2x_B+L_B\pm\sqrt{2d_{11}^2+2d_{21}^2-4H^2-L_B^2}\right) \tag{8-22}$$

其中，$a=1$；$b=-(2x_B+L_B)$；$c=L_Bx_B+x_B^2+H^2+\frac{1}{2}L_B^2-\frac{1}{2}d_{11}^2-\frac{1}{2}d_{21}^2$。根据$x_B \leqslant x \leqslant x_B+L_B$，可以消除一个解，得到唯一的迭代初值。

随后，以x_0为起始点，令$x_{i+1}=x_i\pm\Delta x$ $(i=0,1,2,\cdots,N)$，代入式（8-19）求得第i+1次迭代的$f(x)$值$f_{i+1}(x_i)$。其中，N为预设的最大迭代次数，Δx为迭代步长，若Δx前取正号，则向B_2的方向迭代（右向迭代），反之则向B_1的方向迭代（左向迭代）。

迭代起始的时候，$x_{\text{opt}}=x_0$。在迭代过程中，若$f_{i+1}(x_i)<f_i(x_i)$，则令$x_{\text{opt}}=x_{i+1}$，否则保持不变。为了加快迭代速度，这里采用双向迭代，即令$x_{i+1}^r=x_i^r+\Delta x$，$x_{i+1}^l=x_i^l-\Delta x$分别进行右向迭代和左向迭代。

迭代遇到下列条件结束：①迭代次数超过阈值N，整个迭代过程终止；②若$x_{i+1}^r \geqslant x_B+L_B$但

$x_{i+1}^{l} > x_B$，则右向迭代结束，只进行左向迭代；若 $x_{i+1}^{l} \leqslant x_B$ 但 $x_{i+1}^{r} < x_B + L_B$，则左向迭代结束，只进行右向迭代；③$x_{i+1}^{r} \geqslant x_B + L_B$ 且 $x_{i+1}^{l} \leqslant x_B$，整个迭代过程终止；④当 $f(x) \leqslant f_{\text{th}}$ 时，整个迭代过程终止，其中 f_{th} 是给定的迭代误差阈值。

考虑到迭代初值虽然不是目标的精确位置，但是应该位于精确位置附近，因此可用非线性迭代步长的方法，即越靠近 x_0，Δx 越小。非线性迭代可以在保证定位精度的同时加快迭代速度。

现在探讨第二类矿井运动目标，见图 8-14。以人员为例，分别在人员头灯、腰部电池中各安装一个定位标签 U_1 和 U_2，信标部署方法、标签和信标间距离 d_{ij} 表示方法与第一类矿井运动目标类似。在矿井定位系统中，矿工的身高差别可以忽略，因此 $|U_1U_2|$ 可看成常量。假定 $|U_1U_2| = L$，U_1 到 B_1B_2 的垂足 P 的距离 $|U_1P| = H$，$|B_1B_2| = L_B$。因此，可以采用与式（8-20）相同的优化函数和式（8-22）相同的迭代初值进行迭代求解 x_{opt}。

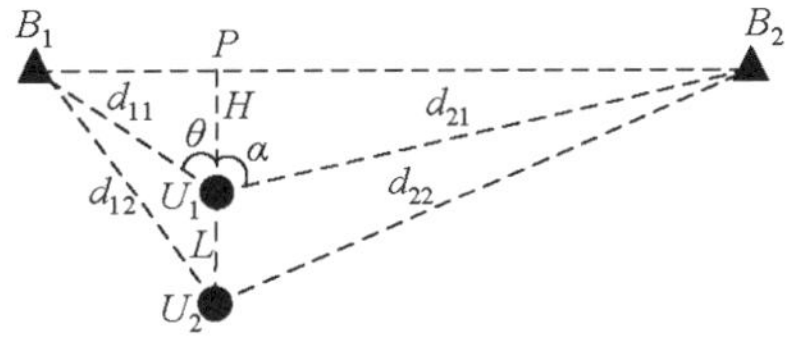

图 8-14　第二类矿井运动目标双标签定位

8.2　水下场景的无线定位

近年来，随着各沿海国家对领海主权的日益重视和海洋资源争夺的日益白热化[7]，“海洋强国”已成为国家发展重要内容[8]，水下导航定位已成为海洋战略谋划、决策和实施的前提。由于海水的吸收作用，无线电信号入水性差，本书所讲解的卫星定位导航、基于 Wi-Fi、UWB 等无线电信号的定位技术无法直接为水下用户提供服务，需要另辟蹊径研究针对性定位导航方法。

8.2.1　水下定位导航的主流方法

水下定位的主要技术有惯性导航系统（inertial navigation system，INS）、航位推算导航技术、水声定位导航技术以及背景场匹配辅助导航技术等，见表 8-1[9]。此外，还包含压力计、电罗经等辅助设备。考虑到时间频率，还应包含晶振、芯片原子钟等设施。

表 8-1　不同水下定位导航技术优缺点

技术	主要设备	优点	缺点
惯性导航	惯性敏感器，包括陀螺仪、加速度计、平台等	（1）提供精确的速度、位置、姿态等信息； （2）不向外部辐射能量，不依赖外部信息； （3）不受地点、气候等外界条件限制	（1）需高精度初对准； （2）误差随时间积累； （3）需不定期外部高精度校正； （4）不定期上浮，隐蔽性减弱
航位推算导航	包括电罗经、多普勒计程仪等	（1）提供连续的导航定位信息； （2）能给出未来某时刻的航位估计	（1）受测量误差及水流等影响； （2）误差随时间积累； （3）需要外部高精度标定； （4）向外发射信号，隐蔽性较差
水声定位导航	包括换能器、水听器、海底声学应答器基阵等	（1）除提供精确的位置信息外，还能进行时间传递； （2）信号衰减较小，定位精度高	（1）需要建设声呐阵列，并定期维护，建设费用高昂； （2）覆盖范围有限； （3）距离、隐蔽性方面受到限制
背景场匹配辅助导航	包括物理场实时测量仪、测深仪、INS、背景场数据库和导航计算设备等	（1）能够有效补偿 INS 累积误差； （2）匹配时不向外发射信息，隐蔽性高（地形匹配除外）	（1）背景场建设工作量大； （2）仅在可匹配区能进行匹配； （3）定位精度受多种因素影响； （4）地形匹配需要探测仪发射声波信号，隐蔽性变差

不同的导航定位测量信息由不同的导航装备提供。惯性导航信息由惯性导航系统提供；航行速度信息由多普勒计程仪提供；航向信息由航向传感器（如罗经）提供；水声测距信息由水声定位导航系统提供；物理场中的重力信息由实时重力测量仪提供，磁力信息由磁力仪器设备提供；深度信息由压力（水深）传感器提供。此外，水下用户终端应能够自主维持时间信息。

另外，卫星导航、低频/甚低频无线电技术等虽然无法直接为水下用户服务，但可为惯性导航进行累积误差标定，也能为水声导航、物理场匹配辅助导航提供导航位置支持。极端条件下，天文导航也可作为保底手段。

这些技术构成了用于水下定位导航的多源技术体系，它应以惯性导航技术、原子钟技术为核心，以航位推算导航技术、水声定位导航技术、水深测量技术和物理背景场匹配辅助导航技术为补充，辅以卫星导航、（甚）低频无线电、天文导航等技术进行标定支撑，见图 8-15。

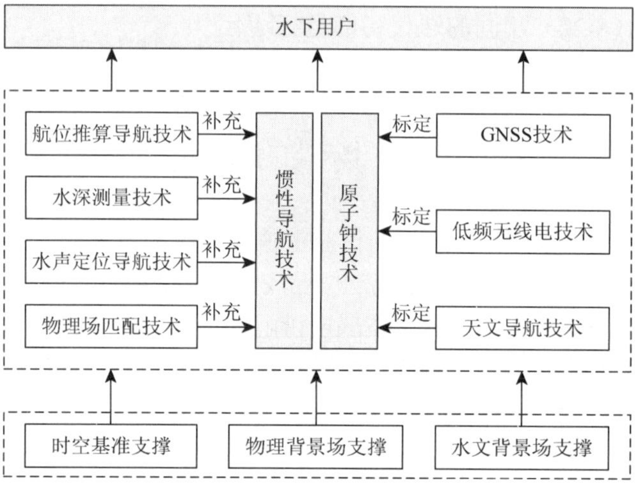

图 8-15　基于多源技术融合的水下定位导航

惯性导航主要是通过测量载体在三个轴向的加速度信息，结合陀螺仪测得的角速度信息，经过积分计算得到载体的位置、速度和方向。它是一种自主式的导航方法，不依赖于外部信号或信息。现在一般采用捷联惯性导航（strapdown INS，SINS），其加速度计和陀螺仪直接安装在载体上，8.2.2 节会专门讨论。而航位推算是通过测量物体在一段时间内的位移和方向变化，结合速度信息，推算出物体的位置和方向。它通常需要借助外部传感器（如北斗、雷达等）来获取位移和方向信息。

注意惯性导航与常见的惯性测量单元（IMU）的区别。IMU 是一种测量物体三轴姿态角（或角速率）以及加速度的装置。它包含三个单轴的加速度计和三个单轴的陀螺仪，用于检测物体在载体坐标系统独立三轴的加速度信号和载体相对于导航坐标系的角速度信号。这些信号被用来解算出物体的姿态，进而进行导航。因此，IMU 是惯性导航系统的一部分。

对于水声定位导航技术，其信息源基础设施为信标服务网，包括海面浮标网、水中信标网、海底信标网等，建设在特定海域。这些信标节点的位置是已知的，且通常配置水声换能器、原子钟、压力计、声速仪等设备。由于海面浮标网随海流运动，其位置只能依靠卫星导航、无线电导航、天文导航等技术手段获得；水中信标网在水体中也是运动的，其实时位置目前只能依靠水声测量技术提供；海底信标网固联在海底，其位置不动，可事先精确标定。

高精度标定信标服务网各点的位置是建设水声定位网的一项重要工作，8.2.3 节将介绍基于水声传感网的定位方法。

物理场匹配定位导航技术需要事先构建定位区域的物理场数据库，其工作量巨大、技术复杂，常采用空、天、地、海一体化测量技术融合生成，并且事先注入终端。物理场匹配基准网的分辨率、精度与可适配性直接决定了匹配定位导航的精度。

水深（压力）测量技术可提供深度信息，它能作为水下定位导航的辅助。水深（压力）仪测得的深度是相对于当地平均海平面的水深，要想得到统一于国家法定基准下的大地高，需要构建平均海面高数据库，其分辨率和精度决定了水深（压力）测量精度。

因此，为满足潜器、水下无人平台等国防安全需求，以及水下工程建设、资源勘探、水下考古等民用需求，水下导航定位体系的信息源基础设施应主要由海面浮标网 + 水中潜标网 + 海底信标网 + 地基无线电 + 物理场匹配图 + 平均海面高数据库组成，如图 8-16 所示。

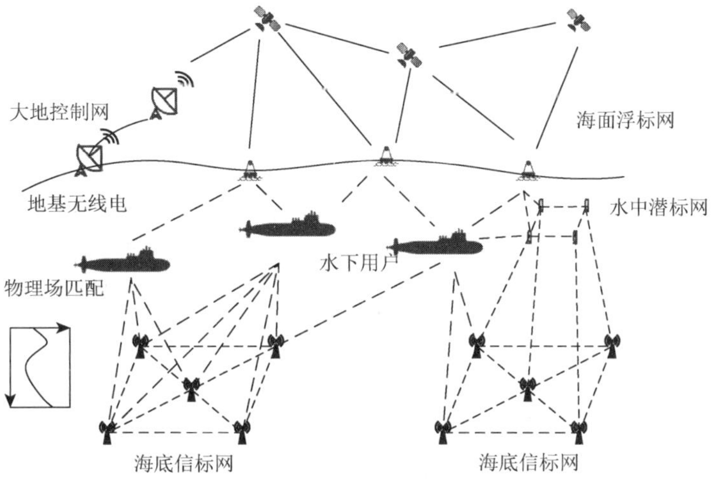

图 8-16　水下定位导航的基础设施

8.2.2　基于捷联惯性导航的水下定位导航

目前，水下导航定位严重依赖惯性导航技术，因此本节单独讲解 INS 定位方法，这里采用捷联惯性导航，即 SINS。需要注意的是，惯性导航技术的机理决定了其误差会迅速累积，因此仅采用惯性导航技术的水下航行器不得不定期上浮或靠近水面，利用卫星定位等外部定位技术对其位置进行标定。因此，惯性导航技术通常与其他手段结合使用，这里讲述与多普勒测速仪（Doppler velocity log，DVL）、声学定位技术和地球物理场的融合技术[8]。

1. SINS 与 DVL 融合定位

DVL 是利用声波的多普勒效应测量载体速度的导航仪器，自主式水下航行器（autonomous underwater vehicle，AUV）是一种常见的载体。根据载体与水底相对距离，DVL 有底跟踪和水跟踪两种模式。当 AUV 与水底相对距离在量程内，声波能传到水底时，可采用底跟踪模式输出对底速度；如果 AUV 与水底相对距离超出量程，则采用水跟踪模式。依据发射波束的数量，可将 DVL 分为单波束、双波束和四波束，如图 8-17 所示。

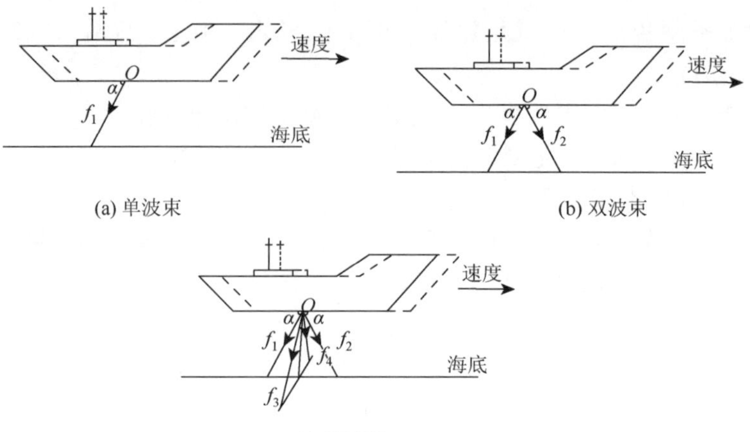

(a) 单波束　(b) 双波束　(c) 四波束

图 8-17　DVL 的三种常见波束

单波束 DVL 安装在 AUV 底部，向水底发射一条波束。由于 AUV 与水底存在相对运动，将引起发射和接收时刻的声波频率变化，据此即可测量 AUV 在单一方向上的速度。双波束 DVL 沿船首和船尾各发射一条波束，可有效抑制 AUV 在垂直方向的运动对测速的影响。四波束 DVL 分别沿船首、船尾、船左侧和船右侧各发射一条波束，消除垂直运动和摇摆运动对测速的干扰，提高测速精度和灵敏度。

惯性导航可以为 AUV 提供实时姿态、速度和位置等导航信息，但是仅靠自身难以消除累积误差。为此，可利用 DVL 提供准确的速度信息，通过卡尔曼滤波实现对 AUV 导航误差的抑制。SINS 与 DVL 的组合方式有松组合和紧组合两种，见图 8-18。

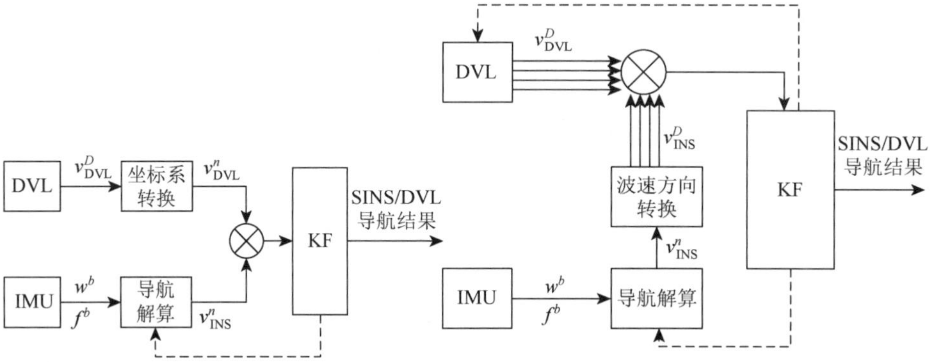

(a) 松组合　(b) 紧组合

图 8-18　SINS 与 DVL 的组合模式

松组合将 DVL 量测出的速度信息与 SINS 输出的速度信息组合，模型简单，但至少需要 3 个方向的波束信息。紧组合将 DVL 输出的 4 个原始波束信息与 SINS 估计出的 4 个波束进行滤波，定位精度高，且接收波束的数量不再必须为 4 个，但计算量要高于松组合。

在下列场景中，DVL 数据存在失效状态，会影响导航精度，需要进行故障检测：①航行器与海底的距离超过了 DVL 的量程；②海底存在淤泥，DVL 发出的声波不能被反射回来；③声波传播过程中遇到海洋生物，DVL 发出的声波无法到达海底；④AUV 进行大角度机动，DVL 在大横滚和大俯仰的情况下可能接收不到回波。

2. SINS 与声学定位融合

声波相较于电磁波在水中衰减速度慢且传播距离远，所以声学信号成为水下定位导航的主流方式，通常称为声呐。其基本原理是在海底固定一个或者多个位置已知的应答器，从声波信号中获得 AUV 与应答器之间距离和方位角信息，利用相对几何关系确定 AUV 绝对位置。根据接收声学基阵的长度，水声定位系统可分为长基线（LBL）、短基线（SBL）和超短基线（USBL），其示意图见图 8-19。

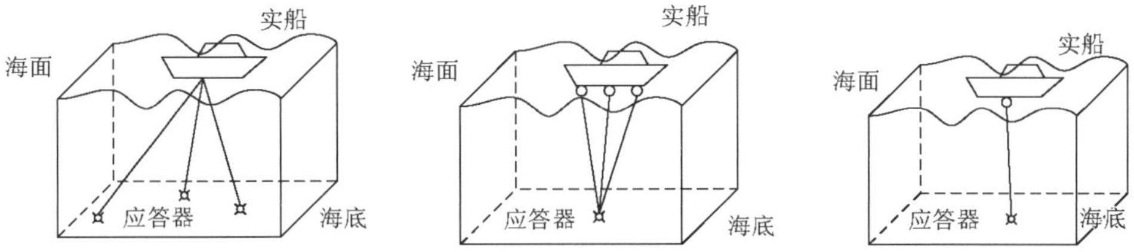

(a) 长基线　(b) 短基线　(c) 超短基线

图 8-19　水声定位的三种基线方式

长基线由一个安装在 AUV（图 8-19 中的船舶，也可以是潜行在水中的潜艇）底部的声学换能器和一个固定在海底的声学基阵构成，其中声学基阵由多个应答器组成。通过记录水声传播时间，可计算出应答器与载体之间的距离信息。只要有 3 个或 3 个以上的应答器，借助球面交汇原理即可确定 AUV 位置。长基线的基线长达百米以上，定位精度最高，通常约为 1m，如果应答器的位置标校得准确，定位精度可达到 0.01m，适用于大区域内的作业。但是，长基线需要对多个应答器进行布放、校准、回收等复杂操作，作业成本高，且在深海环境下水声信息更新率低。

短基线由安装在 AUV 不同位置的多个声学基元和一个固定在海底的应答器构成，定位精度取决于基元间距，间距越大，定位精度越高，其定位精度介于长基线和超短基线之间。短基线定位系统组成简单，基元布放方便，但定位范围相对较小。

超短基线由一个安装在 AUV 底部的集成声学基阵和一个固定在海底的应答器构成，其中声学基阵由多个对称的水听器组成。超短基线的基线长度一般小于 1m，凭借体积小、携带方便和安装灵活等优势而被广泛应用，其定位精度较低，作用范围也比较有限。

三种基线的原理与优劣情况见表 8-2。

表 8-2　长基线、短基线和超短基线对比

名称	基线长度/m	原理	优点	缺点
长基线	100～6000	在海底布设至少三个声学基元，通过测量目标与各基元的距离，采用球面交汇的方法对目标进行定位	定位精度高，系统可靠性好	系统构成复杂，基线阵列庞大、成本昂贵，且布放、校准、维护、回收过程复杂
短基线	20～50	定位原理与 LBL 系统相同，区别仅在于 SBL 系统的基元是布设在船底或船舷上	方便得到多个不同的斜距观测值，可以通过母船的移动极大地提高系统的作用范围	目标位置的解算会受到船体姿态的影响，还需辅以外部传感器获取船体的实时位置、姿态和航向信息
超短基线	<1	所有的收发器基元集成在一个收发器中，基于目标到每个基元的相位差进行目标位置解算	安装使用方便，成本低，对载体的体积尺寸要求不高	定位精度受外部姿态校准精度影响较大

鉴于超短基线的便携性，这里给出 SINS 与超短基线的融合方式。根据匹配组合机理和信息类型的不同，将 SINS 与 USBL 的组合分为松组合和紧组合两种，见图 8-20。松组合采用位置匹配的方式，即 SINS 给出经度、纬度和高度后，将其与 USBL 解算出的位置信息的差值（相对几何关系）作为位置观测量。紧组合以 USBL 直接输出的相对观测信息（时延、方位角等）进行匹配组合，由于受标定误差、姿态误差、应答器位置误差和 USBL 系统量测误差等影响，松组合的定位精度比紧组合低一些。

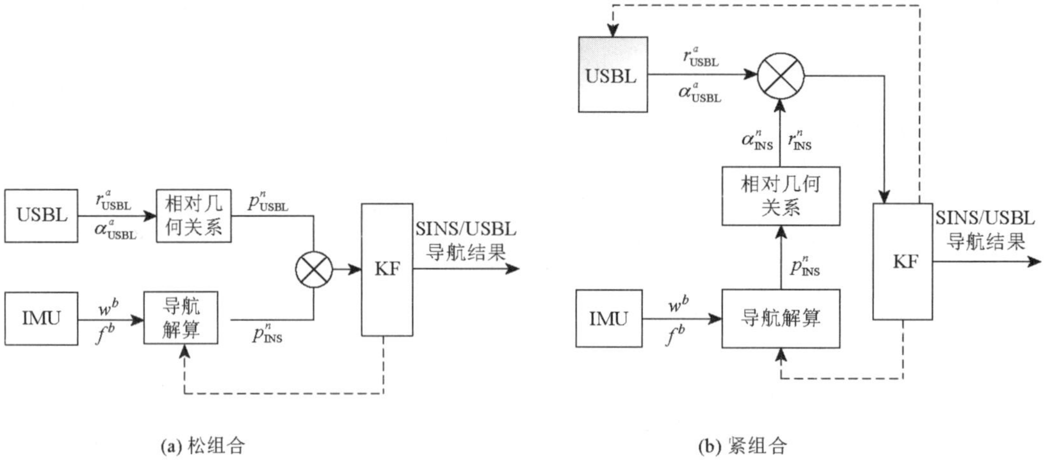

图 8-20　SINS 与 USBL 的组合方式

3. SINS 与地球物理场融合的定位

地球物理场定位导航的原理如图 8-21 所示，它利用目标所在区域的磁场、重力场、海底地形等特征的时空分布，与先验基准图进行特征匹配，实现 AUV 的自主定位导航。为此，需先对预计航行海域进行物理测绘，将采集到的特征保存下来，绘制成基准图。在对 AUV 进行导航时，利用 AUV 携带的传感器采集周围的物理参数，并将其与基准图进行特征匹配，从而获取确切的位置信息。根据所采用的物理参数的不同，可分为地磁匹配导航、重力场匹配导航、地形匹配导航等方法。

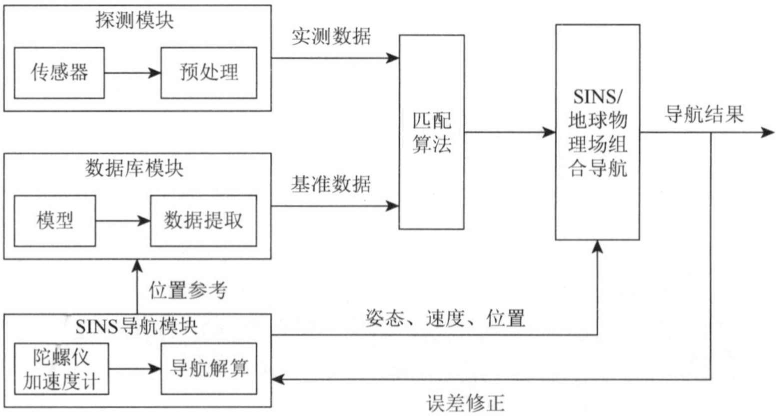

图 8-21　SINS 与地球物理场融合的定位

重力场匹配导航根据地球重力场的变化进行定位，不需要收发外界信号，具有隐蔽性、实时性和高精度等优点。重力辅助惯性导航系统由 INS、重力基准图、重力测量传感器和匹配算法组成，重力测量传感器测量当前位置的重力特征信息，将重力信息与预先存储的重力数据库进行比较，通过匹配算法估计真实位置。

地磁匹配导航将载体测量到的地磁信息与预先存储的地磁基准图进行匹配，确定载体当前位置。与重力匹配相似，地磁检测过程中也无须向外部发射能量，具有高度隐蔽性和无源性。此外，地磁为地球固有矢量场，地磁误差稳定，不随时间积累。最后，地磁信息丰富，如地磁场总强度、三轴地磁场强度、磁偏角、磁倾角和磁场梯度，为适配区选择和匹配算法提供了多种独特特征。

水下地形匹配利用地形特征限制航位推算误差。水下地形探测设备有激光探测、多波束探测、侧扫声呐和合成孔径声呐等，激光探测向海面发射激光脉冲，通过测量往返传播时间，计算出海底深度，具有机动性强、效率高和抗干扰性强等优点，但是测距深度浅，只适用于浅海区域，并且相对其他探测技术精度较差。多波束探测利用广角度定向发射和多通道接收，收集条辐式水下地形特征，测量精度高，适用于中浅层水域。侧扫声呐利用声波散射原理，直接以图像的形式反映地形，此方法存在探测盲区问题。合成孔径声呐通过载体的运动将小孔径虚拟为大孔径，生成高分辨率的水下地形图，但易受水下能见度的影响。

8.2.3　基于水声传感器网络的目标定位

水下也可部署无线传感器网络，但是传输的信号类型为超声，从而构成用于定位的水声传感器网络（underwater wireless sensor network，UWSN）。海水中的声速受温度、盐度、压力等因素的影响，呈现出时变空变的特点，使得精确测量距离难度变大。此外，声音在海水的传播速度约为 1500m/s，远低于无线电波在空气中的传播速度，且水声传感器网络中的节点间通信距离远，因此节点之间的通信延迟大。

图 8-22 给出了一个典型的 UWSN 定位场景[10]，其中信标节点可以分成 5 种类型：①水面浮标，悬浮在水面的节点，可以直接从卫星定位系统获得位置信息；②固定悬浮节点，悬浮在静止的水中，其坐标位置已知；③周期上浮节点，周期性上浮到水面更新位置信息；④海底节点，固定在海底，其坐标位置已知；⑤锚固节点，锚固在海床上，可随洋流发生受限漂移。

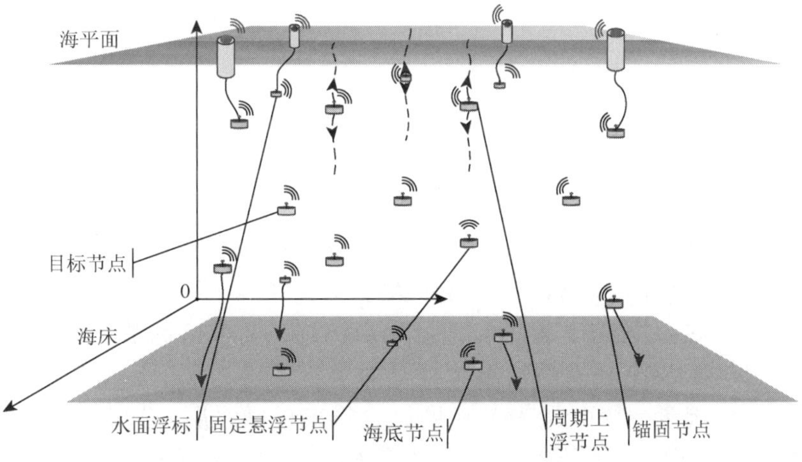

图 8-22　典型的 UWSN 定位场景

在这种 UWSN 定位场景中，各种信标节点都有可能随着洋流等因素而偏离原来位置，称为信标漂移。如果还是使用漂移前的位置进行定位，势必带来很大的定位误差。这里介绍一种水下评估定位策略（underwater judging localization scheme，ULES），用以提高漂移场景下的目标定位精度。由于信标在定位中的作用相同，因此后面内容不再区分是哪种类型的信标。

ULES 包括 3 个步骤（见图 8-23）：①评估信标的可靠性；②水下目标定位；③迭代。其中，步骤①是整个算法的关键，用以选择出漂移场景中用于定位的信标节点。选择出信标节点后，可以采用任何已有定位算法进行定位，如最小二乘法。步骤③的目的是解决信标节点数量不足的难题，即在完成一轮定位后，将定位出的未知节点转化为临时信标节点，从而帮助 ULES 对其他未知节点进行定位。下面主要介绍步骤①。

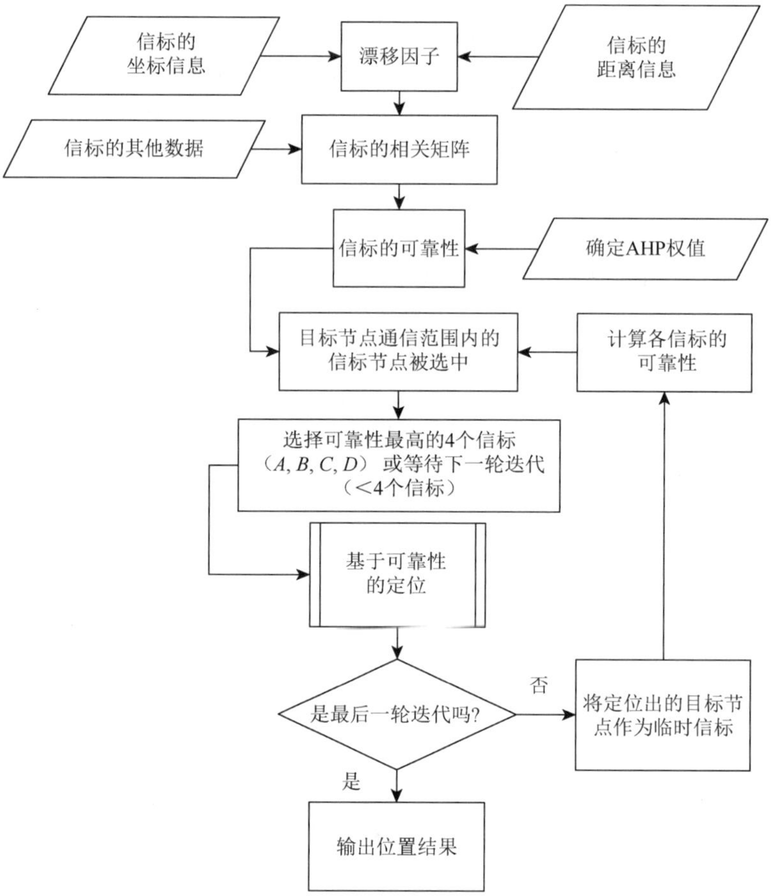

图 8-23　ULES 的定位流程

为解决信标漂移带来的定位误差，ULES 引入水下漂移因子，根据节点间的位置变化评估信标发生漂移的可能性。将各种漂移因子构建成如图 8-24 所示的层次结构分析（analytic hierarchy proces，AHP）模型。顶层为目标层，其中信标节点根据可靠性排队。第三层为网络层，它包括 3 个独立的网络特征，即水下漂移、水下环境和水下声音信道，其中水下漂移是决定性因素。第二层为节点层，它将来自网络层的指标按照微观的角度进行解译。在最底层中，利用上述因子对各个候选信标进行评估。影响因子的选择有两个原则：一是尽量综合选择；二是影响因子对应的数值可以测得或计算得到。

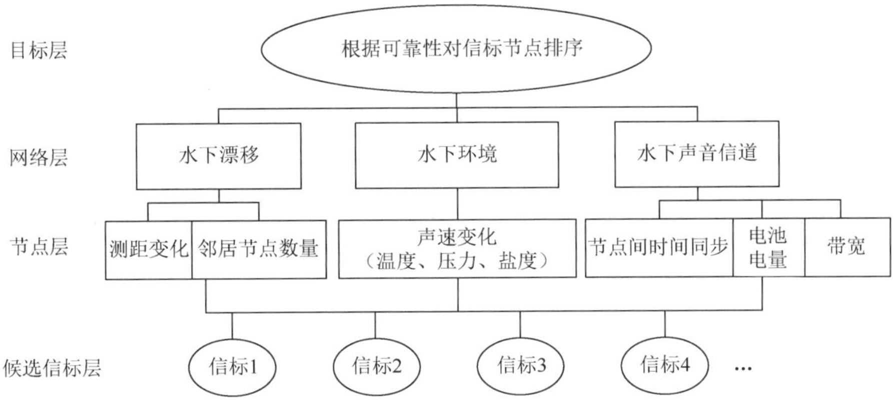

图 8-24　信标漂移影响因子 AHP 层次模型

先考虑网络层的水下漂移因子。信标节点自身无法判断其通信范围内的其他信标节点是否发生漂移，这里通过判断节点之间的距离来判断是否漂移。

如图 8-25 所示，假定有 A、B、C、D 四个信标节点，实线是漂移后的当前位置，虚线是漂移前位置。那么信标 M 与 A、B、C、D 四个信标节点间的距离变化可以表示为

$$\begin{aligned}\Delta D_1 &= \left|D_{MA} - D_{ma}\right| \\ \Delta D_2 &= \left|D_{MB} - D_{mb}\right| \\ \Delta D_3 &= \left|D_{MC} - D_{mc}\right| \\ \Delta D_4 &= \left|D_{MD} - D_{md}\right|\end{aligned} \tag{8-23}$$

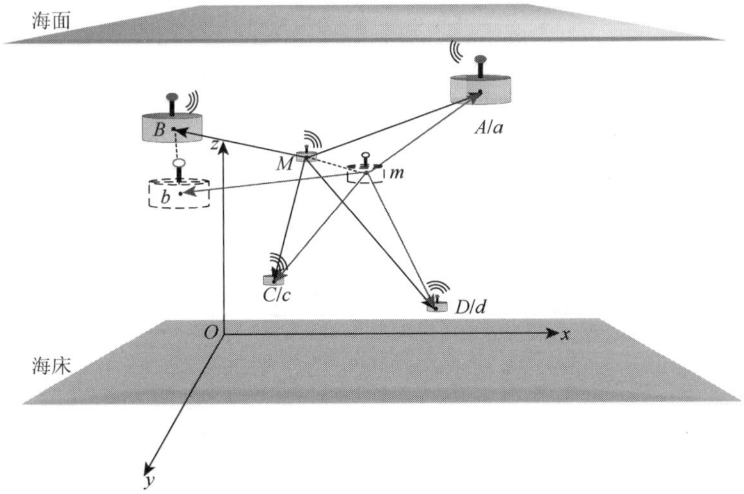

图 8-25　信标漂移示意图

在节点间距离变化的基础上可以定义节点 M 的漂移因子，它是节点 M 与邻居信标的 ΔD_i 的平均值：

$$I_{\text{drift}} = \frac{\sum_{i=1}^{n} \Delta D_i}{n} \tag{8-24}$$

显然，I_{drift}越大，则节点位置变化越大，因此节点M发生漂移的可能性越大。

网络层的水下环境因素，主要考虑温度、压力和盐度。温度会影响声音传播速度，当温度到达合适值的时候，速度达到最大值，实际中可设定为1500m/s。水下压力越大，声速越快；盐度越高，声速也越快。

网络层的水下声音信道，主要考虑节点间时间同步、电池能量和带宽。

为了对节点按照可靠性进行排序，首先根据 AHP 计算各个因子的权值，然后利用灰度相关分析法对各因子进行归一化处理。

1. 利用 AHP 计算因子权值

先介绍如何计算因子的权值，步骤如下所述。

1）构建判断矩阵

在网络层和节点层中，因子值来自判断矩阵$\boldsymbol{A}$，其元素a_{ij}的值根据表 8-3 得出。假定共有n个因子，那么$\boldsymbol{A}$可以表达为

$$\boldsymbol{A}=(a_{ij})_{n\times n}=\begin{bmatrix} a_{11} & a_{12} & \cdots & a_{1n} \\ a_{21} & a_{22} & \cdots & a_{2n} \\ \vdots & \vdots & & \vdots \\ a_{n1} & a_{n2} & \cdots & a_{nn} \end{bmatrix} \tag{8-25}$$

表 8-3　判断矩阵的标度

标度	含义
1	两个因子相比，具有相同重要性
3	两个因子相比，前者比后者稍重要
5	两个因子相比，前者比后者明显重要
7	两个因子相比，前者比后者强烈重要
9	两个因子相比，前者比后者重要得多
2, 4, 6, 8	上述相邻判断的中间值
倒数	若因子i与因子j的重要性之比为a_{ij}，那么因子j与因子i重要性之比为$a_{ji}=1/a_{ij}$

2）计算权值向量

利用矩阵$\boldsymbol{A}$的最大的若干特征值$\lambda_{\max}$构建特征向量$\boldsymbol{W}=\{w_1,w_2,\cdots,w_n\}$，且$\sum_{i=1}^{n}w_i=1$。除了特征值外，也可用集合平均法、算术平均法计算权值。

3）一致性测试

由判断矩阵计算被比较元素对于该准则的相对权值，并进行一致性检验，检验通过才能计算权值。由于$\lambda_{\max}$对a_{ij}具有连续依赖，因此$\lambda_{\max}-n$越大，矩阵的不一致性越强，而不一致度与判断误差成正比。因此，可用$\lambda_{\max}-n$表示矩阵$\boldsymbol{A}$的不一致度。进一步定义一致性因子$\mathrm{CI}=(\lambda_{\max}-n)/(n-1)$，查找对应的平均随机一致性指标RI，计算一致性比例$\mathrm{CR}=\mathrm{CI/RI}$。如果$\mathrm{CR}<0.1$，则可认为判断矩阵的一致性可以接受，否则需要对判断矩阵进行修正。

2. 利用灰度相关分析法进行处理

1）灰度相关生成

在灰度相关分析法中，得分将被归一化，称为灰度相关生成。在上述因子中，漂移因子、节点间时间同步越小越好，而其他因子越大越好。对于越小越好的因子，采用如下方法进行归一化：

$$x_k(i)=\frac{\max y_k(i)-y_k(i)}{\max y_k(i)-\min y_k(i)} \tag{8-26}$$

其中，$x_k(i)$ 是灰度相关生成的输出；$y_k(i)$ 是信标节点 k 的第 i 个因子；$\min(\cdot)$ 和 $\max(\cdot)$ 分别是最小值和最大值。

对于越大越好的因子，采用如下方法进行归一化：

$$x_k(i)=\frac{y_k(i)-\min y_k(i)}{\max y_k(i)-\min y_k(i)} \tag{8-27}$$

2）灰度相关系数

灰度相关系数表示期望数据与实际数据之间的相关性。灰度相关系数 $\xi_k(i)$ 可以计算如下：

$$\begin{gathered}\xi_k(i)=\frac{\Delta_{\min}+\lambda\Delta_{\max}}{\Delta_{ok}(i)+\lambda\Delta_{\max}}\\ \Delta_{ok}(i)=\left|x_o(i)-x_k(i)\right|\end{gathered} \tag{8-28}$$

其中，λ 是一个 $0\leqslant\lambda\leqslant 1$ 的系数，通常设定为 0.5；$x_o(i)$ 是第 i 个因子的最优参考值；$\Delta_{\min}$ 和 $\Delta_{\max}$ 分别是 Δ_{ok} 的最小值和最大值。

3）灰度相关等级

对灰度相关系数利用判断矩阵中求得的权值进行加权平均，求出灰度相关等级：

$$\gamma_k=\sum_{i=1}^{n}\xi_k(i)\times w_i \tag{8-29}$$

得出的 γ_k 便可作为信标 k 的可靠度 R_k。这样可以根据可靠度对信标节点进行排序，进而选择出可靠度高的节点作为用于定位的信标节点。

8.3　救灾场景的无线定位

我国地域辽阔，地质条件复杂，地震、崩塌、滑坡和泥石流等自然灾害时有发生[11]。除此以外，工厂火灾、石化爆炸、矿井突水等与生产相关的灾害也较为常见。灾害发生后，通过定位技术及时准确地掌握幸存者位置，是加快应急响应速度、提高救援效率的重要保证。灾后应急救援情况下，对定位速度、无缝定位等方面有着更高的要求[12]，但是定位精度可适当放宽。遗憾的是，由于应急场景多样、救援环境复杂、灾害态势持续演变，并且往往伴随断电、通信中断等情况，应急定位十分困难。

8.3.1　灾后定位的主要技术手段

事故通常会造成部分人员因废墟掩埋、巷道堵塞或受伤严重等原因而无法主动撤离，不得不被动等待救援。为了保证救援人员安全、提高事故救援效率，在进行事故救援前必须进行灾区侦察，以便根据探测到的事故地点、波及范围、灾区人员分布、潜在危险因素制定救援方案和实施救援行动。

在灾区侦察和事故救援过程中，迫切需要：①建立救援人员和救援指挥中心的通信联系；②确定幸存者或事故位置；③帮助救援指挥人员掌握现场态势。尽管以蜂窝通信、物联网为代表的信息化基础设施在监测控制和预测预警中发挥了巨大作用，但是一旦发生事故，事故区域的部分通信节点和感知节点将会在事故中损毁，导致有线通信线路中断，无线节点难以组网，进而导致沟通联络没有保障，人员位置无从知晓，现场感知难以进行。

位置属性在事故救援中具有十分重要的用途[13]：①若感知对象是事故的演化态势，感知结果的位置信息可以用于推断潜在次生事故的发生地点；②若感知对象是幸存者或救援人员，感知节点的位置属性可用于确定人员位置；③若感知对象是环境参数，位置信息可以辅助确定救援策略和救援防护措施；④救灾人员和救灾机器人在救援过程中需要实时确定自身位置，用于实现救灾导航，并让指挥中心时刻掌握救灾一线情况。

不过，可用于灾后定位的技术和设施与普通场景很不一样。以卫星定位为例，其信号难以穿透建筑物，因此无法在建筑废墟、掩埋物下提供定位服务。惯性定位不依赖于外部环境，可以实现自主定位，但是没有外部校正手段的情况下存在累积误差，必须与其他手段融合使用。磁场定位利用地球磁场模型进行定位，但是磁场在应急情况下会受到较大干扰，仅靠磁场定位难以满足应急定位需求。

对于救灾机器人而言，它可携带丰富的感知传感器，用于实现对灾害场景的感知和感兴趣目标的定位。救灾情况下，机器人配置的传感器几乎都会出现不同程度的性能下降[14]。例如，激光雷达测距精度高，目标分辨力强，但受粉尘和水雾影响大；毫米波雷达受光照和粉尘等因素影响小，但是通道数有限，致使数据较为稀疏，不过新兴的 4D 毫米波雷达具有更高的通道数，而且弥补了传统毫米波雷达不能测高的缺陷；视觉传感器（可见光摄像机）可以充分利用受灾区域的视觉特征，给机器人的自主定位和导航带来了一定便利，但是视觉传感器受光照、烟雾、水汽等因素影响大，且存在遮挡问题，并在快速获取目标等方面存在较大挑战。表 8-4 总结了常用的救灾机器人感知器件作用及其优劣。

表 8-4　常用救灾机器人传感器及其优劣

传感器名称	作用	优点	缺点
激光雷达	生成实时点云地图，障碍物识别与测距	测距精度高，分辨率高	受粉尘影响大，价格高，体积大
毫米波雷达	障碍物测距	不受光照影响，受粉尘影响小，测距、测速精度高，体积小，成本低	分辨率低，检测距离短，难以区分物体形状
4D 毫米波雷达	障碍物识别与测距	不受光照影响，受粉尘影响小，测距、测速精度高，角分辨率高，可测高和成像，探测距离远，价格适中	点云稀疏
超声波雷达	测量载体与环境的距离，短距离防碰撞	近距离测量优势大，成本低	方向性差，回波信号弱，检测距离短
可见光摄像机	环境图像信息采集，障碍物识别与测距	分辨率高，有颜色信息，体积小，成本低	难以测距，受光照、粉尘影响大，可靠性低
红外摄像机	障碍物识别	受光照、粉尘影响小	分辨率低，探测距离近
深度相机	获取前方物体深度，障碍物识别与测距	有配套算法进行解析，使用方便	获取信息少，信息易偏移，受光照、粉尘影响大
双目视觉相机	获取边缘信息，进行场景重构、障碍物识别与测距	可测距，分辨率高，有颜色信息，体积小，成本低	受光照、粉尘影响大，可靠性低

Wi-Fi、WSN 等技术的普及给应急场景下的定位提供了新的手段。事故发生后，若能尽快利用灾后残存节点、备用节点重构事故区域物联网，将有望重新建立起事故现场与指挥中心的通信联系，在专业救援人员到达事故现场前或灾害区域暂时不适合救援人员进入的情况下，为初步了解现场态势提供“尽力而为”的感知和通信服务。在救援人员进行灾区探测和救援时，救援人员、救灾机器人、救灾设施都可携带临时节点，它们具有移动能力，可作为重构组网的移动节点。加入移动节点后，即使有少部分区域无法连通，也可利用移动节点的移动实现机会组网。

在救援过程中，救援指挥中心根据救援需要产生感知需求，由应急救援决策系统抽取出感知需求特征，见图 8-26。感知需求通过应急通信网络传输到救援网络网关，进而通过灾后重构网络将感知需求传输到事故区域，调度事故区域的残存节点实施协同感知。协同感知结果通过灾后重构网络、应急通信网络传输到救援指挥中心，供救援指挥人员进行救援决策。决策命令按照与感知需求相似的传输路径传输给救援人员、救灾机器人和幸存者。

为了确定幸存者和其他目标位置，可以利用任何现有定位算法进行位置解算，它们多采用基于距离测量的方式，要求具有位置已知的节点作为信标节点。然而，包括信标节点在内的残存节点通常会在事故中偏离原位置，称为节点漂移，以漂移前坐标为基准对当前目标进行定位无法给出正确结果，后面内容将学习信标节点漂移情况下的定位方法。

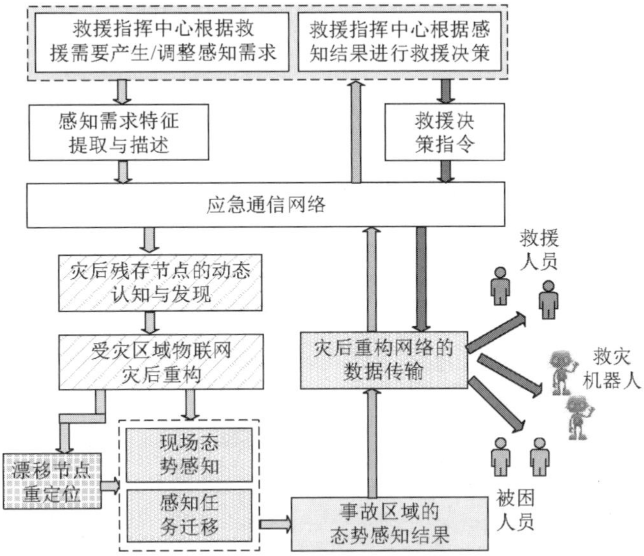

图 8-26　灾后救援网络重构与受困人员定位

不过，事故区域的节点位置虽然是未知量，但是利用被动定位技术可粗略确定它们之间的相对空间关系。另外，考虑到激光雷达的逐渐小型化和降价，可为部分救援人员或救灾机器人配备激光雷达，利用 RSSI 数据和 SLAM 技术绘制事故区域无线信号强度地图，进而确定节点的相对空间位置。由于临时节点、救援网络网关等节点是救援人员放置的，因此其放置位置（绝对坐标）是已知的，以它们的坐标为基准对相对定位结果实施坐标变换，可得到残存节点绝对坐标。

如果受灾区域的蜂窝通信网络在灾后可以继续使用，则可通过手机基站进行定位。在灾后复杂环境中，实现手机的高精度定位面临着以下几个难题[15]。

（1）废墟材质构成复杂，难以建立信道传播模型：废墟材质种类复杂，由木材、沙土、红砖、混凝土、钢材、家用电器等多种材质构成，且密度变化大，很难建立一个适用于无线电定位的电磁传播模型。

（2）通信资源匮乏，难以保障通信质量：废墟形成后，大量手机集中于小范围的废墟内，直放站、增补基站、微蜂窝等失效，海量手机终端向少量基站接入，造成上行信道阻塞，影响手机的定位精度及用户信息获取。

（3）多径干扰严重，难以精准识别通信上行信号的到达时间：手机信号在废墟环境传播中多径传播严重，定位装备的接收信号时延扩展较大，难以判断首达径的到达时间，从而影响定位精度。

（4）没有视距直达径，难以依靠单一测量值实现精准定位：在废墟环境中，被测手机与基站之间的直视路径很可能被障碍物完全遮挡，将给定位带来极大的误差。

8.3.2　灾后信标节点漂移下的目标定位

与水下场景类似，灾害场景下的部分信标节点可能受到外部因素影响而偏离原来位置，称为信标漂移，见图 8-27。如果再利用发生漂移的信标节点进行定位，必然会出现较大的误差，甚至完全错误。因此，选择那些没有发生漂移或漂移量较小的节点作为新的信标节点，并确定这些选择出的信标节点的可信度，是重新进行目标定位（简称重定位）的关键[16]。

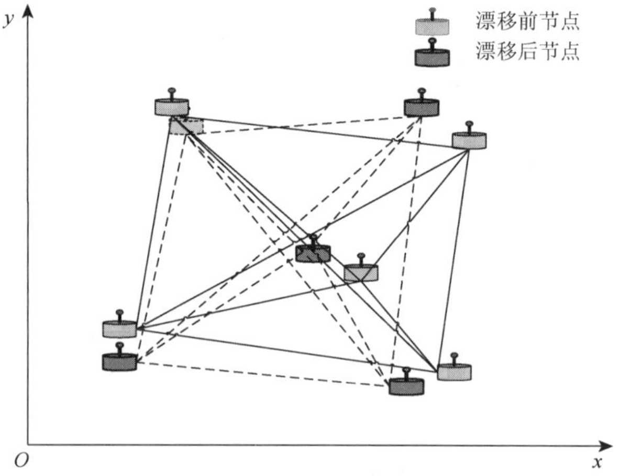

图 8-27　节点漂移示意图

漂移检测可通过如下步骤完成。

（1）通过信息交互采集各个节点之间的 RSSI 值，根据无线信号传输损耗模型求得节点 i 和节点 j 之间的距离 d_{ij}。

（2）将 d_{ij} 与漂移前的节点间距离 d'_{ij} 进行对比，得到各个节点的距离变化 $\Delta d_{ij} = \left| d_{ij} - d'_{ij} \right|$。

（3）求解节点 i 的漂移度：

$$I_{\text{drift}\_i} = \frac{\sum_{j=1}^{n-1} \Delta d_{ij}}{n-1} \tag{8-30}$$

其中，n 为定位区域中节点的节点总数。

在式（8-31）的基础上，根据漂移度构造参考数列，它是一个距离变化矩阵：

$$X_0=[I_{\text{drift\_1}},I_{\text{drift\_2}},\cdots,I_{\text{drift\_}n}] \tag{8-31}$$

接下来考虑环境因素的影响。假定共有 m 个环境因素可能导致节点漂移，对每一个影响因素都构造一个单因素影响度矩阵 $\boldsymbol{I}_i=[a_{i1},a_{i2},\cdots,a_{in}]$，$i=1,2,\cdots,m$，进而利用 m 个单因素影响度矩阵构造综合影响度矩阵：

$$\boldsymbol{I}=\left[\boldsymbol{I}_1^{\mathrm{T}},\quad \boldsymbol{I}_2^{\mathrm{T}},\quad \cdots\quad ,\boldsymbol{I}_m^{\mathrm{T}}\right]=\begin{bmatrix} a_{11} & a_{21} & \cdots & a_{m1} \\ a_{12} & a_{22} & \cdots & a_{m2} \\ \vdots & \vdots & & \vdots \\ a_{1n} & a_{2n} & \cdots & a_{mn} \end{bmatrix} \tag{8-32}$$

其中，$\boldsymbol{I}_i^{\mathrm{T}}$ 为 $\boldsymbol{I}_i$ 的转置。

为了研究各节点在不同环境下的漂移情况，这里引入离线漂移率的概念，记为 $\mathrm{dp}_i,i=1,2\cdots,n$，其获得方法是离线阶段通过给测试节点施加各种环境因素影响，统计节点发生漂移的概率。

在实际工作中（即在线阶段），根据式（8-33）求得环境因素对各个节点产生漂移的影响权值 w_i，$i=1,2,\cdots,n$，进而得到权值矩阵 $\boldsymbol{W}=[w_1,w_2,\cdots,w_n]$。将 $\boldsymbol{W}$ 这些权值分别与综合影响度矩阵 $\boldsymbol{I}$ 的每一列相乘，得到加权综合影响度矩阵 $\boldsymbol{II}$，进而得到各影响因素情况下各节点的漂移概率，见表 8-5。该漂移概率又称为在线漂移率，简称漂移率。

$$w_i=\frac{(1-\mathrm{dp}_i)\displaystyle\sum_{i=1}^{n}\left(\frac{a_{ij}}{\displaystyle\sum_{j=1}^{m}a_{ji}}\right)}{n},\quad \boldsymbol{II}=\begin{bmatrix} w_1\cdot a_{11} & w_1\cdot a_{21} & \cdots & w_1\cdot a_{m1} \\ w_2\cdot a_{12} & w_2\cdot a_{22} & \cdots & w_2\cdot a_{m2} \\ \vdots & \vdots & & \vdots \\ w_n\cdot a_{1n} & w_n\cdot a_{2n} & \cdots & w_n\cdot a_{mn} \end{bmatrix} \tag{8-33}$$

随后，对表 8-5 利用加权 DS 证据理论计算各个节点的可信度 $r_i,i=1,2,\cdots,n$，见式（8-34）和式（8-35）。

$$\begin{aligned} r_i&=(m_1\oplus m_2\oplus\cdots\oplus m_n)(\mathrm{Node}_i) \\ &=\frac{1}{K}m_1(\mathrm{Node}_i)m_2(\mathrm{Node}_i)\cdots m_n(\mathrm{Node}_i) \end{aligned} \tag{8-34}$$

$$K=\sum_{i=1}^{n}m_1(\mathrm{Node}_i)m_2(\mathrm{Node}_i)\cdots m_t(\mathrm{Node}_i) \tag{8-35}$$

表 8-5　节点在不同影响因素下发生漂移的概率

节点编号	mass 函数				
	$m_1(\cdot)$	$m_2(\cdot)$	$m_3(\cdot)$	…	$m_t(\cdot)$
Node_1	$I_{\text{drift\_1}}$	$w_1\cdot a_{11}$	$w_1\cdot a_{21}$	…	$w_1\cdot a_{m1}$
Node_2	$I_{\text{drift\_2}}$	$w_2\cdot a_{12}$	$w_2\cdot a_{22}$	…	$w_2\cdot a_{m2}$
⋮	⋮	⋮	⋮		⋮
Node_n	$I_{\text{drift\_}n}$	$w_n\cdot a_{1n}$	$w_n\cdot a_{2n}$	…	$w_n\cdot a_{mn}$

式（8-34）和式（8-35）计算节点可信度的时候采用的是DS证据理论，它是一套基于“证据”和“组合”来处理不确定性推理问题的数学方法。令 U 表示证据理论的样本空间，则函数 $m:2^u \to [0,1]$ 满足下列条件：① $m(\varnothing)=0$；② $\sum_{A\subseteq U} m(A)=1$，$m(A)$ 称为mass函数。那么对于 $\forall A\subseteq U$，U 上的 n 个mass函数 $m_1, m_2, \cdots, m_n$ 的Dempster组合规则为

$$(m_1 \oplus m_2 \oplus \cdots \oplus m_n)(A) = \frac{1}{K}\sum_{A_1\cap A_2\cap\cdots\cap A_n = A} m_1(A_1)\, m_2(A_2)\cdots m_n(A_n) \tag{8-36}$$

其中，K 为归一化常数，计算方法为

$$\begin{aligned} K &= \sum_{A_1\cap\cdots\cap A_n \neq \varnothing} m_1(A_1) m_2(A_2)\cdots m_n(A_n) \\ &= 1 - \sum_{A_1\cap\cdots\cap A_n = \varnothing} m_1(A_1)\, m_2(A_2)\cdots m_n(A_n) \end{aligned} \tag{8-37}$$

选取可信度高（漂移程度小）的节点作为重定位信标节点，利用三边定位法等经典方法解算出目标的空间位置。

下面结合图8-28描述该算法的完整流程。

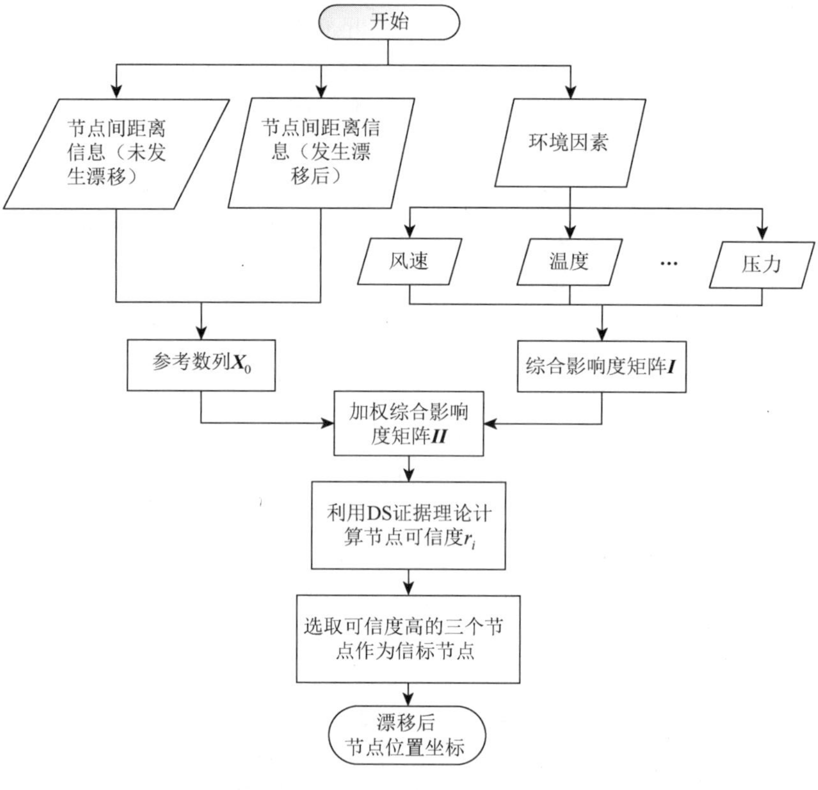

图8-28　基于DS证据理论的救灾场景定位算法流程

（1）通过节点之间的信息交换计算漂移后节点之间的距离 d_{ij}，将其与漂移前的节点间距离 d'_{ij} 做比较，利用式（8-30）和式（8-31）得到距离变化矩阵 $\boldsymbol{X}_0$。

（2）根据节点所部署区域的环境因素构造综合影响度矩阵 $\boldsymbol{I}$，随后利用离线漂移率 dp_i 计算各个影响因素的权值 w_i，得到加权综合影响度矩阵 $\boldsymbol{II}$。

（3）对表8-5利用加权DS证据理论计算各个节点的可信度 $r_i, i=1,2,\cdots,n$。

（4）重定位：选取可信度高的节点作为重定位信标节点，计算发生漂移后各个节点的位置坐标。

8.3.3　基于 UWB 雷达的灾后生命探测与定位

生命探测是进行灾后搜救的关键步骤[17]，按照探测方式可分为被动式和主动式两种。主动生命探测主动发射电磁波，通过分析反射回波的特征判断是否有生命体征信号，UWB 雷达生命探测即此类。被动生命探测主要根据人体辐射能量与背景能量的差异、人体发出的声波或振动波等进行生命探测，如红外生命探测、音频生命探测、静电场生命探测、气敏生命探测等，见表 8-6。在此介绍 UWB 雷达生命探测方法。

表 8-6　各种生命探测方法的特点对比

生命探测仪	工作原理	主/被动	影响因素	适用场景
雷达生命探测	电磁波的反射回波分析	主动式	金属物质及介电常数较大的其他物质	幸存者、被困场景金属及高介电常数物质少
音频生命探测	声波振动波的接收探测	被动式	外界环境的振动	外界环境相对安静，无大型器械、车辆等干扰因素
红外生命探测	人体辐射热量和环境的差异	被动式	温度	环境温度不高，幸存者被困时间短
静电场生命探测	静电场相吸相斥原理	被动式	救援场所的磁场	救援场景较狭窄，仪器不便进入，且救援场所没有较强磁场
气敏生命探测	狭小空间内 CO_2 浓度变化	被动式	环境中 CO_2 浓度	环境密封且无空气流动

雷达生命探测的原理如图 8-29 所示。由雷达信号发生器向灾害场可能存在幸存者的区域定向集中发射电磁波，电磁波在接触到人体后会产生一定程度的变化，且波形随着人的心跳及呼吸等生命体征活动而产生不同的变化。根据雷达回波的波形来判断所探测位置是否存在幸存者，通过对人体反射回波进行解调、积分、放大及滤波等处理，获得与幸存者生理健康状况相关的特征信息。

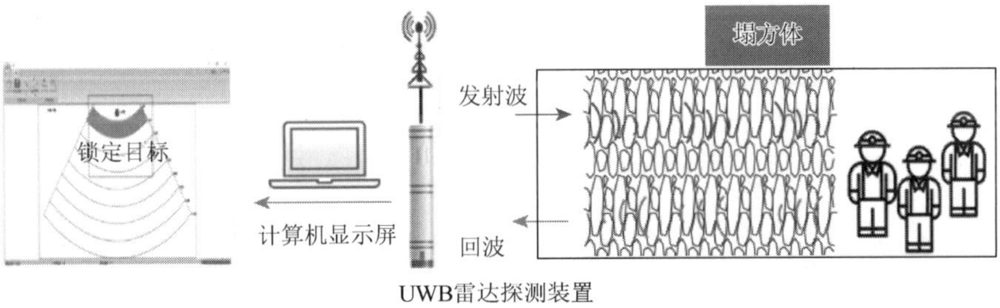

图 8-29　雷达生命探测的基本原理

根据发射信号形式的不同，可将 UWB 雷达生命探测分为连续波式和脉冲波式两种[18]。连续波雷达生命探测技术发射的信号一般为单频、多频或调制连续波信号，其探测原理为信号的多普勒效应。当存在生命信号时，胸腔因呼吸与心跳作用前后做周期性运动，连续波雷达信号遇到生命体胸腔后发生反射，使得回波信号中存在人体生命特征信号。连续波雷达生命探测技术具有雷达功耗低、射频电路结构简单、集成实现容易等特点，采用不同的发射波类型可满足不同场合的测距、测速等要求，但极易受到其他信号的干扰而降低检测精度，不宜用于高精度检测领域。另外，该技术的发射信号穿透力较弱，不适用于被掩埋生命体的搜救。

脉冲波雷达的发射波为高频脉冲波，使高精度探测微弱信号成为可能，有利于探测心跳、呼吸等生命信号。与连续波雷达生命探测技术相比，脉冲波雷达信号的穿透能力与抗干扰能力明显提高，有利于搜救掩埋生命体；同时，它对硬件的要求低，有助于简化探测仪结构，更适合在抢险救灾等复杂环境中应用。

这里介绍一种基于多信号特征及支持向量机的灾后生命探测与定位方法[19]，见图 8-30。首先对超宽带回波信号进行预处理。一种处理方法是采用时间平均相减法滤除回波信号中的静态杂波：首先对接收到的所有脉冲进行平均，作为参考接收脉冲；然后，每个接收到的脉冲减去参考接收脉冲获得处理后的回波信号。另一种方法是进行一阶差分：将当前时刻的回波信号减去上一时刻的回波信号，再将其除以所有时刻的回波信号的平方和，获取到标准化信号。此处采用第二种方法得到标准化信号。

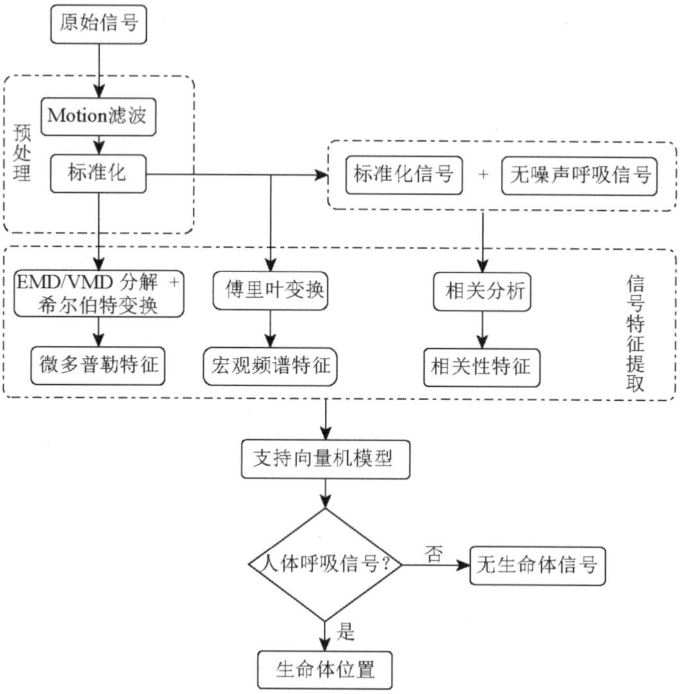

图 8-30　基于多信号特征及支持向量机的灾后生命探测与定位方法

随后进行信号特征提取。考虑到各类信号特征受环境影响的程度不同，使用微多普勒特征、宏观频谱特征和相关性特征三种信号特征对雷达回波信号进行描述，以提高在不同探测环境中的鲁棒性。

1. 微多普勒特征

对标准化信号进行经验模态分解，获取其本征模函数（intrinsic mode function，IMF），由于第 1 阶 IMF 中包含了高频噪声成分，选取第 2～4 阶 IMF 进行后续计算。同时，对标准化信号进行变分模态分解，获取其 IMF，考虑人体呼吸信号频率较低，选取表征低频成分的第 1～3 阶 IMF 进行后续计算。

将两种分解方法得到的 IMF 分别进行希尔伯特变换，得到相应的瞬时幅值和瞬时频率；进一步求取瞬时幅值和瞬时频率的均值、方差和二范数，组成能刻画探测目标精细运动特征的微多普勒特征向量。

2. 宏观频谱特征

宏观频谱特征反映了雷达回波信号在探测时长内的平均频域特征。通过提取探测信号的宏观频域特征，可从频域平均能量上探究雷达回波信号中是否存在与人体呼吸信号特征频段相近的信号，从而作为识别依据。具体方法是对标准化信号进行快速傅里叶变换，对得到的傅里叶谱提取其最大幅值及最大幅值对应的频率值，组成宏观频谱特征向量。

3. 相关性特征

相关性特征用于表述探测信号与人体呼吸信号的相似程度。为进行这种对比，需人为构造一条无噪声的平稳呼吸信号作为参考信号，如将正弦函数 $x_0 = 0.4\sin(\pi n)$ 作为参考信号。随后，计算参考信号和标准化信号的相关系数，将其作为信号相关性特征。显然，该值越大表示探测信号与呼吸信号越相似。

在获取到信号的特征之后，便可利用支持向量机对探测到的信号进行处理，识别出是否存在生命体信号，并定位出生命体位置。当然，在利用支持向量机进行识别前，首先需对支持向量机模型进行训练。模型训练完毕后，即可在新的探测任务中对任意距离上的探测信号进行分类。综合多组探测数据的多次分类结果，即可判断人体所在位置。

使用支持向量机模型对幸存者进行识别的过程如图 8-31 所示。使用第 $k(k=1,2,\cdots,K)$ 组探测数据对第 $m(m=1,2,\cdots,M)$ 个距离单元上的回波信号进行分类，记分类结果为 c_m^k。其中，K 为

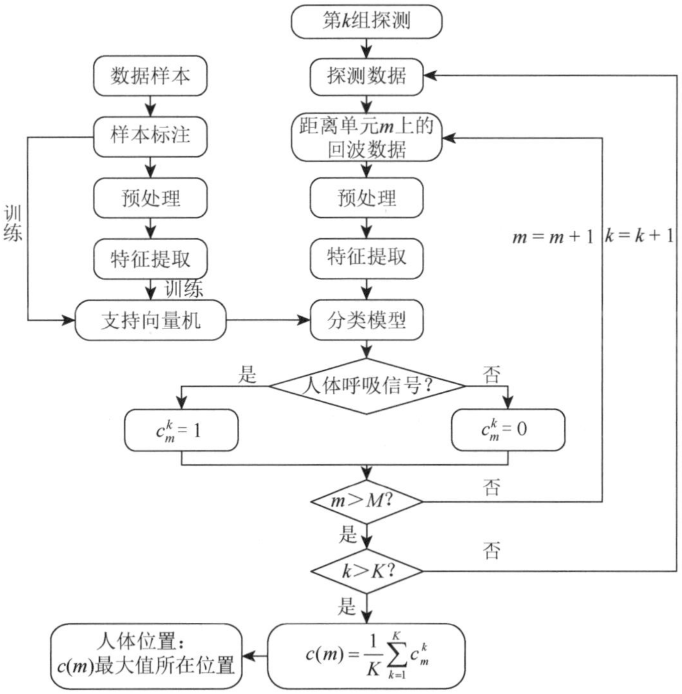

图 8-31　基于支持向量机的受困目标位置识别

获取到的探测数据样本组数量；c_m^k 取值为 0 或 1，表示是否存在受困人员。为提高准确度，将 K 次分类结果的均值作为最终识别结果，人体所在位置为取值最接近 1 的对应距离的位置上。

如果要在大范围内进行生命探测，应使用多个 UWB 雷达进行分布式协同探测[20]，见图 8-32（图中 SPI 表示串行外设接口），步骤如下。

（1）系统布置：布置雷达节点、Wi-Fi 模块等设备。

（2）设备组网：Wi-Fi 通信模块工作后，各节点加入中心处理平台无线局域网。

（3）计算各个雷达的位置：中心处理平台发送控制指令，各节点激光测距模块开始工作，测得各节点间距离，由无线数据通信网络发送给中心处理平台，以雷达节点 1 为坐标原点解算各雷达节点的位置。

（4）采集雷达生命探测信号：中心处理平台发送控制指令，控制各雷达节点同时发射探测信号，并将接收到的回波信号数据发送给中心处理平台。

（5）监测是否存在幸存者并确定其位置：中心处理平台对各节点数据进行处理，判断是否存在幸存者并计算其二维坐标 (x,y)。

（6）探测幸存者的被埋深度：使用另外一个雷达节点在得到的二维坐标的废墟上向下探测，探测数据发送给中心处理平台处理后确定幸存者的掩埋深度，即幸存者的 z 坐标，完成对幸存者的快速准确检测与定位。

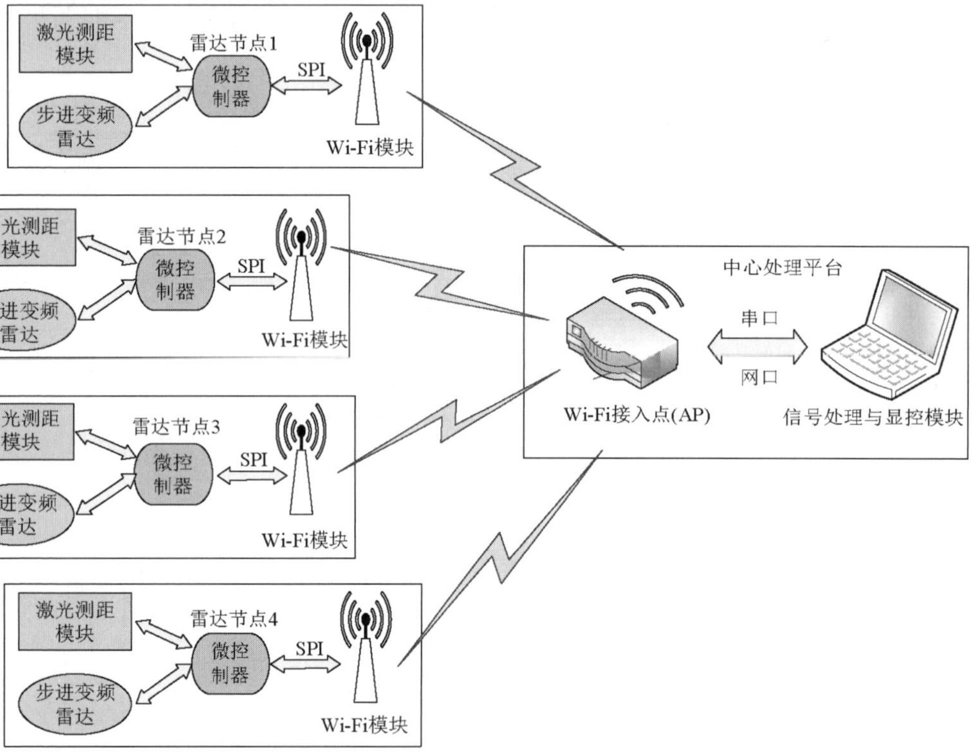

图 8-32　基于多 UWB 雷达的分布式协同生命探测

参 考 文 献

[1]　胡青松，张申，吴立新，等. 矿井动目标定位：挑战、现状与趋势[J]. 煤炭学报，2016，41（5）：1059-1068.

[2] 张长森，李赓，王筱超，等. 基于 RFID 的矿井人员定位系统设计[J]. 河南理工大学学报（自然科学版），2009，28（6）：742-746.
[3] 刘伟. 井下移动目标无线定位技术研究[D]. 徐州：中国矿业大学，2014.
[4] 胡青松，吴立新，张申，等. 煤矿工作面定位 WSN 的部署与能耗分析[J]. 中国矿业大学学报，2014，43（2）：351-355.
[5] 胡青松，耿飞，曹灿，等. 矿井目标定位中移动信标辅助的距离估计新方法[J]. 中南大学学报（自然科学版），2017，48（5）：1227-1233.
[6] 胡青松，曹灿，吴立新，等. 面向矿井目标的双标签高精度定位方法[J]. 中国矿业大学学报，2017，46（2）：437-442.
[7] 孙大军，郑翠娥，崔宏宇，等. 水下传感器网络定位技术发展现状及若干前沿问题[J]. 中国科学：信息科学，2018，48（9）：1121-1136.
[8] 曾安敏，明锋，吴富梅. 水下导航定位弹性架构及关键技术[J]. 哈尔滨工程大学学报，2023，44（11）：1977-1986.
[9] 张涛，夏茂栋，张佳宇，等. 水下导航定位技术综述[J]. 全球定位系统，2022，47（4）：1-16.
[10] Chen Z，Hu Q，Li H，et al. ULES：Underwater localization evaluation scheme under beacon node drift scenes[J]. IEEE Access，2018，6：70615-70624.
[11] 胡青松. 监测传感网节能数据传输技术[M]. 北京：科学出版社，2017.
[12] 王坚，刘纪平，韩厚增，等. 应急救援无缝定位关键技术研究[J]. 武汉大学学报（信息科学版），2020，45（8）：1126-1136.
[13] 胡青松，杨维，丁恩杰，等. 煤矿应急救援通信技术的现状与趋势[J]. 通信学报，2019，40（5）：163-179.
[14] 胡青松，孟春蕾，李世银，等. 矿井无人驾驶环境感知技术研究现状及展望[J]. 工矿自动化，2023，49（6）：128-140.
[15] 张耀. 灾后复杂环境中基于移动通信信号的高精度定位技术研究[D]. 北京：北京邮电大学，2021.
[16] 胡青松，程勇. 信标漂移场景下基于加权 DS 证据理论的目标定位[J]. 中国矿业大学学报，2019，48（5）：1047-1053.
[17] 郑学召，杨卓瑞，郭军，等. 灾后救援生命探测仪的现状和发展趋势[J]. 工矿自动化，2023，49（6）：104-111.
[18] 赵尤信，姚海飞，李佳慧，等. 超宽带雷达生命探测技术研究[J]. 工矿自动化，2023，49（9）：178-186.
[19] 樊哲宁，朱嘉健，王立新，等. 基于超宽带雷达及支持向量机的灾后人体呼吸信号识别方法与试验研究[J]. 震灾防御技术，2021，16（3）：597-604.
[20] 孙公德，郭勇，沈建，等. 分布式超宽带雷达地震被困人员协同探测技术[J]. 震灾防御技术，2017，12（4）：966-977.